航空发动机新技术丛书

航空燃气轮机转子系统结构非连续性及稳健设计

Structural Discontinuity and Robust Design of Aero Gas Turbine Rotor System

马艳红　陈雪骑　王永锋　洪杰　著

北京航空航天大学出版社

内容简介

航空燃气轮机是具有复杂结构的高速旋转热动力机械系统,需要在高温、高压、高转速且状态多变的工况下长期高效、可靠地运转。连接结构界面损伤积累对其转子结构系统产生重要的影响,使转子结构变形及动力特性表现出时变性和不确定性。本书围绕航空燃气轮机转子系统动力学设计问题,着重关注航空发动机转子系统结构的几何突变、界面连接和接触约束等非连续性及其对动力学特性的影响规律。揭示了界面连接转子结构特征、运动状态与力学特性之间内在的力学关联性,提出了非连续转子结构系统动力学设计理论和方法,并给出典型结构、载荷特征对动力特性的影响规律;建立了转子结构系统稳健设计与装配的控制方法,为航空燃气轮机转子结构损伤、动力响应控制奠定理论基础。

本书可作为航空、宇航动力专业和流体机械专业本科生和研究生的教材,也可作为航空燃气轮机工厂、研究院(所)、航空兵部队等相关人员参考用书,还可供从事车辆和舰船用燃气轮机相关工作的技术人员参考。

图书在版编目(CIP)数据

航空燃气轮机转子系统结构非连续性及稳健设计 / 马艳红等著. -- 北京:北京航空航天大学出版社,2023.1

ISBN 978-7-5124-4044-9

Ⅰ. ①航… Ⅱ. ①马… Ⅲ. ①航空发动机—燃气轮机—转子—系统结构—设计 Ⅳ. ①V235.1

中国国家版本馆 CIP 数据核字(2023)第 021106 号

版权所有,侵权必究。

航空燃气轮机转子系统结构非连续性及稳健设计
马艳红 陈雪骑 王永锋 洪 杰 著
策划编辑 蔡 喆 责任编辑 龚 雪

*

北京航空航天大学出版社出版发行
北京市海淀区学院路 37 号(邮编 100191) http://www.buaapress.com.cn
发行部电话:(010)82317024 传真:(010)82328026
读者信箱:goodtextbook@126.com 邮购电话:(010)82316936
艺堂印刷(天津)有限公司印装 各地书店经销

*

开本:710×1000 1/16 印张:18.75 字数:400千字
2023年1月第1版 2023年1月第1次印刷
ISBN 978-7-5124-4044-9 定价:198.00元

若本书有倒页、脱页、缺页等印装质量问题,请与本社发行部联系调换。 联系电话:(010)82317024

《航空发动机新技术丛书》
编写委员会

主　　任：刘大响　　陈懋章

副主任：甘晓华

委　　员（按姓氏笔画为序排列）：

丁水汀　尹泽勇　王占学　王华明　王振国

刘永泉　向　巧　孙晓峰　朱如鹏　江和甫

李　伟　李应红　李继保　金　捷　姚　华

赵希宏　闻雪友　徐建中　桂幸民　崔海涛

黄维娜　温　泉

《航空发动机新技术丛书》
策 划 委 员 会

主　任：赵延永　吴一黄

副主任：蔡　喆

委　员（按姓氏笔画为序排列）：

　　　　王　娟　冯　颖　李丽嘉　陈守平

　　　　周世婷　龚　雪　董　瑞

 # 前　言

　　航空燃气涡轮发动机(简称航空发动机)是一种具有复杂结构的高速旋转热动力机械系统,需要在高温、高压、高转速和变工况等严苛的工作条件下长期高效、稳定运转。在转子结构及动力学设计中,需要考虑总体布局、强度寿命以及动力学特性的综合要求,进行多维度平衡设计。

　　航空发动机转子结构具有材料组织多样、几何构形复杂、连接结构众多等结构特点,在工作过程中承受气动、温度和机械等多种载荷交互作用。随着转速负荷的增加,转子结构的非连续性逐渐显现,主要表现为界面连接结构应力分布非连续、几何构形突变、变形非连续和接触支承约束特性非连续等特点。

　　转子结构系统在长时间、多循环、高速旋转状态下,连接结构界面的损伤积累对结构系统动力学特性具有一定的影响,使得其在高速旋转时所产生的旋转惯性载荷随转速和运动状态的变化具有一定的时变性和分散性。这不仅影响转子系统的共振转速分布特征,对转子变形及支点动载荷等响应特性的影响也不容忽视,还使转子结构变形及其动力学特性随工作状态变化表现出一定的非确定性。

　　初始装配状态和使用过程中多种载荷的交互影响是影响转子系统动力学特性的重要因素,针对航空发动机在研制、生产和使用过程中,装配特征参数和工作载荷环境特征参数对整机振动特性的影响,在转子结构及动力学设计中,需要对连接结构界面接触状态、转子同轴度、支承同心度等参数进行控制、测量和评估,并通过典型转子结构工程示例,介绍连接界面接触状态的变化对转子系统动力学特性的影响规律及抑制的方法。

　　本书着重介绍航空发动机转子系统结构几何突变、界面连接和接触约束等非连续性及其对动力学特性的影响规律,基于转子结构特征、运动状态与力学特性之间内在力学关联性,讲述非连续转子结构系统动力学设计的理论和方法、典型转子结构特征对动力学特性的影响、转子系统稳健性设计方法和转子装配控制技术。

本书是在国家重大基础研究项目(2017 – IV – 0011 – 0048)、预研项目、型号研制和国家自然基金的支持下,由北京航空航天大学"结构系统与动力学研究团队"、中国航发沈阳发动机研究所、湖南动力机械研究所的相关同志,基于在工程型号研制和基础科研工作中对航空发动机转子系统的结构特征、运动状态及动力特性交互影响规律的探索研究,将具有普适性的先进设计理念和理论方法应用于解决先进航空发动机自主设计中所遇到的典型问题,总结提炼形成的高速转子结构动力学设计理论、方法和技术。

程荣辉、苏志敏、田静、张西厂、吴法勇、孙博、王东、李超、郑华强等同仁参加了本书的编写,北京航空航天大学的杨哲夫、宋制宏、王维斌、李毅沣、宋梓宇、韩卓荦博士等对全书进行了校对。

本书可作为航空、宇航动力专业和流体机械专业本科生和研究生的教材,也可供航空发动机工厂,研究院所,空军、海军和陆军航空兵部队及相关从事燃气轮机工作的有关人员参考。

由于航空发动机转子结构动力学的复杂性,以及参与编写的人员在科学认知和工程技术方面的局限性,书中不足之处,恳请从事转子动力学及应用研究的同仁批评指正。

编者

2022.12

目 录

第 1 章 转子结构系统非连续性 ·· 1

   1.1 转子结构系统 ·· 2
      1.1.1 结构系统 ·· 2
      1.1.2 结构特征 ·· 4
   1.2 结构非连续性 ·· 10
      1.2.1 界面连接 ·· 12
      1.2.2 构形突变 ·· 13
      1.2.3 接触约束 ·· 14

第 2 章 连接界面损伤及转子系统稳健性 ··· 17

   2.1 界面损伤非确定性 ·· 20
      2.1.1 接触界面损伤 ·· 21
      2.1.2 界面损伤评估 ·· 24
   2.2 连接结构分散性 ·· 26
      2.2.1 界面连接结构 ·· 27
      2.2.2 套齿连接转子弯曲刚度 ·· 31
      2.2.3 法兰-螺栓连接转子旋转惯性载荷 ·· 32
   2.3 转子系统稳健性 ·· 36
      2.3.1 基本概念 ·· 37
      2.3.2 转子动力学特性区间分布 ·· 38
   2.4 转子结构系统稳健设计方法 ·· 45

  2.4.1 响应面方法·· 47
  2.4.2 容差模型方法·· 48

第3章 转子结构系统动力学特性·· 51
3.1 非连续转子结构力学特性·· 52
  3.1.1 弯曲刚度损失·· 52
  3.1.2 界面接触阻尼·· 56
3.2 转子旋转惯性分布特征·· 58
  3.2.1 结构质量分布·· 58
  3.2.2 转子运动状态·· 60
3.3 动力响应及稳定性·· 67
  3.3.1 质量/刚度非对称性·· 68
  3.3.2 内阻尼激励转子动力响应·· 83

第4章 高速转子系统连接结构稳健性·· 94
4.1 稳健性评估·· 95
  4.1.1 界面变形协调性·· 95
  4.1.2 界面接触损伤·· 100
  4.1.3 连接结构刚度损失··· 104
4.2 法兰-螺栓连接大跨度转子系统··· 107
  4.2.1 连接结构及受力分析··· 107
  4.2.2 转子系统动力响应··· 113
  4.2.3 连接结构稳健设计··· 118
4.3 套齿连接转子系统·· 120
  4.3.1 弯曲刚度损失·· 121
  4.3.2 动力特性分析·· 128
  4.3.3 转子系统稳健设计··· 134
4.4 止口连接高速转子系统·· 137
  4.4.1 连接界面损伤·· 139
  4.4.2 止口连接稳健设计··· 141

第5章 典型结构系统界面损伤失效控制··· 146
5.1 涡轮盘结构组件·· 147

5.1.1 涡轮盘-挡板结构 ………………………………………………… 147
         5.1.2 涡轮盘结构组件力学模型 …………………………………… 153
         5.1.3 界面损伤失效控制 …………………………………………… 158
    5.2 双级涡轮盘-轴转子系统 ……………………………………………… 161
         5.2.1 转子结构特征 ………………………………………………… 161
         5.2.2 转子结构设计模型 …………………………………………… 166
         5.2.3 转子稳健性设计策略 ………………………………………… 168
         5.2.4 界面损伤对动力学特性影响 ………………………………… 171
    5.3 中央传动齿轮-转子系统 ……………………………………………… 176
         5.3.1 力学模型 ……………………………………………………… 176
         5.3.2 响应特性 ……………………………………………………… 177
         5.3.3 耦合振动抑制 ………………………………………………… 180

第6章 复杂转子系统动力响应稳健性 ……………………………………… 182
    6.1 中介支点双转子非协调涡动 ………………………………………… 183
         6.1.1 双转子系统耦合模态 ………………………………………… 184
         6.1.2 高低压转子交互激励响应 …………………………………… 187
         6.1.3 双转子次谐波非协调涡动 …………………………………… 194
    6.2 共用支承双转子耦合振动 …………………………………………… 197
         6.2.1 结构特征及力学模型 ………………………………………… 197
         6.2.2 耦合振动特性 ………………………………………………… 199
         6.2.3 隔振设计 ……………………………………………………… 204
    6.3 碰摩激励转子动力响应 ……………………………………………… 211
         6.3.1 非光滑约束转子力学模型 …………………………………… 212
         6.3.2 叶片与机匣剐蹭 ……………………………………………… 216
         6.3.3 轴承支承间隙影响 …………………………………………… 222
    6.4 螺桨转子颤振涡动 …………………………………………………… 231
         6.4.1 稳定性模型 …………………………………………………… 231
         6.4.2 颤振涡动响应特性 …………………………………………… 239

第7章 转子结构状态及平衡品质控制方法 ………………………………… 247
    7.1 转子结构状态及不平衡 ……………………………………………… 248
         7.1.1 恒态转子 ……………………………………………………… 249

		7.1.2 界面连接高速转子	253
7.2	转子平衡设计要求		256
	7.2.1	质心偏移	257
	7.2.2	惯性主轴倾斜	258
	7.2.3	连接螺栓松脱力矩	262
7.3	转子不平衡分布模型		263
	7.3.1	恒态转子	264
	7.3.2	高速转子	268
7.4	转子平衡控制		273
	7.4.1	不平衡分布	273
	7.4.2	转子同轴度	278

参考文献 ·· 283

第 1 章
转子结构系统非连续性

航空发动机是在高温、高压条件下,使压缩/膨胀气体高速流动、转子系统高速旋转的复杂热动力机械。在气动、机械和温度等多种载荷共同作用下,转子结构系统力学特性受载荷环境的影响其敏感度不断提高,不同几何构形和材料性能的结构在连接界面上的接触状态变化及损伤积累使结构系统力学特性的分散性加大,成为高负荷转子系统及动力学设计中不可忽视的影响因素。

随着结构损伤失效分析与可靠性理论体系的不断发展与完善,航空发动机的结构可靠性设计逐渐演化为单个构件可靠性设计与结构系统可靠性设计两个类别。其中,结构系统的可靠性设计通常表现为多设计目标、多设计参数以及载荷环境参数具有非确定性等特点,因此,结构系统设计和优化的难度与复杂性加大,目前还没有形成比较完善的设计理论方法和工程应用技术体系。研究表明,以"降低结构系统力学特性对载荷环境影响因素的敏感度"为核心思想的稳健设计,可以有效降低结构系统特征参数的分散性,适合建立影响因素众多且复杂的力学模型,并具有试验研究与优化设计相结合、节约资源与降低成本的优势。因此,针对航空发动机中各种不同材料、不同构形的构件组成的复杂结构系统,建立基于结构系统变形控制的转子结构动力学设计理论方法,对现代高负荷、高效率、高可靠性航空发动机结构系统设计具有重要意义。

1.1 转子结构系统

1.1.1 结构系统

结构是用来表达物质存在和运动状态的专业术语,有结合、构造之意,具体含义为组成系统的各部分之间的搭配、排列和构造。在工程上是对具有几何形状和力学特性物体的统称,在具体的叙述中也可以作为一个具体结构件的简称。

对于航空发动机结构,一般可将其定义为:通过设计和确定尺寸以满足结构完整性要求的所有结构件的总和。航空发动机结构包括:叶片、轮盘、转轴、轴承、机匣、喷口、封严装置、隔热装置、传动装置、控制和附件装置等。在航空发动机中,结构根据其功能和形式可以细分为:构件、组件、部件和子系统(辅助装置等)。

构件或称零件,是发动机中不可拆分的单个制件,也是机械制造过程中的基本单元,一般由同种材料一体加工形成,在制造过程中不需要装配工序。如发动机中的典型构件包括叶片、轮盘、转轴、支板、机匣等。

组件是由多个构件通过连接界面配合而构成的组合体,组件中各个零件的工作密不可分,共同完成相应的任务,在生产和使用中需要作为一个整体进行调试和工作。值得注意的是,组件尽管其是发动机工作过程中不可或缺的一部分但也具有自己功能的局限性。

部件是由多个构件或组件按照发动机功能的设计要求,所构成的相互配合、协调工作的组合体。一般情况下部件的结构比组件复杂,并且具有独立的功能特征,所有部件的功能直接构成发动机整机的功能。

此外,航空发动机除了由压气机、燃烧室、涡轮、尾喷管等部件组成的主机结构系统以外,还包括由彼此相互协调工作的构件、组件、部件等组成的,可以独立完成某一特定功能的辅助系统和保障系统,例如,燃油系统、滑油系统、防喘系统、空气系统、点火系统、起动系统、辅助动力装置、火警及灭火系统等。

结构系统在航空发动机中是指由两个或多个构件通过界面配合、连接而形成的结构组合体,包括组件、部件和整机。结构系统的力学特性是由各个构件的力学特性与连接界面的力学特性共同作用所形成的,在一定的工作载荷环境下需要考虑连接界面对结构系统力学特性的影响。

航空发动机是由不同材料、多种构件组成的复杂结构系统,为了完成特定的任务和功能,相应的组件、部件往往具有相匹配的结构与载荷特征,使得归为一类的结构系统具有相同的力学特性和设计要求。根据结构形式、载荷类型与失效模式进行区分,航空发动机中典型的结构系统可以分为转子结构系统、承力结构系统和整机结构系统。

转子结构系统,即转子-支承结构系统(简称转子系统)是指叶片、轮盘、轴段及支承通过界面配合、连接形成的旋转结构系统。转子系统通常承受离心载荷、气动扭矩、轴向力与机动惯性载荷等。对于航空发动机转子系统的动力学分析,通常以转子-支承结构系统作为分析对象。不同的转子结构、支承方案和支承刚度都会使转子系统产生不同的动力学特性,从而对转子承载能力和整机振动响应特征造成影响。

承力结构系统(简称承力系统)是各轴承座到发动机安装节之间的承力结构与相应连接的统称。该承力系统包括支承结构、承力框架、承力机匣和发动机安装结构,用于承受和传递作用在转子结构单元上的载荷。其中,承力框架是指将转子支点载荷通过气流通道传至外承力机匣部分的结构组件,还包含一些必要的承力件和相应

的冷却、封严结构。承力机匣主要包括进气机匣、中介机匣、扩压器机匣、涡轮级间机匣和涡轮后承力机匣。为了充分利用机匣的材料性能，大部分发动机的机匣均作为承力结构(即承力机匣)以减轻航空发动机的质量。除支承转子系统的作用外，承力机匣上还须设有用于运输的固定节和传动附件等。

整机结构系统(简称整机)是指发动机转子–支承–机匣–安装节系统，主要包括转子、支承结构、承力机匣、安装结构以及各结构件之间的连接结构等，主要功能是保证整机在工作载荷环境下的变形及协调性。此外，还包括相关的外部管路系统、附件系统等附属结构系统。整机结构系统具有多重子结构并在力学特性上交互作用的特点，因此整机动力学分析涵盖转子动力学设计、转静子间隙控制和整机振动水平控制三个方面。

1.1.2 结构特征

结构特征包括：几何特征和材料特性，综合反映为结构质量/刚度分布特征。

1. 几何构形

转子结构特征是转子固有特性的具体表现，其本质是通过对转子结构几何构形、材料性能、界面配合状态、支承方案等要素的设计，确定转子结构的质量/刚度分布，以达到所需要的承载能力、抗变形能力和环境适应能力。其中，几何构形确定结构基本特征，常采用几个关键的结构尺寸来定量描述，如：转子轴向长度、鼓筒内外径、锥壳锥角等。材料性能表示材料本身所具有的基本属性，如密度、弹性模量、强度极限等。界面配合状态是指构件之间或结构组件之间的连接结构形式和工作过程中连接界面接触损伤的积累控制。

不同类型的航空发动机，在总体结构布局设计上具有不同的特点，例如，涡扇发动机空气流量大，径向、轴向尺寸均较大并且直接产生推力；而涡轴、涡桨发动机具有空气量小、径向尺寸小、转速高的特点，并采用功率输出轴为旋翼或螺桨提供轴功率，因此，在转子结构特征和设计要求上有所不同，但其结构设计的目的都是控制转子结构变形并提供足够的承载能力。

根据航空发动机转子结构特征及其在工作过程中的变形情况，将具有相同力学特性的三维结构体简化，并采用集总参数表示其特性，即结构单元。由于各结构单元间的质量/刚度有着显著的差异，据此可将其分为"质量结构单元"和"弹性结构单元"两类。质量结构单元是指具有大质量和转动惯量，并且在运动中可忽略自身变形影响的结构单元，简称为质量单元；弹性结构单元是指自身刚度较弱从而决定转子系统刚度但质量占比较小的结构单元，简称为弹性单元。

根据转子几何结构特征，可将转子的基本构形分为轮盘–轴转子和拱形转子，二者都由质量单元与弹性单元组成，主要区别是转子质量/刚度分布上的差异。

拱形转子通常由多级轮盘、大直径的连接鼓筒和锥壳组成，转子结构质量/刚度分布较均匀，其典型实例是1–0–1支承方案的高压转子，如图1–1所示，转子的长径比(拱形跨度 L 与最大直径 $2R_2$ 之比)通常较小,整体抗变形能力强,可适应高速旋转的工作环境。针对拱形转子的几何构形的定量描述常采用以下4个尺寸参数:转子的长径比、拱形跨度、支承处径向尺寸和拱形最大径向尺寸。

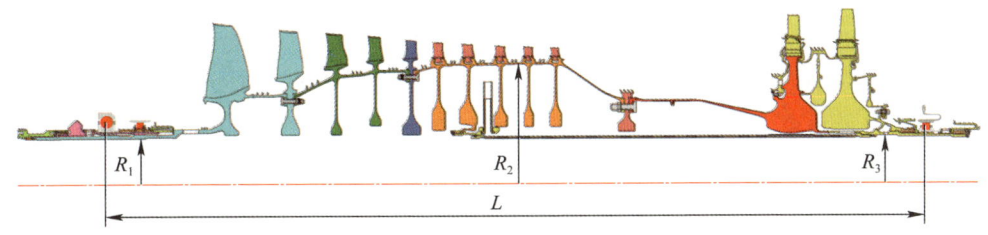

图 1-1　典型拱形转子结构构形及关键尺寸

转子结构动力学设计的本质,是通过对转子质量/刚度分布的设计,以达到控制变形的目的。当转子的几何构形、结构尺寸和材料力学特性确定后,转子结构的质量和刚度分布特性随之确定。

结构质量分布是航空发动机结构特征定量描述的重要参数,对于转子结构,由于具有复杂的三维空间几何构形特征,其质量分布特征需要采用结构质量、惯性主轴转动惯量(极转动惯量和直径转动惯量)的轴向分布进行准确描述。

根据拱形转子结构的几何特征,可以将转子分为前轴颈、压气机、鼓筒轴、涡轮及后轴颈5个子结构单元,用各子结构单元的质量/转动惯量沿轴向的分布来描述转子的质量分布,如图 1-2 所示。

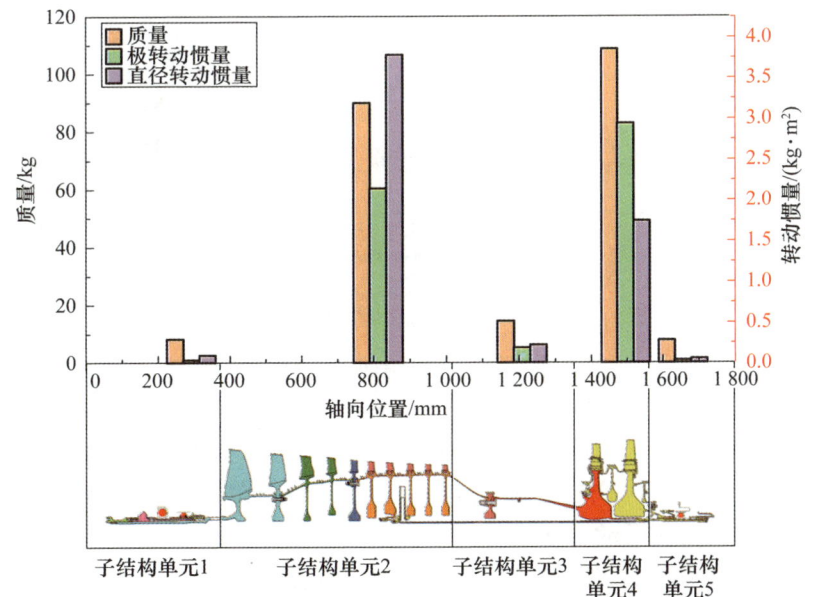

图 1-2　拱形转子结构质量/转动惯量轴向分布

拱形转子的质量和转动惯量主要集中在压气机转子结构单元和涡轮转子结构单元上,两子结构单元的质量和转动惯量在数值量级上接近,是转子旋转惯性的主要来源。其中压气机转子结构单元的惯量比(极转动惯量与直径转动惯量之比)$I_p/I_d \approx 1$,为厚盘特征转子;涡轮转子结构单元的惯量比 $I_p/I_d \approx 2$,为薄盘特征转子。

由材料力学定义,截面抗弯刚度为截面处材料的弹性模量和惯性矩的乘积。转子的截面抗弯刚度分布,是指转子传力路线上各截面抗弯刚度沿轴向的分布,能够反映不考虑支承约束,仅由转子结构构形和材料产生的抵抗弯曲变形的能力,以及轴向不同位置结构抵抗弯曲变形能力的强弱。

转子结构的刚度特性,可以采用界面抗弯刚度沿轴向分布来描述其结构特征。根据抗变形和承载路径,确定影响转子刚度特性的结构组成,并建立计算模型,在计算各承载截面抗弯刚度时,取最小截面抗弯刚度进行归一化处理,得到拱形转子的截面抗弯刚度分布,如图1-3所示。

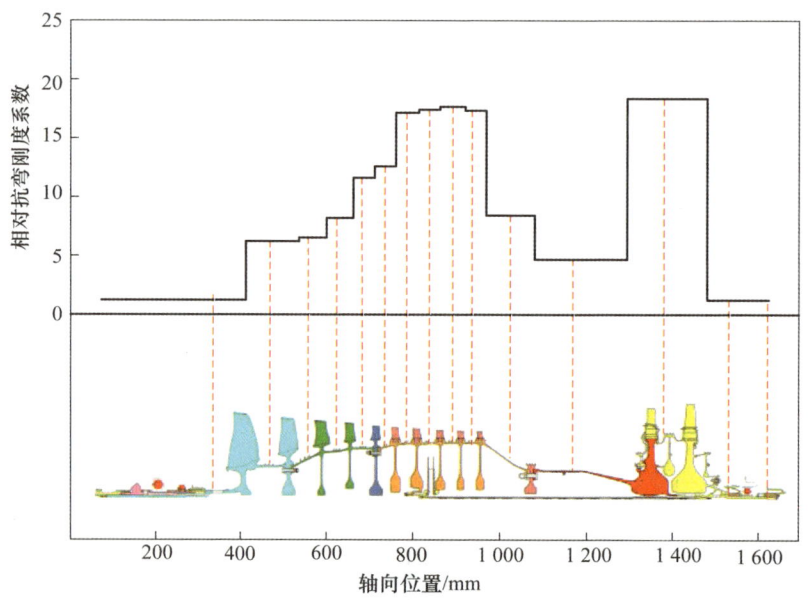

图1-3 拱形转子结构承载截面抗弯刚度分布

由图1-3可知,大长径比拱形转子的承载截面抗弯刚度沿轴向分布,与转子结构质量分布和支承约束条件相关。压气机和涡轮转子结构单元处的结构质量较大,相应结构的截面抗弯刚度较高,可减小轮盘倾斜和鼓筒弯曲变形。同理,在前轴颈、后轴颈和鼓筒轴等子结构单元截面抗弯刚度较低,这与结构质量和工作过程中所承受的载荷情况,以及转子动力学设计要求有关。

对比图1-2和图1-3可知,大长径比拱形转子结构的质量分布和截面抗弯刚度分布十分协调,通过转子构形和材料可产生较高的抗变形能力。需要说明的是,转子截面抗弯刚度只是反映了转子结构本身的刚度特性,转子系统的刚度特性与支承方案和支承结构约束刚度密切相关,因此对于支承方案确定的转子系统,可以采用转子等效刚度沿轴向分布特性来评估。

轮盘-轴转子系统通常由细长转轴和大直径轮盘直接连接,转子结构质量/刚度分布差异较大,其典型实例是涡轴/涡桨发动机的动力涡轮转子,如图1-4所示,轮盘发生角向位移时,产生较大陀螺力矩效应,以提高转子的抗弯曲变形能力,因此,在高转速下动力涡轮盘具有较好的局部刚性。而对于细长的动力涡轮轴,其弯曲刚度较弱,则需通过两侧的支点位置及约束刚度选取,并利用动力涡轮盘的陀螺力矩效应,增强涡轮轴的弯曲刚度,达到调整和优化涡轮轴的共振转速分布及控制变形的目的。针对轮盘-轴转子的几何构形的定量描述常采用以下3个尺寸参数:转轴跨度、转轴径向尺寸和轮盘悬臂长度。

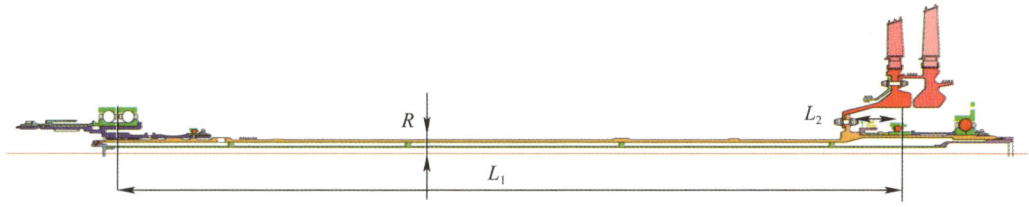

图1-4 典型轮盘-轴转子结构构形及关键尺寸

根据轮盘-轴转子几何构形特征将其划分为3个单元:功率输出轴单元、动力涡轮轴单元和涡轮单元,通过各子结构单元的质量/转动惯量沿轴向的分布来描述转子的质量分布,如图1-5所示。

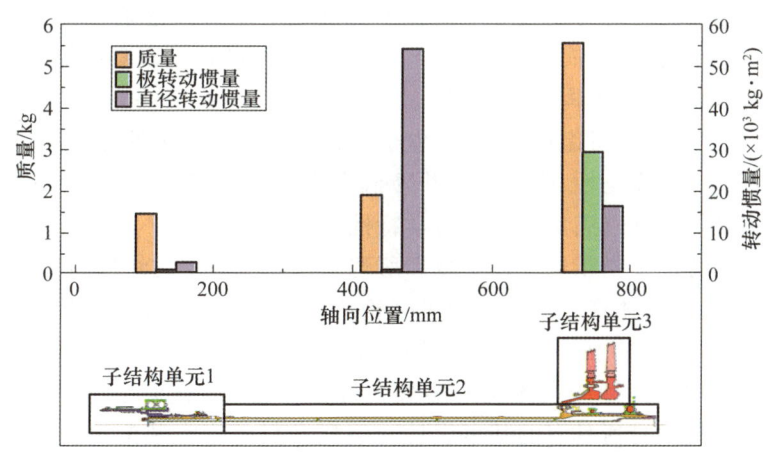

图1-5 轮盘-轴转子质量/转动惯量轴向分布

可以看出,轮盘-轴转子的质量和转动惯量主要集中在涡轮转子结构单元上,惯量比$I_p/I_d \approx 2$,为薄盘特征转子,具有较大的陀螺力矩效应,是旋转惯性的主要来源。

功率输出轴与动力涡轮轴质量和转动惯量较小且沿轴向均匀分布。

轮盘-轴转子等效刚度轴向分布如图1-6所示。功率输出轴与动力涡轮轴基本符合等截面简支梁等效刚度分布规律,即刚度较低,易发生弯曲变形。而涡轮处局部刚度远高于其他部分,较好的横向刚度和盘轴连接角向刚度使盘、轴形成整体,便于充分发挥轮盘的陀螺力矩效应。

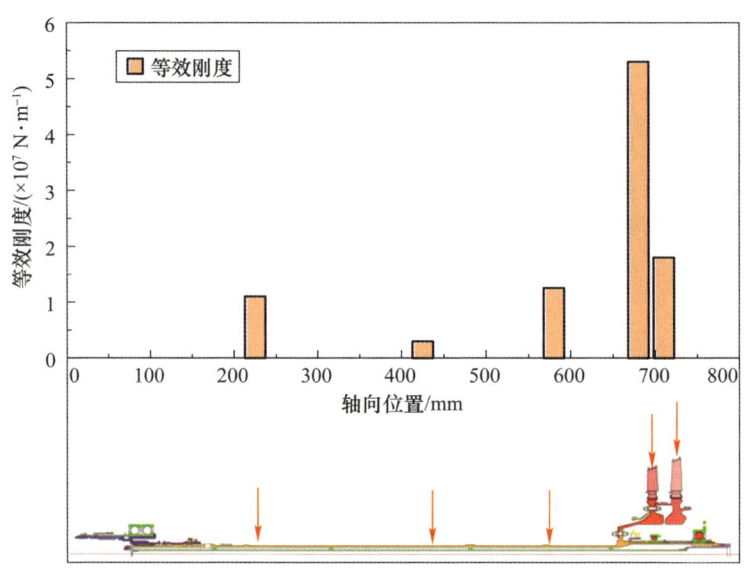

图1-6 轮盘-轴转子等效刚度分布

由图1-5和图1-6可以看出,轮盘-轴转子结构质量分布和刚度轴向分布差异较大,需利用轮盘的陀螺力矩效应提高转子的抗变形能力。轮盘-轴转子(如动力涡轮转子、悬臂支承的风扇、涡轮转子)支点一般位于轮盘附近,以避免轮盘倾斜而产生陀螺力矩对轴承及支承结构造成损伤。

为了保证航空发动机组件、部件与整机结构系统满足规定的任务和功能(综合性能),避免损伤破坏(安全性、耐久性),并降低全生命周期费用,需要针对所承受的载荷条件,采用结构设计以满足规定的力学特性。

总之,结构特征是指结构设计参数和所选材料性能确定的结构固有特性,也是设计技术和工艺水平的体现。航空发动机结构特征参数包括:结构构形、几何尺寸、材料性能和装配参数。其中,构形确定结构基本特征,几何尺寸(如长度、截面积、质心、惯性矩等)是结构及其性能具体化的参数。材料性能(如密度、弹性模量、强度极限等)是所使用材料本身所具有的基本属性。装配参数是指在装配过程中对构件配合状态具有影响的配合紧度、预紧力等参数。

2. 载荷环境

转子系统结构质量分布特性是确定的,但是在不同运动状态下,各结构单元质量相对旋转中心线分布的不对称性及其旋转惯性载荷均会发生一定的变化,这对转子系统弯曲模态共振转速和动力响应特性具有重要的影响。

力学特性是指当结构特征和约束确定后所表现出来的承载和抗变形能力,是结构的固有属性。需要说明的是,随工作载荷环境的变化,结构力学特性可能发生变化,例如温度变化可以引起弹性模量的改变,而载荷作用也可以影响连接界面结构的力学特性。

一般情况下,结构系统运动微分方程为

$$[m]\{\ddot{x}\}+[c]\{\dot{x}\}+[k]\{x\}=[f(t)] \quad (1-1)$$

作为描述结构强迫振动响应的力学模型,基于模态叠加法求解所得频响矩阵可以表示为

$$[H]=\frac{\{f\}}{\{x\}}=\left[\sum\frac{\{\varphi_r\}\{\varphi_r\}^T}{k_r-\omega^2 m_r+j\omega c_r}\right] \quad (1-2)$$

前面两个式子中,质量矩阵$[m]$、阻尼矩阵$[c]$、刚度矩阵$[k]$即为结构系统的力学特征参数,$[m_r]$、$[c_r]$、$[k_r]$分别为模态质量矩阵、模态阻尼矩阵和模态刚度矩阵,$\{\varphi_r\}$为结构系统的模态振型。这些参数是由结构特征参数决定的,反映了结构的力学特性。

结构系统的力学特征参数,是表述结构与响应之间内在联系的特征参数。对于航空发动机,结构的力学特征参数有很多,其中与结构与振动响应关系最为密切的参数主要包括:抗弯刚度(弹性模量 E 与截面惯性矩 I 的乘积)、质量与转动惯量沿轴向分布、结构动刚度、机械阻抗等。

载荷特征指结构系统在工作状态下所承受的各种外力和其他负载(主要包括气动、机械、温度载荷等),是结构系统设计的输入条件。例如,转子系统承受的载荷包括:离心载荷、气动扭矩、轴向力、径向载荷、机动载荷(机动飞行时的陀螺力矩和惯性载荷)、叶片丢失导致的突加不平衡以及温度载荷等。按照产生的原因,结构系统承受的载荷分为内载荷与外载荷。内载荷是指由于构件间的相互约束产生的装配载荷,例如螺母拧紧力矩、止口间的紧度、结构质量离心载荷以及温度场变化所产生的温度载荷等;外载荷是由于外部工作环境而作用在结构系统上的力或力矩,可以随着发动机的工作状态发生变化,例如转子系统承受的气动载荷、转静件碰摩载荷等。

按照设计状态及设计要求的不同,载荷可分为正常载荷、极限载荷、恶劣载荷。根据承受载荷的不同规定了相应的设计要求,即正常载荷包括标准的飞行循环、机动载荷、常规变形引起的作用力等,要求保证发动机具有设计寿命裕度;极限载荷包括包线机动飞行、适度外物损伤、飞行器极限变形的作用力等,要求确保发动机按设计要求工作;恶劣载荷包括叶片丢失、严重外物打伤、转子破裂、摔机载荷等,要求发动机不发生解体,无高能危险碎片,确保飞行安全。

响应特性是指在结构系统上作用给定载荷时,结构对外表现出的应力、变形、频率等的力学信息,是结构实现任务功能、避免损伤失效的数据基础。例如,转子-支承

系统的响应特性是在给定转速下,通过结构的弹性线变形、截面运动轨迹及幅值、转子及支承结构交变应力或载荷等参数定量描述的。

在航空发动机的结构系统设计中,一是要根据承受的载荷对其强度进行评估,使其满足静、动强度的设计要求;二是要对结构力学特性进行评估,使其具有稳定的力学特性。即发动机结构构形和几何尺寸,除了要满足结构功能和强度要求以外,还需要考虑在工作载荷环境下,结构力学特性的稳定和优化。例如,可以通过对结构构形、几何尺寸、材料特性、装配工艺等结构特征参数的优化,有效改进结构系统内部应力集中或连接界面的接触损伤问题。

在航空发动机的整机及转子结构系统设计中,由于结构特征的复杂性以及载荷环境的多变性,在工作状态下,结构系统力学特性会表现出一定的分散性,需要综合考核和平衡结构特征、载荷环境和力学特性之间的交互影响。

结构系统力学特性分析,是要在结构系统设计要求的承载条件下对其抗变形能力和损伤进行分析。重点是结构系统中连接结构在工作过程中连接界面的损伤,包括疲劳、滑移及磨损。由于连接界面使得结构系统中产生的应力、变形在一定条件下分布不均匀和不连续,当结构载荷加大时,会使结构系统的力学特性产生阶跃和突变等明显变化。

在结构系统的响应特性分析中,需要考虑在工作过程中连接结构的局部力学特性变化对系统振动响应的影响。由于结构系统中连接界面的存在,使得结构载荷加大时,其力学特性发生变化,从而对结构系统的振动响应特性产生明显的影响。由于发动机处于不同工作状态时所承受的载荷存在较大差异,需要针对结构系统的载荷特征和损伤失效模式,对结构系统振动响应特性进行优化设计。

总之,航空发动机转子系统是一个非连续结构系统,是定轴旋转的带有约束的保守系统,在多变载荷环境状态下高速旋转时,所表现出来的动力学特性具有一定的分散性,主要原因是由于连接界面的存在及其接触状态的变化。

1.2 结构非连续性

转子结构非连续性主要表现在结构特征参数上。如截面几何构形、尺寸大小、不同材料性能等具有突变、阶跃特性;在工作载荷作用下,转子弹性线沿轴向变化非光滑,结构局部变形表现出阶跃、突变特点;转子系统结构内部应力分布的阶跃、突变特征。

航空发动机整机结构系统(简称整机)其结构构形复杂、尺寸变化剧烈、连接结构类型多样,是典型的非连续结构系统,如图1-7所示。

转子系统是指叶片、轮盘、轴段与轴承通过界面连接形成的转子轴系,由于装配、材料、加工等多方面原因,常采用多种形式的连接结构,如法兰-螺栓连接、止口连接、端齿连接、套齿连接等。

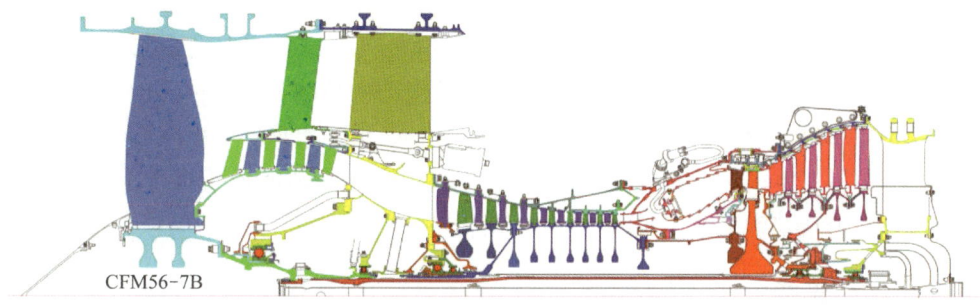

图 1-7 航空发动机典型整机结构系统简图

转子系统通常承受旋转惯性载荷、气动载荷和环境温度载荷等，在复杂多变的载荷交互作用下，转子系统在界面连接处、几何构形突变处与轴承处的变形及应力会产生非连续性变化。例如，配合界面的接触损伤及不可恢复变形等，会影响转子系统的动力响应，主要体现为在频域和时域上力学特性的波动，即工作载荷环境下，具有非连续结构的转子系统动力学特性具有一定的分散性。

在现代航空发动机转子结构系统中，由于对结构效率设计要求不断提高，因此转子系统结构的非连续性特征越发显著，主要体现为几何构形、结构尺寸、材料性能、连接结构形式的多样，使得在复杂多变的载荷环境下，力学特性表现出非确定性。转子结构系统的非连续性主要表现为界面连接处、构形突变处和接触约束三个方面，如图 1-8 所示。

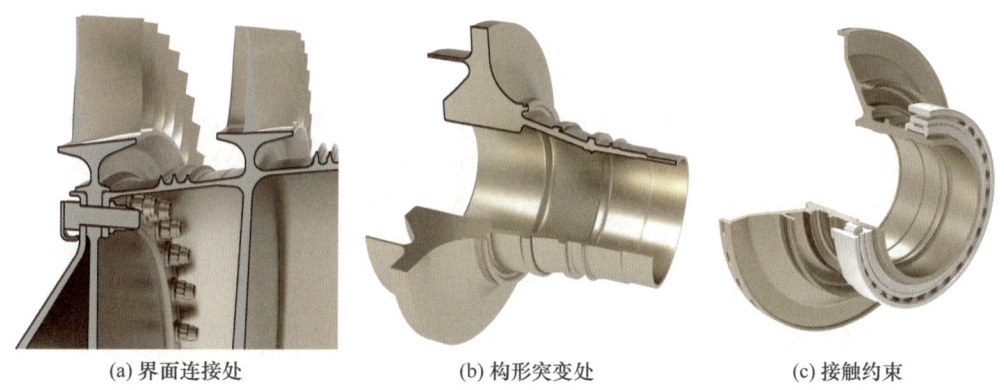

(a) 界面连接处　　　　(b) 构形突变处　　　　(c) 接触约束

图 1-8 转子结构系统非连续性的分类

① 界面连接处：连接界面只能承受压应力，而不能承受拉应力，连接界面的存在会导致结构系统内部的应力及变形具有突变或阶跃特征，即结构系统应力分布具有非连续性。

② 构形突变处：几何构形突变处，例如，大尺寸轮盘与小尺寸轴颈交界处，由于

结构尺寸变化梯度过大,在弯曲变形时,角向变形具有突变,即转子角向变形具有非连续性。

③ 接触约束:轴承-支承结构可视为一种特殊的连接结构,用于连接转子与静子的支承结构,从而实现转子高速旋转运动。轴承内部的游隙、轴承外环与轴承座之间的间隙,均会导致支承结构各构件之间的接触、碰撞、滑动与摩擦,在多变的工作状态和载荷环境下,支承结构约束状态的变化可导致转子运动和能量传递发生突变和阶跃,即支点约束特性的非连续性。

1.2.1 界面连接

转子结构系统的力学特性是由各组成构件的力学特性与连接界面的力学特性共同决定的,在现代航空发动机的高负荷工况下,必须考虑结构连接界面对结构系统力学特性的影响,如图 1-9 所示。

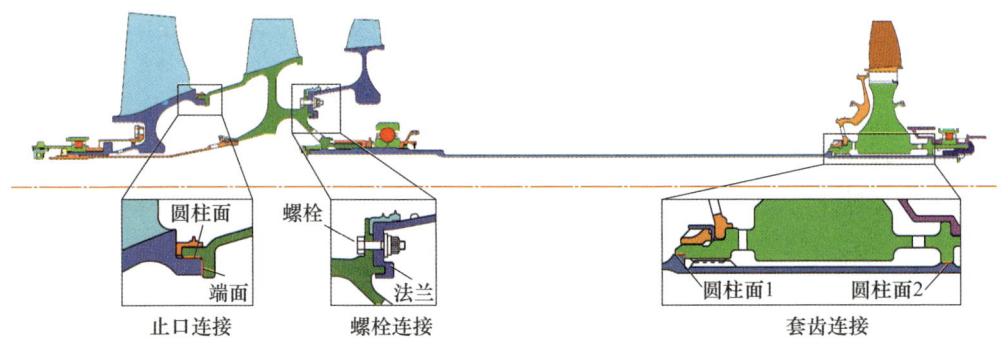

图 1-9 典型转子结构系统连接结构简图

界面连接将引起结构内部变形及应力分布呈现非连续性特点,主要表现为:

① 连接界面在法向上只能承受压应力,而不能承受拉应力,在外载荷作用下可能发生约束失效、弯曲刚度损失与弯曲刚度非对称特征;

② 在外界载荷作用下,连接界面会产生相对运动或运动趋势,从而造成界面上的滑移、磨损和疲劳等损伤;

③ 随着工作循环的积累,连接结构界面接触损伤不断积累,造成界面连接转子结构系统力学特性分散性。

界面连接转子弯曲时角向变形随载荷变化具有非连续性。以法兰-螺栓连接结构为例,如图 1-10 所示为弯矩载荷作用下的结构变形、界面接触状态及应力示意图。法兰端面依靠螺栓预紧力实现压紧,由于螺栓压紧力的作用范围有限,在弯矩载荷作用下,界面局部接触状态由粘滞变为滑移或准接触。法向接触状态的恶化,将导致法兰-螺栓连接结构位移约束功能失效,导致转子弹性线弯曲变形出现突变特征。

第1章 转子结构系统非连续性

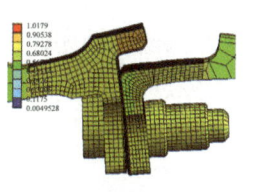  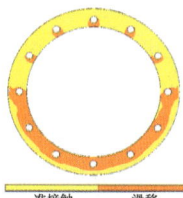 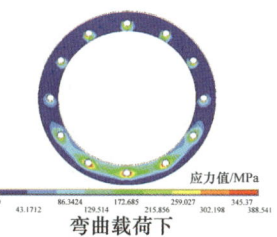

弯曲载荷下
结构变形

装配状态下
界面接触状态

弯曲载荷下
界面接触状态

弯曲载荷下
界面应力分布

图1-10 典型法兰-螺栓连接结构受力及变形示意图

图1-11为界面连接转子与连续转子的角向位移分布的对比图,转轴弹性线的斜率即是角向位移。连续转子由一体化的轮盘、轴段结构组成,盘轴之间刚性连接;界面连接转子中,轮盘通过两侧的法兰-螺栓连接结构与轴段相连。从图中可知,对于连续转子而言,角向位移曲线具有较好的连续性,由于盘轴之间的连接刚度较强,可以保证角向位移的连续性;而对于界面连接转子,在较大的弯矩载荷作用下,连接界面接触状态的恶化,可能导致位移约束功能的失效,从而产生局部的角向位移差,导致角向位移曲线存在非连续点。

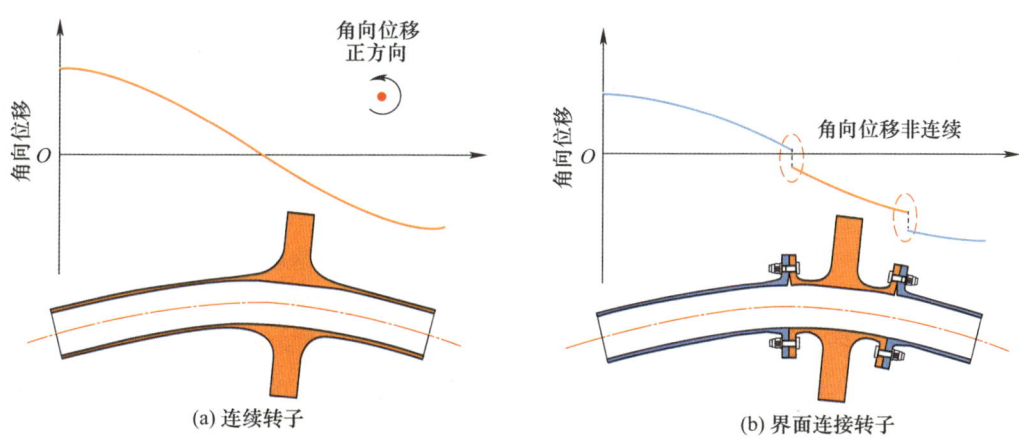

图1-11 界面连接转子与连续转子的角向位移分布

界面连接结构的非连续性,主要表现为转子结构内部应力分布非连续和弯曲变形角向位移的突变特征。

1.2.2 构形突变

随着航空发动机向轻质化设计发展,薄壁鼓筒、锥壳等多种形式的结构常被采用,因此在现代航空发动机转子系统中,几何构形突变十分常见。在不同几何构形的交界处,存在外形轮廓的非光滑点(例如鼓筒与锥壳、轴颈与轮盘的交界处),几何构形突变处的角向弯曲刚度通常较低,如图1-12所示。在工作载荷(尤其是弯矩载荷)作用下,几何构形突变点附近会产生局部应力集中现象。更主要的是几何突变点处的角向位移梯度过大,虽然其内部组织结构仍保持连续性,但从两侧结构的宏观位移来看,几何突变处的角向位移具有阶跃、突变、非光滑等非连续性特点。

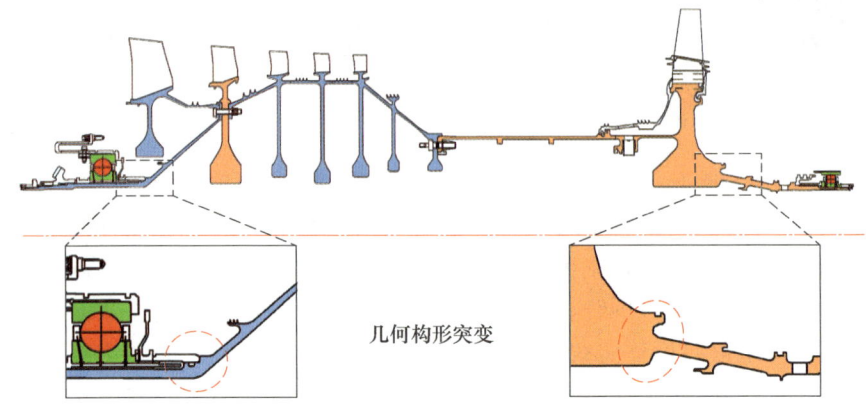

图 1-12　航空发动机转子典型几何构形突变特征图

对具有几何构形突变的轮盘-轴转子结构,分析不同几何构形的连接结构对转子局部角向位移的影响,如图 1-13 所示,图中表示出了两种不同几何构形的盘-轴连接结构,虽然均为一体化转子,不存在界面连接,但在外部弯曲载荷作用下产生的角向变形具有较大差异。当轴段缓慢过渡至轮盘时,几何构形突变程度较小,局部弯曲刚度较高,转子具有较好的角向位移连续性,即轮盘角向位移与转轴角向位移一致;而当转轴与轮盘交界处的构形突变程度较大时,局部弯曲刚度较低,盘轴连接局部产生较大的角向变形,轮盘角向位移与转轴弯曲角度不同,即轮盘角向位移为一个独立自由度,因此,轮盘角向位移与转轴角向变形存在突变与阶跃特征,即几何构形突变引起的非连续性。需要说明,轮盘与转轴连接位置角向位移的突变内在原因是,轮盘在旋转时会产生陀螺力矩效应,使轮盘"掰正",从而减小轮盘的角向位移,但是,变化数值取决于角向刚度、转速和转动惯量的综合平衡。

对于存在几何构形突变的轮盘-轴转子结构,可以通过过渡段局部结构设计,调整相应的刚度特性,从而改善在弯矩载荷作用下突变处的应变能聚集程度和轮盘角向刚度变化,以适应转动力特性设计要求。

1.2.3　接触约束

轴承作为转子与支承结构之间的连接件,为转子提供支承,保证转子的稳定旋转运动。轴承-支承结构的间隙,包括轴承内部的工作游隙、轴承外环与轴承座之间的装配间隙(见图 1-14),均是为保证发动机在最大转速状态下轴承不发生过度磨损或卡滞而设计的。轴承的理想运动状态为内外环与相连的转子一同自转,滚子-保持

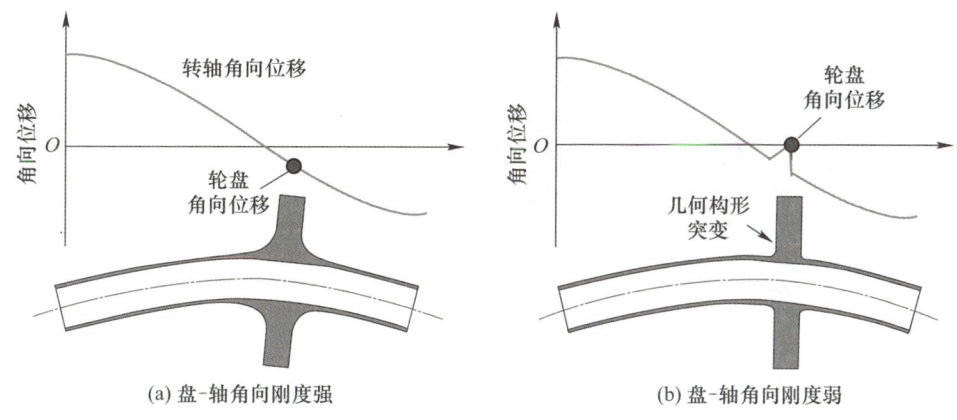

图 1-13 不同几何构形的连接结构对转子局部角向位移的影响

架组件在内外环之间进行纯滚动和稳定位移约束。在实际工作状态下,由于结构热变形、滚子离心载荷、装配游隙的影响,轴承内部的滚子与内外滚道之间存在一定的间隙,当转子运动状态变化时,各构件之间会产生接触/脱离、滑动/滚动、摩擦;轴承外环存在装配间隙时,轴承与轴承座之间会存在碰撞、冲击效应。由于间隙的存在,轴承的接触状态不是全周压紧,而是在某一周向范围内的局部接触,并且接触位置和约束随转子运动状态不断改变,使支承结构力学特性产生非连续性。

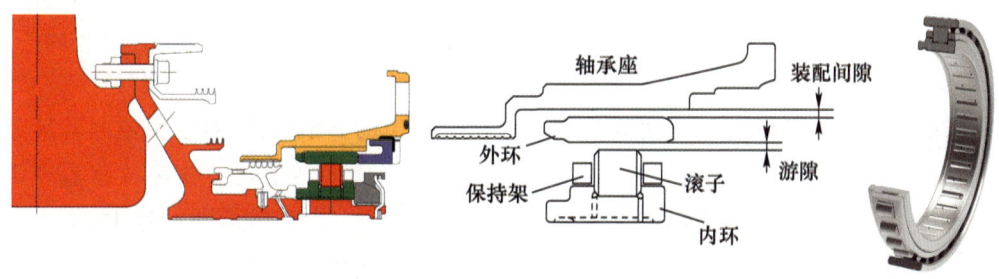

图 1-14 轴承-转子系统结构图

轴承组件接触状态变化所引起的支承约束具有非连续性,主要表现为对转子运动状态阶跃和冲击约束。由于外环装配存在间隙,转子在进动过程中,带动轴承与轴承座发生周期性碰撞,如图 1-15 所示,使转子支承结构约束刚度存在阶跃特征,转子运动限位引起转子倍频动力响应,而冲击约束可激起转子模态振动,使转子发生非协调涡动。由于轴承内部存在工作游隙,滚子-保持架组件在转轴上进行"呼啦圈"运动(见图 1-16),在此过程中,转子受到保持架横向冲击作用,当转子处于超临界状态时,对轴承保持架的横向扰动载荷十分敏感,因此转子进动状态改变,其动力响应表现出保持架与转子运动的调整频率。

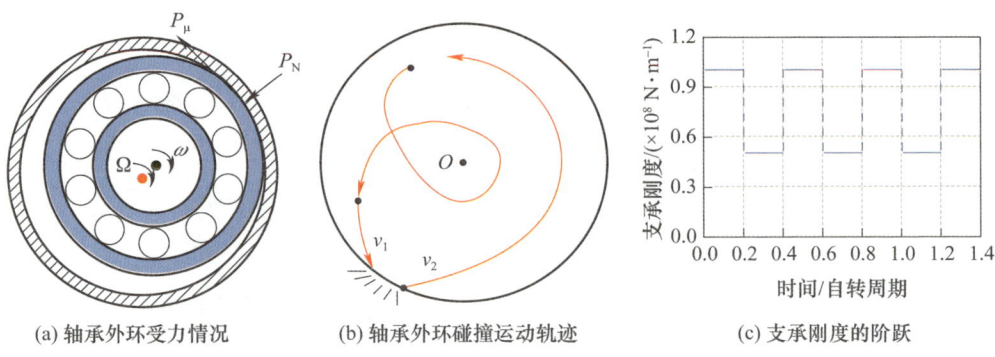

(a) 轴承外环受力情况　　(b) 轴承外环碰撞运动轨迹　　(c) 支承刚度的阶跃

图 1-15　外环存在间隙时轴承运动及受力

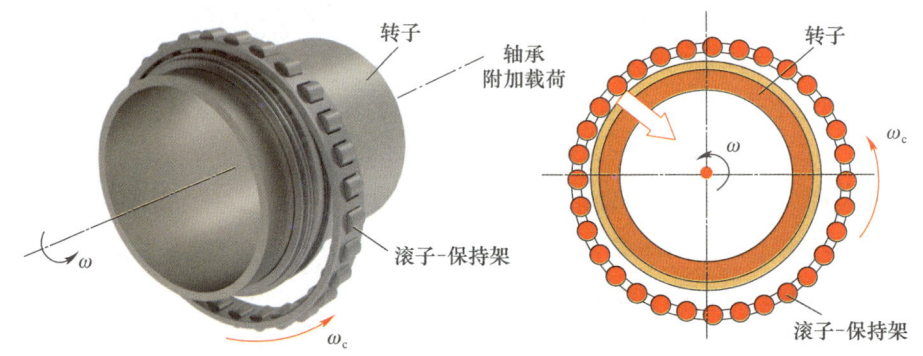

图 1-16　存在工作游隙时滚子-保持架组件的运动状态及附加载荷

轴承-支承结构非连续性主要表现为对转子约束的力学特性；对于稳定回转转子运动，表现为位移约束；当转子进行非稳定运转时，相应的转子运动轨迹位移表现出非光滑突变特征；对于具有间隙或支承松动的转子系统，在瞬态运动过程中，支承结构约束特性表现为质量约束，即转子与静子之间以冲量约束转子运动。

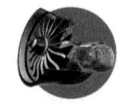

第 2 章
连接界面损伤及转子系统稳健性

稳健性也称为鲁棒性、强壮性,在工程设计上的一般定义是,结构系统力学特性对设计变量和载荷环境参数发生的微小变差以及损伤积累对结构系统力学特性影响的低敏感性。这里的设计变量是指在设计和制造中可以控制的、具有非确定性的特征参数,如构件的几何尺寸、材料性能、装配间隙等。由于制造条件、工艺方法的差异,设计变量不可避免地存在变差。载荷环境参数也称噪声因素,是指在工作过程中对结构系统的力学特性有影响的载荷及环境参数,这类参数在设计中很难准确控制,如结构的使用环境温度、载荷位置及大小等,其分散性是不能准确控制的。

对于航空发动机转子结构系统,设计变量和载荷环境参数的非确定性广泛存在。设计变量包含结构的几何特征参数、材料特征参数、装配工艺特征参数以及结构系统承受的内载荷参数等;载荷环境参数主要指结构系统承受的外载荷参数,包括气动载荷、机械载荷、温度载荷、机动载荷等。即使同一台发动机在特定的设计状态下,结构系统的内外载荷波动与损伤积累也会导致力学特性表现出分散性与时效性的特点。由于发动机转子结构系统组成复杂,结构的力学特性在整个工作循环内难以采用确定性模型准确表达,需要采用稳健性准确描述转子结构系统在工作过程中力学特性参数变化范围及与目标值的偏差。

结构系统稳健性与可靠性既紧密联系又存在区别。从理论上说,二者都是基于数理统计理论等非确定数学理论的,稳健性是结构系统在工作载荷循环作用下对结构损伤失效的概率分布进行分析,但可靠性重点考虑失效概率密度曲线的尾部性质。例如要求涡轮盘疲劳寿命(大于设计寿命)的可靠度指标达到99%,即严格限制失效概率小于1%,如图2-1中P_f所示;而稳健性注重概率密度曲线在设计目标均值附近的变差与分散性,力求降低对结构特征和载荷特征的敏感性,如图2-2所示。图中设计Ⅱ的均值性质优于设计Ⅰ,但是其分散性更大。

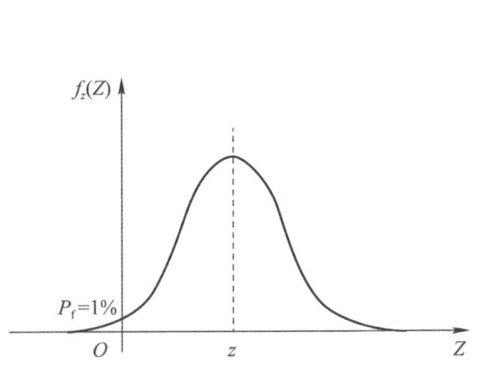

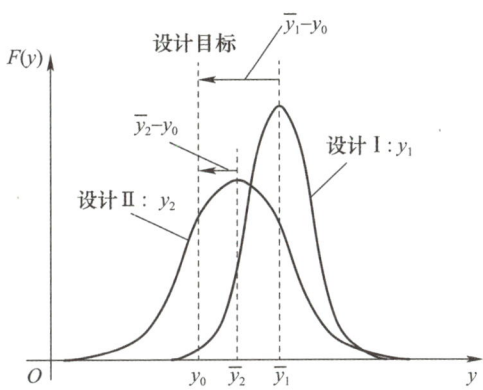

图 2-1　结构系统可靠性的概率密度曲线　　　图 2-2　结构系统稳健性的概率密度曲线

提高结构系统稳健性对可靠性也具有有益的影响。考虑载荷循环和损伤积累的应力-强度干涉模型如图 2-3 所示,参数的分散性是造成结构系统的损伤失效并具有随机性的根本原因,即当广义应力与广义强度的分布发生重叠时结构系统则会有一定概率发生失效,可靠度随时间下降。现假设结构系统中参数的分散度始终为零,只要广义应力低于广义强度,那么在损伤积累达到门槛值之前,结构系统的可靠度为1,一旦损伤程度达到门槛值,可靠度突变为 0,即失效,对应的时间-可靠性曲线如图 2-4 中曲线 3 所示。当参数的分散性逐渐由大到小变化时,时间-可靠性曲线会由 1、2 逐渐靠近曲线 3,即在结构系统的规定寿命期内可靠度会随着参数分散性的减小而提高。也就是说,结构稳健设计通过降低目标参数的分散性,来提高结构系统寿命期内的可靠度。

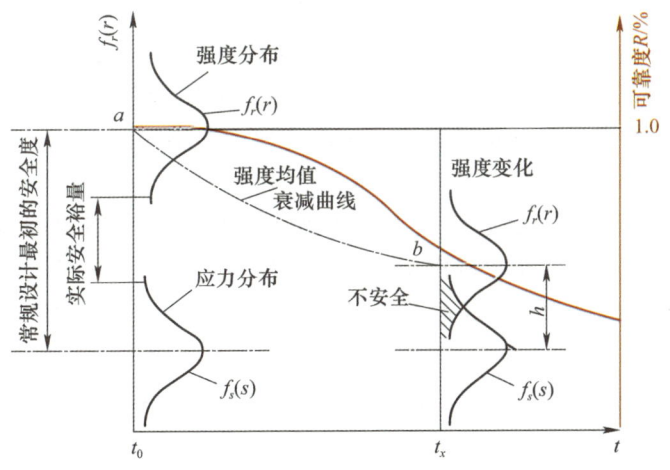

图 2-3　时变应力-强度干涉模型

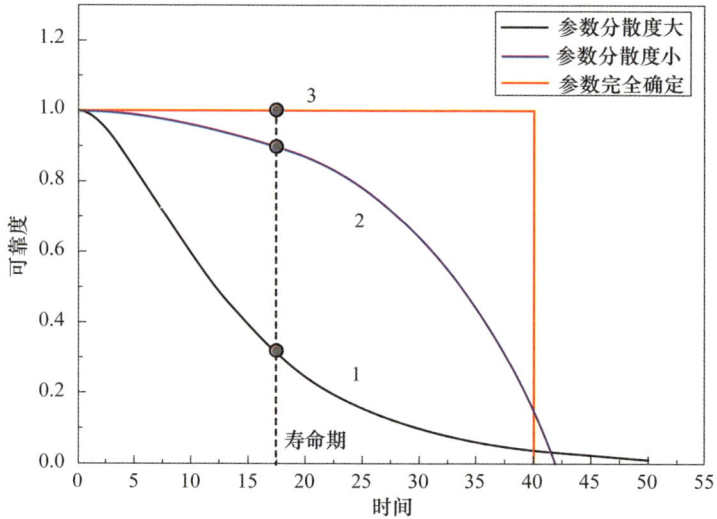

图 2-4 参数分散性对结构可靠度的影响规律

结构系统稳健性与单一构件损失失效概率的本质差异，在于连接界面引起的力学特性分散性及其对结构系统损伤失效力学过程的影响规律。结构系统稳健性主要分析由连接界面损伤积累引起的界面连接结构系统力学特性分散性及其控制方法。

2.1 界面损伤非确定性

结构系统中连接界面是指通过物理方式压紧的两物体的结合部，用于传递两物体之间的载荷或起到约束位移的作用。根据连接界面上接触面承受载荷及变形情况，可将接触状态定性地分为黏滞接触、滑动接触、准接触和分离四种形式，其中，只有连接界面处于粘滞和滑动接触状态时可以传递力载荷，接触面之间产生力的作用效果。

由于连接界面是两个通过压紧力保持接触的表面，其本身只能承受压力，不能承受拉力，为了保证在拉伸载荷作用下连接结构也能保持整体性，需要在装配时施加一定预紧力，而预紧力大小是受界面接触应力/应变损伤限制的，因此，连接界面的接触状态会随着其所受载荷、初始状态等因素的影响而变化，即界面接触状态及损伤特性在工作过程中具有波动性。转子连接界面接触损伤的关键影响因素包括连接结构尺寸、配合紧度和载荷环境等多个结构/力学特征参数。通过对连接界面的受力和损伤失效模式进行分析，可对连接结构力学特性和界面接触损伤积累进行定量评估。

2.1.1 接触界面损伤

1. 结构系统

结构损伤是指结构在使用过程中,由于受到载荷环境的作用,结构件以及配合界面产生变形、断裂、疲劳、磨损和腐蚀等现象,在可以完成规定功能的范围内,使结构系统的力学特性产生一些不利于初始性能的变化。

结构失效一般是指"在规定的使用条件下,结构丧失其规定的功能"。根据航空发动机结构及使用载荷环境的特点,对"保持功能"可以归结为"承受规定载荷并且保持结构完整性"。将由于结构及其组成部分产生分离、断裂、失稳、过度变形和异常畸变而导致结构丧失其承受规定载荷能力的现象,称为结构失效。

需要指出的是,结构损伤与结构失效是两个不同的概念。结构损伤随着发动机的工作循环逐渐积累,当损伤超过特定的门槛值时,结构系统的响应特性会产生突变(或者人为判定失效),从而引起结构失效(丧失功能)。

结构系统的损伤失效包括两种形式,一是单个构件的损伤失效,即在外载荷作用下在结构内部产生损伤积累,直到功能消失;二是初始损伤起源于连接界面,而最终结构系统强度薄弱的构件失效,称为结构系统界面损伤失效,简称"结构系统失效",其特点是初始损伤位置与最终失效位置可能不同,并且在损伤失效力学过程中,伴随着结构系统力学特性变化和失效模式的改变。

单一构件损伤失效,一般为多种失效模式的叠加。例如,航空发动机的涡轮叶片承受拉伸-弯曲-扭转多轴载荷与温度、振动等复杂载荷的综合作用,其失效模式也包括高周疲劳、低周疲劳、蠕变等,并且表现出多种失效模式交互叠加特征。

结构系统失效是指由于连接界面损伤积累引起结构系统力学特征的变化,从而造成结构系统及组成构件的受力状态发生变化,结构系统各构件的损伤失效模式也会发生相应变化,最终导致结构系统中,强度相对薄弱的零件甚至整个系统发生失效。对于套齿连接压气机与涡轮轴转子系统,在拉压-弯曲-扭转多种载荷作用下初始损伤积累位置为啮合齿面磨损,随着套齿齿面接触损伤积累,转子结构系统的弯曲刚度降低,动力响应加大,涡轮叶片与机匣碰摩,最终造成叶片断裂和机匣严重磨损失效。即初始损伤位于套齿连接界面,而最终失效构件是涡轮叶片和机匣。

结构系统失效的特点表明,通过增大易损坏零件的强度和提高安全系数,不能从根源上解决由界面损伤失效所引起的结构系统故障问题。而必须以结构系统为对象,研究掌握界面损伤与结构力学特性的内在联系,通过对相关结构的几何参数、装配工艺参数等进行优化设计,有效控制关键连接界面的损伤积累,才是从根本上解决结构系统失效的正确途径。

航空发动机转子系统是由多个结构单元通过界面配合连接组成的界面连接结构系统。连接界面上的变形和应力分布会随载荷环境变化。当载荷超过一定值时,结构系统力学特性在连接界面处也会发生阶跃或突变。套齿、端齿、法兰连接转子系统的力学特性（如弯曲刚度）会随着载荷环境变化而改变，且在连接界面上发生损伤，表现出与连续结构完全不同的失效模式。

值得注意的是，连接结构界面损伤在转子系统中造成的动力学影响尤为突出。转子连接结构受到拉压、弯曲、扭转、离心和温度载荷等作用，使连接界面上的接触应力和接触状态产生变化，进而产生不同类型的损伤，损伤积累的结果可能会使连接结构发生非协调变形和松动，从而使转子结构系统的定心面紧度或同轴度发生变化，产生附加不平衡量并使弯曲刚度发生变化，显著影响转子系统的振动特性。

2．界面损伤

在转子工作状态发生变化时，连接结构受到的工作载荷也会发生相应变化，且连接界面具有非连续性，造成界面应力和滑移在一定范围内波动，从而引起连接界面发生不利于其承载/约束功能的变化，即发生界面损伤。根据所引起功能变化的不同，可以将界面损伤分为**疲劳损伤**、**摩擦损伤**和**滑移损伤**。

如图 2-5 所示，疲劳损伤指连接界面在法向和切向接触应力作用下，由界面发生裂纹萌生、扩展所引起的损伤现象，受界面切向接触应力 F_f 和法向接触应力 F_a 幅值的影响；摩擦损伤是指界面发生相对微小位移 d_r 时，切向接触应力 F_f 对界面做功从而引起界面表层材料脱落的损伤现象，受界面摩擦功 $W = F_f \cdot d_r$ 的影响；滑移损伤是指在工作载荷作用下连接界面之间切向发生相对错动、引起构件之间相对位置的改变现象，主要受界面相对滑移距离 d_r 的影响。显然，不同类型损伤的关键影响参数之间存在交叉项，说明界面损伤之间会交互作用，从而对界面损伤的积累力学过程产生影响。

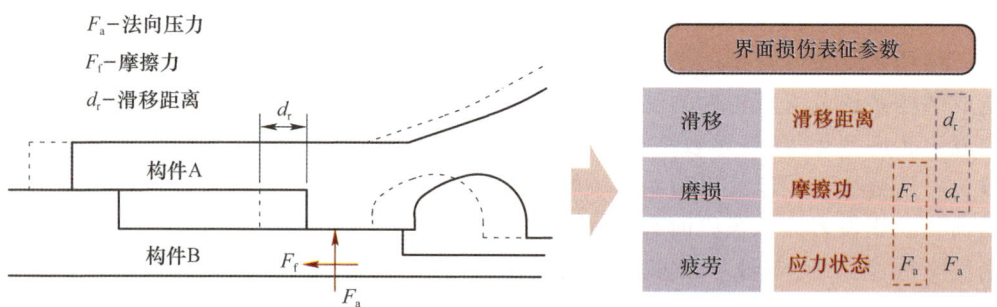

图 2-5　不同类型界面损伤及其关键影响参数

此外，界面连接转子结构系统在实际使用中，由于装配预紧力、装配过盈量、界面摩擦系数、外载荷幅值及循环次数等装配/工艺/载荷特征参数存在一定的分散度，并由此导致界面接触特征参数变化，使转子连接界面的损伤具有显著的非确定性。因此界面连接损伤积累的力学内涵，一是具有多种失效模式，损伤力学过程具有非确定性；二是连接界面接触损伤的影响因素较多，接触损伤失效的门槛值具有非确定性。

图 2-6 所示为连接界面接触损伤积累力学过程分析模型，当连接结构受到外界

载荷时,由于连接结构的非连续性,界面接触状态和应力分布会产生变化,导致界面接触损伤,而损伤形式与结构、载荷以及初始状态相关,因此,在载荷循环作用下不同界面损伤累积力学过程存在显著差异。

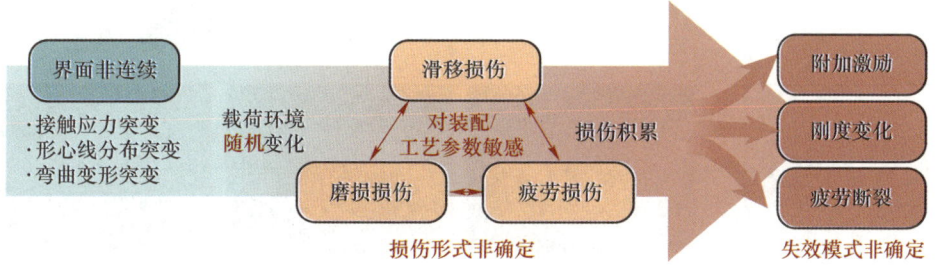

图 2-6　界面损伤积累力学过程分析模型

对于连接结构的界面摩擦-疲劳力学模型,如图 2-7 所示,界面摩擦损伤速率 $\dot{w}$ 和多轴疲劳损伤速率 $\dot{i}_c$ 对界面法向压紧力 F_a 幅值十分敏感,当受到外载荷反复作用时,其界面上会同时发生磨损和疲劳两种损伤,且两种损伤之间会互相影响。而随着载荷循环的增加,由于界面法向力 F_a 不同,可能表现为疲劳裂纹、摩擦损伤或者两者兼有。

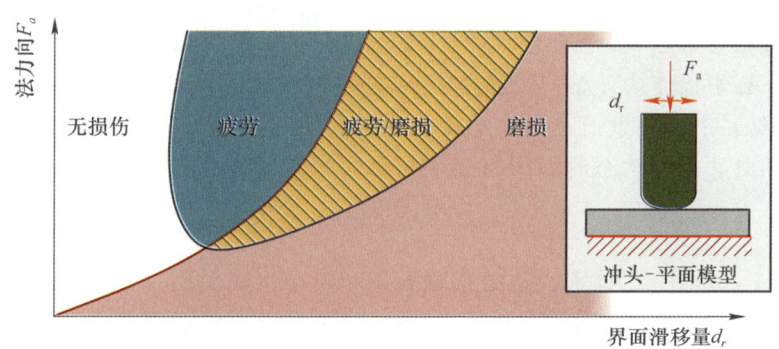

图 2-7　连接界面摩擦-疲劳力学模型

随着损伤积累,连接结构的力学特性(如不同轴度、刚度特性、疲劳强度等)会逐渐发生变化,即连接结构出现力学性能退化,但由于同一种损伤积累后可能会造成多种失效模式,且不同形式、不同位置连接结构力学特性的变化对转子影响的敏感度有显著差异,因此,界面的最终损伤失效模式及时刻会有一定的分散性,即非确定性。

如图 2-8 所示为法兰-螺栓连接高速转子结构中,轮盘与鼓筒连接处法兰端面在长期工作后产生的界面损伤形貌特征。对于法兰-螺栓连接结构,主要是摩擦损伤和不可恢复滑移,主要表现为界面磨损和压紧螺栓松脱力矩变化。

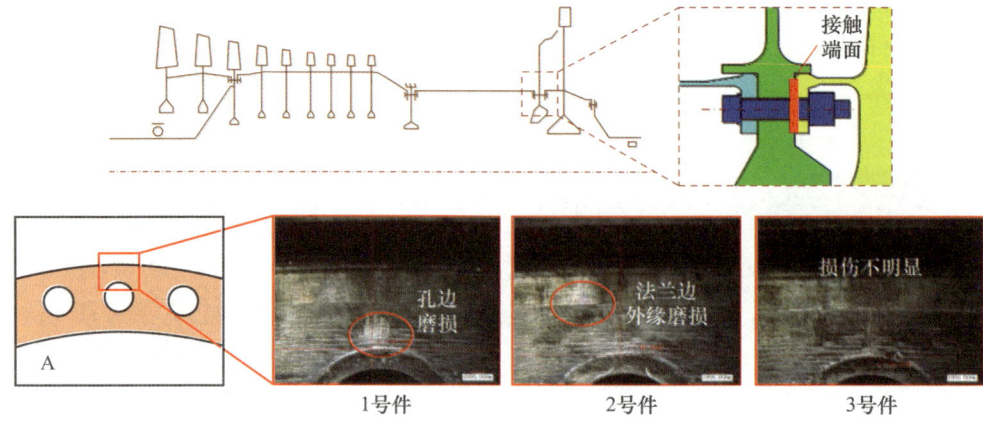

图 2-8　界面接触损伤积累及转子连接结构界面损伤形貌特征

2.1.2　界面损伤评估

界面连接转子结构系统,根据其结构特征和工作载荷环境特点,可以将连接界面接触损伤失效分为接触疲劳损伤、界面滑移(约束失效)和界面磨损三类。因此,在连接界面的接触损伤力学行为分析的基础上,针对不同的力学行为确定定量评估参数,主要有接触状态系数、接触应力、弹塑性变形能和接触摩擦功等。

接触状态系数作为评估界面接触状态的特征参数,用于反映承载接触面积占配合面总面积的大小,其量值越大表示接触面越稳定。接触状态系数 C_{conta} 为处于粘滞接触状态和滑动接触状态的面积与接触面总面积的百分比的和,即

$$C_{conta} = \frac{A_{sticking} + A_{sliding}}{A_{total}} \times 100\% \quad (2-1)$$

式中, $A_{sticking}$、$A_{sliding}$ 分别为粘滞接触面积和滑动接触面积; A_{total} 为接触面总面积。

具体结构和使用载荷条件,可根据设计经验,确定可保证连接界面配合稳定所需要的接触状态系数。也可通过对比不同状态下接触状态分布系数的变化,对连接界面进行评价。

接触应力是用于控制接触损伤的主要参数。由于界面接触应力分布不均匀,可以将其分为最大接触应力和平均接触应力。其中最大接触应力用于评估界面损伤程度,平均接触应力用于评估连接界面的应力储备和连接界面的受力状态。

最大接触应力:由于机械构件的配合面均为粗糙表面,实际接触面积远远小于宏观接触面积。在接触压力的作用下,微观接触表面产生微观塑性变形,这种变形与表面疲劳裂纹的萌生有关。此时,材料表面局部应力值最大,是整个构件最薄弱部位,因此只要材料表面最大接触应力 σ_n 不超过表面微观屈服强度 σ_{ms},材料表面不会发生疲劳破坏,即:

$$\sigma_n < \sigma_{ms} \quad (2-2)$$

其中,表面微观屈服强度 σ_{ms} 是反映材料表面抵抗塑性变形能力的力学参量。相关研究表明,屈服强度与材料对称拉压疲劳极限 σ_{-1} 接近。

平均接触应力:对连接界面进行受力程度设计时,需要保证配合面在任何状态下均保持压紧状态,以满足定心/定位的技术要求。通常情况下配合面的接触应力分布具有很强的不均匀性,因此本书初步采用平均接触应力 σ_{aver} 对接触面的压紧状态进行描述。

此外,平均接触应力可反映有效接触面上的配合压力储备量,其量值越大连接界面越难松动,连接结构稳健性越高。平均应力可描述整个接触面上的压力分布情况,故用于连接结构的稳健设计。

弹塑性变形能是采用能量法定量分析疲劳损伤的基础,在疲劳寿命中,每次应力循环产生的耗散能量之和为常数。不可逆耗散能 D 与应力幅值 σ_a、非弹性变形(不可恢复变形)$\Delta\varepsilon_n$ 的乘积成正比,即

$$D = k_s \sigma_a \Delta\varepsilon_n \qquad (2-3)$$

式中,k_s 为形状系数,可以根据实际试验条件选取。

对于一次应力循环,材料产生的非弹性变形 $\Delta\varepsilon_n$ 较难测量,因此,接触面不可恢复变形能密度 e 用不可逆耗散能 D 表示。假定每次接触变形中均有比例为 k_p 的塑性变形,则不可恢复变形能密度 e 为接触法向应力幅值 σ_a 与接触面节点法向变形量 $\Delta\varepsilon$ 的乘积,即

$$e = \sigma_a \Delta\varepsilon \qquad (2-4)$$

此时,不可逆耗散能 D 可以表示为

$$D = k_p k_s \sigma_a \Delta\varepsilon \qquad (2-5)$$

将变形能密度对整个接触区域积分得到总变形能

$$E = \int_A \sigma_a \Delta\varepsilon \mathrm{d}A \qquad (2-6)$$

在有限元数值分析时,可以采用数值积分形式来表示接触面的变形能,即

$$E = \sum_1^n \sigma_{ai} \Delta\varepsilon_i A_i \qquad (2-7)$$

变形能表示每次应力循环损伤能量大小,其量值越大接触面越可能发生疲劳损伤,因此接触面的不可恢复变形能需要满足连接构件在疲劳寿命内的使用要求。

连接界面接触摩擦功反映了微动磨损过程对界面的损伤程度。接触摩擦功与微动损伤寿命存在反比例关系,可以作为评估界面磨损的参数,单位面积的摩擦功定义为

$$\mathrm{d}w = \mu |\sigma_n| |\delta| \mathrm{d}A \qquad (2-8)$$

式中,μ 为接触面摩擦系数;σ_n 为法向接触应力;δ 为接触节点相对滑移量。

将单位面积的摩擦功对整个接触面积分,即

$$W = \int_A w \mathrm{d}A = \int_A \mu |\sigma_n||\delta|\mathrm{d}A \qquad (2-9)$$

在有限元数值分析时,可以采用数值积分形式计算接触面的摩擦功。假定接触面上共有 m 个节点,每个节点占有相等的接触面积,得到整个接触摩擦功为

$$W = \sum_1^m \mu |\sigma_{ni}||\delta_i|A_i \qquad (2-10)$$

由于在通用有限元程序中,不能直接显示从装配状态到工作状态的接触摩擦功,因此,该过程的摩擦功可以用两个状态的摩擦功差值表示,即

$$W = W_2 - W_1 \qquad (2-11)$$

式中,W 为从装配状态到工作状态的摩擦功;W_1 为加载到装配状态的摩擦功;W_2 为加载到工作状态的摩擦功。

连接结构的力学特性随界面损伤积累的变化具有一定的分布特征,可以采用分散性和敏感性来描述连接界面损伤积累对结构系统力学特性的影响。分散性是对参数非确定性的一种处理方法,可以采用特征参数的变化区间与该参数标称值之比表示。连接界面接触损伤评估参数的分散度 η_Y 定义为

$$\eta_Y = \frac{\max Y - \min Y}{\max Y} \qquad (2-12)$$

式中,Y 代表可反映连接界面损伤特性的评估参数,如接触应力。

敏感性用于描述目标参数随其影响参数变化的快慢程度,将连接界面接触损伤评估参数对某个影响因素 x_i 的敏感度 S_Y 定义为

$$S_Y = \frac{\partial Y}{\partial x_i} \qquad (2-13)$$

由于偏导数对变量具有严格的要求,可求性较差,可采用差分代替微分

$$S_Y = \frac{\partial Y}{\partial x_i} \approx \frac{\Delta Y}{\Delta x_i} \qquad (2-14)$$

式中,Δx_i 为 x_i 在某个值附近的变化量,影响因素 x_i 一般为结构系统的几何尺寸、配合紧度、所受载荷等。

2.2 连接结构分散性

转子在正常工作过程中,连接结构需要起到传递载荷、约束两侧构件相对位置关系的作用,但是当受到大的外载荷(主要是弯曲力矩)作用时,其界面会不可避免地产生界面滑移、界面磨损和接触疲劳损伤积累,从而使连接结构的力学性能随着载荷循环而发生退化,并影响连接结构的承载和约束功能,直至转子系统无法正常工作。

2.2.1 界面连接结构

转子结构系统在工作状态载荷循环作用下,连接界面损伤积累超过门槛值后连接结构的力学特性产生变化。根据对转子影响的不同,转子连接结构力学特性退化分为三类,即刚度损失、附加旋转惯性载荷下降和结构疲劳强度下降。由于界面损伤积累-失效力学过程具有非确定性,连接结构力学特性的变化也会表现出显著的分散性。

航空发动机转子结构中常用螺栓、端齿、止口、套齿四种典型连接结构,在使用中结构构形、装配状态和环境载荷对连接结构力学特性的影响规律各有不同。

1. 端面预紧模型

典型法兰-螺栓连接转子结构,如图 2-9 所示,连接结构通过短螺栓产生轴向预紧力使连接结构端面接触,利用端面接触应力传递扭矩、承受弯曲载荷等。

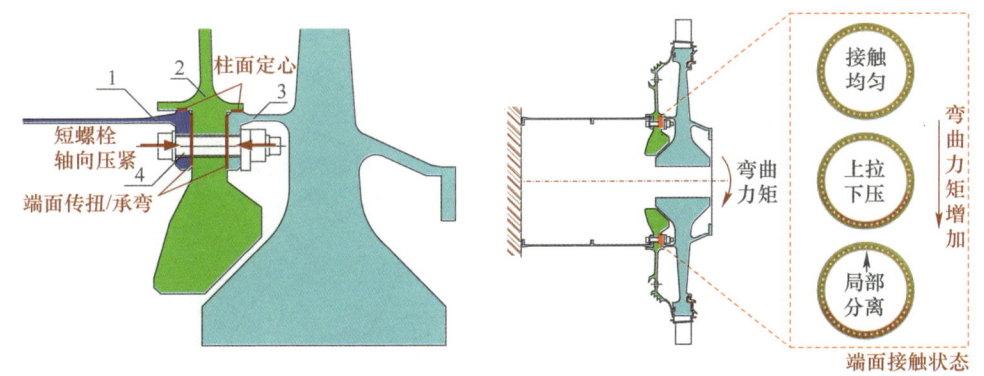

1—鼓筒;2—封严盘;3—高压涡轮盘前轴颈;4—螺栓

图 2-9 法兰-螺栓连接转子结构及端面接触状态

由于端面具有只能承压、不能承拉的特点,在弯曲力矩作用下连接结构端面应力分布会发生改变,呈现"上拉下压",从而使连接结构的力学特性随着外载荷的改变而发生变化。

基于上述结构和载荷特征,建立如图 2-10 所示的"端面预紧"力学模型。其中,连接结构两侧的构件在预紧力作用下通过端面相连接,并且随着外载荷的变化,连接界面位置接触状态参数会产生变化并造成连接结构弯曲刚度损失、连接结构中性面偏移。

在弯曲载荷作用下,界面只能承压、不能承拉,所以其连接界面的轴向拉/压刚度沿周向分布不均匀,并进一步导致连接结构弯曲刚度特性的改变。考虑上述影响,需要按照图 2-10(b)对连接结构沿周向作离散处理,通过将连接结构的弯曲刚度分解为各个扇区的拉/压刚度的方式,对连接结构的弯曲刚度展开研究。

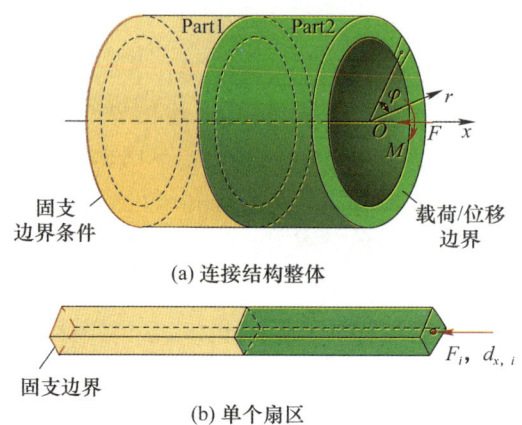

(a) 连接结构整体

(b) 单个扇区

图 2-10 "端面预紧"连接结构简化模型

如图 2-11 所示为"端面预紧"连接结构载荷/位移边界沿周向的轴向力-变形分布特性(边界位置见图 2-10),图中 F_i 为离散面 i 上所受的力,而 φ_i 为离散面中心相对 z 轴的夹角,且根据几何关系易知 $\varphi_i = 2\pi(i-1)/N$。

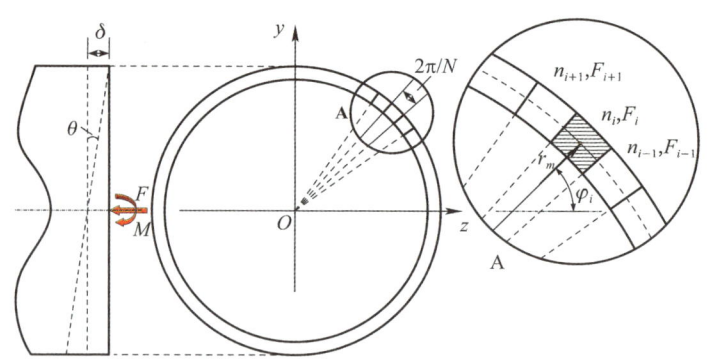

图 2-11 连接结构载荷/位移边界沿周向轴向力-变形分布

因此,可将连接结构力学简化为若干个离散的轴向弹簧,其示意图如图 2-12 所示。假设连接结构边界在外载荷作用下依然保持在一个平面,并且离散后的扇区轴向拉伸(压缩)刚度 k_x 随扇区位置 φ_i 改变而变化,即

$$k_x = k_x(\varphi_i) \tag{2-15}$$

随着轴向载荷的变化,单个扇区的轴向拉伸(压缩)刚度会产生变化,因此可以将单个扇区的拉伸(压缩)刚度表述为轴向变形的函数,即

$$k_x = k_x(d_x) \tag{2-16}$$

并通过该表达式进一步建立扇区受到的拉伸载荷与拉伸变形量的关系,即

$$F_{i,x}(d_x) = \int_0^{d_x} k_x(s)\mathrm{d}s \tag{2-17}$$

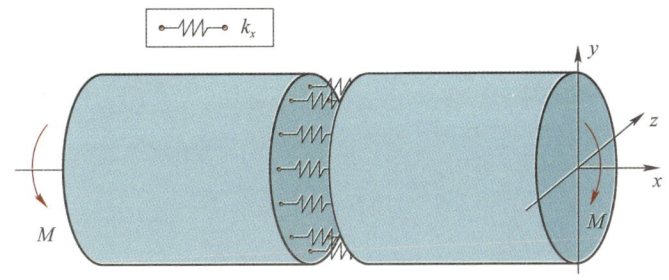

图 2-12 "端面预紧"连接结构力学模型

通过建立连接结构受到的弯曲力矩和转角变形之间的数学关系，可以对连接结构的弯曲刚度进行描述。假设图 2-10 中的位移边界位置的位移边界条件如图 2-13 所示。该位移边界条件由两部分组成，即轴向位移 δ_0 和角向位移 θ。

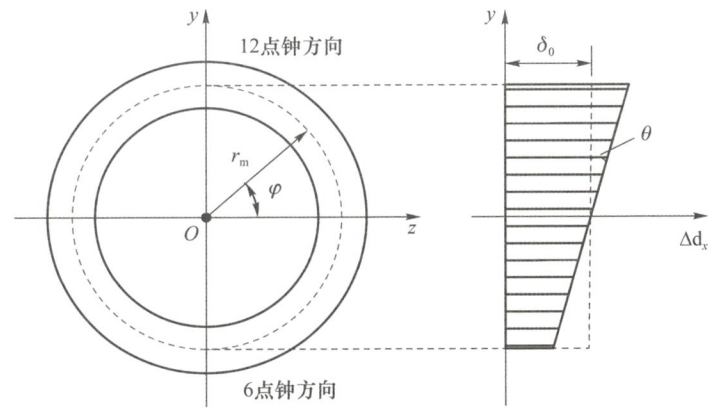

图 2-13 工作载荷作用下涡轮前连接结构位移边界条件

因此，边界的位移量随周向位置 φ_i 的变化关系可以表示为

$$d_{x,i} = \delta_0 + \theta y_i = \delta_0 + \theta r_m \sin \varphi_i \tag{2-18}$$

式中，r_m 为离散后扇区中心点对应的节圆半径。

通过该模型可以求解在外载荷（轴向拉力和弯曲力矩）作用下界面应力分布状态，从而求解连接结构的弯曲刚度和中性面位置。

2. 双柱面定心模型

"双柱面定心"连接结构力学模型则主要针对套齿连接结构。该类连接结构通过大螺母轴向压紧各构件，通过轴向带有一定距离的两道圆柱面实现定心和承弯，并依靠花键传扭，而圆柱面的接触和滑移状态决定了连接结构的刚度特性。典型套齿连接结构可分为轴-轴套齿连接结构与盘-轴套齿连接结构两类，其柱面的连接结构受力状态如图 2-14 所示，所示。由该图可知，在弯曲载荷作用下，定位端面和前后定心面均可产生垂直于界面的法向载荷 F_e^p, F_f^p, F_b^p，与平行于界面的切向摩擦力 $F_e^\mu, F_f^\mu, F_b^\mu$。

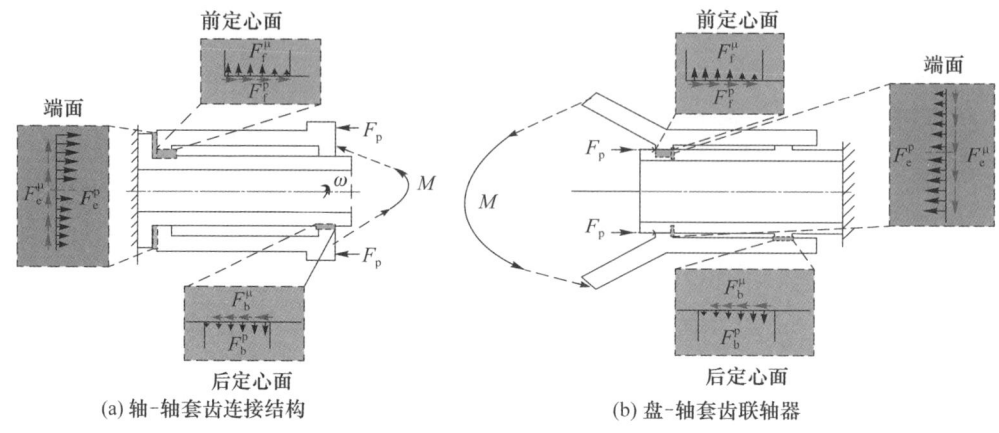

(a) 轴-轴套齿连接结构　　(b) 盘-轴套齿联轴器

图 2-14　典型套齿连接结构受力状态

对于接触界面而言,连接结构轴向方向的界面载荷,其载荷力可由预紧载荷平衡。而对于连接结构的极惯性轴,轴向载荷形成的合力可产生一定的弯曲力矩,起到约束套齿外轴角向变形的作用。根据弯曲力矩与角向变形的关系,该类界面约束载荷的作用效果可等效为角向弹簧。因此,定位端面法向载荷,前后定心面的切向摩擦力均可等效为角向弹簧 $k_{c1}^1, k_{c1}^2, k_{c2}$,由于前定心面与端面位置相近,根据弹簧并联关系,其刚度满足 $k_{c1}=k_{c1}^1+k_{c1}^2$。

连接结构横向方向的界面载荷力,主要起到约束套齿外轴横向变形的作用。根据横向载荷与横向变形间的关系,此类连接结构界面约束载荷的作用效果可等效为线弹簧。因此,定位端面的切向摩擦力,前后定心面的法向载荷均可视为线弹簧 k_{f1}^1,k_{f1}^2, k_{f2},端面与前定心面的约束刚度也可表述为

$$k_{f1}=k_{f1}^1+k_{f1}^2 \tag{2-19}$$

根据套齿连接结构的受力特点,除接触界面局部范围外,套齿内外轴均可视为欧拉-伯努利梁,建立"双柱面定心"连接结构力学模型如图 2-15 所示。y,θ 分别代表模型的横向自由度与角向自由度;M 为连接结构外轴所受到的弯曲载荷;E_1I_1,E_2I_2 分别代表套齿内、外轴的抗弯刚度;l_{12} 代表连接结构定心面间的轴段长度;l_{11},l_{22} 分别代表定心面外侧的套齿内、外轴的长度。通过该模型,可以实现对连接结构刚度特性的求解与分析。

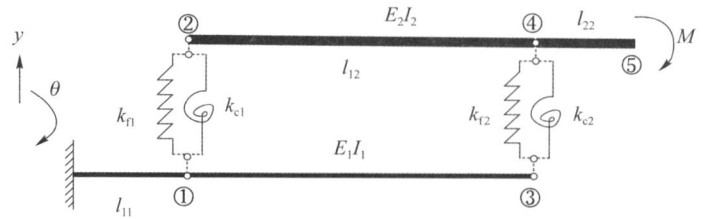

图 2-15　"双柱面定心"连接结构力学模型

总之,以套齿连接结构和法兰-螺栓连接结构为对象,建立界面连接结构力学模型,分析连接结构力学特性分散性产生的原因及其对转子动力学特性的影响。

2.2.2 套齿连接转子弯曲刚度

基于如图 2-16(a)所示的套齿连接转子系统,建立"双柱面定心"连接结构的力学特性分析模型和力学特性试验器。基于仿真和试验分析可知,当套齿连接结构受到弯曲力矩载荷时,其1♯定心面位置出现相对滑移损伤,并且滑移区面积占比会随着弯曲力矩的增大呈现出先快速增大逐渐趋于稳定的变化规律,与之相对应的,套齿连接结构弯曲刚度损失也同样表现为先快速增加后趋于平稳。

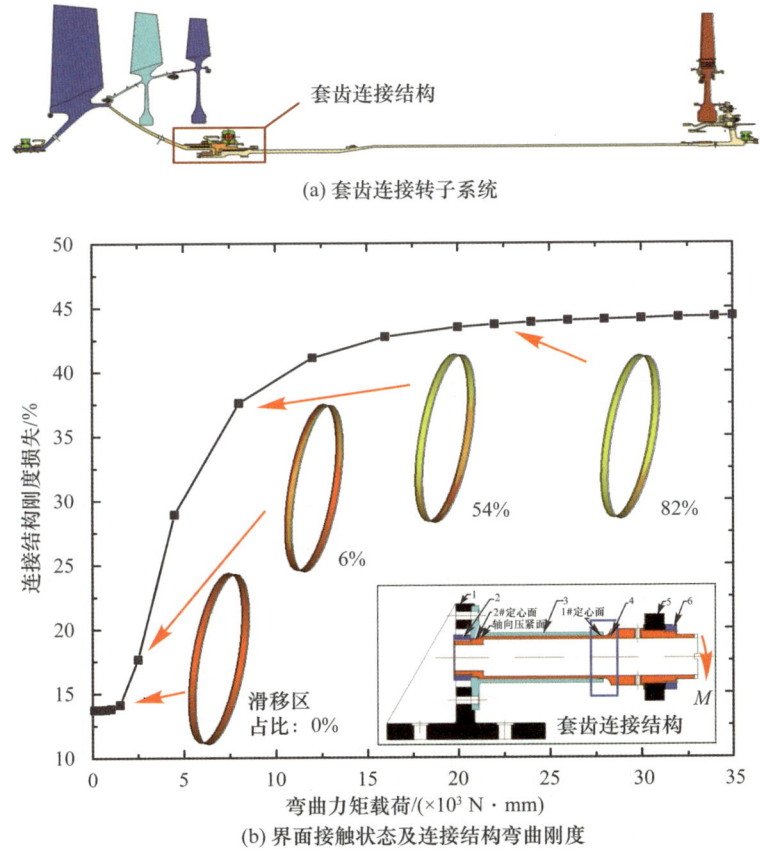

图 2-16 载荷环境对套齿连接结构力学特性的影响

除了所承受的载荷环境外,连接结构的力学特性还会受到装配特征参数的影响。由于装配过程中,工艺/装配特征参数(如配合公差、装配载荷、装配工序等)会不可避免地产生偏差,从而对连接结构界面的初始装配状态产生影响;因此当连接结构处于特定的工作状态时,界面初始装配状态的差异会导致不同程度的界面损伤并造成连接结构力学特性产生一定的分散性。如图 2-17 所示为图 2-16 中的套齿连接结构力学特性受到装配过程的影响。显然,由于定心圆柱面过盈量和大螺母拧紧力矩的差异,导致不同初始装配条件下的连接结构具有不同的弯曲刚度损失。在不同的弯曲力矩载荷状态下,装配过程引起的连接结构弯曲刚度分散度也不尽相同。

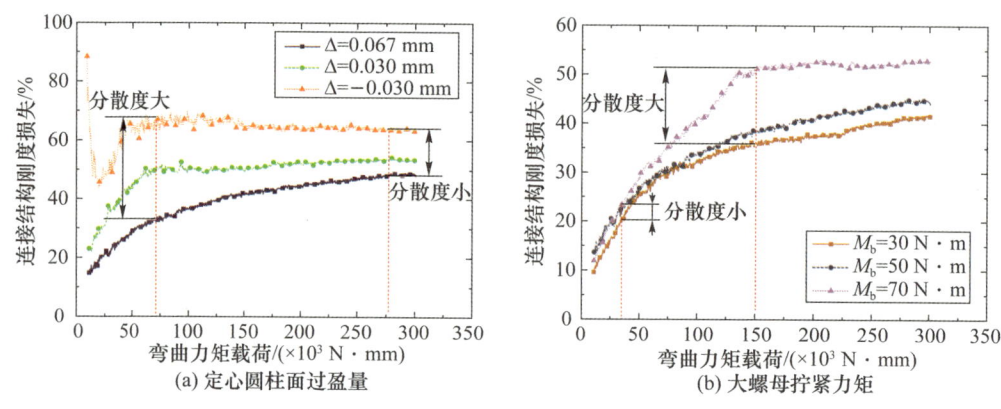

图 2-17 装配参数对套齿连接结构刚度影响的区间分布特征

2.2.3 法兰-螺栓连接转子旋转惯性载荷

对于满足结构连续性假设的转子结构在弯矩载荷作用下,内部纤维长度会发生变化,受拉应力的纤维伸长,受压应力的纤维缩短,纤维长度不发生改变的区域称为中性面,中性面与横截面的交线称为中性轴,如图 2-18 所示。

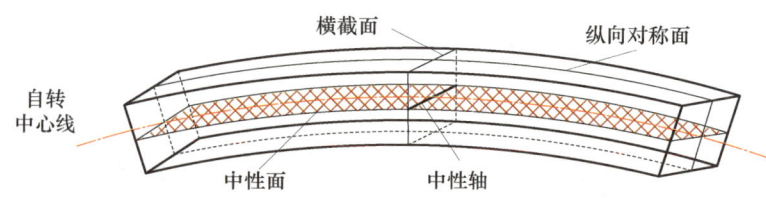

图 2-18 弯曲变形中性面示意图

转子旋转状态下,其自转中心轴为转子内应力分布的中性面的中心线(中心轴)。这是由于转子在转动过程中,尤其是在非协调进动时,转子结构内存在交变应力,使转子结构内"纤维"状态始终在拉伸和缩短之间转换。而转子弯曲变形中性轴为转子受拉压载荷作用下"纤维"保持长度不变的中心位置,转子只有绕中心线才能实现稳定自转运动,因此,转子结构弯曲变形中性轴也称作转子弯曲变形弹性线。

图 2-19 为连续结构与界面连接结构的截面弯曲应力分布对比图。纯弯载荷作用下,连续结构的应力关于截面形心对称分布,因此中性面通过截面形心。而对于界面连接转子而言,由于接触界面只能承受压应力而不能承受拉应力,当界面承受较大

弯矩载荷时,局部界面处于分离状态,进而导致界面应力分布不具有对称性,弯曲中性面不再通过转子各截面形心,即中性面产生一定偏移量 δ。

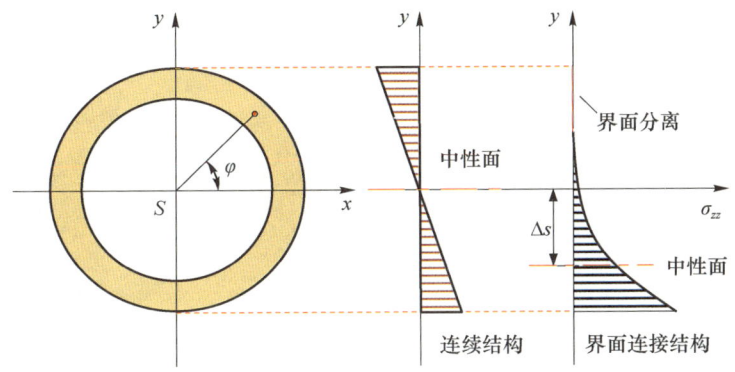

图 2-19 连续结构与界面连接结构的截面弯曲应力分布对比

航空发动机转子连接界面通常承受初始装配预紧载荷,以保证工作状态下连接界面的接触状态稳定。如图 2-20 所示为弯矩载荷对界面中性轴偏移量的影响。由该图可知,弯矩载荷为零时,结构仅受预紧载荷作用,界面仅承受压应力,处于全粘滞状态,并且接触应力分布对称,此时中性轴与转子形心轴重合;弯矩载荷较小时,界面出现局部滑移,同时由于端面接触应力分布呈现"上拉下压"状态,并且应力分布不对称,导致中性轴偏移,但由于12点钟方向接触界面在螺栓预紧力作用下,仍然保持接触,因此偏移程度相对较小;当弯矩载荷较大时,界面应力分布不均匀性进一步增加,并且由于12点钟方向拉力作用大于螺栓初始预紧力致使界面局部发生分离,因此中性轴偏移量较大,并且会随着弯矩载荷的增大而迅速增加。

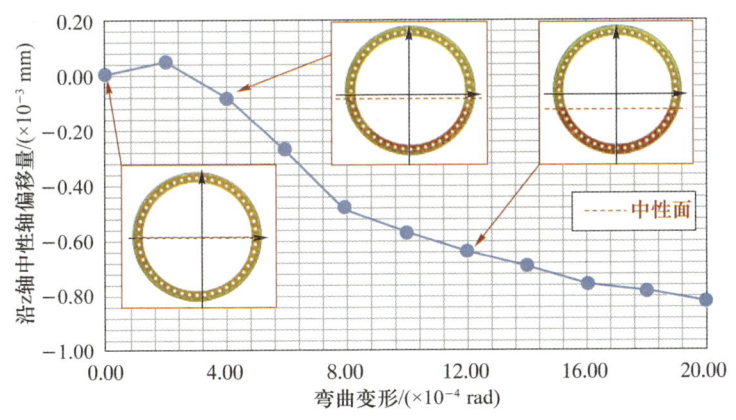

图 2-20 弯矩载荷对连接结构中性面偏移的影响

由于航空发动机转子系统的旋转惯性载荷主要来自大质量/转动惯量轮盘,因此,轮盘附近连接结构中性轴的偏移将改变轮盘自转中心轴的位置。如图 2-21 所示,由于轮盘两侧连接结构在弯矩载荷作用下均出现中性轴偏移,并且两侧的中性轴偏移量不相等,将导致轮盘自转中心轴相对形心线出现附加偏移和倾斜。

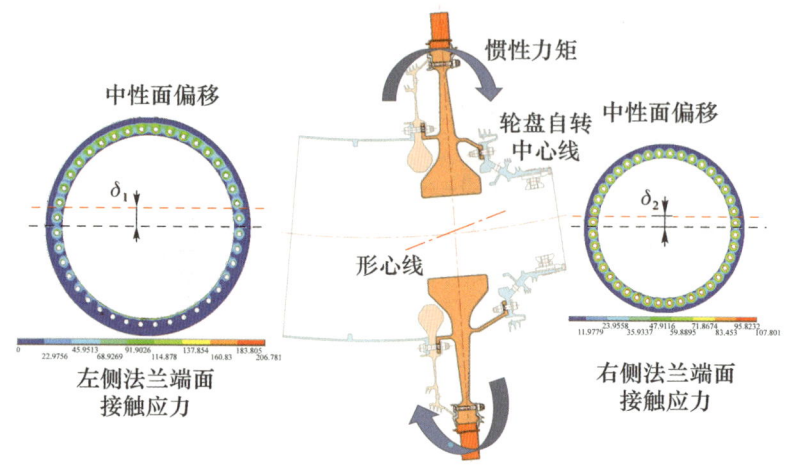

图 2-21 典型界面连接转子中性轴偏移示意图

图 2-22 为中性轴偏移对轮盘附加质心偏移的影响示意图,对应图 2-21 中 $\delta_1 = \delta_2$ 的情况,此时中性轴平行形心线发生偏移。未发生中性轴偏移时,轮盘绕形心 S 自转,偏心距为 e(见图 2-22(a));当中性轴偏移时,轮盘自转中心轴随之偏移,由此将导致质心相对自转中心的距离由 e 变为 e′(见图 2-22(b)),轮盘将受到附加旋转惯性力的作用。而图 2-23 为中性轴偏移对轮盘附加惯性主轴倾斜的影响示意图,对应图 2-21 中 $\delta_1 = -\delta_2$ 的情况,此时中性轴仍通过轮盘形心,但与形心线呈一定夹角。此时中性轴偏移导致轮盘自转中心轴与形心线存在一定夹角,由此使轮盘的惯性主轴倾斜角由 θ 增加至 θ',轮盘将受到附加惯性力矩的作用。

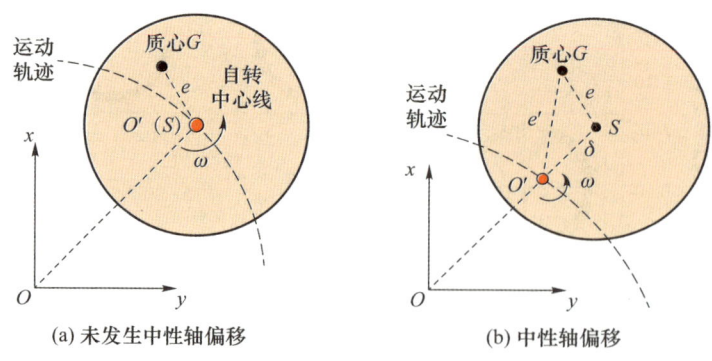

(a) 未发生中性轴偏移　　(b) 中性轴偏移

图 2-22 中性轴偏移引起的附加质心偏移示意图

对于任意的 δ_1 和 δ_2,均可视作图 2-22 和图 2-23 情况的组合,因此,法兰-螺栓连接结构的中性轴偏移,将会影响其附近轮盘的自转中心轴的空间位置,从而引起附加质心偏移和惯性主轴倾斜,使转子在旋转过程中产生附加旋转惯性(力和力矩)载荷。

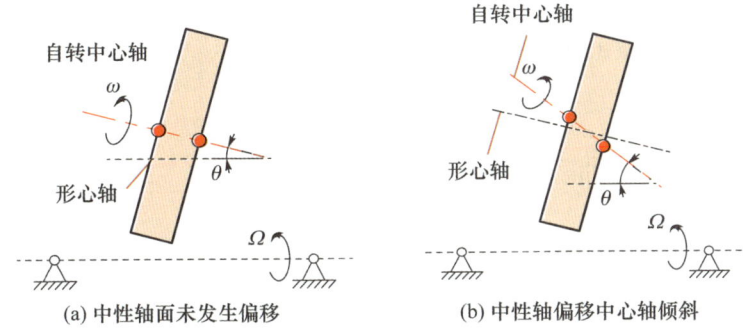

图 2-23　中性轴偏移引起的附加惯性主轴倾斜示意图

如图 2-24 所示为典型法兰-螺栓连接高压转子,转子采用四排法兰-螺栓连接,最大工作转速在两阶刚体振型临界转速以上,高速旋转时会发生不可忽略的弯曲变形,使得转子的动力学特性对转子内的旋转惯性载荷分布十分敏感。

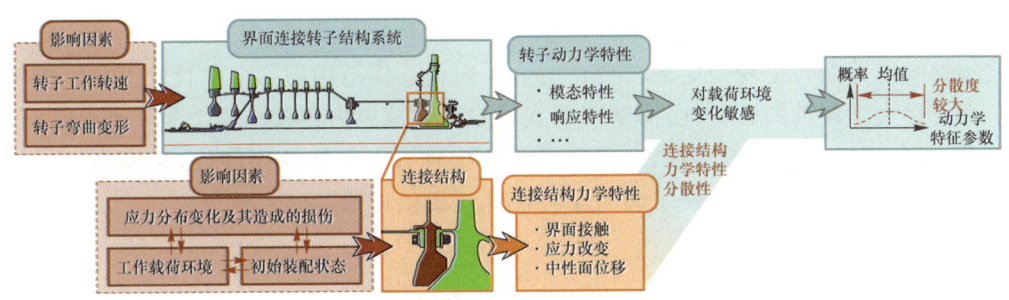

图 2-24　界面连接结构力学特性分散性对转子动力学特性影响

同时,由于转子所处的载荷环境变化剧烈,当转子在工作过程中产生较大的旋转惯性力矩时,会导致连接结构端面应力分布改变,引起大质量惯性轮盘倾斜,所产生的附加旋转惯性力矩会造成高压转子基频振动突变。考虑到生产/装配过程中产生的装配/工艺特征参数变化范围较大,使得连接结构界面接触状态及力学特性会产生一定的分散性,因此,不同台次发动机的高压转子振动信号随转速变化表现出不同的特征。

对多台份试车振动数据进行分析,统计结果如图 2-25 所示。高压转子基频振动幅值"突增突降"是普遍现象。当转子转速超过刚体模态共振转速后,转子基频振动会突增,并随转速迅速提高,如果超过安全控制阈值则停车;如果进一步提高转速,振动突降,使转子振动恢复到较低水平。有些"突增突降"现象,由于幅值较小,对发动机工作影响较小。此外,出现振动突变的转速分布也具有区间分布特征。

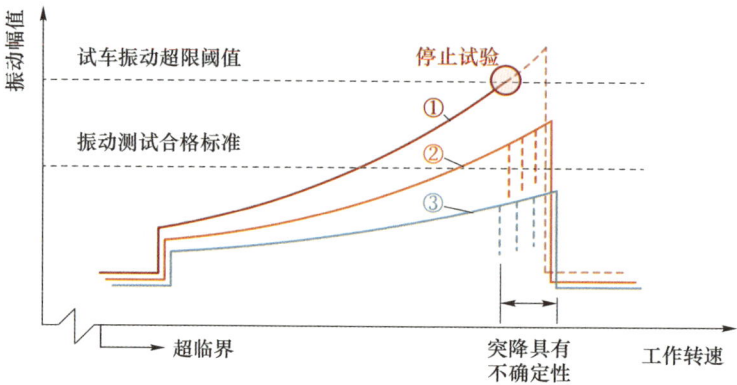

图 2-25 高压转子系统基频振动"突增突降"

通过对转子连接界面接触损伤力学行为及高速转子连接结构力学特性变化规律进行分析,可知由于界面连接转子系统结构具有非连续性,当连接结构的载荷环境发生较大变化时,连接界面会产生界面摩擦、接触疲劳和相对滑移等多种损伤,进而对连接结构的力学特性产生分散性。其中,连接结构承受的载荷特征参数、装配/工艺/结构等特征参数均会对连接界面损伤积累产生非确定性影响,从而造成连接结构力学特性随载荷变化呈现一定的时变性。为了避免连接结构局部力学特性变化影响转子系统动力学特性的分散性,需要降低在特定工作范围内连接结构力学特性对载荷/装配/工艺特征参数的敏感性,即保证连接结构具有力学特性稳健性,从而为进一步开展连接结构力学特性与转子动力学特性优化提供理论基础和改进方向。

2.3 转子系统稳健性

转子系统稳健性是指转子系统力学特性受结构参数、装配状态和载荷环境影响的低敏感度和小分散度,简称转子稳健性。

转子系统力学特性根据其运动状态可分为:刚度特性、模态特性和动力学特性。其中,刚度特性主要指转子结构几何构形和材料性能所体现的对静载荷的抗变形能力;模态特性是指转子结构质量/刚度分布协调性及其对振动载荷环境的敏感性;动力学特性是指转子结构在旋转运动状态下质量、刚度和旋转惯性交互作用所表现出来的环境适应性。

转子系统动力学特性分为固有特性(如共振转速分布、临界转速确定)和动力响应特性(如弹性线、支点动载荷)。界面连接转子系统在一定转速范围内,连接界面接触状态变化会对转子系统固有特性和响应特性的影响呈现区间分布特征。

理论分析和工程实践表明,现代高负荷航空发动机转子系统,连接结构不仅可以削弱转子结构固结程度,而且随着使用循环增长,连接界面损伤累积会改变连接结构的力学特性,使转子及其连接结构的力学特性(如弯曲刚度、不平衡分布、共振转速分布及支点动力响应等参数)呈现时变特征。而转子系统力学特性同样与加工精度、装配误差以及工作载荷变化具有密切的关联性,因此转子系统力学特征参数具有一定的分散性,并且对各特征参数具有不同的敏感度。

转子系统稳健设计是基于转子运动状态的变化而引起的连接界面接触损伤及其对转子系统动力响应特征参数影响程度,进行降低敏感度和分散度的优化。稳健设计的含义是,优化设计参数和环境影响参数变化对转子系统动力学特性影响的分散性,以及降低转子系统动力学特性对各影响因素的敏感性。其中,转子动力学特性波动的根本原因是由载荷环境变化引起的连接结构刚度和位移变化,所以转子系统稳健设计需要考虑转子结构非连续性和转速、载荷、环境的交互影响和叠加效应。当转子处于低转速运动状态时,转子结构位移表现为刚体运动,可以忽略连接结构力学特性变化的影响;当转子处于超临界高转速状态时,转子结构可产生一定的弯曲变形,这时连接界面接触状态发生变化,需要考虑其对相应连接结构及转子系统力学特性的影响。

2.3.1 基本概念

转子系统在外载荷或工作环境的作用下,连接界面损伤所引起的连接结构力学特性的变化会引起转子动力学特性变化,其变化数值在一定的范围内呈分布特征。

1. 分散性

在转子系统动力学特性的研究中,动力响应取决于系统的激励输入和转子自身的结构特征参数。在输入激励相同的情况下,系统的动力响应主要取决于结构系统自身的结构特征参数和力学特性。航空发动机转子系统,通常采用刚度/质量分布特征对其结构特征进行定量描述。当转子系统刚度/质量分布随转子运动状态变化时,转子系统动力学特性呈现分散性。

转子系统的刚度特性通常由转子支承结构约束刚度特性、转子自身刚度特性组合而成,会随环境温度、承受载荷等因素的变化而具有分散性,从而使**转子系统固有模态特性**(共振转速分布)呈现一定的分散性。

转子系统动力响应特性除了与转子系统刚度特性密切关联外,还受质量分布特性及其在不同运动状态下的旋转惯性特性的影响。当转子系统在高转速下运转产生弯曲变形时,连接界面接触状态和界面滑移,会引起质心轴与旋转轴相对位置的变化,使转子结构质量分布改变,最终引起转子系统动力响应的分散性。

转子系统动力学特性产生分散性的主要原因,是高速旋转状态下连接界面接触特征参数的变化,但是,连接界面接触损伤积累具有突变、阶跃等多种失效模式等特征,很难采用确定性方法对其进行定量描述,因此,采用分散性和敏感度等非确定数学方法进行定量分析。

2. 敏感性

航空发动机转子结构系统在工作过程中受到周期激励载荷,该载荷不仅类型多,且随工作状态具有时变特征。同时,航空发动机转子结构系统的不同位置具有多个连接结构,各结构具有不同的受力状态,对转子系统动力学特性的影响规律也各不相同,因此,连接结构力学特性的变化对转子系统动力学特性的影响具有非确定性。

研究界面连接转子结构系统动力学特性随载荷环境变化的影响规律,是在给定的连接结构力学特征参数分布区间条件下,分析转子系统共振转速和动力响应特性变化对连接结构力学特性及载荷环境变化的敏感性,最终对转子系统动力学特性的不确定性进行定量评估。

转子系统动力学特性对各连接结构变化的敏感度是指当连接结构力学特征参数发生变化时,转子系统动力学特性相应的变化程度。因此,转子系统稳健设计就是对载荷环境及连接结构特征参数变化的低敏感度设计,即当载荷和环境参数发生变化时,转子系统动力学特性具有更小的分散度。

2.3.2 转子动力学特性区间分布

共振转速是转子系统的固有模态特性,取决于转子的刚度、质量和转动惯量分布以及转子的支承方式和各支点支承刚度。对转子系统进行临界转速计算,以确定转子工作转速的安全裕度,进而判断转子在跨越或接近临界转速时转子变形能的分布及其对转子连接结构可能产生的影响。共振转速是转子系统动力学设计的重要评估参数,以此对转子系统动力学特性进行优化设计。

转子系统对外界旋转激励的动力响应,主要指旋转惯性(不平衡)载荷激励响应。该响应不仅需要考虑转子自身结构特征参数分散性对其的影响,还需要考虑高速转子系统在不同运动状态下,不平衡激励载荷变化对转子系统动力响应的影响。动力响应分散性的分析,可以预测工作状态下转子横向变形和支点支承反力,为发动机间隙控制和轴承-支承结构寿命评估提供载荷边界条件。

1. 共振转速分布

转子的涡动是自转速度和进动速度矢量和,而转子具有两个进动方向,与自转一致的为正进动,与自转相反的为反进动。转子涡动时所消耗的能量由转子系统的不平衡力做功进行补偿,从而能够维持转子系统的稳定进动。通常,转子在不平衡激励下做同步正进动,进动矢量与转子自转角速度矢量因结构角向位移会形成陀螺力矩,该力矩具有增强转子自身刚度的效果,从而改变转子系统固有模态特性。对于给定的转子结构系统,当转子进行涡动时,转子共振转速随转速变化,工程上采用Campbell图表示,绘制不同转速下的共振转速变化,并且通过等转速线与共振转速线的交点,确定转子系统共振点,即临界转速。

由于转子系统经过临界转速时,其振动幅值会急剧增大,因此航空发动机转子系统在设计时需要合理设计结构布局,使具有破坏性的临界转速,与工作转速范围满足一定的安全裕度;使需要经过的临界转速,在通过时具有足够小的振动,保证转子关键位置的振幅不超过转静子间隙。对于刚性转子,一般最大工作转速位于刚体振型临界转速与弯曲振型临界转速之间,在满足与共振转速保持足够的安全裕度的设计要求基础上,还需要降低各阶临界转速对转速、载荷、环境和转结构特征等影响因素的敏感度。对于在工作过程中需要经过弯曲模态临界转速的柔性转子系统,则要求转子在通过共振点时具有小的振幅,且弯曲变形产生的变形能不会在连接界面上产生过大的损伤积累。

航空发动机的使用环境恶劣,其转子系统面临着多变的载荷环境,导致材料力学性能改变、转子连接结构界面接触状态变化等,造成转子系统共振转速具有区间分布特征。共振转速分布特性主要取决于转子的支承刚度和轴段弯曲刚度等。支承刚度的变化主要是由环境温度对结构弹性模量的影响以及激励频率引起的结构机械阻抗变化等因素造成的,尤其是位于温度变化剧烈的热环境中大直径承力结构系统。转轴弯曲刚度的改变主要是由于结构构形几何突变、连接界面接触状态变化,以及引起连接结构和转子系统刚度分布特征的分散性导致的。

转子系统共振转速受转子结构几何参数、材料参数、载荷特征参数等影响,呈现出区间分布特征。转子系统动力学特性是其几何特征参数、材料特征参数、载荷特征参数的函数。转子系统力学特性函数的表达式为

$$R = R(X) \tag{2-20}$$

式中,R 表示系统的目标函数;X 表示系统的输入参数;两者之间的关系取决于系统的结构特征参数,当目标函数为响应幅值时,可通过结构系统的传递函数进行表征,即

$$H = \frac{R(X)}{X} \tag{2-21}$$

当转子系统的输入特征参数具有变差特征时,转子结构系统特征函数成为变差形式,即

$$R + \Delta R = R(X + \Delta X) \tag{2-22}$$

式中,ΔR 为转子系统对应于输入特征参数变差 ΔX 的输出响应的变差。

区间数学分析方法是一种常用的处理具有区间分布特征参数的系统的数学方法,将变差用区间数来表示,从而将式(2-20)和式(2-22)综合在一起,系统的特征函数可以写成

$$R^I = R(X^I) \tag{2-23}$$

式中,$R^I = R_c + \Delta R^I \Delta^I$;$X^I = X_c + \Delta X^I \Delta^I$。

分析转子系统的特征函数或求解其对应的特征方程,可以得到转子系统的响应与输入之间的关系,该关系取决于转子系统的结构特性。

转子系统的输入特征参数、输出特征参数不仅存在相关性,而且输入特征参数与输出特征参数的函数关系极少可以表达成精确的显式函数。对于相关性,采用区间

分析方法对转子结构系统动力学特性进行求解时，需要对参数相关性所引起的区间扩展问题进行控制；对于函数关系可通过试验结合函数拟合的方法得到输出参数和输入参数之间的近似函数关系。

由于转子系统共振转速呈现区间分布特点，除采用区间方法对其分析之外，基于分散度和敏感度的稳健性分析方法，常用于对具有分布特征的转子系统力学参数的分析。

分散度为考虑区间的离差半径相对中心值偏离的程度，即

$$D(X) = \left| \frac{\max(X) - \min(X)}{X_{\text{ave}}} \right| = \left| \frac{\Delta X}{X_c} \right| = \left| \frac{2\Delta X'}{X_c} \right| \qquad (2-24)$$

敏感度为输入变量局部微小变差时的响应的分散度，反映了响应随输入变量变化的快慢特征，即

$$S(X) = \left| \lim_{\Delta X \to 0} \frac{\Delta R}{\Delta X} \right| = \left| \frac{\partial R}{\partial X} \right| \qquad (2-25)$$

特征参数具有非线性和变差特征，而目前对非线性和非确定性的研究较少。非线性特征函数可通过对其进行泰勒展开、多项式拟合等处理为线性函数或弱非线性问题。函数特征参数的非确定性特征可通过分散度和敏感度、区间分析方法、摄动方法进行分析。多目标和多影响参数常采用响应面方法近似拟合函数关系，并采用理想点方法等将多目标函数综合为单一目标函数。

理想点方法适用于将多个目标函数问题转化为一个单目标函数问题。对于多目标函数

$$f(x) = [f_1(x_1), f_2(x_2), \cdots, f_h(x_h)]_{h \times 1}^{\text{T}} \qquad (2-26)$$

的第 i 个函数分量 $f_i(x_i)$ 进行寻优，得到其最优点为 x_i^*，称为理想点，即

$$x_i^* = [x_{i1}^*, x_{i2}^*, \cdots, x_{im}^*] \qquad (2-27)$$

单目标函数 $f_i(x_i)$ 的理想点 x_i^* 满足条件

$$f_i(x_i^*) \leqslant \min f_i(x), (i=1,2,\cdots,h) \qquad (2-28)$$

$x^* = [x_1^*, x_2^*, \cdots, x_h^*]$ 称为整个值域内的理想点。

引入某种范数结构，使目标函数 $f(x)$ 和 $f(x^*)$ 的距离最短，将多目标函数问题转化为单目标函数问题，即

$$U(x) = \min \| f(x) - f(x^*) \| \qquad (2-29)$$

常采用距离范数求解对应的理想点问题，构造评价函数，即

$$\min U(x) = \| f(x) - f(x^*) \|_2 = \sqrt{\sum_{i=1}^{h} (f_i(x) - f_i(x_i^*))^2} \qquad (2-30)$$

然后利用非线性规划中的算法，计算 $U(x)$ 的最优解，即为函数 $f(x)$ 在最短距离下的最优解。

转子系统结构设计参数包括质量-刚度特征参数和载荷环境特征参数，结构特征参数、载荷特征参数分别与质量分布特征、轴段刚度分布特征、支承刚度特征的函

关系为

$$\begin{cases} M_{R,i} = M_{R,i}(G_i, M_{P,i}, F_i) \\ \Delta M_{R,i} = M_{R,i}(\Delta G_i, \Delta M_{P,i}, \Delta F_i) \end{cases} \quad (2-31)$$

式中，i 表示某个轴段；$M_{R,i}$ 表示轴段的质量特性；G_i 为轴段的几何特征参数；$M_{P,i}$ 为轴段的材料特征参数；F_i 为轴段的载荷特征参数；ΔG_i，$\Delta M_{P,i}$，ΔF_i，$\Delta M_{R,i}$ 为轴段特征参数的变差。

式(2-31)表示将转子系统划分为若干个轴段，第 i 个轴段的质量分布特征参数是该轴段的几何特征参数、材料特征参数和载荷特征参数的函数，且当以上自变量参数具有变差特性时，质量特征参数呈现出分布特征，从而反映了转子系统轴段质量特征参数由于其对应的几何特征参数、材料特征参数和载荷特征参数的变化所引起的分散性。

通常，在不考虑结构特征参数等的突变特性时，式中函数关系具有连续性，一阶偏导数为对应特征参数的敏感度，反映轴段质量随着影响因素的改变而变化的快慢程度。

由于转子系统结构特征的复杂性、载荷的多变性和材料参数的非线性等多种非线性、非确定因素的影响，转子系统的质量分布特征与结构特征参数、载荷特征参数的关系式通常呈现出强烈非线性特征。

转子轴段的弯曲刚度分布特征参数与结构系统几何特征参数、材料特征参数、载荷特征参数的函数关系可写成

$$\begin{cases} K_{R,i} = K_{R,i}(G_i, M_{P,i}, F_i) \\ \Delta K_{R,i} = K_{R,i}(\Delta G_i, \Delta M_{P,i}, \Delta F_i) \end{cases} \quad (2-32)$$

式中，$K_{R,i}$ 表示第 i 个轴段的弯曲刚度特征参数。

转子系统的支承刚度特征参数与结构系统几何特征参数、材料特征参数、载荷特征参数的函数关系可写成

$$\begin{cases} K_{B,i} = K_{B,i}(G_i, M_{P,i}, F_i) \\ \Delta K_{B,i} = K_{B,i}(\Delta G_i, \Delta M_{P,i}, \Delta F_i) \end{cases} \quad (2-33)$$

式中，$K_{B,i}$ 表示第 i 个支承的支承刚度特征参数。

式(2-31)、(2-32)、(2-33)中将转子系统的最基本力学特征参数，即刚度-质量分布特征写成结构特征参数与载荷(环境)特征参数的函数关系，方便分析转子系统力学特征参数之间的关系。以上函数关系式反映了转子系统具有多因素影响、多目标函数的特点。而转子系统结构和工作环境复杂，通过以上关系式不易求出完整的函数关系表达式，可通过力学等效后得到简化结构系统，采用理论分析给出满足一定精度要求的函数关系。

对于简化为两端简支模型的转子系统，其转子系统截面抗弯刚度分布参数、弯曲

刚度分布参数与几何特征参数、材料特征参数、温度载荷特征参数之间的函数关系分别如下所示。

等效为空心圆柱截面的转子系统的截面抗弯刚度参数的函数关系为

$$K_{EI}(r_a(x),r_b(x),E(x,T)) = \frac{\pi}{64} E(x,T)(r_a^4(x)-r_b^4(x)) \qquad (2-34)$$

式中，x 表示轴向位置；$E(x,T)$ 表示弹性模量与轴向位置、温度之间的函数关系；$r_a(x)$ 表示截面的等效外缘半径；$r_b(x)$ 表示截面的等效中心孔半径。

等效弯曲刚度分布特征参数的函数关系为

$$K_R(r_a(x),r_b(x),E(x,T),x) = \frac{3\pi}{4} \frac{E(x,T)(r_a^4(x)-r_b^4(x))}{x(4x^2-3L^2)} \qquad (2-35)$$

式中参数含义与式(2-34)相同。当 $x,E(x,T),r_a(x),r_b(x)$ 等参数特征具有区间分布特征时，可采用区间分析方法、敏感度与分散度、Taylor 展开、摄动方法以及理想点法(将多个目标函数问题处理为单目标函数问题)等数学方法对式(2-34)和式(2-35)进行分析，以进行简化后转子系统稳健性分析。

转子系统共振转速分布特性为考虑转速时转子系统的固有模态动力学特性。将共振转速简化为转子系统的质量/刚度分布特征参数的函数关系，即

$$\begin{cases} n_{cr,j} = n_{cr,j}(M_i,K_{r,i},K_{B,i}) \\ \Delta n_{cr,j} = n_{cr,j}(\Delta M_i,\Delta K_{r,i},\Delta K_{B,i}) \end{cases} \qquad (2-36)$$

式中，$n_{cr,j}$ 表示第 j 阶临界转速；对转子系统临界转速影响较大的是转子支承特征参数(即支承方式和支承刚度)和转子系统的轴段弯曲刚度特征参数；支承刚度的变差特征与承力框架的结构设计密切相关，轴段弯曲刚度的变差特征主要由连接结构中的接触界面特征参数变化引起。

航空发动机转子系统共振转速稳健性分析，是基于共振转速与质量/刚度分布的函数关系，以满足"避开共振安全裕度"为约束条件，以对各影响因素具有最小敏感度为目标函数，对转子系统共振转速分布进行稳健设计。

转子系统共振转速稳健设计一般流程包括以下几点：

① 分析转子系统各阶共振转速分布特点，确定需要进行优化设计的模态阶数。

② 对各个影响因素的敏感性进行计算分析，确定关键影响因素和高敏感度区间。

③ 确定临界转速与多个影响因素之间的综合函数关系。航空发动机转子系统结构复杂，难以通过理论分析的方法得到临界转速与影响因素之间的准确函数关系，可通过已有试验数据和仿真计算结果，采用响应平面等方法拟合出近似的显式函数关系。

④ 基于临界转速与影响因素之间的函数关系，考虑"避开共振安全裕度"等设计要求，对可行域进行优化。

临界转速对各影响因素的敏感度为

第 2 章　连接界面损伤及转子系统稳健性

$$s_{j,i} = \begin{Bmatrix} \dfrac{\partial n_{\mathrm{cr},j}}{\partial M_i} \\ \dfrac{\partial n_{\mathrm{cr},j}}{\partial K_{\mathrm{r},i}} \\ \dfrac{\partial n_{\mathrm{cr},j}}{\partial K_{\mathrm{B},i}} \end{Bmatrix} \tag{2-37}$$

在稳健设计中,使用加权系数法、理想点方法等将多个敏感度分量综合在一起作为单一的目标函数,例如采用加权系数相同的算术方根为

$$s_j^* = \sqrt{\sum_i^m \left[\left(\dfrac{\partial n_{\mathrm{cr},i}}{\partial M_i}\right)^2 + \left(\dfrac{\partial n_{\mathrm{cr},i}}{\partial K_{\mathrm{r},i}}\right)^2 + \left(\dfrac{\partial n_{\mathrm{cr},i}}{\partial K_{\mathrm{B},i}}\right)^2 \right]} \tag{2-38}$$

式(2-38)为常用的综合敏感度之一,也可以采用理想点方法将多个敏感度目标函数变换为单一的敏感度指标函数。综合以上步骤可得到转子系统共振转速稳健设计的优化模型为

$$\begin{cases} g(x) = G(x) - G^W(x) \leqslant 0 \\ \min f(x) = \min(s^*) \\ \text{s. t.} \quad B.C. \end{cases} \tag{2-39}$$

式中,x 为设计变量的组合 $\{x_1 \quad x_2 \quad \cdots \quad x_{m-1} \quad x_m\}^{\mathrm{T}}$;$G(x)$ 为共振转速分布函数;$G^W(x)$ 为激振力频率分布函数;$g(x)$ 为临界转速分布函数与激振力频率分布函数的干涉函数,为优化模型必须满足的转速安全裕度;$B.C.$ 主要为各设计变量变化区间;s^* 为敏感度矩阵综合成的单一敏感度指标。

2. 旋转激励动力响应分布

转子系统动力响应的增加不仅会对转子的连接结构造成损伤,而且会对支承结构(尤其是轴承组件)造成十分严重的损伤。航空发动机的转子系统受到的旋转激励载荷一方面来自外界力学环境的变化(如转子和静子碰摩激励、外物冲击激励),这在转子系统安全性设计中着重考虑。另一方面来自自身旋转惯性载荷形成的不平衡激励,这取决于转速及转子运动状态和转子结构质量分布的不对称性。

转子系统旋转惯性载荷的变化本质是由转子质量相对旋转轴心线分布不对称或者轴心线弯曲引起的。其主要影响因素包括加工精度/装配误差、材料属性分散性、支承刚度改变或支承松动以及多支点的不同心等关键特征参数。在初始装配状态下转子系统可通过动平衡将载荷变化进行一定程度的消除,但实际工作中由于转子运动状态的变化,促使转子整体性破坏,需要考虑结构单元的运动状态及其旋转惯性分布特征。

转子系统的动力响应特性受转子系统自身的结构特征参数、激振载荷参数(输入激励特征参数)的共同影响,如图 2-26 所示,可用转子系统振动力响应特性函数进行表示

$$R_{\mathrm{out}} = F_{\mathrm{system}}(I_{\mathrm{in}}) \tag{2-40}$$

式中，R_{out} 表示输出的响应特征参数；I_{in} 表示输入的激励特征参数；F_{system} 表示转子系统动力响应函数，取决于结构系统的本质属性。

激励输入 → 结构系统 → 响应输出

图 2-26　转子结构系统的振动响应特性

对于航空发动机转子结构系统，动力响应主要为转子关键截面横向位移幅值、应变能分布以及支承结构动载荷等的函数。当输入激励或者转子结构系统固有特性具有变差特征时，转子系统动力响应特性（输出响应特征参数）呈现出变差特征。转子结构特征参数的变差特征通过固有模态特性产生影响，这里主要讨论旋转激励载荷变差的产生原因和呈现出的变化，以及对转子系统动力响应的影响规律，并针对横向位移幅值、应变能分布和支动载荷等主要控制目标函数分析转子系统动力响应稳健性。

转子系统的旋转激励载荷来源较多，如转子系统受到的气动载荷激励、转子和静子间的碰摩激励和旋转惯性引起的不平衡激励载荷等。

转子系统旋转惯性激励载荷是由于转子结构相对旋转中心的质量分布不对称产生的（即转子质心偏移和惯性主轴倾斜），表现为旋转惯性力和力矩。对于低转速转子系统，一般在动力响应分析中只考虑横向旋转惯性力载荷作用。

转子结构初始质心偏移是由于结构设计、材料不均匀、构件加工精度和装配误差引起的，即初始不平衡量，经过低速平衡后所残余的不平衡量称为剩余不平衡量。由于转子结构系统具有多个界面连接，在工作过程中连接界面接触状态随转速和工作状态等外界因素的变化而变化，连接界面的滑移会引起转子结构同轴度的变化。此外，转子受到冲击载荷、热载荷等作用时可引起转子轴心线弯曲，产生转子附加旋转惯性载荷（力矩载荷）。理论分析和工程实践表明，在高转速区转子旋转惯性激励的增加引起转子系统动力响应恶化，这对整机及转子系统结构可靠性具有重要的影响。

对于结构特征确定的转子系统，旋转激励载荷变差对转子系统动力响应的影响体现为输入参数变化而函数特征不变时对应的输出变差，即

$$\Delta R_{out} = F_{system}(\Delta I_{in}) \quad (2-41)$$

式中，ΔI_{in} 表示转子系统输入的附加激励的变差，主要是指转子系统的旋转惯性激励载荷变差。

转子系统附加旋转惯性激励载荷是指转子系统在不同工作状态下由于不平衡产生的激励载荷，具体取决于转子系统初始不平衡、剩余不平衡、连接界面接触状态、外界冲击载荷、温度环境变化等对转子系统质量分布具有影响的特征参数，即

$$I_{in} = f_I(Q^r, Y_{conta}, P_I, T) \quad (2-42)$$

式中，Q^r 为剩余不平衡量，取决于转子平衡后的质量偏心量等，即 $Q^r = \int_L med L$；Y_{conta} 为连接界面的接触特征参数；P_I 为外界的冲击载荷；T 为转子系统的温度载荷。

转子系统动力响应变差可以表示为

$$\Delta R_{\text{out}} = f'(\Delta Q^r, \Delta Y_{\text{conta}}, \Delta P_I, \Delta T) \tag{2-43}$$

转子系统动力响应特性对相关影响因素的敏感度分量为

$$\begin{cases} s_Q = \dfrac{\partial f'}{\partial Q^r} \\ s_Y = \dfrac{\partial f'}{\partial Y_{\text{conta}}} \\ s_P = \dfrac{\partial f'}{\partial P_I} \\ s_T = \dfrac{\partial f'}{\partial T} \end{cases} \tag{2-44}$$

综合以上各敏感度分量转换成为单一敏感度指标,定义转子系统振动响应特性的名义敏感度为

$$s_R^* = \sqrt{s_Q^2 + s_Y^2 + s_P^2 + s_T^2} \tag{2-45}$$

名义敏感度 s_R^* 用于综合衡量转子系统振动响应对相关影响因素的敏感度,在稳健性优化分析中,通常其最小值作为优化目标之一。

转子系统的支承不同心会导致转子轴心线小幅度的弯曲变形,这不仅会影响转子旋转惯性,而且会造成转子系统约束刚度增大以及局部轴段刚度呈现非线性。支承不同心激励时,转子动力响应中 2 倍频分量随着不同心量增大而迅速增大,这是支承不同心下转子系统动力响应的典型特征之一。

转子系统结构特征参数变化对动力响应变差的影响,可以通过子系统固有模态特性的变差来分析。当转子系统固有模态特性分散性(变差)变大时,转子系统在工作过程中,由于其固有频率与激振力频率的干涉程度具有变差特征,即使转子系统的输入激励特征不变,其振动响应特征也会呈现出变差特征。

2.4 转子结构系统稳健设计方法

在转子系统动力学设计上,已知结构/载荷参数,获取模态和响应特性属于正问题;转子动力学设计中的反问题,是在已知系统允许的响应变化区间前提下,对结构及载荷特征参数的容差范围进行确定。转子结构系统动力学特性稳健设计方法,就是建立结构参数与力学特性的分析模型,对多设计参数、多目标(刚度、模态、响应)的转子结构系统采用响应面/容差法进行优化设计。

航空燃气轮机转子系统的连接界面损伤积累,除了造成力学参数具有区间分布特征外,还会导致界面接触状态和应力分布不均匀,引起界面的中性轴偏移,从而降低连接界面的角向约束作用,体现为转子发生弯曲变形时局部角向位移突变。这对航空发动机及燃气轮机转子动力响应的影响(见图 2 - 27)包括以下两个方面:

① 转子连接结构弯曲刚度损失（如套齿连接结构），不仅会影响转子系统的固有特性，同时还会导致连接结构在截面正交方向上的弯曲刚度的不对称，影响转子共振转速分布及稳定性；

② 连接结构惯性主轴偏斜，对相邻大质量结构（轮盘）产生角向位移，产生附加旋转惯性载荷，影响转子动力响应特性变化。

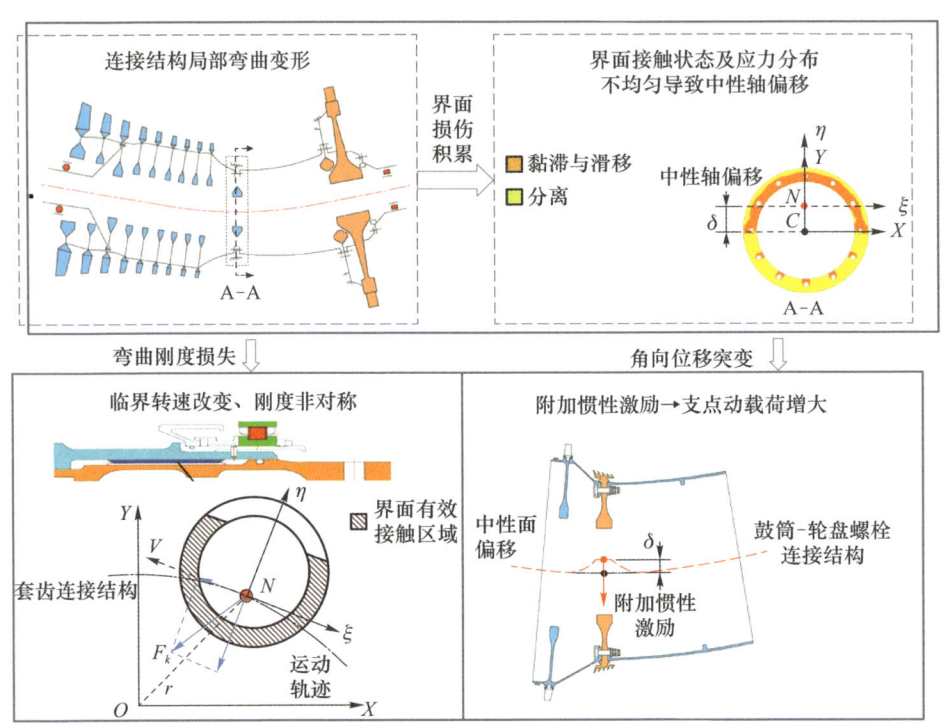

图 2-27 连接界面损伤积累引起的弯曲刚度损失和角向位移突变

针对非连续转子结构系统弯曲刚度损失和附加旋转惯性激励载荷，提出了基于转子连接界面损伤控制的稳健设计方法（见图 2-28）。

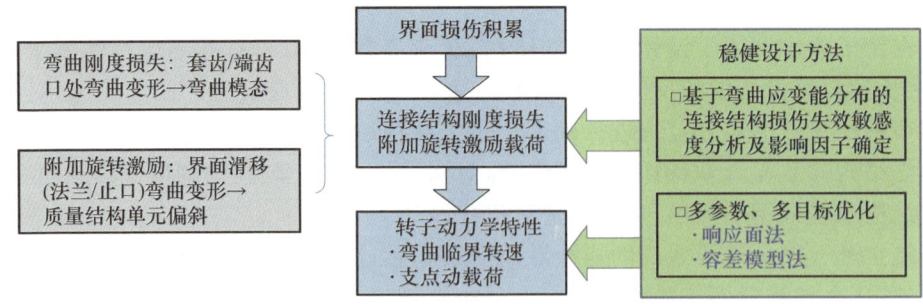

图 2-28 转子结构系统动力学特性稳健设计方法

基于弯曲应变能分布采用影响因子评定各连接结构影响敏感度,确定需要优化的连接结构和关键参数。连接结构应变能主要是构体应变能,还包括界面变形能和摩擦功,是综合反映连接结构力学特性与工作载荷间相互关系的关键参数,而连接结构刚度损失及转子动力学特性分散度变化均与应变能分布数值呈正相关。因此,将连接结构应变能 E_{joint} 作为评估参数和设计目标参数,降低了计算复杂性与权重选取难度,同时引入连接结构应变能比例系数 $\left(D_{\text{joint}} = \dfrac{E_{\text{joint}}}{E_{\text{rotor}}}\right)$ 来反映连接结构应变能集中程度,以便对比分析。

2.4.1 响应面方法

响应面法(Response Surface Methodology)以大量仿真计算或试验设计为基础,确定多个目标函数和影响参数之间的相互作用关系,用于处理多变量优化问题的建模和分析。响应面法的本质是采用简单显式函数替代设计变量和输出响应之间的隐式函数关系。对于转子系统稳健设计方法,可基于响应面方法,建立多参数、多目标的优化模型,如图 2-29 所示,基于试验数据点和仿真计算结果获得因变量与自变量之间的近似函数关系并进行寻优。

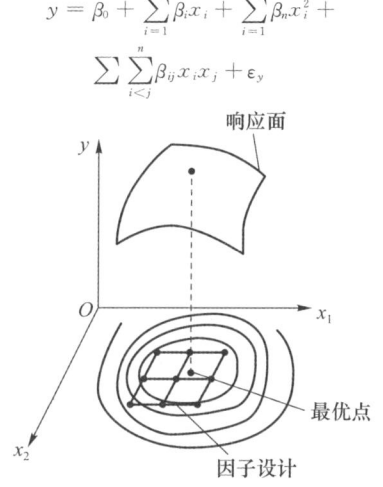

图 2-29 响应面函数模型示意图

基于响应面模型的转子动力学稳健设计一般分为以下三个步骤:

① 筛选设计变量。先采用少数几次试验筛选出影响结构系统响应特征或者与噪声因素相互影响的主要设计参数,从这些试验数据中拟合出线性模型,通过模型分析查明在设计空间中参数的变动范围并确定按哪个方向去寻找最佳的设计变量组合。

② 建立响应面模型。当设计变量的变动区域确定后,进行最后的试验,拟合出高阶响应面模型(例如二阶),通过模型分析,确定设计参数的最佳组合。

③ 寻找稳健设计解。根据稳健优化设计准则,采用恰当的优化方法寻优。

在经典的响应面中,响应面函数通常取为不含交叉项的二次多项式函数,即

$$\hat{y} = a + \sum_{i=1}^{n} b_i x_i + \sum_{i=1}^{n} c_i x_i^2 \qquad (2-46)$$

式中,n 为试验因素的个数,a、b_i 和 c_i 为 $2n+1$ 个待定系数。

为了求解待定系数需要布置一些试验点,然后将试验点处的函数值采用最小二乘法求解未知系数,进而求得试验因素与响应量之间的显式函数关系,具体流程如下:

① 布置 $2n+1$ 个试验点,$\vec{X}$ 和 $\vec{X_j} = \vec{X} \pm f\sigma$,这里 $\vec{X}$ 为随机变量 X 的均值矢量,σ 为随机变量 X 的标准差矢量,f 为任意给定的参数,通常取 3。

② 利用所布置的 $2n+1$ 个试验点,求解函数值 $y(X)$,然后利用最小二乘法拟合未知系数。

③ 求解最优点 X_D。

④ 利用线性插值方法将最优点 X_D 拉到真实极限状态曲面附近,即

$$X_M = \vec{X} + (\vec{X_D} - \vec{X}) \frac{y(\vec{X})}{y(\vec{X}) - y(\vec{X_D})} \qquad (2-47)$$

式中,X_M 为下一轮试验展开的中心点。

⑤ 以 X_M 为中心点再次布置 $2n+1$ 个试验点,并重复以上过程直到满足一定的收敛准则为止。

从以上求解流程可知,经典响应面方法在每次迭代时均需布置 $2n+1$ 个试验点,迭代两次所需试验点个数为 $4n+3$,因此经典响应面方法的计算效率不高,适合于迭代次数较少的模型。

2.4.2 容差模型方法

结构力学性能容差设计(Tolerance Design)指在给定的载荷环境所允许的波动范围内,通过研究结构系统设计参数容差范围与相应的力学特性的关系,对力学特性的均值、分散度以及设计、加工、装配的技术难度进行综合平衡。

容差模型法能够处理有约束条件下优化设计可行域的不稳健边界变化的问题,由于设计变量和噪声因素具有变差特征并会传递给设计函数,导致稳健设计准则和约束条件函数同样具有变差特征,采用容差模型方法进行稳健设计时,不仅要考虑稳健设计准则的变差特征,还会考虑约束边界的变差特征,从而保证所得到的稳健解在约束边界变化后仍旧具有可行性且是最优解,其示意图如图 2-30 所示。

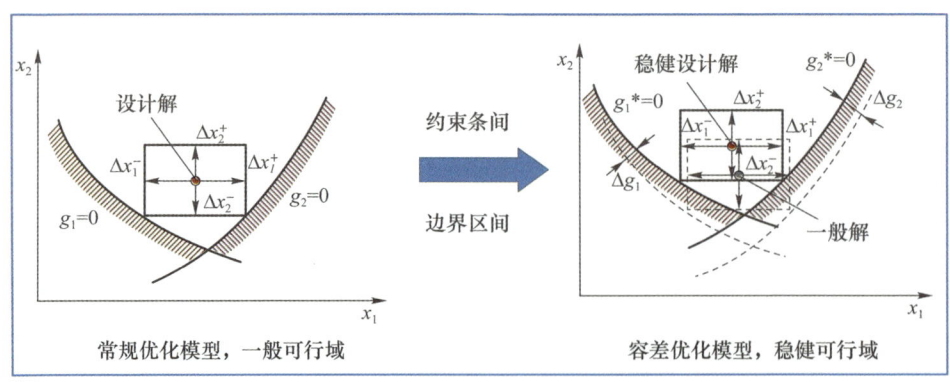

图 2-30 容差模型示意图

第2章 连接界面损伤及转子系统稳健性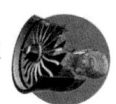

基于容差模型的界面连接转子多目标优化模型的关键步骤如图 2-31 所示,将应变能分布、敏感度、振动幅值、支点动载荷等作为优化目标,共振转速分布作为约束边界建立有约束的优化模型,采用泰勒展开计算参数变差导致的约束变差并获得新的约束边界,以考虑参数变差对优化结果的影响。该优化模型不仅可以降低连接界面接触状态对载荷、尺寸、装配参数等影响因素的敏感度以便于控制界面损伤,还可以有效地考虑影响因素区间分布对设计结果的影响,提高转子系统动力学特性稳健性。

优化目标约束边界参数范围	优化模型	$\min f(X, Z)$ s.t. $g_j(X, Z) \leq 0,\ j=1,2,\ldots,t$ $X^- \leq X \leq X^+$
参数变差对约束边界的影响计算	约束变差新的约束边界	$\Delta g_j = \sum\limits_{i=1}^{n+m} \left(\dfrac{\partial g_j}{\partial b_i}\right)_{\bar{x},\bar{z}} \Delta b_i + \dfrac{1}{2}\sum\limits_{i=1}^{n+k}\sum\limits_{j=1}^{n+k}\left(\dfrac{\partial^2 g_j}{\partial b_i \partial b_j}\right)_{\bar{x},\bar{z}} \Delta b_i \Delta b_j$ $g'_j(x, z) = g_j(\bar{x}, \bar{z}) + \Delta g_j \leq 0$

图 2-31 基于容差原理的多参数、多目标优化设计模型

容差设计可分为系统设计和参数设计两个部分,其目的是在设计的目标参数达到允许波动范围的前提下,各组成构件、组件的设计参数允许容差达到最大。

在航空发动机转子结构动力学设计中,当转子结构构形和基本结构参数确定后,在设计参数限制范围内,所对应的转子动力学特性目标函数变化范围过大,则需要进一步优化设计。容差设计的技术途径有两个:一是对敏感性较大的参数变化区间进行有效控制,即优化设计参数;二是对局部结构系统进行改进,以降低对结构配合参数和环境载荷变化的敏感性。

转子结构系统在加工、装配过程中,由于加工制造精度、装配质量和使用载荷条件等原因,设计变量值会变差,噪声因素也会在一定范围内波动,造成转子系统力学特性的实际值与设计目标存在偏差。从设计角度而言,不仅要给出设计变量的名义值,而且需给出容差,以对转子结构系统力学特性名义值允许的最大变动范围——容差进行控制,满足设计要求。

考虑设计变量、噪声因素和设计函数目标值的波动性与分布特征的不同,可以将其名义值的波动性分为下限容差和统计容差两类进行描述。

下限容差采用区间分析方法对变量波动性进行描述,当缺乏足够的数据用以准确定义概率模型时,变量容差的边界值比统计概率分布更容易获得,也更加合理。如图 2-32 所示,下限容差只给出设计变量变动的最大范围 $x_i = \overline{x_i} \pm \delta x_i \in [\overline{x_i} - \Delta x_i, \overline{x_i} + \Delta x_i]$,而不用知道其随机分布规律。相对统计容差来说,下限容差对于随机变量的考虑偏于保守。

统计容差是已知设计变量和噪声因素的变差在容差范围内的概率分布,当数据充足时可以获取设计变量的概率分布。统计容差可以控制极小概率的设计解为不可行,从而使质量特性更优。例如对于服从正态分布 $N(\overline{x_i}, \sigma_{xi}^2)$ 的设计变量 x,其容差带可以取 $2\Delta x_i = 6\sigma_{xi}$, $i=1,2,\cdots,n$,式中 $\overline{x_i}$ 为设计变量均值,此时允许有 0.3% 的设计解为不可行,设计变量的分布规律如图 2-33 所示。

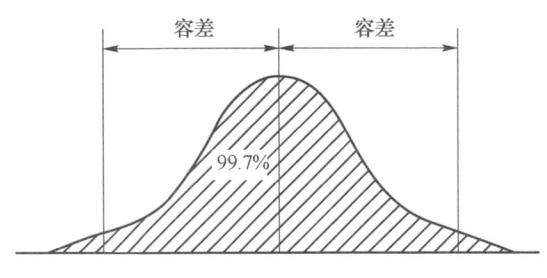
图 2-32 统计容差分布规律

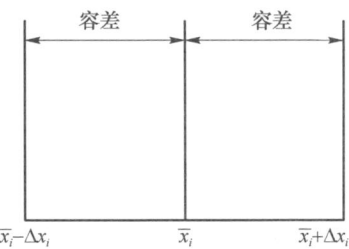
图 2-33 下限容差分布规律

转子结构系统中的连接界面损伤积累,主要是由于制造、装配和载荷环境等因素存在强烈的非确定性,导致连接界面接触状态变化及损伤积累显著变化甚至发生突变。采用结合容差模型法可以准确描述界面连接损伤积累及对转子系统力学特性进行多目标、多参数稳健设计。

第 3 章
转子结构系统动力学特性

航空发动机转子结构具有材料组织多样、几何构形复杂、连接结构众多等结构特点,在工作过程中承受气动、温度和机械等多种载荷交互作用。随着转速负荷的增加,转子结构非连续性逐渐显现,主要表现为界面连接结构应力分布非连续、几何构形突变变形非连续和接触支承约束特性非连续。在高速旋转过程中,转子结构局部质量/刚度周向分布具有非对称性,以及在连接界面处产生一定内阻尼等参数激励,这会对转子动力响应特性及稳定性产生影响。

3.1 非连续转子结构力学特性

非连续转子结构,在几何特征上表现为构形突变和界面连接,在力学特性上不同于连续结构,横向变形挠度与挠角是相关性较低或相对独立的位移变量。

3.1.1 弯曲刚度损失

1. 刚度损失系数

转子结构刚度特性是由承载结构应力积分所形成的抗变形能力的表现。在承载截面上,该特性表现为截面抗弯刚度(EI),由结构材料特性和几何尺寸确定;在结构上表现为截面抗弯刚度沿轴向变化的综合效果。转子结构受到横向载荷作用时,变形可用挠度和挠角表示,分别对应结构的线刚度和角刚度。根据受力变形表示的结构的宏观刚度定义如下。

轴向各横截面处的线刚度为横向载荷与对应线性位移之比,即

$$k_l = \frac{F}{\Delta l} \qquad (3-1)$$

角刚度为弯矩载荷与对应转角之比,即

$$k_\theta = \frac{M}{\Delta \theta} \qquad (3-2)$$

由于连接结构刚度特性随结构参数、载荷参数和界面接触参数的不同会产生相应的变化,为了便于表示连接结构的刚度特性,引入"等效刚度"对界面连接结构的刚度特性进行定量分析。

为反映在外载荷作用下,连接界面接触状态变化对连接结构刚度的影响程度,定义连接结构刚度修正系数(简称刚度修正系数)为

$$\eta_e = \frac{k_s}{k_0} \qquad (3-3)$$

式中,k_s 为连接结构等效刚度;k_0 为连接界面固结时的刚度,忽略界面接触状变化的影响。

刚度修正系数反映了连接界面的存在对连接结构刚度的影响。界面的存在对连接结构刚度的削弱程度,可通过刚度损失系数表示。刚度损失系数的表达式为

$$\eta_l = (k_0 - k_s)/k_0 \qquad (3-4)$$

转子各轴段结构单元之间的刚度是串联关系,其中刚度最小的单元对转子弯曲变形的影响最大,即敏感度最高。需要注意,刚度损失系数除了与连接结构几何特征有关外,还与所承受的载荷有关,因此,在确定转子结构系统中各连接结构处弯曲刚度损失系数时,需要根据相应位置的载荷或变形状态进行确定。

2. 刚度分散性

连接结构弯曲刚度分散性的主要影响因素包括:结构特征参数、配合特征参数和载荷环境特征参数等。在工程设计中,可采用弯曲刚度散度系数、弯曲刚度衰减率和弯曲刚度敏感度等参数进行定量评估。

连接结构弯曲刚度散度系数,反映连接结构的弯曲刚度在给定载荷范围和工作环境下的分散度,用于表示连接结构的刚度稳健性,定义为

$$\eta_k = \frac{\max K_\theta - \min K_\theta}{\max K_\theta} \qquad (3-5)$$

式中,K_θ 为给定载荷范围和工作环境作用下连接结构的等效刚度。

不同类型的连接结构对应的敏感影响因素也不同,但影响连接结构弯曲刚度的因素一般包括几何尺寸、载荷环境、配合状态等。

连接结构的弯曲刚度衰减率,用于反映连接结构在承受 n 个交变载荷循环加载后,由于连接界面接触损伤积累对连接结构刚度损失产生的影响。引入 n 个循环后的刚度衰减率对损伤程度进行表示,即

$$\lambda_n = \frac{K_\theta - K_{\theta n}}{K_\theta} \times 100\% \qquad (3-6)$$

式中,$K_{\theta n}$ 为在给定交变载荷作用下,n 个循环后连接结构的等效刚度值。

连接结构弯曲刚度敏感度,根据敏感度的数学意义,将连接结构刚度对某个影响因素的敏感度定义为

$$S_K = \frac{\partial K_\theta}{\partial x_i} \tag{3-7}$$

由于偏导数的可求性较差,可采用差分代替微分,即

$$S_K = \frac{\partial K_\theta}{\partial x_i} \approx \frac{\Delta K_\theta}{\Delta x_i} \tag{3-8}$$

式中,ΔK_θ 为在某个值附近的变化量;Δx_i 为所对应的变化量。

连接界面接触状态会随所受载荷的变化而波动,并导致连接结构的刚度具有分散性,通过定义连接结构弯曲刚度分散性系数以进行定量评估。当连接界面承受交变载荷或长期循环载荷时,连接结构刚度会逐渐衰减,可通过刚度衰减率进行定量评估。对于连接结构弯曲刚度受影响因素波动的影响程度,可通过敏感度进行评估。不同的评估参数用于不同的评估情况,但之间具有一定的联系,需要综合使用以定量评估连接结构的刚度稳健性。

3. 非连续结构

具有几何突变和界面连接的转子系统,结构非连续性主要表现为转子弯曲变形时截面横向挠度与挠角变化相关性较低,即角向变形具有独立性和突变性。在建立非连续转子弯曲刚度模型时,简化界面连接的几何特征,可采用不同截面抗弯刚度来等效连接结构的非连续特征,即简化为非连续转子力学模型,如图 3-1 所示是对典型转子结构的简化模型。

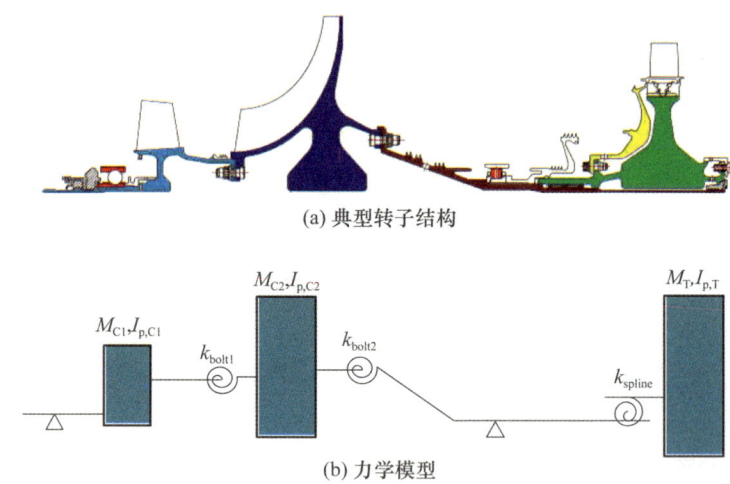

(a) 典型转子结构

(b) 力学模型

图 3-1 界面连接转子结构及力学模型

为保证转子结构几何特征等效,可以调整转子结构截面惯性矩沿轴向的变化。如法兰-螺栓连接结构,在保证法兰-螺栓连接实际变形特征等效的基础上,将截面惯性矩沿轴向变化抽象为截面有效面积的变化和材料弹性模量的变化。需要说明的是,在连接结构处截面惯性矩可能发生突变,具有一定的区间分布。

基于转子结构非连续特征,构造一个具有多个奇点即非连续点的欧拉-伯努利梁

的弯曲刚度模型，该模型可描述前文所述的两种非连续性，一般形式下的欧拉-伯努利梁的控制方程为

$$V'(x) = -q(x); \quad M'(x) = V(x)$$
$$\chi(x) = \frac{M(x)}{E(x)I(x)} \quad (3-9)$$
$$\chi(x) = \varphi'(x); \quad \varphi(x) = -u'(x)$$

式中，弹性模量 $E(x)$ 与截面惯性矩 $I(x)$ 均是位置的函数；$q(x)$ 为外载荷；$V(x),M(x)$ 分别为剪力和弯矩；$u(x),\varphi(x),\chi(x)$ 分别为挠度、斜率、曲率，上标则表示对坐标 x 的微分，x 取值范围为 $[0,l]$。

考虑到 $E(x)$ 与 $I(x)$ 随位置变化，可得到如下所示的四阶微分控制方程：

$$[E(x)I(x)u''(x)]'' = q(x) \quad (3-10)$$

梁的奇点或非连续性将采用下式描述：

$$E(x)I(x) = E_0 I_0 \left[1 - \sum_{i=1}^{n} \alpha_i D(x - x_{0,i})\right] \quad (3-11)$$

式中，$E_0 I_0$ 为常刚度项；坐标 $x_{0,i}$ 处为刚度突变位置，具有强度系数 α_i，并以分布函数 $D(x-x_{0,i})$ 进行描述。

考虑到实际情况，分布函数取两种形式，即单位阶跃函数 $U(x-x_{0,i})$ 和狄拉克函数 $\delta(x-x_{0,i})$，数学描述为

$$U(x - x_{0,i}) = \begin{cases} 0, & x < x_{0,i} \\ 1, & x \geqslant x_{0,i} \end{cases} \quad (3-12)$$

$$\delta(x - x_{0,i}) = 0, \quad x \neq x_{0,i}$$
$$\int_{-\infty}^{\infty} \delta(x) \mathrm{d}x = 1 \quad (3-13)$$

实质上，对阶跃函数取微分即可得到狄拉克函数。此时，可获得式(3-11)的两种形式，即

$$E(x)I(x) = E_0 I_0 \left[1 - \sum_{i=1}^{n} \gamma_i U(x - x_{\gamma,i})\right] \quad (3-14)$$

$$E(x)I(x) = E_0 I_0 \left[1 - \sum_{j=1}^{m} \beta_j \delta(x - x_{\beta,j})\right] \quad (3-15)$$

式(3-14)中，要求 $\sum_{i=1}^{k} \gamma_i \leqslant 1, k=1,\cdots,n$，以避免出现刚度为负值。而式(3-15)中，考虑到狄拉克函数的定义，对 β_j 的取值范围需要限制。

图 3-2 所示为非连续转子（见图 3-1）结合式(3-14)和式(3-15)所建立的转子模型，并得到结构截面惯性矩沿轴向分布的表达式为

$$I(x) = I_0 \left[1 - \sum_{i=1}^{3} \gamma_i U(x - x_{\gamma,i}) - \sum_{j=1}^{3} \beta_j \delta(x - x_{\beta,j})\right] \quad (3-16)$$

如图 3-3 所示，非连续转子系统受到横向过载时，考虑几何突变和界面连接的

影响,转子挠度会大幅增大,并且挠角在连接界面附近产生阶跃突变,这说明非连续转子结构在产生弯曲变形时,角向变形具有突变特征,导致转子产生较大的弯曲刚度损失和变形。

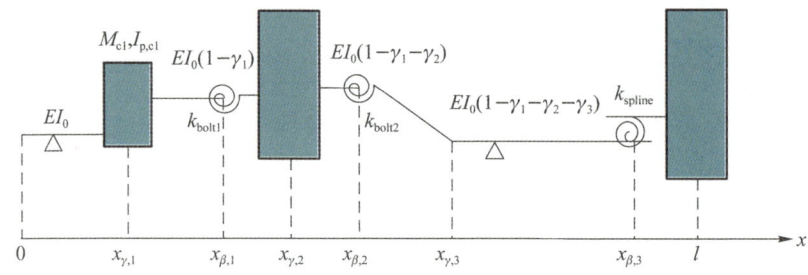

图 3-2　非连续转子(梁段)模型及其受载特征

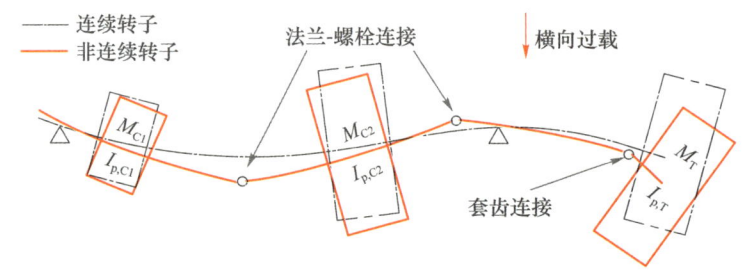

图 3-3　考虑非连续时的转子变形示意图

刚度损失会导致转子系统固有模态特性发生改变,并引入非线性刚度的因素;角向变形的增大会导致转子高速旋转状态下,旋转惯性力矩增大。这都对转子系统的动力学特性具有较大影响。

3.1.2　界面接触阻尼

界面连接结构系统内部各组成结构单元由于运动发生相对位移时,在连接结构界面上产生接触摩擦阻尼。在界面阻尼模型中,基于 Jenkins 单元的 Iwan 模型由于形式简单、物理意义明确,因此广泛应用于转子结构系统阻尼特性分析中。

1. 界面阻尼特性和建模

转子连接结构接触界面摩擦阻尼力具有分布整体的特点,为了更好描述和方便求解,通常将接触面的摩擦力离散为多个串/并联的粘滞-滑移弹簧单元,如图 3-4(a)所示的 Jenkins 单元。每一个 Jenkins 单元由刚度为 k_i 的线性弹簧和临界滑移力为 f_i^* ($i=1,2,\cdots,n$) 的库伦滑块组成,其力学特性如图 3-4(b)所示,等效阻尼取决于迟滞回线所围成的面积,主要受正压力、振幅、摩擦系数和切向刚度等参数的影响。

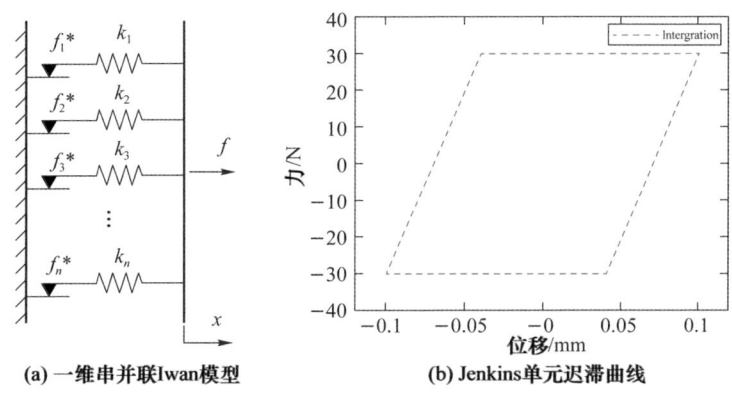

(a) 一维串并联Iwan模型　　　　(b) Jenkins单元迟滞曲线

图 3-4　界面阻尼模型和力学特性

Jenkins单元可描述两点间的粘滞-滑移，在接触面均为刚性，且各个点正压力和运动状况相同的情况下，直接将若干个相同的Jenkins单元并联即可。但对于实际工程问题，结构之间的接触为弹性的面-面接触，在工作过程中，由于接触面之间的法向正压力分布不均匀或接触面的弹性变形等原因，接触面各点的切向刚度和切向摩擦力均不相同。

在离散的接触面上，各点所受正压力不同；当接触面间产生相对位移时，将产生不同的切向力。假设相互接触的子结构在接触面上具有相同的离散形式，各对应的离散点间均可以植入不同的Jenkins单元，此时，接触面的摩擦力离散为多个Jenkins单元的并联。因此，对于某一形式的接触面，在获得其离散形式与法向压力分布后，即可获得由有限个Jenkins单元并联而成的Iwan并串联模型。

2. 界面能量耗散

在Iwan模型的周期运动中，模型每个周期耗散的能量等于其所有Jenkins单元迟滞环曲线围成的面积总和，并可由下式得到

$$\Delta E = -\int_{-A}^{A} [\vec{f}(x) - \overleftarrow{f}(x)] \mathrm{d}x \tag{3-17}$$

在微滑移阶段，能量耗散与位移幅值近似呈三次方关系 $D = -\dfrac{1}{3}Q^3$，而进入宏滑移阶段后，则近似呈线性关系。

同时，根据迟滞回线，损耗因子 η 可通过下式计算：

$$\eta = \frac{\Delta E}{2\pi U_{\max}} \tag{3-18}$$

式中，ΔE 是一次载荷循环耗散的能量；$U_{\max}$ 是系统的最大储存势能，对于一般的Iwan模型，其等于所有弹簧单元所储存的势能总和。

对于实际航空发动机转子、静子结构中的连接结构，一般不会出现明显的宏滑

移,当发生大的滑移时,结构系统力学特性会有很大改变,将发生结构失效、破坏。因此,在评估界面阻尼时,大多采用无量纲周期能量耗散、无量纲势能、损耗因子在微滑移阶段随振幅的变化曲线,确定在不同运动幅值范围内相应的损耗因子。

需要说明,转子内阻尼是在转子非协调涡动状态下,结构系统内发生相对运动或相对运动趋势时的摩擦作用。内阻尼又可以进一步分为:产生于转子材料内部摩擦的迟滞内阻尼,产生于转子结构系统内结构接触界面(例如轴与轴承以及齿轮等元件)的滑动或滑动趋势的结构内阻尼。材料内阻尼往往较小可以忽略,在工程中更多关注的是发生于轮盘-转轴连接界面处的结构内阻尼。结构系统在旋转运动中,由于轮盘和轴段结构差异,使连接界面接触状态发生变化而产生结构内阻尼,当转子处于高临界非协调涡动状态时,内阻尼产生的"摩擦力"会对转子内部做正功,使转子运动幅值增加,甚至失稳。

3.2 转子旋转惯性分布特征

转子结构质量分布不对称,工程上称为不平衡,在定轴旋转状态下会产生旋转惯性载荷,使转子动力响应变大。具有三维几何特征的转子结构的质量分布,根据理论力学惯性主轴定义,可用三个正交的惯性主轴的转动惯量来表示。具有支承约束的转子系统,转子质量分布不对称(不平衡)所产生的旋转惯性激励载荷,可采用质心和惯性主轴相对于旋转中心轴线的偏移和倾斜表示,一般在低转速状态下,可简化为一个横截面或多个横截面上的质心偏移;在高转速下则需要考虑惯性主轴倾斜所产生的旋转惯性(力矩)载荷。

不同转速下对应的转子运动状态不同,在低速旋转状态下,各结构自身的旋转惯性(力与力矩)载荷不能克服结构之间的弹性约束,因此转子可视为一整体,在旋转惯性载荷作用下呈现整体平动、俯仰位移,绕轴心线做回转运动。当转子处于超临界高转速状态时,随转速上升,各质量结构单元(轮盘)的旋转惯性(力矩)载荷持续加大,当超过结构单元所受的弹性恢复力时,结构单元相对于转轴角向位移发生改变,由于转子各结构单元旋转惯性载荷大小和作用方向不同,沿轴向成分布特征。

在高转速运动转子下,转子结构整体性被破坏,旋转惯性载荷呈离散轴向分布特征。

3.2.1 结构质量分布

航空燃气轮机转子系统结构质量存在复杂的空间分布特征,既存在结构质心相对于形心的横向偏移,又存在极惯性主轴相对于形心线的倾斜;且不同结构单元质心偏移与惯性主轴倾斜的相位、大小等有所不同(见图3-5),旋转时作用于各结构单元的惯性力和力矩的方向、大小均不相同。

转子质心偏离旋转中心线做定轴转动时，转子受到旋转惯性载荷的作用。当转子惯性主轴与旋转中心线存在倾斜角时，转子将受到旋转惯性力矩作用，如图3-6所示。对于具有支承约束的转子系统，各结构单元的质量分布不对称均可采用质心偏移和惯性主轴倾斜表示，在旋转状态下，根据不同的转子运动状态，质量分布不对称会相应产生旋转惯性力和力矩载荷，合称**旋转惯性载荷**。

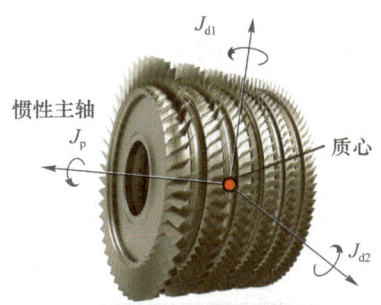

图3-5 转子结构质量分布描述

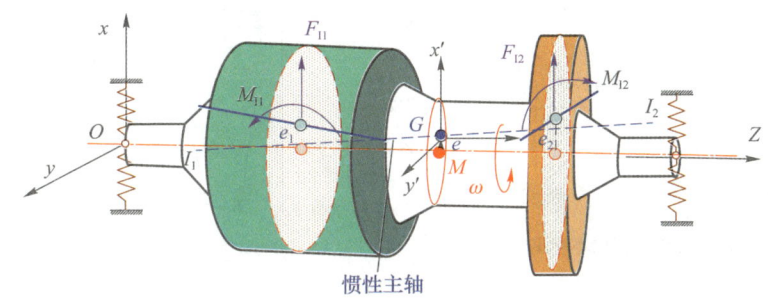

图3-6 支承约束转子系统旋转惯性载荷

对于界面连接转子系统，除加工误差引起的单个构件的质量分布不对称以外，在多个旋转构件装配过程中，由于配合界面同轴度、垂直度、接触状态及装配工艺的局限性等原因，各旋转构件的惯性主轴并不完全与旋转中心线重合，造成质心偏移和惯性主轴倾斜，称为装配后初始不平衡，简称**装配后不平衡**。

此外，对于界面连接转子系统，在超临界高速旋转状态下，随转速升高转子发生弯曲变形，各结构单元旋转惯性载荷持续加大，会导致连接界面接触状态变化，从而使转子各结构单元旋转惯性(力矩)载荷呈现沿轴向分布特征，即转子结构整体性被破坏。

转子结构单元质心偏移，即质心相对其旋转对称中心的偏移量，是由结构设计和加工装配过程共同决定的，对于一个构件在转子系统内的质心偏移量是由其质心相对于自身形心轴的偏移量以及该构件相对转子系统的位置共同决定的。连接界面接触状态的变化会导致构件之间的相对位置改变，造成构件质心偏移量的变化。

如图3-7(a)所示，为典型转子系统中带有界面连接的鼓筒轴构件质心偏移示意图。其中，构件围绕 z 轴(旋转中心轴)转动，图中 O_0 为转子系统旋转中心，O_1 为截面的形心，O_2 为构件的质心。鼓筒轴构件质心相对形心的偏移主要是由加工产生的壁厚差引起的质量分布不均匀所致，其偏移距离为 e；形心轴相对旋转中心的偏移

为 r，是由于构件在转子系统中的位置以及初始装配状态所决定的。

如图 3-7(b)所示，当鼓筒轴构件在装配中，由于连接界面粗糙度、预紧载荷的不同使得连接界面接触状态沿圆周不均匀，导致鼓筒轴构件形心线相对于旋转中心线发生横向偏移和角向倾斜，所以构件此时质心偏移量 L 可通过如下公式计算，即

$$L = l_{y,1} + S_1\theta_y + e_y \tag{3-19}$$

显然，对于界面连接转子系统，各组成结构件的质量分布不对称所产生的不平衡，不仅与自身质量分布有关，还与在转子系统中的位置、初始装配精度及约束界面接触状态变化等相关。

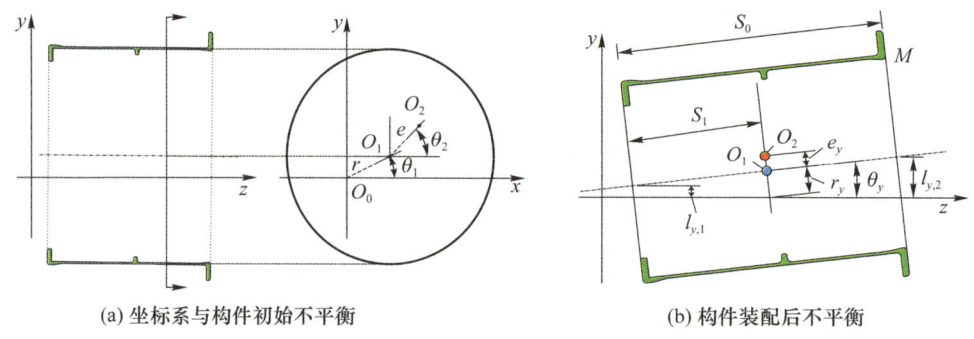

(a) 坐标系与构件初始不平衡　　　　(b) 构件装配后不平衡

图 3-7　鼓筒轴质心偏移示意图

此外，对于大质量薄盘结构单元的质量分布不对称性，除了质心偏移以外还需要考虑惯性主轴的偏斜。

3.2.2　转子运动状态

如图 3-8 所示，为航空发动机中典型的高速转子系统，一般采用两支点、大跨度的"拱形"几何构形设计。压气机为多级轮盘-鼓筒式转子，弯曲刚度较好，涡轮转子通常为薄盘-轴转子，若为双级涡轮盘结构，则采用级间鼓筒形成整体结构，压气机转子与涡轮转子间则采用大直径鼓筒轴连接，以提高转子弯曲刚度。

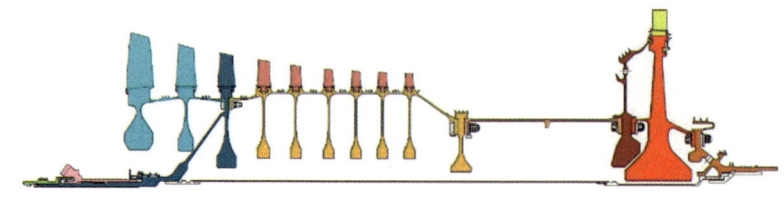

图 3-8　典型转子结构简图(1-0-1)

转子结构具有较高的弯曲刚度，一般高于转子支点的支承刚度，因此，转子前两阶模态振型为平动振型和俯仰振型。由于变形主要集中在支承结构上，转子相对变

形很小,可认为转子作刚体运动,如图 3-9(a)、图 3-9(b)所示。

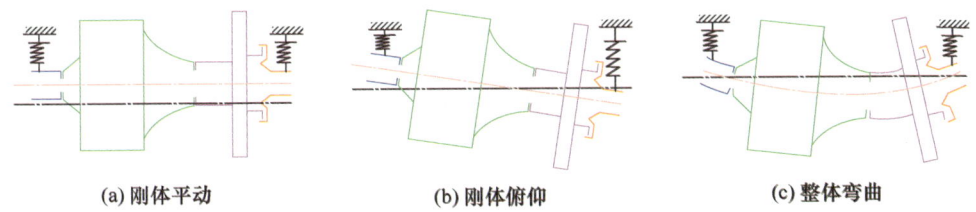

(a) 刚体平动　　　　　　(b) 刚体俯仰　　　　　　(c) 整体弯曲

图 3-9　两支点转子系统典型模态振型示意图

在航空发动机高压转子的动力学设计中,当转子工作转速远低于弯曲临界转速时,转子不会发生弯曲变形,通常仅考虑前两阶刚体模态临界转速对转子系统动力学特性的影响。现代高负荷航空发动机的高压转子工作转速不断提高,转子长径比也逐步加大,使得转子的弯曲临界转速不断向最大工作转速靠近,需要考虑如图 3-9(c)所示弯曲模态对转子系统动力学特性的影响。由于转子弯曲模态特性主要取决于转子质量/刚度分布、支承约束特性以及轮盘组件的旋转惯性等因素,因此,需要对转轴质量分布、转轴弯曲刚度等多参数进行综合优化,调整转子系统各阶共振转速分布,保证工作转速对各阶临界转速均保持"充足的安全裕度"。

一般两支点刚性转子系统的简化离散模型,如图 3-10 所示,可建立转子横向振动运动微分方程。

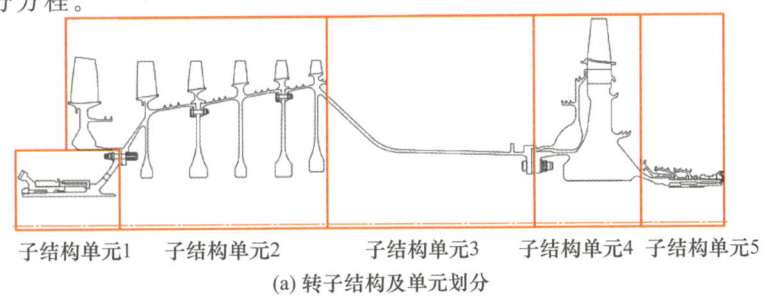

(a) 转子结构及单元划分

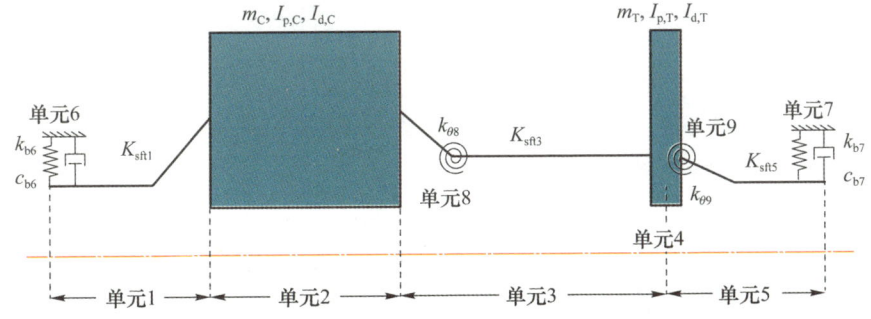

单元1—前轴颈；单元2—压气机；单元3—鼓筒轴；单元4—涡轮；单元5—后轴颈；单元6、单元7—弹性支承

(b) 离散力学模型

图 3-10　两支点刚性转子系统离散力学模型

单元内任意一点的位移向量$\{u\}^e$可由该单元节点位移向量$\{\delta\}^e$近似表示为

$$\{u\}^e = [N]\{\delta\}^e \tag{3-20}$$

式中，$[N]$为形函数矩阵。

应变向量$\{\varepsilon\}$与应力向量$\{\sigma\}$及单元节点位移向量$\{\delta\}^e$之间满足

$$\begin{cases} \{\sigma\} = [D]\{\varepsilon\} \\ \{\varepsilon\} = [B]\{\delta\}^e \end{cases} \tag{3-21}$$

式中，$[D]$为弹性矩阵；$[B]$为应变矩阵。

令转子单元体发生虚位移，则单元虚应变能δU_e为

$$\delta U_e = \int \delta\{\delta\}^{eT} [B]^T [D] [B]\{\delta\}^e dV = \delta\{\delta\}^{eT} [K]^e \{\delta\}^e \tag{3-22}$$

式中，$[K]^e = \int [B]^T [D] [B] dV$为单元刚度矩阵。

若暂不考虑阻尼和陀螺力矩影响，则单元虚功δW_e为

$$\delta W_e = -\int \{\delta u\}^{eT} \rho \{\ddot{u}\}^e dV = -\delta\{\delta\}^{eT} [M]^e \{\ddot{\delta}\}^e \tag{3-23}$$

由于单元虚功δW_e等于内力虚应变δU_e，且单元虚位移$\delta\{\delta\}^{eT}$具有任意性，所以必有

$$[M]^e \{\ddot{\delta}\}^e + [K]^e \{\delta\}^e = 0 \tag{3-24}$$

即得到结构单元运动微分方程。而由各结构单元能量平衡方程组集可得转子系统的运动微分方程，即

$$[M]\{\ddot{\delta}\} + [K]\{\delta\} = 0 \tag{3-25}$$

转子系统振动微分方程(3-25)有两种求解方式：一是直接进行数值积分；二是通过假设转子处于周期运动状态，通过求解相应的代数方程特征值和特征向量，获得转子系统各阶模态共振转速及振型。

1. 刚体模态

在刚体模态运动状态下，转子结构单元之间相对变形极小，系统的变形集中在支承结构上，因此，转子内部各结构单元的结构特征及其力学特性对刚体模态特性的影响可以忽略，只需考虑转子(作为整体)的质量、转动惯量与质心位置，以及支承结构力学特征参数对刚体模态特性的影响。

对转子系统刚体模态动力学特性分析，采用"力平衡法"，即列出转子系统在刚体模态振型运动状态下力和力矩的平衡方程，以此为基础来理解转子结构特征、运动状态与动力学特性之间的关联性。

对两支点刚性转子系统等效离散模型(见图3-10)进行合理简化。将转子整体视为一个结构单元体，转子系统刚体模态振动如图3-11所示。考虑转子质心在y

方向与 z 方向的横向运动与角向运动,刚性模态问题本质上是 4 自由度(包括 y,z, θ_y,θ_z)问题。根据对称性,可将其简化为 2 个自由度(1 个横向自由度 r、1 个角向自由度 θ)的系统来求解。

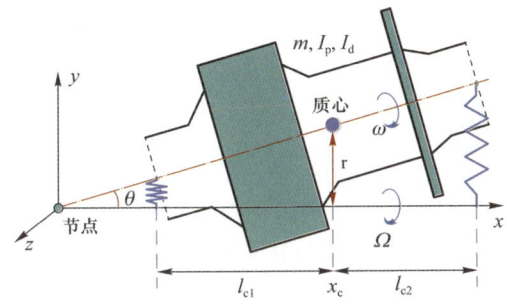

图 3-11 刚体模态振动示意图

设转子作刚体模态振动时转动角速度为 ω,进动角速度为 Ω。转子质心距离节点(设节点与原点重合)距离为 x_c,转子质量为 m,直径转动惯量为 I_d,极转动惯量为 I_p,质心距前、后支承的轴向距离分别为 l_{c1}、l_{c2},转子质心相对于旋转中心线的横向偏移量为 r,形心轴与旋转中心线间的夹角为 θ,且有 $r=\theta x_c$。

力和力矩平衡方程组为

$$m\Omega^2 \cdot \theta x_c = K_{3\#} \cdot \theta(x_c - l_{c1}) + K_{4\#} \cdot \theta(x_c + l_{c2})$$
$$(I_d + mx_c^2)\Omega^2\theta - I_p\omega\Omega\theta = K_{3\#} \cdot \theta(x_c - l_{c1})^2 + K_{4\#} \cdot \theta(x_c + l_{c2})^2 \quad (3-26)$$

展开可得

$$m\Omega^2 \cdot \theta x_c = (K_{3\#} + K_{4\#})\theta x_c - (K_{3\#} l_{c1} - K_{4\#} l_{c2})\theta$$
$$(I_d + mx_c^2)\Omega^2\theta - I_p\omega\Omega\theta = (K_{3\#} + K_{4\#})\theta x_c^2 - 2(K_{3\#} l_{c1} - K_{4\#} l_{c2})\theta x_c + (K_{3\#} l_{c1}^2 + K_{4\#} l_{c2}^2)\theta$$
$$(3-27)$$

方程组两个等号左端项分别为转子的横向运动与角向运动惯性项,两个方程也分别对应转子系统两阶模态,即,以转子横向运动为主的刚体平动模态与以转子角向运动为主的刚体俯仰模态。

可用方程组(3-26),求解不同转速下的刚体模态共振转速与模态振型,其中,令

$$\begin{cases} A = x_c \theta \\ B = \theta \end{cases} \quad \begin{cases} \alpha = K_{3\#} + K_{4\#} \\ \gamma = -K_{3\#} \cdot l_{c1} + K_{4\#} \cdot l_{c2} \\ \delta = K_{3\#} \cdot l_{c1}^2 + K_{4\#} \cdot l_{c2}^2 \end{cases} \quad (3-28)$$

将式(3-28)代入式(3-26),并消去高阶小量,有

$$\begin{cases} (\alpha - m\Omega^2)A + \gamma B = 0 \\ 2\gamma A + (\delta + I_p\omega\Omega - I_d\Omega^2)B = 0 \end{cases} \quad (3-29)$$

消去 A、B 得到频率方程为

$$f(\Omega) \equiv (\alpha - m\Omega^2)(\delta + I_p\omega\Omega - I_d\Omega^2) - 2\gamma^2 = 0 \quad (3-30)$$

代入转速 ω,可得共振转速 Ω,再将其代入式(3-26),从而得到模态振型。

根据转子稳态运动平衡方程(3-27),两阶模态共振转速满足

$$\begin{cases} \Omega^2 = \dfrac{K_{3\#} + K_{4\#}}{m} + \dfrac{l_{c2} \cdot K_{4\#} - l_{c1} \cdot K_{3\#}}{mx_c} \\ \Omega^2 = \dfrac{K_{3\#} \cdot l_{c1}^2 + K_{4\#} \cdot l_{c2}^2 + I_p\omega\Omega}{I_d + mx_c^2} + \dfrac{(l_{c2} \cdot K_{4\#} - l_{c1} \cdot K_{3\#})x_c + (K_{3\#} + K_{4\#})x_c^2}{I_d + mx_c^2} \end{cases}$$

$$(3-31)$$

可见,结构特征参数对刚体模态共振转速的影响规律,包括如下几个方面:

① 平动、俯仰模态共振转速分别与转子质量、转动惯量呈负相关变化;

② 刚体模态共振转速与支承刚度呈正比变化,随支承刚度的增加,刚体模态共振转速将提高;

③ 陀螺力矩效应对俯仰模态共振转速有一定影响,影响程度取决于惯量比,当惯量比较小时,则陀螺力矩效应对共振转速影响较小。

当两支承反力满足 $l_{c1} \cdot K_{3\#} = l_{c2} \cdot K_{4\#}$ 时,转子平衡方程组(3-26)的 2 个方程解耦,得到

$$\begin{cases} \text{刚体平动:} & m\Omega^2 = K_{3\#} + K_{4\#} \\ \text{刚体俯仰:} & I_d\Omega^2 - I_p\omega\Omega = K_{3\#} \cdot l_{c1}^2 + K_{4\#} \cdot l_{c2}^2 \end{cases} \quad (3-32)$$

转子的横向运动和角向运动是 2 个相互独立的自由度。此时,转子的平动模态与俯仰模态的模态振型分别为纯平动($\theta=0$,节点位于无穷远处,$x_c \neq \infty$,两端支承的支反力对质心的合力矩为 0)与纯俯仰(质心为节点,$x_c=0$,两端支承的支反力对质心的合力为 0),如图 3-12 所示。

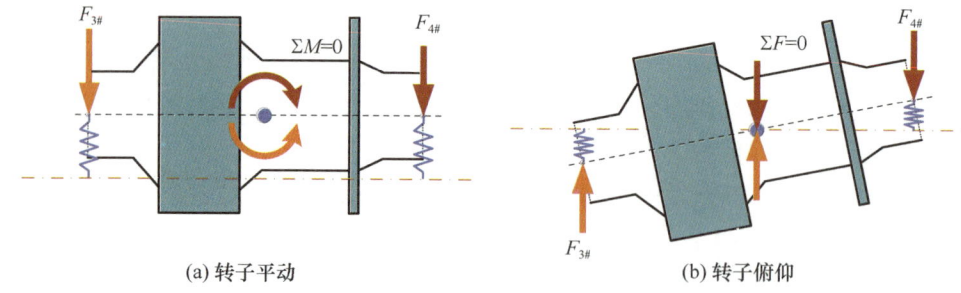

(a) 转子平动　　　　　　　　(b) 转子俯仰

图 3-12　转子纯平动和俯仰时受力示意图

综上,转子系统刚体模态共振转速的主要影响因素是转子质量分布和支承约束特性。其中,质量分布的内涵是转子整体的质心位置和质量、转动惯量大小;支承约束特性的内涵是支承刚度大小和支点距质心的位置。

2. 弯曲模态

转子弯曲模态的共振转速相对较高,模态振型中转子弯曲变形程度较大,使压气机和涡轮转子发生较大的角向位移并产生显著的陀螺力矩效应,这对共振转速的影响不可忽略。

在一般转子弯曲模态振型中,转子系统的应变能主要集中在鼓筒轴和支承上,压气机和涡轮转子这2个质量单元角向位移方向相反,2个节点近似位于压气机和涡轮的质心处。根据上述弯曲模态振型特点,对两支点刚性转子系统等效离散模型(见图3-10)进行特征简化,如图3-13所示。

转子的转动角速度和进动角速度分别为 ω、Ω,压气机和涡轮转子的角向位移分别为 $-\theta_1$、θ_2,前后支承提供的角向约束刚度分别为 $K_{\theta,3\#}$、$K_{\theta,4\#}$。

如图3-13所示,压气机、涡轮转子质心为弯曲模态节点,压气机和涡轮只产生角向位移。阻碍转子弯曲变形的弹性恢复力(力矩)来源有2个:一是鼓筒轴弯曲刚度 $K_{\theta\theta}^3$,主要取决于鼓筒轴的截面抗弯刚度 EI 与鼓筒轴长度;二是前/后支承对压气机/涡轮的角向约束刚度 $K_{\theta,3\#}$、$K_{\theta,4\#}$,分别随支承刚度 $K_{3\#}$、$K_{4\#}$ 和力臂长度(支点与振型节点之间的距离)的增大而增加,随前后轴颈刚性的减小而减弱。

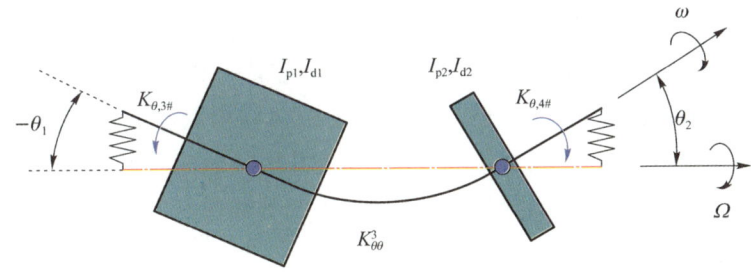

图3-13 弯曲模态转子位移分析模型

为便于分析,可将上述弹性恢复力(力矩)统一为转子的等效弯曲刚度 K_θ,并表示为

$$K_\theta = f(K_{\theta\theta}^3, K_{3\#}, K_{4\#}) \tag{3-33}$$

需要说明,在典型航空发动机高压转子中,等效弯曲刚度与鼓筒轴刚度、支承刚度、前后轴颈长度和刚度呈正相关,且敏感度依次下降。

根据力矩平衡可推出,当转速 $\omega=0$ 时,弯曲振型共振转速

$$\Omega^2 = \frac{K_\theta}{I_{d1} I_{d2}/(I_{d1}+I_{d2})} \tag{3-34}$$

式(3-34)分母为等效直径转动惯量,共振转速随转子等效弯曲刚度的增加而增加,随压气机和涡轮转子的直径转动惯量增加而减小。

当转子转速 $\omega \neq 0$ 时,便需要考虑陀螺力矩效应,根据力矩平衡可得

$$\Omega^2 = \frac{K_\theta\left(1+\dfrac{I_{d1}-I_{p1}\omega/\Omega}{I_{d2}-I_{p2}\omega/\Omega}\right)+I_{p1}\omega\Omega}{I_{d1}} = \frac{K_\theta\left(1+\dfrac{I_{d2}-I_{p2}\omega/\Omega}{I_{d1}-I_{p1}\omega/\Omega}\right)+I_{p2}\omega\Omega}{I_{d2}} \quad (3-35)$$

相较式(3-34),式(3-35)中的分子项(等效弯曲刚度)增加了陀螺力矩项,这说明陀螺力矩效应能够增加转子等效刚度,并且这种增强作用与惯量比、转速密切相关。进一步得到正进动状态下弯曲振型共振转速线的近似方程,即

$$\Omega \geqslant \sqrt{\frac{4K_\theta}{I_{d1}+I_{d2}}}+\frac{(I_{p1}+I_{p2})}{4\sqrt{K_\theta}\sqrt{I_{d1}+I_{d2}}}\Omega\omega \quad (3-36)$$

式中 $(I_{p1}+I_{p2})\Omega/(4\sqrt{K_\theta}\sqrt{I_{d1}+I_{d2}})$ 为共振转速渐进线的斜率,表征陀螺力矩效应对弯曲刚度的影响程度会随转速发生变化,即陀螺力矩增强会改变模态振型,使压气机和涡轮的角向位移发生改变,导致共振转速渐进线以及共振转速线为曲线。

由式(3-36)可得转子结构特征参数对共振转速的影响规律包括以下两点:

① 压气机、涡轮转子的惯量比增加,陀螺力矩效应变强,弯曲模态共振转速提高速率会随转速提高而加大;

② 转子等效弯曲刚度增加,使零转速共振转速升高,但同时会使陀螺力矩效应相应变弱。

综上,通过转子几何构形设计以调整惯性单元的惯量比或等效弯曲刚度,即改变转子的质量/刚度分布及其陀螺力矩效应,进而改变转子共振转速分布特性。

在刚性转子系统中,通过合理设计鼓筒、轴颈几何构形及关键尺寸参数,改变转子质量/刚度分布,控制转子弯曲形状,可以调整共振转速随转速变化速率。

假设转子系统前轴颈与鼓筒轴刚度不变,改变后轴颈刚度,转子弯曲模态振型可能有两种形式,如图3-14所示。

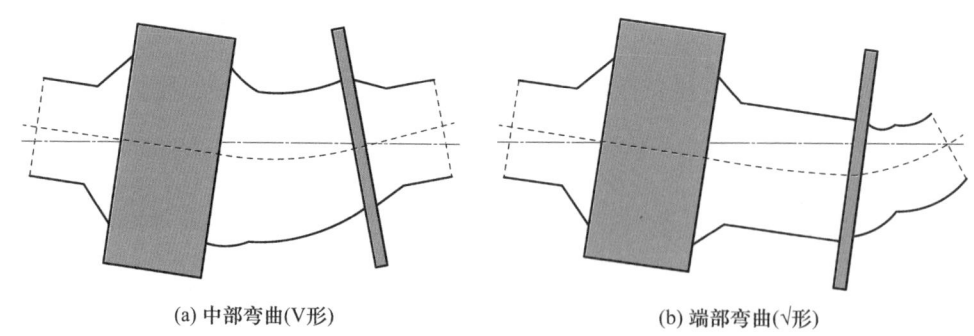

(a) 中部弯曲(V形)　　　　　　　(b) 端部弯曲(√形)

图 3-14　高压转子两种弯曲模态振型

图3-14(a)中,转子中部弯曲(简称中弯)模态的涡轮和压气机转子分别绕各自的质心摆动,在旋转运动中所产生的旋转惯性力矩载荷取决于压气机与涡轮各自的转动惯量比 I_{p1}/I_{d1} 与 I_{p2}/I_{d2};如图3-14(b)所示的端部弯曲(简称端弯)模态的转子

系统,由于涡轮和压气机为一整体,其陀螺力矩效应则取决于压气机-涡轮组合体的惯量比 $I_{\text{ps}}/I_{\text{ds}}$(组合体的直径转动惯量可由平行轴定理 $I_\text{d} = I_\text{dc} + md^2$ 求得),所以转子的直径转动惯量相对增加,转动惯量比相对减小并且满足

$$\frac{I_{\text{ps}}}{I_{\text{ds}}} = \frac{I_{\text{p1}} + I_{\text{p2}}}{I_{\text{d1}} + I_{\text{d2}} + m_1 d_1^2 + m_2 d_2^2} < \frac{I_{\text{p1}}}{I_{\text{d1}}} < \frac{I_{\text{p2}}}{I_{\text{d2}}} \tag{3-37}$$

式中,m_1,m_2 为压气机、涡轮的质量;d_1,d_2 分别为压气机、涡轮的质心距压气机-涡轮组合体质心的轴向距离。

因此端弯模态转子的陀螺力矩效应明显弱于中弯模态。总之,通过改变转子质量/刚度分布,调整转子弯曲振型的变形位置,可以有效改变弯曲共振转速分布特性,这对转子动力学设计具有重要的指导意义。

3.3 动力响应及稳定性

航空发动机转子系统在结构上具有非连续性,在工作载荷环境、初始装配载荷的共同作用下,配合界面接触状态、应力及变形分布都会产生一定的非对称性,使转子系统动力响应特性发生变化,在一定条件下可能发生失稳。

高结构效率航空发动机,在转子结构系统设计中常采用中介轴承或共用承力框架承力结构。在多转子旋转惯性激励的交互作用、支承松动等特殊状态,转子将处于非协调涡动状态。不同于同步正进动时"弓形回转",转子处于非协调涡动时,转轴会产生弯曲变形和交变载荷作用的状态,由此导致连接结构力学特性发生变化(见图 3-15),主要体现在以下几个方面:

① 界面接触应力分布不均匀的连接结构靠近大质量/转动惯量轮盘时,将导致轮盘绕两直径惯性轴的转动惯量不相等;

② 连接界面接触状态及应力分布不均匀导致连接结构弯曲刚度非对称,对于套齿联轴器等影响转子系统整体刚性的连接结构,将导致转子系统具有刚度非对称特性;

③ 非协调涡动转子的连接界面间存在相对运动(趋势),转子受到结构内阻尼力作用;

④ 轴承滚动体与内外滚道间存在较大游隙,或与轴承座之间存在较大间隙时,转子约束的性质发生改变,支承结构对转子的"质量约束"特征明显,碰撞与冲击会使转子系统受到宽频激励(冲量)作用,从而改变转子进动转速产生非协调涡动。

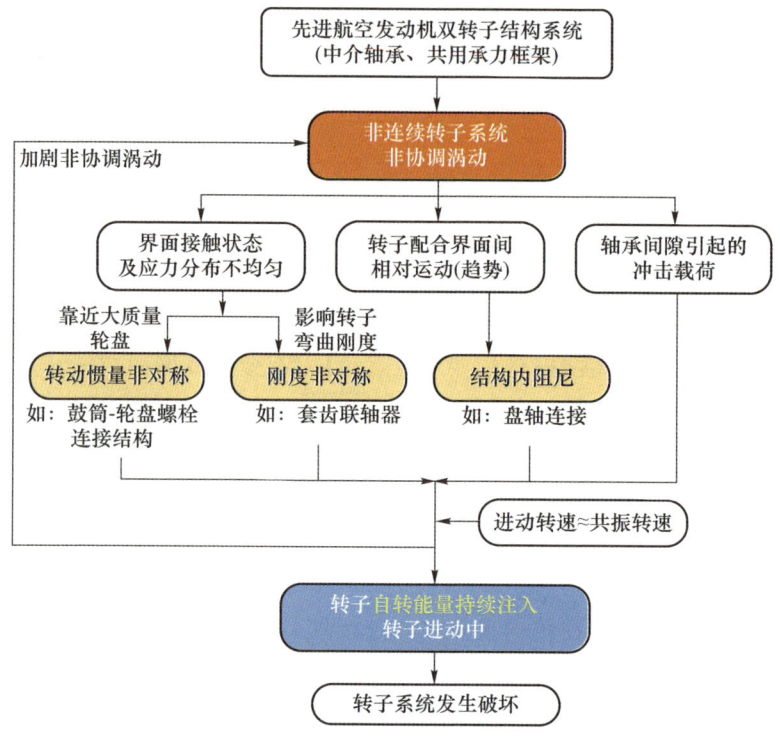

图 3-15　界面连接转子系统非协调涡动及稳定性

3.3.1　质量/刚度非对称性

转子系统弯曲刚度/转动惯量非对称性来源于连接结构界面接触状态及应力分布的非对称性,同时由转子系统的结构特征决定其主要影响形式。

以航空发动机典型两支点转子结构为例,如图 3-16 所示,界面连接转子在超临界高转速下发生弯曲变形,导致各法兰-螺栓连接结构受到较大的弯矩载荷作用。由于法兰-螺栓连接结构的拉伸载荷由预紧螺栓承受,压缩载荷由法兰端面承受。拉压刚度不同,导致弯矩载荷下界面接触状态及应力分布存在非对称性,尤其是发生局部分离现象时,连接界面应力分布的非对称性将进一步增大。对于压气机与涡轮间的鼓筒-轮盘螺栓连接而言,由于其对转子系统弯曲刚度特性影响敏感度较高,其界面接触应力非对称性将导致转子弯曲刚度产生非对称性。而对于具有大质量的涡轮盘两侧的法兰-螺栓连接结构,由于其靠近大质量轮盘,且连接界面接触应力分布具有非对称性,将会引起轮盘惯性主轴的偏斜,导致直径转动惯量的非对称性。

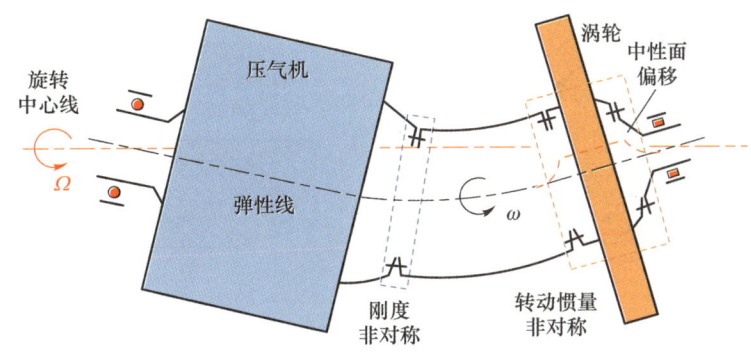

图 3-16　界面连接转子弯曲变形及结构特征变化

转子连接结构某一方向的弯曲刚度由该方向角向变形决定。如图 3-17 所示,连接结构主弯曲应变方向及其垂直方向上的角向变形不同,当主弯曲方向的角向变形超过某一数值,连接结构将发生该方向上的弯曲刚度损失;另一方向上的角向变形较小,其弯曲刚度损失程度也较小。由此导致连接结构在两方向上的弯曲刚度存在非对称性,可等效为矩形截面的轴段,通过截面几何的非对称性来模拟界面接触引起的刚度非对称,如图 3-18 所示。

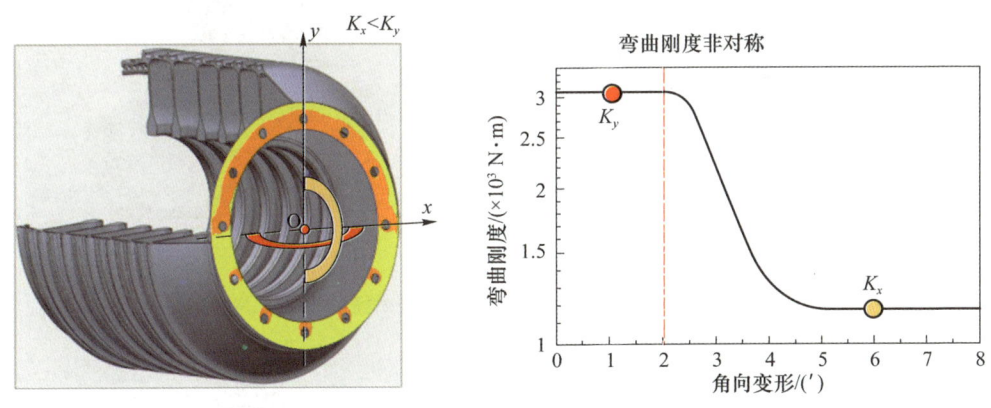

图 3-17　连接结构刚度非对称性示意图

在航空发动机转子系统的结构设计中,连接结构通常靠近大质量/转动惯量轮盘以减小连接结构变形。如图 3-19 所示,连接结构界面接触状态及应力分布的非对称性会导致界面中性轴偏移,进而影响轮盘旋转过程中的约束特性。即轮盘的自转中心线偏离质心 δ,由平行轴定理可知,与中心线偏移量垂直方向上的直径转动惯量将增大 $m\delta^2$,而沿偏移量方向的转动惯量未改变,由此导致轮盘在两直径转动惯量存在非对称。在理论分析中可将轮盘等效为非对称形状,如图 3-20 所示,轮盘直径转动惯量的非对称性,将影响轮盘在两垂直方向上的旋转惯性力矩,在一定条件下会影响转子系统的稳定性。

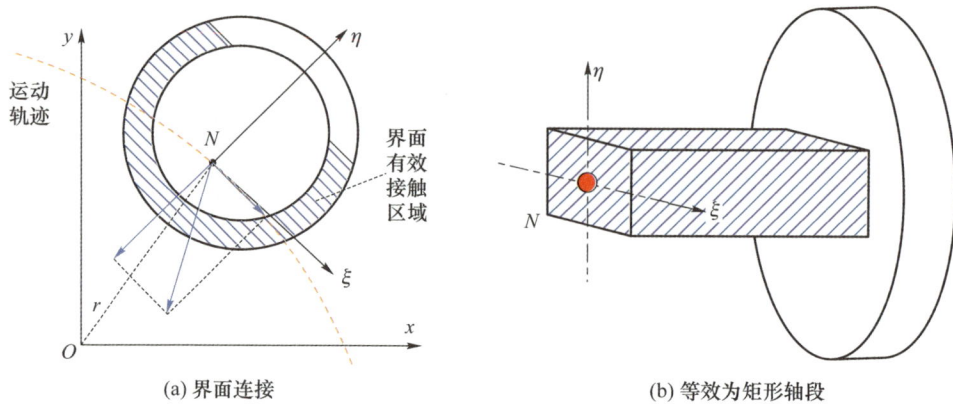

图 3-18 转子连接界面弯曲刚度非对称的等效

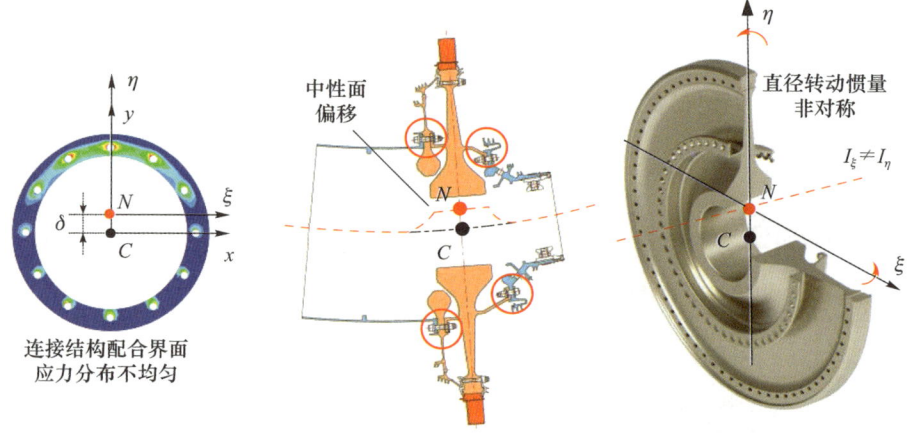

图 3-19 连接界面应力分布及轮盘直径转动惯量非对称

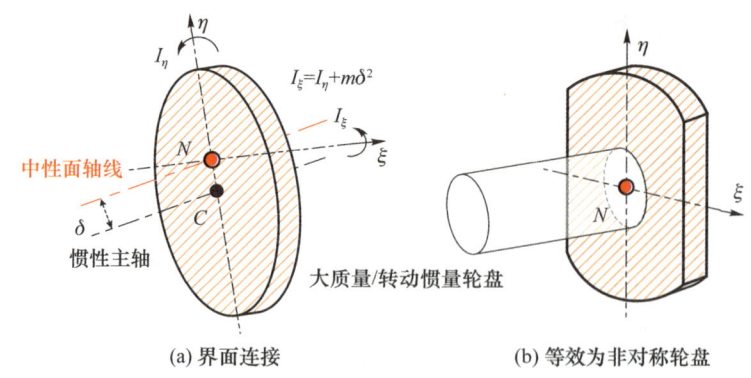

图 3-20 轮盘直径转动惯量非对称的等效模型

在工程中,由于在转子结构上打孔、开槽、界面连接等原因使其局部刚度特性衰退,造成转子结构拉/压刚度存在非对称,进而导致转子系统在弯曲变形时,转子在横截面内两正交方向的弯曲刚度不同。这种在转子横截面内两正交方向的弯曲刚度不同的转子系统,称为**弯曲刚度非对称转子系统**。

1. 转子动力学方程

对于具有刚度非对称的转子系统的动力响应特性及稳定性分析,需在静止坐标系中建立响应的动力学方程。已知转轴截面两垂直方向的弯曲刚度非对称,分别为 k_1 和 k_2,且 $k_1 > k_2$。令

$$\begin{cases} \Delta k = \dfrac{k_1 - k_2}{2} \\ k = \dfrac{k_1 + k_2}{2} \end{cases} \quad (3-38)$$

得

$$\begin{cases} k_1 = k + \Delta k \\ k_2 = k - \Delta k \end{cases} \quad (3-39)$$

如图 3-21(a)所示,以 Jeffcott 转子建立弯曲刚度非对称转子力学模型。假设轴段刚度最大和轴段刚度最小的方向互相垂直,为了形象表示、便于理解,将转子轴段用矩形截面表示。

如图 3-21 所示表示转子某一时刻的位置,图 3-21(b)为转子横截面示意图。$O-xy$ 是固定坐标系,$O-\xi\eta$ 是随非对称转轴以角速度 ω 旋转的旋转坐标系。x' 轴与最小弯曲刚度 k_2 方向一致,y' 轴与最大弯曲刚度 k_1 方向一致。

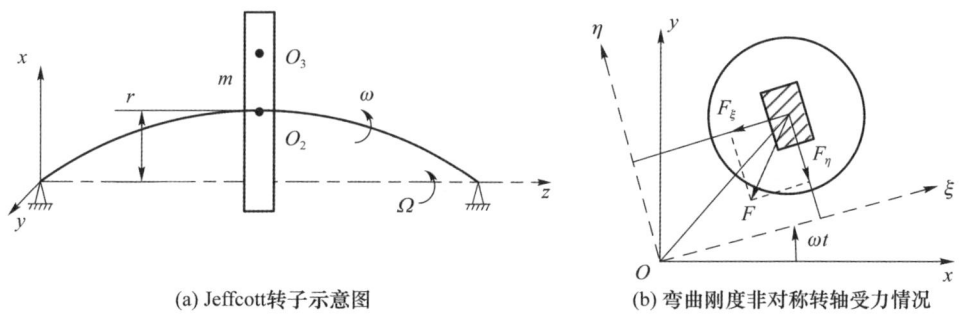

(a) Jeffcott转子示意图   (b) 弯曲刚度非对称转轴受力情况

图 3-21 弯曲刚度非对称转子系统

需要说明,转子系统的运动由自转转速 ω 和公转转速 Ω(又称进动转速)组成,相对旋转坐标系的原点 O' 应该位于轮盘中心,与绝对坐标系的原点应相差半径 r。在转子系统做同步正进动时,两个坐标系原点之间相差距离为常数 r,转子弯曲变形的幅值 r 又相对较小,所以可以将相对坐标系的原点移到绝对坐标系原点 O 处。这样可以极大地简化推导过程,又不会对推导结果产生影响。

设在时刻 $t=0$ 时,ξ 轴与 x 轴重合,在旋转过程中 $\angle \xi O x = \omega t$。$\xi$ 和 η 方向上的

恢复力 F'_x 和 F'_y 表示为

$$\begin{cases} F'_x = -(k - \Delta k)x' \\ F'_y = -(k + \Delta k)y' \end{cases} \quad (3-40)$$

由绝对坐标系和相对坐标系的转换惯性可知，坐标和力之间满足以下关系

$$\begin{cases} x' = x\cos\omega t + y\sin\omega t \\ y' = -x\sin\omega t + y\cos\omega t \end{cases} \quad (3-41)$$

$$\begin{cases} F_x = F'_x\cos\omega t - F'_y\sin\omega t \\ F_y = F'_x\sin\omega t + F'_y\cos\omega t \end{cases} \quad (3-42)$$

将式(3-41)和式(3-42)代入式(3-40)得出

$$\begin{cases} F_x = -\{kx - \Delta k(x\cos 2\omega t + y\sin 2\omega t)\} \\ F_y = -\{ky - \Delta k(x\sin 2\omega t - y\cos 2\omega t)\} \end{cases} \quad (3-43)$$

因此，弯曲刚度非对称转子系统的刚度矩阵为

$$K = \begin{bmatrix} k_x & k_{xy} \\ k_{xy} & k_y \end{bmatrix} = \begin{bmatrix} k - \Delta k\cos 2\omega t & -\Delta k\sin 2\omega t \\ -\Delta k\sin 2\omega t & k + \Delta k\cos 2\omega t \end{bmatrix} \quad (3-44)$$

将刚度矩阵带入转子系统动力学方程 $M\ddot{q} + C\dot{q} + Kq = F$，得到以 Jeffcott 转子为基础的弯曲刚度非对称转子系统在静止坐标系中的动力学方程

$$\begin{cases} m\ddot{x} + c\dot{x} + kx - \Delta k(x\cos 2\omega t + y\sin 2\omega t) = F_x \\ m\ddot{y} + c\dot{y} + ky - \Delta k(x\sin 2\omega t - y\cos 2\omega t) = F_y \end{cases} \quad (3-45)$$

将 $c_0 = \dfrac{c}{m}$，$\Omega_n = \sqrt{\dfrac{k}{m}}$ 和 $\Delta = \dfrac{\Delta k}{m}$ 代入式(3-45)得

$$\begin{cases} \ddot{x} + c_0\dot{x} + \Omega_n^2 x - \Delta(x\cos 2\omega t + y\sin 2\omega t) = \dfrac{F_x}{m} \\ \ddot{y} + c_0\dot{y} + \Omega_n^2 y - \Delta(x\sin 2\omega t - y\cos 2\omega t) = \dfrac{F_y}{m} \end{cases} \quad (3-46)$$

从式(3-45)和式(3-46)可以看出，转轴弯曲刚度非对称的转子系统在 x 方向和 y 方向的运动，通过非对称刚度项的 Δk 和 Δ 相互耦合。

此外，由于动力学方程中刚度项系数是时间的函数，所以弯曲刚度不对称转子系统是参数激励系统。对于时变参数激励转子系统或称时变转子系统，在运动过程中可能发生失稳，需要对具有时变参数转子系统的动力响应及稳定性进行分析。

2. 动力学特性及稳定性

具有时变参数的转子系统在本质上可以归为非线性系统，但是在参数相互影响的规律分析中，可以采用线性振动理论，对运动微分方程的解进行线性假设。在振幅不大或在靠近共振转速运转的情况下，其运动轨迹仍然可以写成简谐或指数形式。从而可以讨论模态频率的变化规律及其稳定性。

不考虑转子系统的阻尼力和外力作用，将动力学方程(3-46)简化为

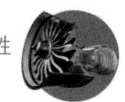

$$\begin{cases} \ddot{x} + \Omega_n^2 x - \Delta(x\cos 2\omega t + y\sin 2\omega t) = 0 \\ \ddot{y} + \Omega_n^2 y - \Delta(x\sin 2\omega t - y\cos 2\omega t) = 0 \end{cases} \quad (3-47)$$

设转子系统的自由振动频率或模态共振转速为 Ω，假设式(3-47)解的形式为

$$\begin{cases} x = A\cos(\Omega t + \beta) + B\cos[(2\omega - \Omega)t - \beta] \\ y = A\sin(\Omega t + \beta) + B\sin[(2\omega - \Omega)t - \beta] \end{cases} \quad (3-48)$$

式中，β 是相位角。

如图 3-21 所示，坐标平面 $O\text{-}xy$ 与复平面重合，并定义复数 $z = x + iy$。动力学方程(3-47)用复数表示为

$$\ddot{z} + \Omega_n^2 z - \Delta \tilde{z} e^{i2\omega t} = 0 \quad (3-49)$$

复数动力学方程解的形式假设为

$$r = ae^{i\Omega t} + be^{i(2\omega - \tilde{\Omega})t} \quad (3-50)$$

式中，系数 $a = Ae^{i\beta}$，$b = Be^{-i\beta}$ 以及自由振动频率 Ω 可能是复数。

将式(3-50)代入转子系统运动方程(3-49)，分别求出两边项 $e^{i\Omega t}$ 和 $e^{i(2\omega - \tilde{\Omega})t}$ 的系数，得到

$$\begin{cases} (\Omega_n^2 - \Omega^2)a - \Delta \tilde{b} = 0 \\ [\Omega_n^2 - (2\omega - \tilde{\Omega})^2]b - \Delta \tilde{a} = 0 \end{cases} \quad (3-51)$$

此外，两边取复共轭得

$$\begin{cases} (\Omega_n^2 - \tilde{\Omega}^2)\tilde{a} - \Delta b = 0 \\ [\Omega_n^2 - (2\omega - \Omega)^2]\tilde{b} - \Delta a = 0 \end{cases} \quad (3-52)$$

将等式(3-51)和等式(3-52)中 $\dfrac{a}{\tilde{b}}$ 项的系数对应相等，得到

$$(\Omega_n^2 - \Omega^2)[\Omega_n^2 - (2\omega - \Omega)^2] - \Delta^2 = 0 \quad (3-53)$$

同样，将 $\dfrac{\tilde{a}}{b}$ 项的系数对应相等，得到

$$(\Omega_n^2 - \tilde{\Omega}^2)[\Omega_n^2 - (2\omega - \tilde{\Omega})^2] - \Delta^2 = 0 \quad (3-54)$$

如果 Ω 是实数，等式(3-53)和等式(3-54)相同。如果 Ω 是复数，则 Ω 和 $\tilde{\Omega}$ 是同一方程的根。因此，只需要求解二式其中之一便可，根据等式(3-53)可以得到

$$(\Omega - \omega)^4 - 2(\omega^2 + \Omega_n^2)(\Omega - \omega)^2 + [\omega^2 - (\Omega_n^2 + \Delta)][\omega^2 - (\Omega_n^2 - \Delta)] = 0$$

$$(3-55)$$

等式(3-55)是关于 $(\Omega - \omega)^2$ 的二次方程，可以得到固有频率 $\Omega_1, \cdots, \Omega_4$，具体所示如下

$$\Omega_1 = \omega + \nu, \quad \Omega_2 = \omega - \nu, \quad \Omega_3 = \omega + \mu, \quad \Omega_4 = \omega - \mu \quad (3-56)$$

其中

$$\begin{cases} \nu = \sqrt{\omega^2 + \Omega_n^2 + \sqrt{4\Omega_n^2\omega^2 + \Delta^2}} \\ \mu = \sqrt{\omega^2 + \Omega_n^2 - \sqrt{4\Omega_n^2\omega^2 + \Delta^2}} \end{cases} \quad (3-57)$$

以转速 ω 为自变量,求得固有频率 Ω 的变化曲线,得到如图 3-22 所示的转子系统共振转速曲线(Campbell 曲线)。如果不存在弯曲刚度非对称,其共振转速曲线为两条与转速无关的水平共振曲线(大小为 $\pm \Omega_n$),如图 3-22 所示中虚线所示。对于弯曲刚度非对称转子系统,由于转子具有两个弯曲模态,考虑到转子的正向进动和反向进动两种运动情况,因此,具有 4 阶共振转速,如图 3-22 所示中的 4 条共振转速曲线。

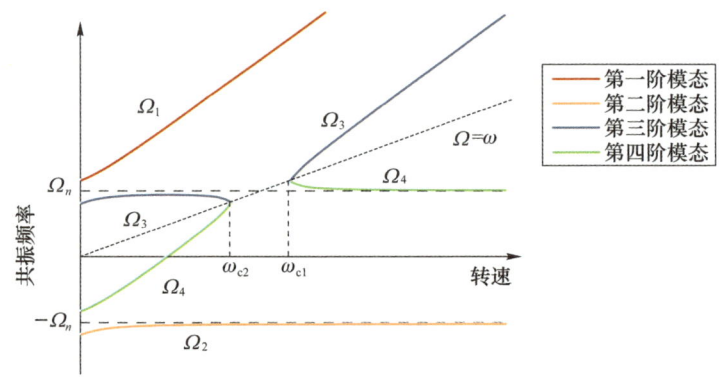

图 3-22 弯曲刚度非对称转子系统固有频率

从图 3-22 可以看出,在给定的转速 ω 下,一般情况下存在 4 个特征值及其对应的特征向量。其物理意义是,在给定转速下存在 4 种运动形式,即运动模态。转子进动有正向和反向两种形式,弯曲刚度非对称使轮盘在相对坐标系中绕坐标轴线的转动也有 2 个运动模态,其组合可出现 4 种运动模态,并且摆动会产生较强的陀螺力矩效应,使得共振转速随转速提高而增加。当转子弯曲刚度为对称时,位于支点跨度中间的轮盘不产生陀螺力矩效应,即只有正向和反向共振转速。

如图 3-22 所示,固有频率(共振转速) $\Omega_1, \cdots, \Omega_4$ 是转速 ω 的函数。由于 ν 始终是实数,所以无论 ω 为何值,Ω_1 和 Ω_2 都是实数。设 $\mu = 0$ 的转速为 ω_{c1} 和 ω_{c2},从等式(3-57)得

$$\omega_{c1} = \sqrt{\Omega_n^2 + \Delta} = \sqrt{\frac{k+\Delta k}{m}}, \omega_{c2} = \sqrt{\Omega_n^2 - \Delta} = \sqrt{\frac{k-\Delta k}{m}} \quad (3-58)$$

转速 ω_{c1} 和 ω_{c2} 的物理意义是当两个转速满足 $\Omega_3 = \Omega_4$,此时转子系统只有 3 个共振转速。另外,转子做同步正进动时,转速在此处会发生共振,即为转子系统的临界转速。

另外,由图 3-22 所示可知,当 $\omega_{c2} < \omega < \omega_{c1}$ 的范围内,转子只有两阶共振转速。下面根据转子工作转速的不同,讨论在不同转速范围内转子的运动情况。

① 转速在 $\omega>\omega_{c1}$ 和 $\omega<\omega_{c2}$。转子的 4 阶共振转速 $\Omega_1,\cdots,\Omega_4$ 都是实数。将 $\Omega_1,\cdots,\Omega_4$ 代入式(3-50)并求和,得到转子的动力响应为

$$z=(a_1+b_2)e^{i(\omega+\nu)t}+(a_2+b_1)e^{i(\omega-\nu)t}+(a_3+b_4)e^{i(\omega+\mu)t}+(a_4+b_3)e^{i(\omega-\mu)t} \quad (3-59)$$

令 $a_n=A_n e^{i\alpha_n}$ 和 $b_n=B_n e^{i\beta_n}(n=1,\cdots,4)$,从等式(3-51)和(3-52)得到

$$\begin{cases} \dfrac{A_1}{B_1}e^{i(\alpha_1+\beta_1)}=\dfrac{B_2}{A_2}e^{i(\alpha_2+\beta_2)}=\kappa_1 \\ \dfrac{A_3}{B_3}e^{i(\alpha_3+\beta_3)}=\dfrac{B_4}{A_4}e^{i(\alpha_4+\beta_4)}=\kappa_2 \end{cases} \quad (3-60)$$

式中,κ_1 和 κ_2 是实数,且有

$$\kappa_1=\frac{\Delta}{\Omega_n^2-(\omega+\nu)^2},\quad \kappa_2=\frac{\Delta}{\Omega_n^2-(\omega+\mu)^2} \quad (3-61)$$

将由式(3-60)得到系数间的关系式,如 $A_1=\kappa_1 B_1$ 和 $\alpha_1=-\beta_1$,代入式(3-59)并使用下式变换

$$\begin{cases} A_1 e^{i\alpha_1}+\kappa_1 A_2 e^{-i\alpha_2}=P_1 e^{i\theta_1} \\ A_3 e^{i\alpha_3}+\kappa_2 A_4 e^{-i\alpha_4}=P_2 e^{i\theta_2} \end{cases} \quad (3-62)$$

最终得到转速在 $\omega>\omega_{c1}$ 和 $\omega<\omega_{c2}$ 时转子运动轨迹为

$$z=P_1 e^{i\theta_1}e^{i(\omega+\nu)t}+\frac{1}{\kappa_1}P_1 e^{-i\theta_1}e^{i(\omega-\nu)t}+P_2 e^{i\theta_2}e^{i(\omega+\mu)t}+\frac{1}{\kappa_2}P_2 e^{-i\theta_2}e^{i(\omega-\mu)t} \quad (3-63)$$

由式(3-63)可知,当 ω 满足 $\omega>\omega_{c1}$ 或 $\omega<\omega_{c2}$ 时,P_1 和 P_2、κ_1 和 κ_2 均为有限实数。所以,在此转速范围内,弯曲刚度非对称转子的运动是由 4 个振幅有限且恒定的圆周运动组成,因此其运动是稳定的。

② 转速在 $\omega_{c2}<\omega<\omega_{c1}$ 范围。式(3-57)中的 μ 为复数,此时共振转速 Ω_3 和 Ω_4 为复数。令

$$\begin{cases} \mu=in \\ n=\sqrt{\sqrt{4\Omega_n^2\omega^2+\Delta^2}-\omega^2+\Omega_n^2} \end{cases} \quad (3-64)$$

式中,n 是实数。将共振转速 $\Omega_1,\cdots,\Omega_4$ 代入等式(3-50),振幅用 $c_1,\cdots,c_4$ 表示,得

$$z=c_1 e^{i(\omega+\nu)t}+c_2 e^{i(\omega-\nu)t}+c_3 e^{(-n+i\omega)t}+c_4 e^{(n+i\omega)t} \quad (3-65)$$

式中,$c_1,\cdots,c_4$ 通常是复数。将该假设解代入等式转子运动方程并比较系数,得

$$\begin{cases} \dfrac{c_1}{\tilde{c}_2}=\dfrac{\Delta}{\Omega_n^2-(\omega+\nu)^2}(\text{i}), & \dfrac{\tilde{c}_1}{c_2}=\dfrac{\Omega_n^2-(\omega-\nu)^2}{\Delta}(\text{ii}) \\ \dfrac{c_3}{\tilde{c}_3}=\dfrac{\Delta}{\Omega_n^2+(-n+i\omega)^2}(\text{iii}), & \dfrac{c_4}{\tilde{c}_4}=\dfrac{\Delta}{\Omega_n^2+(n+i\omega)^2}(\text{iv}) \end{cases} \quad (3-66)$$

等式(3-66)中的 c_k 用 $c_k=C_k e^{i\gamma_k}(k=1,\cdots,4)$ 的形式表示,得

$$C_1 = \kappa_1 C_2, \gamma_2 = -\gamma_1, \gamma_3 = -\gamma_4 = \varphi \quad (3-67)$$

其中

$$\varphi = \frac{1}{2}\tan^{-1}\frac{-2\omega n}{\Omega_n^2 - \omega^2 + n^2} \quad (3-68)$$

等式(3-66)的(iv)中，$\dfrac{\tilde{c}_4}{c_4} = e^{i(-2\gamma_4)} = \dfrac{(\Omega_n^2 - \omega^2 + n^2 + 2n\omega i)}{\Delta}$ 的虚部为正，$0 < -2\gamma_4 < \pi$ 即 $-\dfrac{\pi}{2} < \varphi < 0$ 成立。根据等式(3-67)，等式(3-65)变为

$$z = C_1 e^{i\gamma_1} e^{i(\omega+\nu)t} + \frac{C_1}{\kappa_1} e^{-i\gamma_1} e^{i(\omega-\nu)t} + C_3 e^{-nt} e^{i(\omega t - \varphi)} + C_4 e^{+nt} e^{i(\omega t + \varphi)} \quad (3-69)$$

等式(3-69)中，第一项和第二项所对应的圆周运动振幅稳定，第三项所对应的振幅会随时间逐渐下降，而第四项，其圆周运动的振幅随时间呈指数增长。当时间足够长，第四项的圆周运动占主导地位，转子运动可以表示为

$$\begin{cases} x = C_4 e^{+nt} \cos(\omega t + \varphi) \\ y = C_4 e^{+nt} \sin(\omega t + \varphi) \end{cases} \quad (3-70)$$

上式中，指数项的指数大于零可知，转子的转速在 $\omega_{c2} < \omega < \omega_{c1}$ 时，其圆周运动的振幅随时间逐渐发散，直至失稳。所以，$\omega_{c2} < \omega < \omega_{c1}$ 称为不稳定转速范围。在上述分析过程中，并未考虑阻尼的作用。即便考虑阻尼的作用，依旧可能发生不稳定振动。

上述是从转子系统运动状态求解得到转子运动轨迹的影响因素中具有指数发散性项。当转子转速在一定区域时，转子的运动轨迹将逐渐发散以至于失稳。下面从转子系统能量传递的角度，分析刚度非对称转子系统的失稳力学过程。

转子系统产生自激振动的根本原因是，在转子运动过程中，转子系统内有持续的能量注入使转子运动加剧，而振动能量转换的主要方式是通过转子结构弹性恢复力所功。

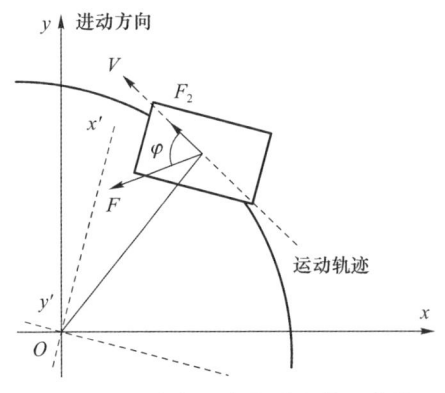

图 3-23 弯曲刚度非对称转子弹性恢复力示意图

如图 3-23 所示，是具有弯曲刚度非对称转子系统弹性恢复力的示意图。若是弯曲刚度对称的转子系统，则弹性恢复力 $\vec{F}$ 指向原点 O，转子运行稳定。但对于弯曲刚度非对称的转子系统，其弹性恢复力 $\vec{F}$ 并不指向原点 O。当转子转速处于两阶临界转速之间的不稳定范围即 $\omega_{c2} < \omega < \omega_{c1}$，弹性恢复力的相位角 φ 取值为 $0 < \varphi < \pi/2$，因此，弹性恢复力 $\vec{F}$ 中存在与转子进动方向相同的切向分量 F_2。切向分量 F_2 持续对转子进动方向做功，使转子的进动速度加速，进动

半径不断增大,导致转子系统的转动能量持续转化为振动能量。随着振动能量的不断增加,最终可导致转子系统的失稳。

总之,从转子系统的运动轨迹和能量传递分析可知,转子在运动过程中产生不稳定现象,是由于转动速度与进动速度不同,转子处于非协调运动状态,在转轴上会产生交变应力,当转子系统处于超临界状态下(经过质心转向),转子结构弹性恢复力对转子进动方向的持续做功使振动能量增加,最终引起转子运动失稳。

转子系统稳定性在力学上表现为转子进动的变化,考虑转子系统的运动及其失稳产生的机理,通过力学过程进行准确地描述,且需要对转子动力响应特性进行分析。

转子运动稳定性可以理解为:在旋转机械系统中,存在不可避免的扰动,该扰动会使转子系统略微偏离平衡位置。如果转子系统能回到平衡位置,那么转子系统是稳定的;如果转子系统更加偏离平衡位置,那么转子系统是不稳定的。

在高速旋转的转子系统中,轮盘的形心和质心不重合导致的不平衡激励,是影响转子运动的关键因素。将不平衡激励 $F_e = \begin{bmatrix} F_x \\ F_y \end{bmatrix} = \begin{bmatrix} me\omega^2 \cos(\omega t + \alpha) \\ me\omega^2 \sin(\omega t + \alpha) \end{bmatrix}$ 代入等式(3-46)中,得到不平衡激励下弯曲刚度非对称转子系统的运动方程,即

$$\begin{cases} \ddot{x} + c_0 \dot{x} + \Omega_n^2 x - \Delta(x\cos 2\omega t + y\sin 2\omega t) = e\omega^2 \cos(\omega t + \alpha) \\ \ddot{y} + c_0 \dot{y} + \Omega_n^2 y - \Delta(x\sin 2\omega t - y\cos 2\omega t) = e\omega^2 \sin(\omega t + \alpha) \end{cases} \quad (3-71)$$

式中,α 是转子重心的初始相位角。

不平衡激励使转子以频率 ω 做同步正进动,假设解的形式如下

$$\begin{cases} x = R\cos(\omega t + \beta) = R_1 \cos \omega t - R_2 \sin \omega t \\ y = R\sin(\omega t + \beta) = R_2 \cos \omega t + R_1 \sin \omega t \end{cases} \quad (3-72)$$

式中,$R_1 = R\cos\beta$,$R_2 = R\sin\beta$,R 和 β 为常数。

将假设解(3-72)代入等式(3-46),并比较 $\sin \omega t$ 和 $\cos \omega t$ 的系数,得

$$\begin{cases} -c_0 \omega R_2 + (\Omega_n^2 - \Delta - \omega^2) R_1 = e\omega^2 \cos \alpha \\ +c_0 \omega R_1 + (\Omega_n^2 + \Delta - \omega^2) R_2 = e\omega^2 \sin \alpha \end{cases} \quad (3-73)$$

为了简化,忽略解得转子系统的阻尼,即 $c_0 = 0$。解得不平衡运动方程的稳态解

$$R_1 = R_{10} = \frac{e\omega^2 \cos \alpha}{\omega_{c2}^2 - \omega^2} \qquad R_2 = R_{20} = \frac{e\omega^2 \sin \alpha}{\omega_{c1}^2 - \omega^2} \quad (3-74)$$

其中 ω_{c1} 和 ω_{c2} 由等式(3-58)得出。由 $R_0 = \sqrt{R_{10}^2 + R_{20}^2}$ 得到稳态解,此为弯曲刚度非对称转子系统在不平衡激励下稳态运动的振幅。

为了研究弯曲刚度非对称转子系统的稳定性,可假设等式(3-72)中的振幅 R_1 和 R_2 是时间的函数。再将等式(3-72)代入等式(3-46),并比较 $\sin \omega t$ 和 $\cos \omega t$ 的系数,得

$$\begin{cases} \ddot{R}_1 - 2\omega\dot{R}_2 + (\Omega_n^2 - \Delta - \omega^2)R_1 = e\omega^2\cos\alpha \\ \ddot{R}_2 + 2\omega\dot{R}_1 + (\Omega_n^2 + \Delta - \omega^2)R_2 = e\omega^2\sin\alpha \end{cases} \quad (3-75)$$

假设由扰动导致的偏差为 ξ_1 和 ξ_2,得

$$R_1 = R_{10} + \xi_1 \qquad R_2 = R_{20} + \xi_2 \quad (3-76)$$

将等式(3-76)代入等式(3-75)得

$$\begin{cases} \ddot{\xi}_1 - 2\omega\dot{\xi}_2 + (\omega_{c2}^2 - \omega^2)\xi_1 = 0 \\ \ddot{\xi}_2 + 2\omega\dot{\xi}_1 + (\omega_{c1}^2 - \omega^2)\xi_2 = 0 \end{cases} \quad (3-77)$$

假设解的形式为

$$\xi_1(t) = A e^{st} \qquad \xi_2(t) = B e^{st} \quad (3-78)$$

将等式(3-78)代入式(3-77)。为了得到 A 和 B 的非零解,A 和 B 系数的特征行列式为零,即满足以下特征方程:

$$s^4 + (\omega_{c1}^2 + \omega_{c2}^2 + 2\omega^2)s^2 + (\omega_{c1}^2 - \omega^2)(\omega_{c2}^2 - \omega^2) = 0 \quad (3-79)$$

由该特征方程可知,当 $\omega_{c2} < \omega < \omega_{c1}$ 时,特征方程的根 s 具有正实部,即小偏差 $\xi_1(t)$ 和 $\xi_2(t)$ 随时间增加,稳定解变得不稳定。弯曲刚度非对称转子系统在忽略阻尼的情况下,振幅随时间增加,最终导致转子系统的失稳。

如图 3-24 所示为具有弯曲刚度非对称转子系统(采用矩形截面表示),通过仿真计算定量分析转子系统在不平衡激励下的运动情况。依据表 3-1 所列的参数和式(3-58)的计算公式,可得到此矩形截面转子的两阶临界转速分别为 4 116 r/min 和 5 900 r/min。

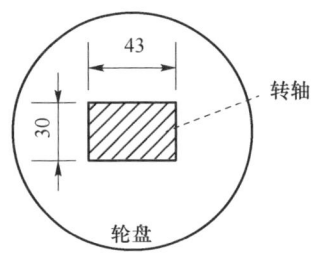

图 3-24 转轴截面

表 3-1 算例参数表

项目	数值	项目	数值	项目	数值
轴跨度/mm	800	轮盘轴向位置/mm	400	轮盘质量/kg	10
轮盘不平衡量/(g·mm)	50	极转动惯量/(kg·m²)	0.066	直径转动惯量/(kg·m²)	0.033
结构阻尼比	0.02	转轴泊松比	0.3	转轴弹性模量/GPa	200
轴截面宽/mm	43	轴截面高/mm	30	—	—

如图 3-25 所示,为稳态不平衡激励下矩形截面转子的动力响应,可以看出,由于矩形截面引起弯曲刚度具有非对称性,转子系统存在失稳转速区间,无阻尼情况下失稳区间为 4 116 r/min $< \omega <$ 5 900 r/min,但由于阻尼的存在,在转子位于失稳边界

附近时,即转速靠近两阶临界转速,外阻尼力耗散了弹性恢复力注入转子系统内的能量,此时转子仍能保持稳定运动,因此,失稳区间有所收窄,约为 4 240 r/min＜ω＜5 786 r/min。

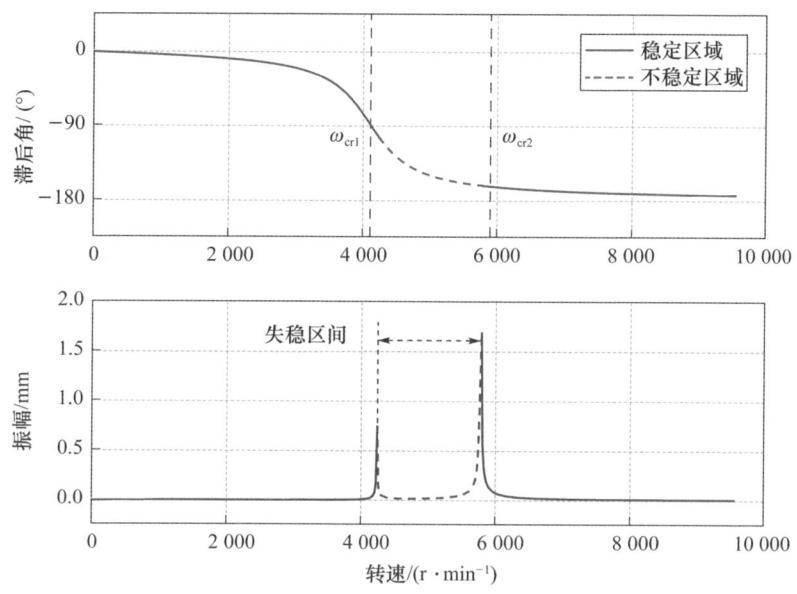

图 3-25　稳态不平衡下矩形截面转子动力响应

选取不同转速(1 r/min,2 000 r/min,4 116 r/min,5 000 r/min,20 000 r/min),分析转子的运动状态及受力情况(见表 3-2),受力状态图中红色箭头表示不平衡力,蓝色箭头表示弹性恢复力,绿色箭头表示离心力,黑色箭头表示外阻尼力。从图中可知:

① 稳态不平衡激励下,转子均做同步正进动,即使在失稳区间内,仍是仅有一倍频振动成分,故转子做振幅不断增大的同步正进动。

② 转子处于稳定转速区间时,受扰动后,扰动引起的振动会逐步衰减,轴心轨迹逐步恢复至扰动前的状态(如转速为 2 000 r/min)。当转子处于失稳转速区间内且受扰动后,扰动引起的振动将不断增大,轴心轨迹也呈现不断发散的螺旋线形状(如转速为 5 000 r/min 时)。

③ 不同转速下,转轴所受弯矩载荷的方向不同,弹性恢复力对转子进动的作用效果也不同。转子处于稳定区间内(如转速为 2 000 r/min),转子动力响应滞后于不平衡激励方向,此时转子长边和短边方向上的刚度均会影响转子弯曲变形。由于两方向弯曲刚度的非对称性,弹性恢复力并不指向轨迹圆点,而是与转子进动方向相反,起阻尼耗能的作用。当转子处于失稳区间时,弹性恢复力不仅不指向轨迹圆心,且与转子进动方向相同,对转子进动起到失稳力的作用,能量不断注入转子系统,转子逐渐失稳。

④ 从不同转速下的运动状态图可以看出,随转速提高轮盘逐步完成质心转向,轮盘质心转向也是使得转轴受弯方向不断变化的原因,由此导致转轴弹性恢复力方向不断变化,某些情况下可使转子失稳。

表 3-2 不同转速状态下转子运动状态及受力分析

转速/(r·min^{-1})	滞后角/(°)	运动状态	受力状态	扰动后的轴心轨迹
1	近似为 0			
2 000	−40			
4 116	−90			
5 000	−150			
20 000	−180			

3. 转动惯量非对称

由于转子叶片丢失、界面中心面偏移等原因,转子轮盘在两个正交主轴方向上的直径转动惯量不同,称为转动惯量非对称。对于转动惯量非对称的转子结构系统,在力学特性上与对称转子结构系统的不同是:在旋转过程中不同方向上的角动量不同,因此在旋转过程不同方向上的旋转惯性力矩不同,即在旋转过程中旋转惯性激励不同。

对于具有质量分布非对称的轮盘结构,两惯性主轴不相等的转动惯量,分别为 I_1 和 I_2 表示,且 $I_1 > I_2$,令

$$\begin{cases} \Delta I = \dfrac{I_1 - I_2}{2} \\ I = \dfrac{I_1 + I_2}{2} \end{cases} \quad (3-80)$$

得

$$\begin{cases} I_1 = I + \Delta I \\ I_2 = I - \Delta I \end{cases} \quad (3-81)$$

与上文表示弯曲刚度非对称相同,为了形象表示、便于理解,将轮盘截面用如图 3-26 所示的矩形截面表示。令直角坐标系 M-$X_2Y_2Z_2$ 的三个轴分别与轮盘的惯性主轴重合。直角坐标系 M-$X_1Y_1Z_1$ 由动不平衡位置确定(原点位于质心,并与转轴一起进动),与直角坐标系 M-$X_2Y_2Z_2$ 成角度 η。

倾斜角为 θ 的轴在 M-xy 平面的投影与 x 轴的夹角为 φ。用轴的倾斜角 $\theta_x = \theta\cos\varphi$ 和 $\theta_y = \theta\sin\varphi$ 来表示运动方程。

转子系统在 MX_2、MY_2 和 MZ_2 方向的角速度分量分别为 ω_{X2}、ω_{Y2} 和 ω_{Z2},动能表达式为

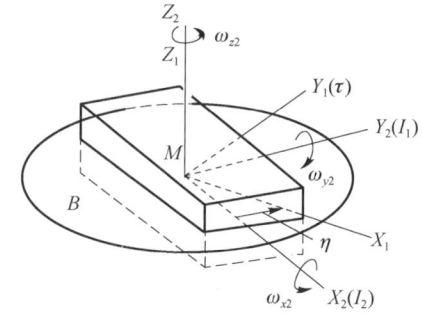

图 3-26 转动惯量非对称转子系统

$$T = \frac{1}{2}(I_p \omega_{Z_2}^2 + I_1 \omega_{Y_2}^2 + I_2 \omega_{X_2}^2) \quad (3-82)$$

通过坐标变换,并将等式(3-81)代入等式(3-82)得在绝对坐标系中的动能表达式为

$$T = \frac{1}{2} I_p \left[(1-\tau^2)\omega^2 + \omega(\dot{\theta}_x \theta_y - \theta_x \dot{\theta}_y) - 2\tau\omega\{\dot{\theta}_x \sin(\omega t + \eta) - \dot{\theta}_y \cos(\omega t + \eta)\} \right] +$$

$$\frac{1}{2} I_d \left[\tau^2 \omega^2 + \dot{\theta}_x^2 + \dot{\theta}_y^2 + 2\tau\omega\{\dot{\theta}_x \sin(\omega t + \eta) - \dot{\theta}_y \cos(\omega t + \eta)\} \right] +$$

$$\frac{1}{2} \Delta I_d \left[\tau^2 \omega^2 \cos 2\eta + 2\tau\omega\{\dot{\theta}_x \sin(\omega t - \eta) - \dot{\theta}_y \cos(\omega t - \eta)\} - \right.$$

$$\left. (\dot{\theta}_x^2 - \dot{\theta}_y^2)\cos 2\omega t - 2\dot{\theta}_x \dot{\theta}_y \sin 2\omega t \right] \quad (3-83)$$

式中,τ 为转轴与轮盘的初始倾斜角,η 为动不平衡量初始相位角。

转子系统势能为

$$V = \frac{1}{2}\delta(\theta_x^2 + \theta_y^2) \tag{3-84}$$

式中,δ 是弹性常数。

耗散函数为

$$F = \frac{1}{2}c(\dot{\theta}_x^2 + \dot{\theta}_y^2) \tag{3-85}$$

式中,c 是阻尼系数。

拉格朗日方程为

$$\frac{\mathrm{d}}{\mathrm{d}t}\left(\frac{\partial T}{\partial \dot{q}_s}\right) - \frac{\partial T}{\partial q_s} + \frac{\partial V}{\partial q_s} + \frac{\partial F}{\partial \dot{q}_s} = Q_s \quad (s=1,2) \tag{3-86}$$

式中,q_s 是广义坐标;Q_s 是非保守广义力。

将等式(3-83)、(3-84)和(3-85)代入等式(3-86)得到不平衡作用的转动惯量非对称转子系统动力学方程,即

$$\begin{cases} I_\mathrm{d}\ddot{\theta}_x + I_\mathrm{p}\omega\dot{\theta}_y + c\dot{\theta}_x + \delta\theta_x - \Delta I_\mathrm{d}\dfrac{\mathrm{d}}{\mathrm{d}t}(\dot{\theta}_x\cos 2\omega t + \dot{\theta}_y\sin 2\omega t) = \\ \qquad \tau\omega^2\{(I_\mathrm{p}-I_\mathrm{d})\cos(\omega t+\eta) - \Delta I_\mathrm{d}\cos(\omega t-\eta)\} \\ I_\mathrm{d}\ddot{\theta}_y - I_\mathrm{p}\omega\dot{\theta}_x + c\dot{\theta}_y + \delta\theta_y - \Delta I_\mathrm{d}\dfrac{\mathrm{d}}{\mathrm{d}t}(\dot{\theta}_x\sin 2\omega t - \dot{\theta}_y\cos 2\omega t) = \\ \qquad \tau\omega^2\{(I_\mathrm{p}-I_\mathrm{d})\sin(\omega t+\eta) - \Delta I_\mathrm{d}\sin(\omega t-\eta)\} \end{cases} \tag{3-87}$$

从上述的推导过程可知,为了更好地描述转动惯量非对称在转子运动过程中所产生的旋转激励和动力响应,采用转动惯量及其角向位移来描述其运动方程,这样自由度均为角度。

从上面具有转动惯量非对称转子运动微分方程式(3-87)可知,等式左边的第四项 $\Delta I_\mathrm{d}\dfrac{\mathrm{d}}{\mathrm{d}t}(\dot{\theta}_x\cos 2\omega t + \dot{\theta}_y\sin 2\omega t)$ 和 $\Delta I_\mathrm{d}\dfrac{\mathrm{d}}{\mathrm{d}t}(\dot{\theta}_x\sin 2\omega t - \dot{\theta}_y\cos 2\omega t)$ 为角动量的变化项,其交变频率是转速的 2 倍,大小与惯性主轴的转动惯量差成正比。

对于转子在旋转惯性激励作用下的动力响应,由于激励来源于结构质量分布的非对称,可通过每个质点的旋转惯性进行准确地描述。但是对于航空发动机转子结构系统,根据转子结构及运动特征,可以将质量较大的结构单元,用结构单元相对于其惯性主轴的转动惯量来描述其运动和惯性特征。

对于不考虑质量偏心时转动惯量非对称转子系统的动力响应,其主要激励来源于转子运动变形过程中的旋转惯性。在求解方程时,采用与弯曲刚度非对称转子系统动力响应求解相同的方法。假设解的形式为

$$\begin{cases} \theta_x = A\cos(\Omega t + \beta) + B\cos(\widetilde{\Omega} t - \beta) \\ \theta_y = A\sin(\Omega t + \beta) + B\sin(\widetilde{\Omega} t - \beta) \end{cases} \tag{3-88}$$

式中，$\tilde{\Omega}=2\omega-\Omega$。

令等式(3-87)中 $c=0$ 和 $\tau=0$，将等式(3-88)代入等式(3-87)并比较系数得

$$\begin{cases} (\delta+I_p\omega\Omega-I_d\Omega^2)A-\Delta I_d\Omega\tilde{\Omega}B=0 \\ (\delta+I_p\omega\tilde{\Omega}-I_d\tilde{\Omega}^2)B-\Delta I_d\Omega\tilde{\Omega}A=0 \end{cases} \quad (3-89)$$

特征行列式为零，得到频率方程

$$(\delta+I_p\omega\Omega-I_d\Omega^2)(\delta+I_p\omega\tilde{\Omega}-I_d\tilde{\Omega}^2)-(\Delta I_d\Omega\tilde{\Omega})^2=0 \quad (3-90)$$

等式(3-90)是关于 Ω 的四次方程，最多有 4 个根。将 $\Omega=\tilde{\Omega}=\omega$ 代入等式(3-90)得

$$\omega_{c1}=\sqrt{\frac{\delta}{(I_d-\Delta I_d)-I_p}} \qquad \omega_{c2}=\sqrt{\frac{\delta}{(I_d+\Delta I_d)-I_p}} \quad (3-91)$$

旋转惯性非对称转子系统的模态特性和响应特性在求解方法和变化规律与弯曲刚度非对称转子的相同，这里不再赘述。

航空发动机转子系统是由不同材料、不同几何构形的构件，通过界面连接组成的。在弯曲变形时，由于界面接触状态和内部应力分布的变化，使转子中性面轴心线产生一定变化，这会导致转子局部弯曲刚度和转动惯量产生一定的非对称性。转子弯曲刚度和主轴转动惯量非对称时，转子系统会在某一转速范围内发生自激振动，当注入能量大于门槛值后转子运动会发散、失稳。

需要说明的是，从转子运动状态及其力学过程分析可知，转子系统具有发生自激振动失稳的可能，但是，其产生的必要条件包括：

① 转子转速一般需要处于超临界状态下，并且位于共振转速附近；

② 转子运动为非协调涡动，转子内部交变内力持续注入的能量大于转子结构耗散能量。

航空发动机研制和使用中均对整机及转子振动水平具有严格的限制标准，一般会在发生严重自激振动失稳前发现并采取相应规避措施。

3.3.2 内阻尼激励转子动力响应

界面连接转子系统内部的连接界面的摩擦具有耗能作用，在转子变形过程中会形成阻尼力，耗散振动能量，减小转子的动力响应，使转子系统保持稳定运转。但在某些特定条件下，界面摩擦力反而会使转子系统的能量注入到转子结构系统中，使转子运动轨迹逐步加大，最终引起系统失稳。

航空发动机转子系统，一般处于同步正进动工作状态，在转轴内部不产生交变应力，因此结构内部相对滑动及内阻尼力可以忽略。当转子系统处于非协调涡动状态时，转子结构内部产生周期性的交变内力作用，这会引起连接界面相对滑动产生摩擦力。随着转子运动状态的变化，摩擦力通常起到阻尼耗能的作用，也可能对转子做正功，甚至引起自激振动失稳。

转子在自身旋转惯性作用下处于同步正进动运动状态,即进动速度等于转动速度($\Omega=\omega$),如图 3-27(a)所示,转子做同步正进动时,转子结构内受力状态不发生变化,即处于弓形回转运动状态。当转子发生非协调涡动时,即进动速度不等于转动速度($\Omega\neq\omega$),如图 3-27(b)所示,转子做非协调涡动时,转子结构内轴向应力会产生周期性交变应力,其交变频率为转子转速与进动速度矢量差($\omega-\Omega=\dfrac{\Omega}{2}$),此时,转子结构连接界面间会产生摩擦力。

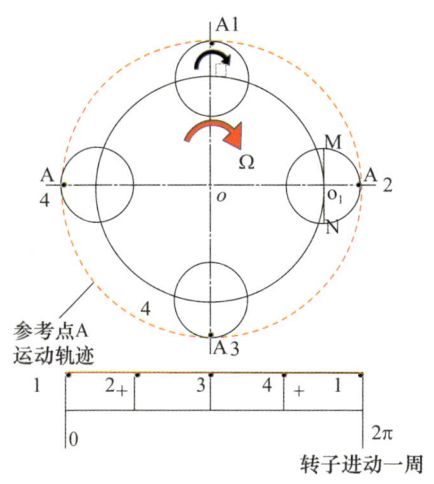

(a) 进动速度 $\Omega=\omega$ 转子交变应力频率 $\omega'=0$

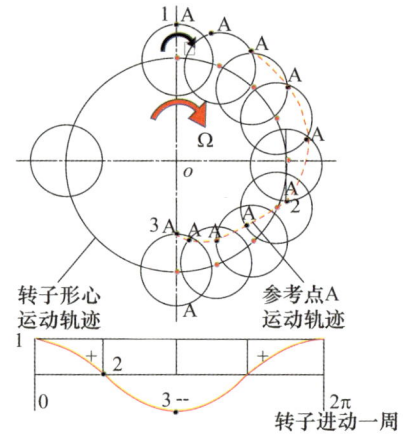

(a) 进动速度 $\Omega=+\dfrac{\omega}{2}$ 转子交变应力频率 $\omega'=\dfrac{\omega}{2}$

图 3-27 不同涡动状态下转子横截面运动轨迹示意图

转子系统自激振动的力学本质是可以从外界(转子自转中)持续得到能量,并注入到转子的进动中,使转子回转半径增大,一直到失稳、破坏失效。其中,将自转动能转换到进动中需要满足一定条件,一是转子的进动转速与转子系统的共振转速相等,以便于能量的传递和交换;二是转子结构内部具有交变运动,这是能量转换的桥梁。转子产生交变运动的条件就是转子处于非协调涡动状态。

在航空发动机转子结构系统中,轮盘和轴承等机械元件一般安装在弹性轴上。在转轴发生弯曲变形时,采用轴向压紧装配的定位环、封严环等构件在转轴上会产生一定的滑移或滑移趋势,如图 3-28 所示,这种由于结构界面之间发生相对运动趋势或滑动所产生的阻尼称为结构内阻尼。

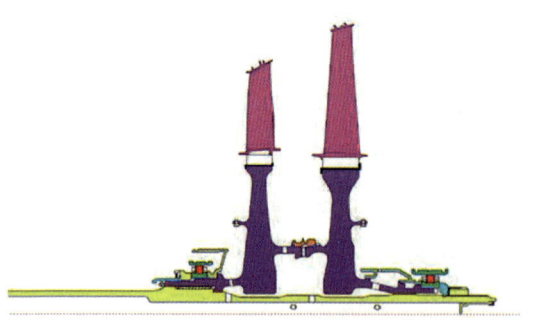

图 3-28 转子轮盘-转轴结构组件

由于转轴和轮盘之间的摩擦力所产生的内阻尼力与迟滞内阻尼对转子运动的影响类似,但是在数值上却又有很大差异。结构内阻尼与接触界面的力学特性及运动有关,故可以产生很大作用力,足以改变转子运动,在一定条件下也可引起转子系统的自激振动,因此,开展转子结构系统连接界面阻尼对转子系统动力响应及稳定性的研究具有实际意义。

旋转构件之间的界面摩擦会产生转子进动的失稳力,从而引起转子自激振动。其力学过程分析可以参看图 3-29。如图 3-29(a)所示的转轴产生周期性弯曲变形时,由于转轴刚度较弱故变形较大,在轮盘与轴连接界面上会产生相对滑动或相对滑动趋势。当转子处于非协调涡动状态时,在转轴上作用有交变弯曲应力,使轮盘与轴的接触表面上产生摩擦力,在超临界状态下,摩擦力对转子进动做正功,转子进动轨迹会随运动能量聚集增加,最终发生自激振动失稳。可通过转轴结构设计,防止轮盘和轴之间的滑动来抑制自激振动。如图 3-29(b)所示,增加转轴与轮盘连接界面的直径,使其刚度远高于转轴其他位置,当转轴弯曲变形时,变形能集中在刚度较弱的部位,不会引起连接界面滑动。

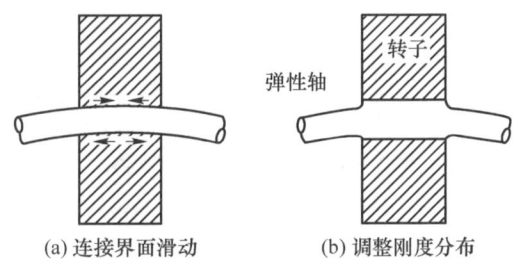

图 3-29 轮盘与轴之间界面连接结构示意图

航空发动机转子的轮盘-转轴连接结构设计,采用局部刚度加强、轴向螺母压紧以及将连接结构置于轴承下面等措施,可以有效减小接触界面的运动趋势和结构内阻尼。随着转子转速的提高和界面连接结构载荷的加大,对于现代高性能航空发动机,结构内阻尼及其对转子系统振动的影响,在自主设计研制高负荷转子系统也时常显现。下面就以航空发动机转子结构系统为背景,建立连接界面间摩擦力模型及其数学表达式。

1. 转子内阻尼模型

连接界面上的摩擦作用方向与相对速度方向相反,其大小与法向应力成正比。当法向应力不变时,干摩擦随相对速度而变化如图 3-30(a)所示。在数学处理中,该特性曲线通常近似为一个常量。该简化模型叫做库仑摩擦,也称为库仑阻尼。库仑阻尼的迟滞回线如图 3-30(b)所示,其迟滞回线的宽度与应力变化的幅度无关。周期消耗的能量与振幅 ε_{max} 成正比。

采用 Tondl 定义的结构内阻尼力的表达式如下：

$$D_i = -h(|\omega - \Omega|) \frac{\omega - \Omega}{|\omega - \Omega|} \quad (3-92)$$

式中，h 是交变速度 $|\omega - \Omega|$ 的函数。

当系数 h 为常量时，库仑阻尼力可表示为

$$D_i = -h \frac{\omega - \Omega}{|\omega - \Omega|} \quad (3-93)$$

其中，h 是常数。

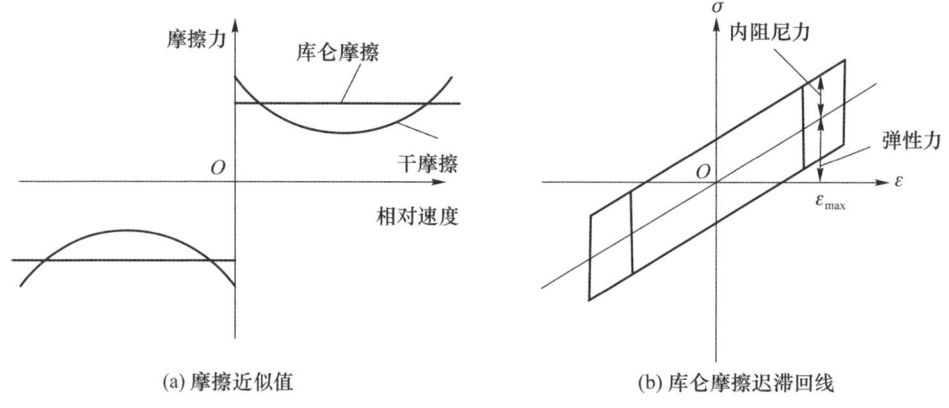

(a) 摩擦近似值　　　　　　　(b) 库仑摩擦迟滞回线

图 3-30　干摩擦和库仑摩擦

在航空发动机转子系统中，结构阻尼是经常存在的，尤其是在高速转子系统中，需要考虑结构内阻尼对转子系统运动的影响。采用不同材料通过界面连接的转子系统，在超临界状态下转子结构会产生一定弯曲变形，可用弯曲应变能表示。在双转子交互激励、转子碰摩以及转子基础振动等因素的影响下，转子系统会产生非协调涡动，这为结构阻尼的产生提供了重要条件。当转子旋转激励和系统固有模态之间满足一定关系，转动能量通过自激力对转子进动运动产生影响，能量不断注入转子系统并在固有模态频率下聚集，当运动在轨迹达到一定极限时，发生自激振动失稳。

2. 动力响应及稳定性

为了更好地说明转子弯曲变形振动对转子结构内阻尼及其转子稳定性的影响，这里采用轮盘角向俯仰和偏转 2 个自由度（轮盘摆动）的运动微分方程，描述转子系统的运动。

此处，带陀螺力矩效应的 2 自由度轮盘倾斜转子模型，如图 3-31 所示。运动方程如下：

$$\ddot{\theta}_x + i_p \omega \dot{\theta}_y + c\dot{\theta}_x + \theta_x = F\cos\omega t + D_{ix}$$
$$\ddot{\theta}_y - i_p \omega \dot{\theta}_x + c\dot{\theta}_y + \theta_y = F\sin\omega t + D_{iy} \quad (3-94)$$

式中，$F=(1-i_p)\tau\omega^2$，采用结构特征参数值 $i_p=0.3$。

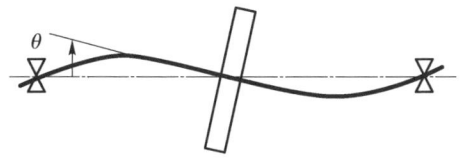

图 3-31 角向 2 自由度倾斜转子力学模型

可以用一个复数变量 $z_\theta=\theta_x+i\theta_y$ 来表示转子系统运动微分方程，即

$$\ddot{z}_\theta - ii_p\omega\dot{z}_\theta + c\dot{z}_\theta + z_\theta = Fe^{i\omega t} + D_i \quad (3-95)$$

该项 D_i 由式(3-93)给出，表示 Coulomb 阻尼引起的内阻尼力。在静态坐标系中表示如下：

$$D_i = D_i'e^{i\omega t} = -h\frac{z_\theta - i\omega z_\theta}{|z_\theta - i\omega z_\theta|} = -h\frac{(\dot{\theta}_x+\omega\theta_y)+i(\dot{\theta}_y-\omega\theta_x)}{\sqrt{(\dot{\theta}_x+\omega\theta_y)^2+(\dot{\theta}_y-\omega\theta_x)^2}} \quad (3-96)$$

由于结构阻尼力与转子运动成非线性关系，对式(3-94)和式(3-95)的分析较困难。为了简化理论推导过程，假设转子轨迹是正向旋转的圆周运动，用线性表达式来近似表达结构内阻尼力。这是因为在对转子系统振动特性及自激振动分析时，假设转子处于固有模态共振转速附近旋转，并且以共振转速下的模态频率及其相应的模态振型来近似分析转子系统的动力响应变化。

在对转子系统进行旋转惯性激励下动力响应分析中，转子轨迹是由旋转惯性激励响应和谐波响应组合而成，并考虑结构内阻尼力的非线性。首先，用 Runge-Kutta 方法对等式(3-94)进行积分来研究转子的运动轨迹变化，并以此研究分析转子运动的类型。如图 3-32 所示为数值计算得到的自激振动发生时的转速和模态振动频率。

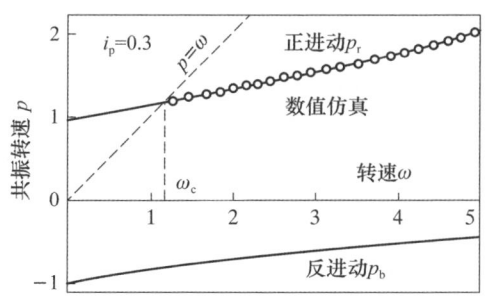

图 3-32 不同转速下转子模态振动频率分布

如图 3-33 所示为转子响应时间历程及其频谱。在亚临界转速区域（见图 3-33(a)）只有不平衡力激励下的谐波响应。在超临界转速范围内（见图 3-33(b)）除了转子转动速度分量外，还伴随着转子模态共振转速频率，表明转子处于正向非协调涡动的

自激振动状态。在这种情况下，非协调涡动轨迹不再增加，而是收敛到一个恒定振幅的运动。这种运动在动力学理论中称为自持振动，在相平面上形成一个极限环。

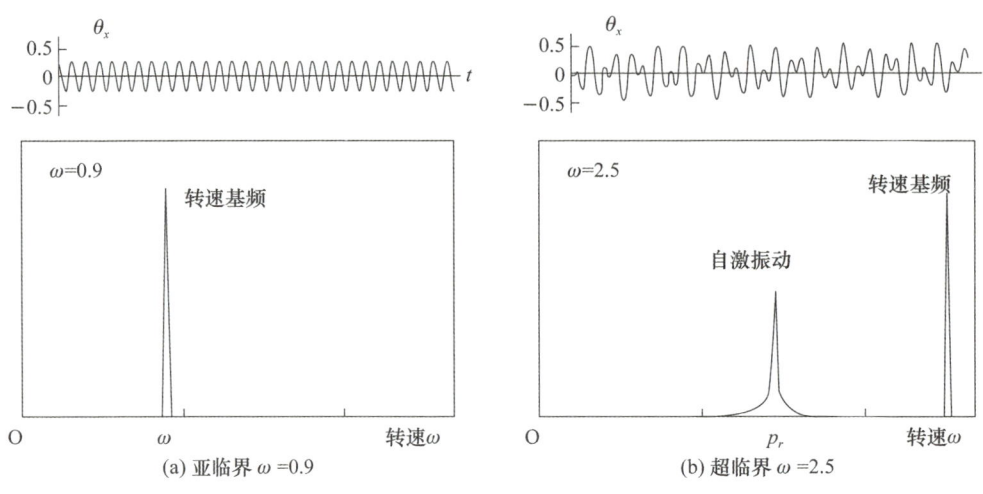

图 3-33　内阻尼激励下转子响应时间历程及其频谱

需要说明，由于转子转速和进动速度不同，故在转子结构中存在交变载荷的作用和变形，使结构摩擦阻尼力持续吸收转子系统振动的能量，同时干摩擦生热和界面接触损伤也会耗散一定的振动能量，因此，转子系统处于相对的极限环能量平衡状态，这对于转子系统来讲是一种不稳定状态，即失稳状态。

如图 3-34 所示，为某三盘转子系统结构示意图，三个钢制轮盘通过径向螺钉固定在钢轴上，轴两端为刚性简支约束。

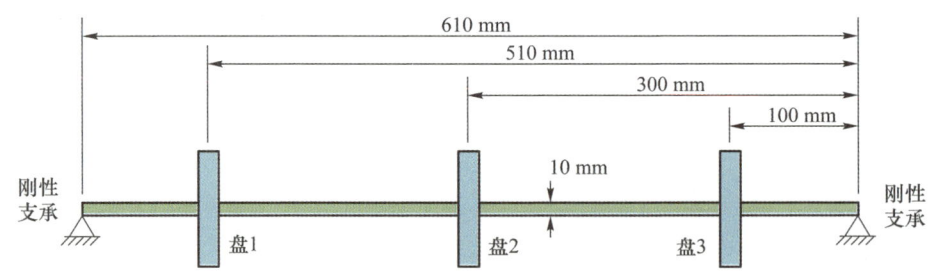

图 3-34　三盘转子系统示意图

此三盘转子系统由于结构形式较为简单，故采用铁木辛柯梁单元、质点单元和弹簧单元进行建模分析，具体仿真过程在 ANSYS 软件中进行。假定盘轴连接处的角向刚度较大，轮盘倾角与其所处轴段的挠角相同，以降低模型复杂度，这一假设并不会对结构内阻尼产生影响。转子参数如表 3-3 所列。

表 3-3 三盘转子系统模型参数表

项目	数值	项目	数值
单个轮盘质量/kg	0.768	单个轮盘极转动惯量/(kg·mm²)	752
单个轮盘直径转动惯量/(kg·mm²)	376	钢轴弹性模量/GPa	200
钢轴密度/(kg·m⁻³)	7.8×10³	钢轴泊松比	0.3
两端支承刚度/(N·m⁻¹)	5×10⁸	盘2外阻尼系数/(N·s·mm⁻¹)	0.01

如图 3-35 所示为三盘转子系统 Campbell 图,由于轮盘转动惯量较小且位置设计合理,使其陀螺力矩效应较弱,在前三阶其共振转随转速变化不大,转子系统前三阶共振转速频率分别为 19.6 Hz、74.5 Hz、119.3 Hz。

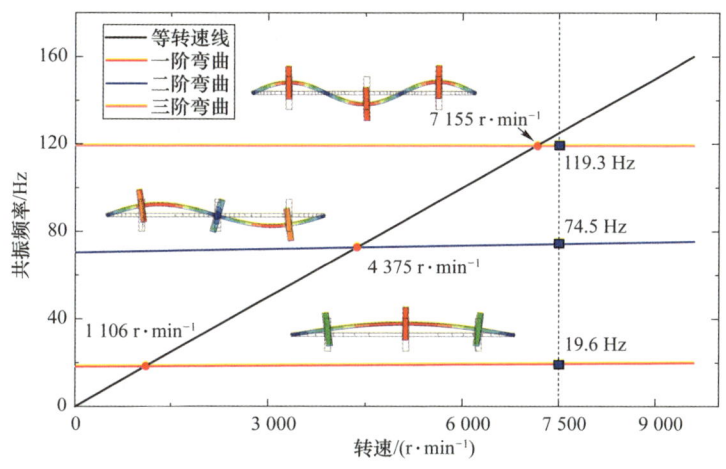

图 3-35 三盘转子系统 Campbell 图

当转子具有 50 g·mm 的不平衡量,结构内阻尼系数为 0.03 时,在超三阶临界状态下,转子系统不平衡激励动力响应振型及轮盘心轨迹如图 3-36 所示。在转子转速为 7 500 r/min 的超临界状态下,转子振型与第三阶模态振型相似,但盘 2 的振幅相对另外两盘较小。

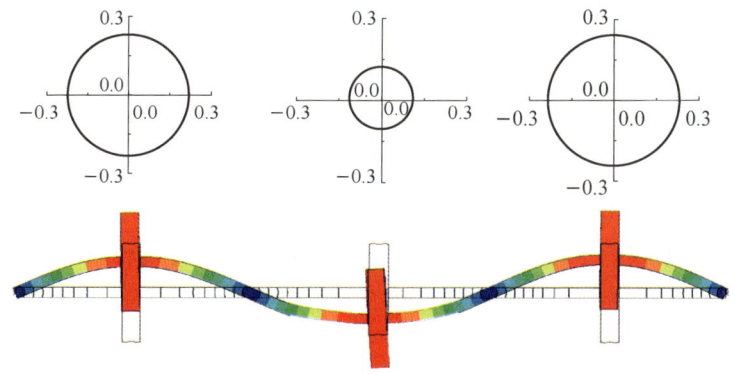

图 3-36 转子不平衡响应振型图及轴心轨迹 7(500 r·min⁻¹)

不考虑内阻尼的线性转子,其稳态不平衡响应呈现单一频率的简谐变化特征,轴心轨迹也呈现正圆状,这是由于线性系统的各阶模态之间存在正交性,单频激励只会引起相同频率的动力响应;考虑结构内阻尼的转子系统,从轨迹图与时域对比图中可以看出,即使在不平衡激励单独作用下,结构内阻尼依然会导致转子发生非协调进动(包含多个频率成分),并且在相同不平衡激励下,结构内阻尼会导致转子动力响应幅值增加23%左右,如图3-37所示。

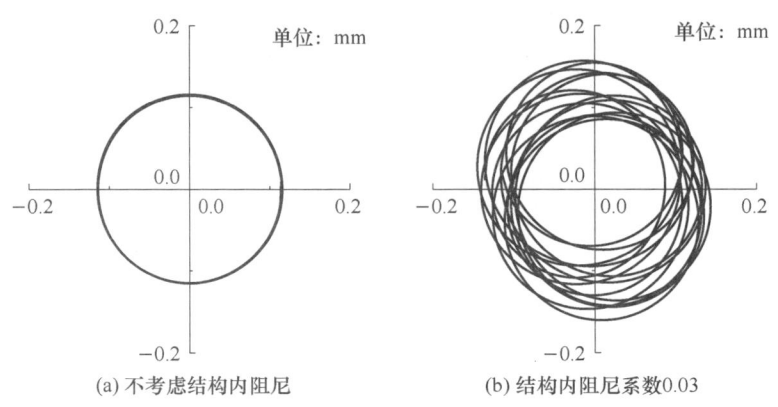

(a) 不考虑结构内阻尼　　　　　(b) 结构内阻尼系数0.03

图 3-37　结构内阻尼对转子轴心轨迹影响

如图3-38所示为结构内阻尼对转子稳态不平衡响应的频域特征影响对比图。在考虑结构内阻尼之后,盘2处的非协调进动包含自转转速频率成分(125 Hz,7 500 r·min^{-1})和第一阶正进动模态成分(19.6 Hz,1 176 r·min^{-1}),即转子系统发生了自激振动。对比是否考虑结构内阻尼这两种情况下的自转转速频率成分,其幅值未发生改变,这说明在稳态不平衡激励作用下,结构内阻尼会从外部引入一部分能量注入到转子系统,以维持第一阶正进动模态成分的振动。

对19.6 Hz频率成分来源进行分析,可提取同一时刻3个轮盘模态频率分量,绘制对应的转子振型及进动轨迹图,如图3-39所示。从图中可以看出,对应的振型为一阶弯曲,进动方向与自转速度方向(逆时针)相同,因此,可以判定19.6 Hz为转子系统第一阶正进动模态频率。

转子结构内阻尼力大小对转子横向变形幅值的影响,可通过不同结构内阻尼系数下盘2处水平振动时域、频域特征对比进行分析,如图3-40、图3-41所示。

从时域图可以看出,内阻尼系数由0.03增加至0.06。相对于不考虑内阻尼,转子水平方向最大振幅的增幅也由22.8%变化至47.4%,从频域图可以看出,内阻尼系数增大后,19.6 Hz频率成分幅值增大了一倍。这说明由于内阻尼力随着内阻尼系数线性增大,内阻尼力会促使外界向转子系统内部注入更多能量,导致转子自激振动中模态频率成分的振幅增大,同时也是导致转子自激振动幅值增大的原因。

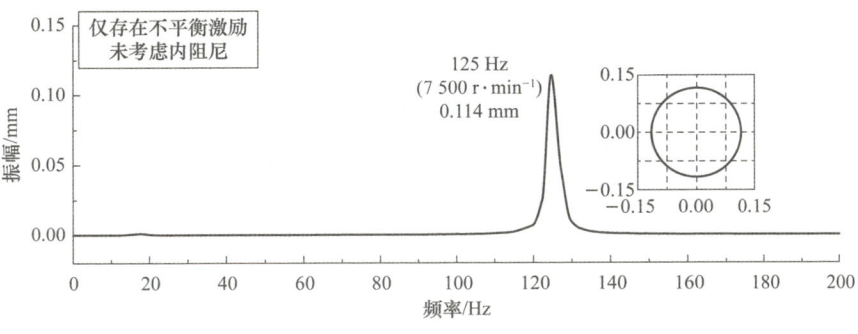
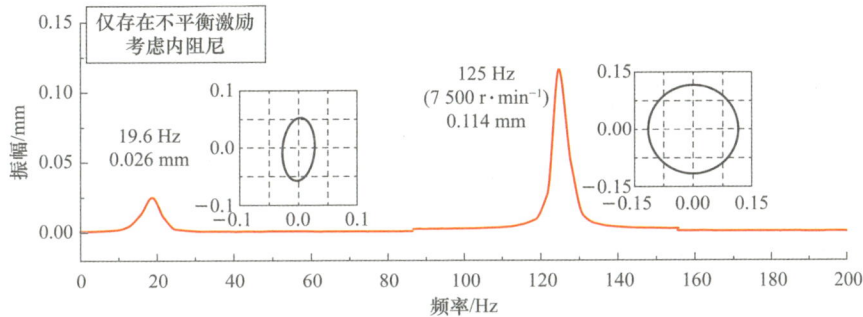

图 3-38　结构内阻尼对转子稳态不平衡响应的频域特征影响对比

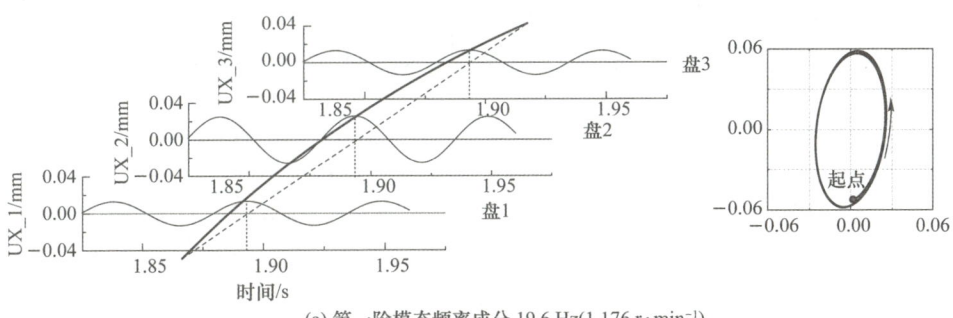

(a) 第一阶模态频率成分 19.6 Hz(1 176 r·min⁻¹)

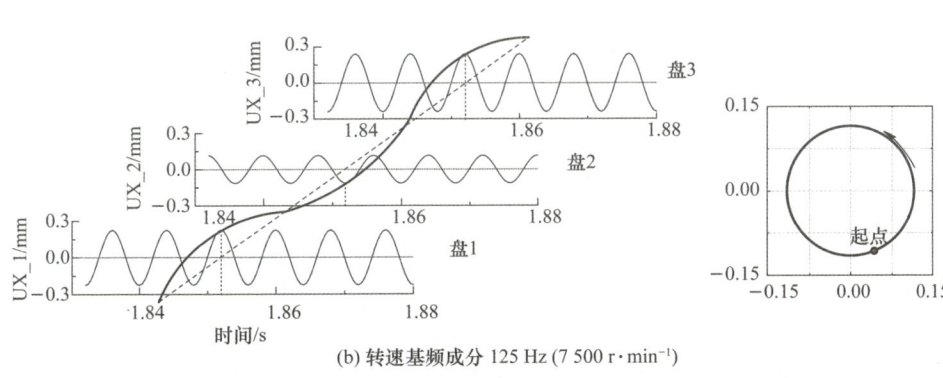

(b) 转速基频成分 125 Hz(7 500 r·min⁻¹)

图 3-39　考虑内阻尼时轮盘水平振动的主要频率成分时域信号及转子振型

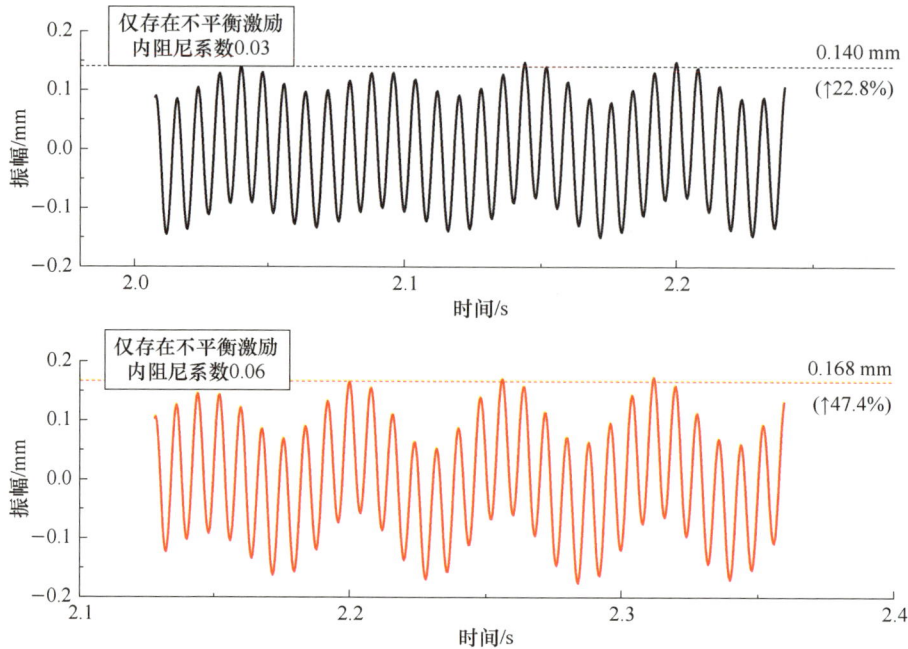

图 3-40 不同结构内阻尼系数下盘 2 处水平振动时域信号

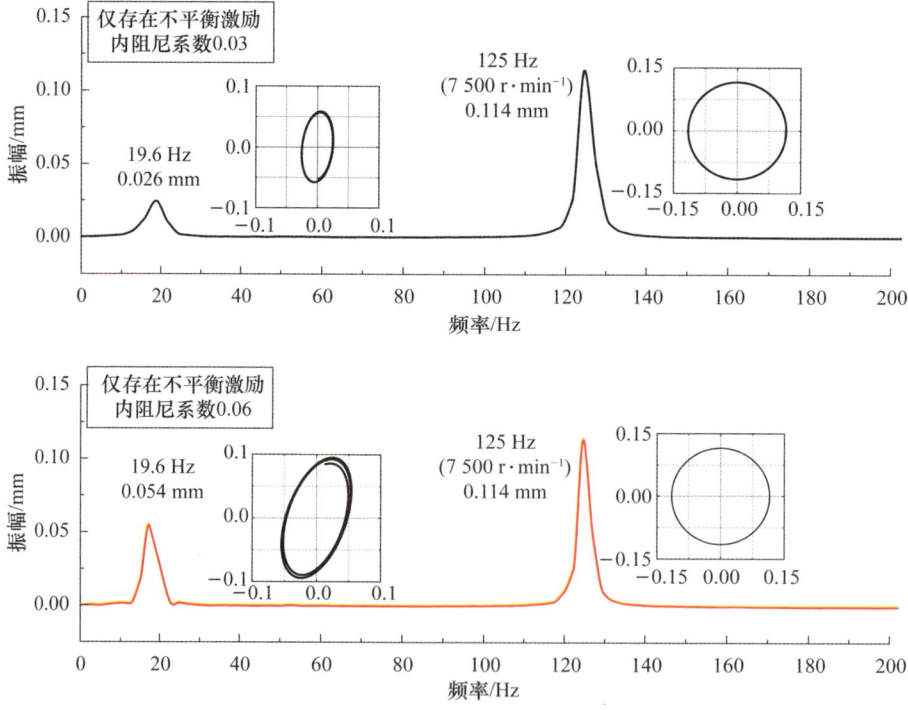

图 3-41 不同结构内阻尼系数下盘 2 处水平振动频域特征

此外，可从定量角度对结构内阻尼力的作用效果加深认识。不考虑结构内阻尼时，转子在 7 500 r/min 不平衡激励下做同步圆形正进动，此时转子进动半径为 0.2 mm。外阻尼系数为 0.01 N·s/mm，外阻尼力为 $|D_e|=\Omega A=0.01\times 7\,500\times 2\pi/60\times 0.2=1.57$ N，而结构内阻尼表达式简化为 $|D_i|=h=0.06$ N。虽然结构内阻尼力仅为外阻尼力的 4%，但绝不可将其作用效果等效为减小外阻尼系数的情况，由于在超临界状态下结构内阻尼力的作用方向与转子运动方向相同，外界不断向转子系统内注入能量，导致转子振动中的模态频率成分的振幅增大，最终导致转子最大振幅增加 47.4%。由线性转子系统特性可知，当转子处于共振状态时，其振动幅值将远远高于其他状态，这也说明转子一旦发生自激振动，势必会导致转子动力响应的增大，危害转子系统的平稳安全运转。

第 4 章
高速转子系统连接结构稳健性

第 4 章　高速转子系统连接结构稳健性

随着航空发动机转子结构效率的提高,转子结构的非连续性及其对力学特性的影响逐渐增强,在高转速负荷的作用下,转子系统稳健性是结构动力学设计的关键技术。

| 4.1　稳健性评估 |

在工作载荷环境下,转子结构系统力学特性产生分散性主要受连接界面变形协调性、连接界面接触损伤和连接结构刚度损失三个方面的影响。

4.1.1　界面变形协调性

在航空发动机转子连接结构中,根据定位、传力以及预紧方式可以分为法兰-螺栓连接、端齿-螺栓连接、套齿-螺母连接和止口-拉杆连接等,如图 4-1 所示。

航空发动机转子工作转速高,在连接结构设计中,通常采用止口结构,利用圆柱面定心、端面定位承载以保证连接结构的同轴度和刚度,并通过轮盘对连接边(法兰)进行局部强化,保证连接结构稳健性。其主要的结构形式有鼓筒-轮盘连接和锥壳-轮盘连接等,不同连接方式在连接界面变形协调性上具有不同的变化规律和设计要求。

1. 鼓筒与轮盘

转子系统在工作过程中,离心载荷、温度载荷等作用在轮盘和鼓筒上。由于结构差异会产生不同的变形效果,不同结构在同一位置处的变形不同,会产生附加应力,进而影响连接结构的接触状态因此,在设计时需要合理选取轮盘和鼓筒的连接位置,保证轮盘与鼓筒在工作载荷环境下的变形具有协调性,即减少由于变形不协调所产生的附加应力。下面根据弹性力学分析轮盘、鼓筒在离心载荷作用下径向变形规律。

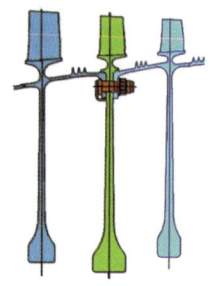
(a) 法兰-螺栓

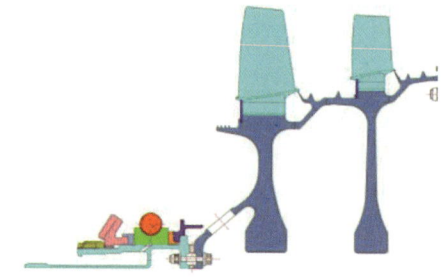
(b) 端齿-螺栓

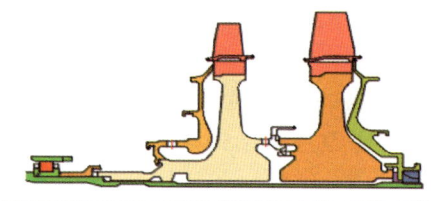
(c) 套齿-螺母

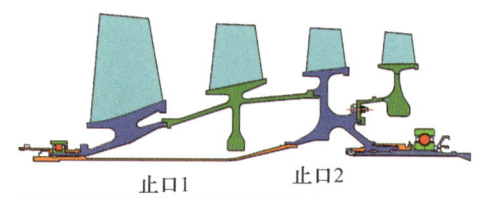
(d) 止口-拉杆

图 4-1　典型转子连接结构简图

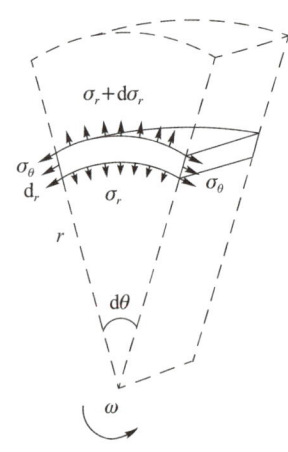

图 4-2　等厚盘受离心力力学模型

如图 4-2 所示，为等厚盘在旋转离心力作用下的力学模型，取图中微元体进行分析，根据等厚盘在离心力作用下轴对称的力学状态，其 $\sigma_z=0$，$\tau_{\theta z}=0$，$\tau_{rz}=0$，$\tau_{\theta r}=0$，即为平面应力状态。平衡方程为

$$\frac{\mathrm{d}}{\mathrm{d}r}(r\sigma_r)-\sigma_\theta+\rho\omega^2 r^2=0 \qquad (4-1)$$

几何方程为

$$\varepsilon_r=\frac{\mathrm{d}u}{\mathrm{d}r} \qquad (4-2)$$

$$\varepsilon_\theta=\frac{u}{r} \qquad (4-3)$$

物理方程为

$$\varepsilon_r=\frac{1}{E}(\sigma_r-\upsilon\sigma_\theta) \qquad (4-4)$$

$$\varepsilon_\theta=\frac{1}{E}(\sigma_\theta-\upsilon\sigma_r) \qquad (4-5)$$

以上各式中，ρ 为轮盘材料密度；E、υ 为材料的弹性模量和泊松比；ω 为转速；u 为径向变形；r 为径向位置。

联立上述方程，应用位移法求解，可得位移表达的平衡方程为

$$\frac{\mathrm{d}}{\mathrm{d}r}\left[\frac{1}{r}\frac{\mathrm{d}}{\mathrm{d}r}(ru)\right]+\rho\omega^2\frac{(1-\upsilon^2)}{E}r=0 \qquad (4-6)$$

对于只在自身离心力作用下的空心等厚盘,其边界条件为

$$\sigma_r \big|_{r=r_a} = 0 \quad (4-7)$$

$$\sigma_r \big|_{r=r_0} = 0 \quad (4-8)$$

式中,r_a 为轮缘半径;r_0 为盘心半径。

将边界条件代入平衡方程,可以解得轮盘径向变形为

$$u = \frac{(3+v)}{8}\rho\omega^2 \frac{r}{E}\left[(1-v)(r_a^2+r_0^2)+(1+v)\frac{(r_a^2 r_0^2)}{r^2}-\frac{(1-v^2)}{(3+v)}r^2\right] \quad (4-9)$$

由上式可知,在材料、尺寸、转速不变的情况下,径向变形 u 随半径 r 变化呈三次多项式函数关系。特别地,对于实心圆盘,令 $r_0=0$,可得径向变形为

$$u = \frac{(3+v)(1-v)}{8}\rho\omega^2 \frac{r}{E}\left(r_a^2-\frac{1+v}{3+v}r^2\right) \quad (4-10)$$

对于鼓筒,可以将其看成内外径相差很小的轮盘,因而其径向变形的计算可以借用式(4-9)。为了简化计算可以令 $r=r_a=r_0$,代入式(4-9)得到鼓筒径向变形为

$$u = \frac{\rho\omega^2}{E}r^3 \quad (4-11)$$

对比实心轮盘和鼓筒径向变形表达式(4-10)和式(4-11),可知鼓筒径向变形与半径的 3 次方成正比,而轮盘径向变形与半径成三次多项式函数关系,因此当鼓筒与轮盘在不同径向位置连接时,配合界面的变形具有不同的变化规律。

如图 4-3 所示,为不同结构的轮盘、鼓筒在一定转速下的径向变形曲线。由图可知,轮盘在辐板的不同直径处径向位移、相应直径的鼓筒径向位移均随直径的增大而增大,但其变化的规律不同。因此存在一径向位置,使轮盘径向变形等于鼓筒径向变形,该位置被称为恰当半径。若轮盘、鼓筒在此处连接,由于工作中二者变形协调,故相互之间没有约束作用;相反,若轮盘与鼓筒连接位置不在恰当半径,由于轮盘和鼓筒变形不协调,可发生鼓筒加强轮盘和轮盘加强鼓筒。

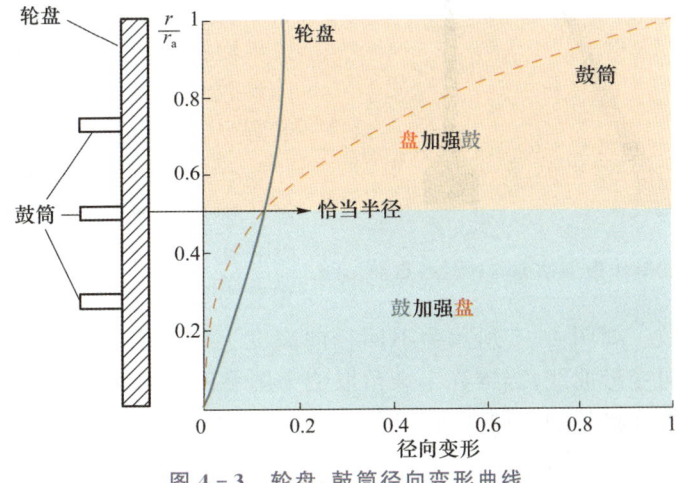

图 4-3 轮盘、鼓筒径向变形曲线

令 $u_d = u_c$，假设轮盘与鼓筒材料参数不同，但泊松比相同，可得式(4-12)

$$\frac{(3+\nu)(1-\nu)}{8E_d}\rho_d\omega^2\left(r_a^2 r_{cr} - \frac{1+\nu}{3+\nu}r_{cr}^3\right) = \frac{\rho_c\omega^2 r_{cr}^3}{E_c} \quad (4-12)$$

式中，r_{cr}为鼓筒-轮盘连接的恰当半径；E_d为轮盘材料的弹性模量；E_c为鼓筒材料的弹性模量；ρ_d为轮盘材料的密度；ω为转速；ρ_c为鼓筒材料的密度；r_a为轮盘轮缘半径；r为鼓筒-轮盘连接处的径向尺寸；ν为材料的泊松比。

整理可得恰当半径表达式如下：

$$\frac{r_{cr}}{r_a} = \sqrt{\frac{\rho_d E_c}{\rho_c E_d}\frac{1-\nu}{3-\nu}} \approx \sqrt{\frac{1-\nu}{3-\nu}} \quad (4-13)$$

从式(4-13)可以看出，恰当半径的值与转速无关，仅与轮盘、鼓筒的材料参数有关。如一般金属材料泊松比$\nu=0.3$，其恰当半径约在实心轮盘半径的51%处。正因如此，在发动机转子结构设计中，鼓筒与轮盘的连接处一般设计在鼓筒的轮缘附近，可充分利用轮盘的加强作用，这样不仅可以满足鼓筒的强度要求，还可通过加大鼓筒直径以增加弯曲刚度。

需要注意的是，轮盘和鼓筒轴连接结构是通过法兰-螺栓连接的，盘、鼓变形协调其实是轮盘和法兰的变形协调。此外，除了结构本身的旋转惯性对轮盘与鼓筒连接结构界面变形协调性具有重要影响外，温度载荷对其影响有时更为重要作用于轮盘与鼓筒上的载荷不同，结构特征也不同，导致其变形和接触状态具有很大的分散性。在工程实践中，有时需要法兰的径向变形稍大于轮盘的径向变形，以保证法兰定心面能够有效压紧，在加强转子刚性同时利用盘来加强鼓。

2. 锥壳与轮盘

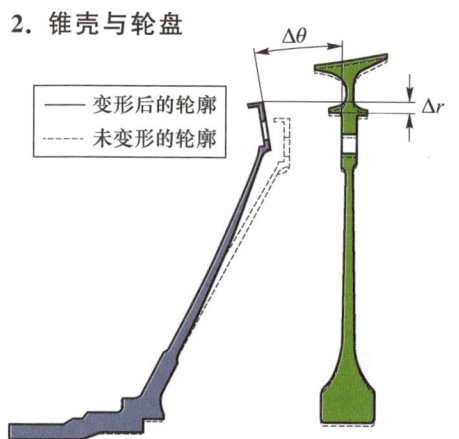

图4-4 离心载荷作用下锥壳与轮盘各自变形图

锥壳-轮盘螺栓连接结构的变形协调性可分为两个方面：径向变形协调与角向变形协调，如图4-4所示，图中的$\Delta\theta$表示角向变形不协调量，Δr表示径向变形不协调量。其中，对连接界面径向变形协调性影响的结构设计参数包括法兰径向尺寸(以螺栓分度圆半径表示)R_u和锥壳半锥角。

一般而言，航空发动机转子结构设计中由于外廓尺寸空间是确定的，因此法兰径向尺寸与半锥角设计为互相关参数，此处选择锥壳轴颈的半锥角作为设计参数。如图4-5所示为不同径向高度上的锥壳法兰和轮盘独立承受离心载荷时的径向变形曲线，当锥壳半锥角取值为图示两条曲线的交点时，表明锥壳法兰和轮盘在螺栓连接处的径向变形相同，该锥角称为"恰当锥角"。当锥壳半锥角等于恰当锥角时，通过螺栓连接在一起的锥壳法兰和轮盘之间不存在径向变形差，即不会对螺栓产生附加剪力。

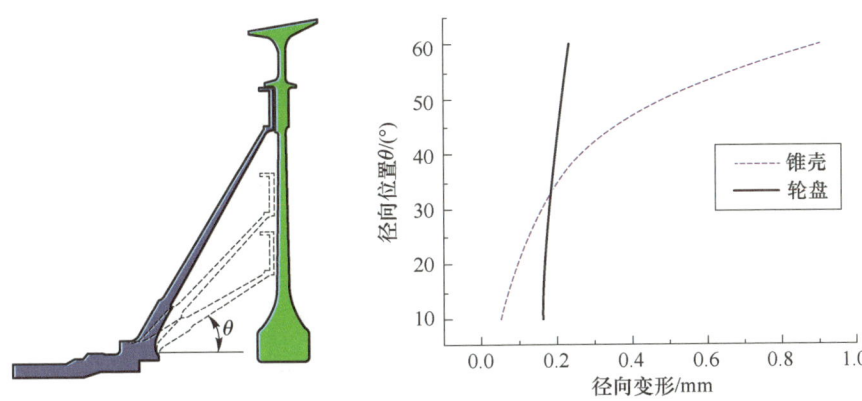

图 4-5 离心载荷作用下锥壳与轮盘的独立径向变形曲线

与鼓筒-轮盘螺栓连接结构不同,在锥壳-轮盘连接结构设计中,径向变形协调并不能保证锥壳法兰与轮盘端面的角向变形协调。在离心载荷的作用下,轮盘的连接端面挠角为零,因此只需考虑锥壳法兰的挠角。由于自身结构的特点,锥壳轴颈角度有扩大的趋势,锥壳与法兰在连接处的变形不协调,导致锥壳法兰的端面产生挠角,从而对轴颈和轮盘端面连接界面的接触特征产生影响。

针对典型锥壳-轮盘螺栓连接结构,以锥角为 60°为基准,保持锥壳轴向跨度不变,减小锥壳的角度,形成不同的轴颈结构,并采用有限元模型计算分析轴颈挠角随转速的变化规律,如图 4-6 所示。从图中可知,减小锥壳的半锥角可有效减小离心载荷作用下法兰端面的挠角。

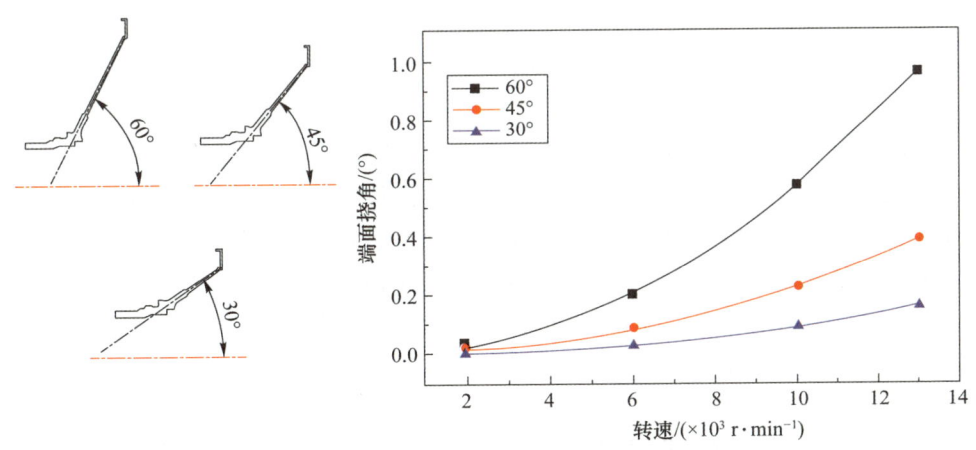

图 4-6 不同角度锥壳的端面角向变形随转速的变化曲线

此外,锥壳法兰连接局部结构的构形对锥壳-轮盘连接的法兰角向变形协调性具有重要影响(见图 4-7),通过改变法兰连接几何构形(如采用局部加强、台阶式结构),可以有效增强法兰局部角向抗变形能力,优化角向变形协调性。

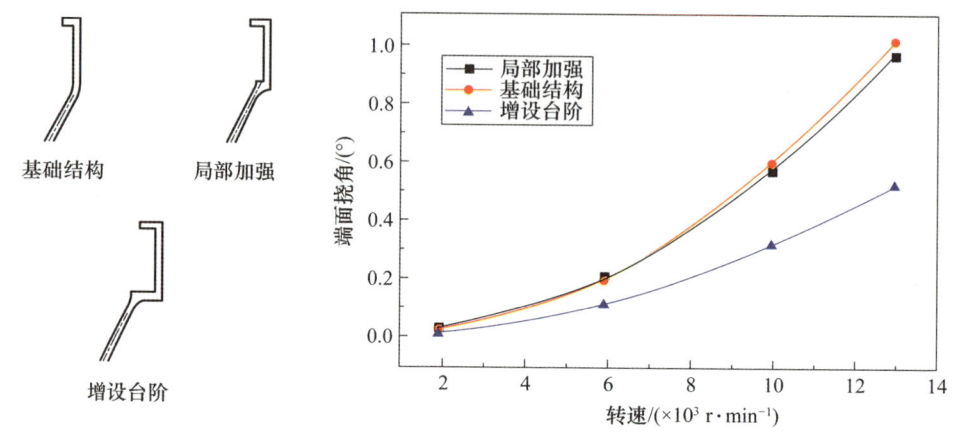

图 4-7　不同几何构形锥壳的端面角向变形随转速的变化曲线

界面连接结构由于几何构形或材料性能的差异,在转速和环境载荷的作用下变形会产生差异,使连接界面发生相对运动趋势,对定心柱面、传扭端面以及预紧螺栓的受力产生影响,甚至发生损伤失效。因此,在结构设计中,通过构形和局部尺寸的调整可以改善连接界面的变形和位移大小,抑制界面接触损伤以及减小对连接结构力学特性变化区间的影响。

4.1.2　界面接触损伤

在连接界面有多种类型的接触损伤,且随工作循环逐渐积累并引起连接结构力学特性的变化,因此,可通过对一个工作循环内的连接界面接触状态的变化幅度,来判定接触损伤积累速率及其对连接结构的影响。

1. 受力分析

工作状态下,转子系统需要承受多种载荷的共同作用(如初始装配时形成的装配应力、离心载荷和弯曲载荷),并且载荷大小随工作状态的不同而发生变化,这些因素均有可能使界面接触状态、接触应力呈现区间分布特征,易造成配合界面损伤积累、产生不可恢复变形、微动磨损等。连接界面的接触损伤失效模式主要是由接触状态和接触应力变化引起的界面损伤与约束失效。例如局部应力变化幅度较大,可直接导致应力疲劳损伤的发生;界面滑移较大则会导致转子附加不平衡量加大,导致转子系统及整机振动过大。

如图 4-8 所示为航空发动机典型的法兰-螺栓转子连接结构,一般由鼓筒、轮盘及螺栓组合而成。在结构外形上是由具有不同几何构形的构件连接,在力学特性上是通过轮盘承受螺栓及连接结构所产生的局部载荷及变形,以保证连接结构强度、刚度和稳健性。法兰-螺栓连接结构特征参数主要包括:鼓筒直径 x、厚度 t,法兰厚度

h,螺栓安装半径 r、螺栓头直径 d_1、螺栓孔直径 d_2 等。

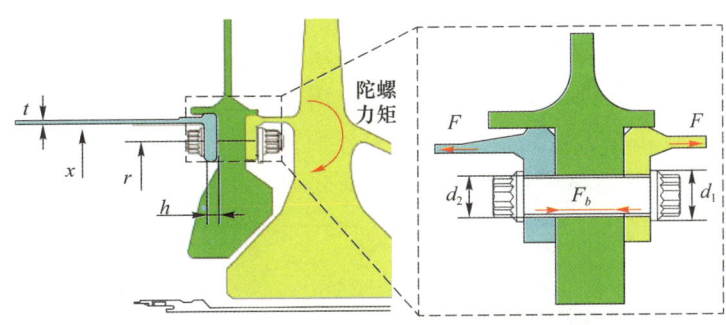

图 4-8 法兰-螺栓连接结构受力分析

法兰-螺栓连接结构受力分析可知,该连接结构所承受的载荷包括法兰与轮盘配合辐板处通过螺栓预紧力产生轴向压紧载荷、转子承受的轴向拉压载荷、涡轮传动压气机的扭转载荷以及轮盘倾斜旋转所产生的弯曲力矩载荷。作用在连接结构上的轴向载荷,拉伸载荷由螺栓和法兰轴向刚度承载,压缩载荷由法兰接触界面承受;扭转载荷在连接结构处是通过法兰连接界面上的摩擦力传递;而作用在轮盘上的弯曲力矩则可以分解为拉压组合,分别由螺栓-法兰和法兰承受。此外,转子连接结构在旋转过程中还需要承受自身结构质量所产生的离心载荷。

法兰-螺栓连接结构的界面损伤失效可分为分离(泄漏)、疲劳断裂等。当连接结构承受拉压载荷作用时,受力结构为法兰和螺栓,为串联组件,即受力大小相等,但变形取决于各自的刚度。此外,由于螺栓是沿周向离散分布的,因此,法兰受力状态是非连续的,只集中在螺栓孔附近大约 2 倍直径的范围内,并且根据受力状态的不同,沿周向可能也是非均匀的,如图 4-9 所示。

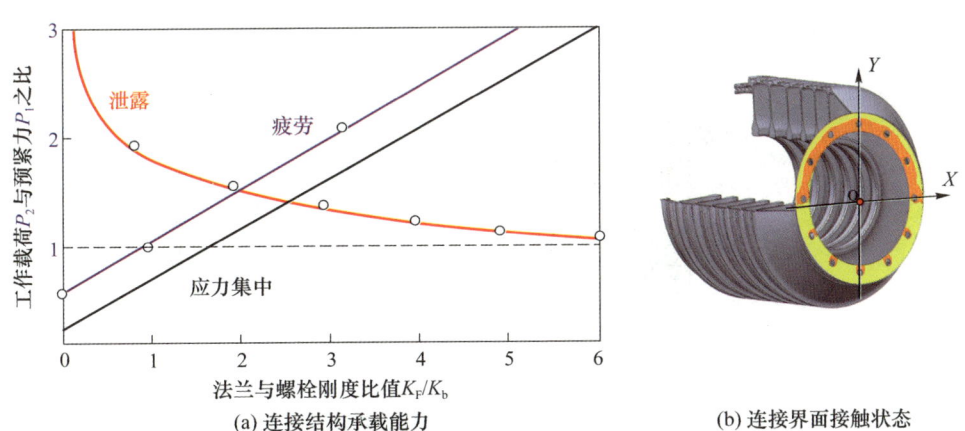

(a) 连接结构承载能力　　(b) 连接界面接触状态

图 4-9 法兰连接结构界面损伤与接触状态

2. 界面约束失效

如图 4-10 所示，法兰接触面在拉力载荷作用下，可能会发生界面分离，使连接界面发生变形和滑移，造成连接界面的约束作用下降，使得带有连接结构的转子相比于整体式转子产生弯曲刚度损失；压力载荷作用在法兰接触面，在法兰接触面受压区域中使接触面的接触应力增大，可能会造成界面最大接触应力超过材料表面微观屈服强度，产生的不可恢复变形随着工作载荷变化逐渐积累，可造成界面接触损伤。

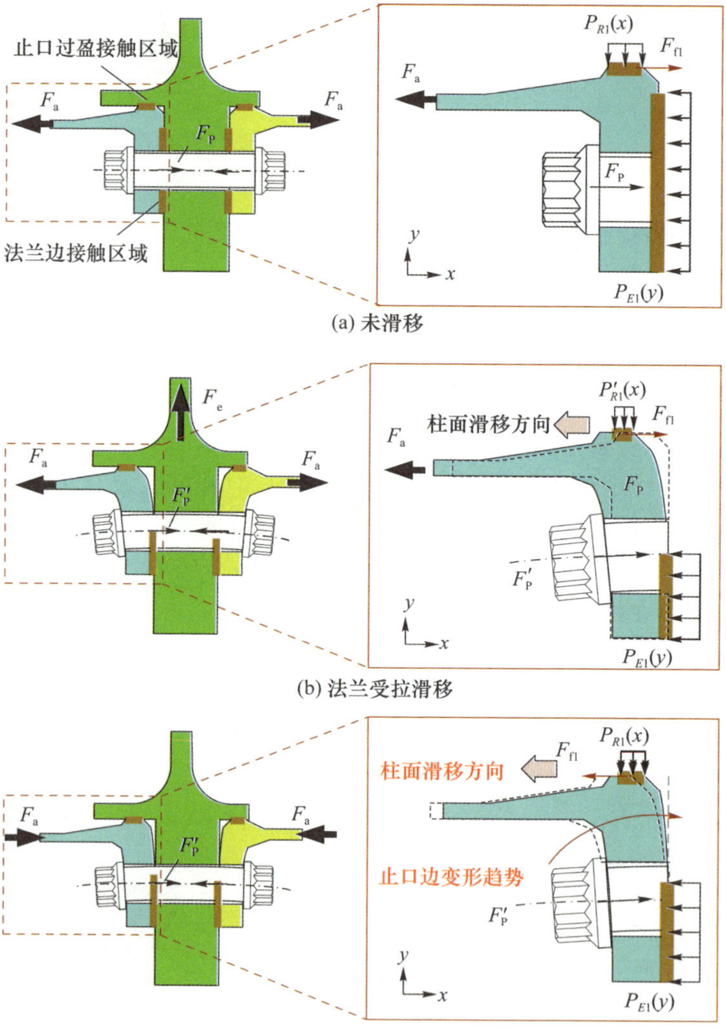

(a) 未滑移

(b) 法兰受拉滑移

(c) 法兰滑移后受压

图 4-10 法兰-螺栓连接结构刚度损伤模型

转子连接结构刚度由鼓筒、法兰、螺栓等构件串联组合而成，并在拉伸和压缩状态时具有不同的传力路径和刚度特性。以两侧连接鼓筒拉压刚度为基准，当连接结构承受压力时,承受载荷的截面为鼓筒厚度,压缩刚度等于鼓筒厚度所产生的截面轴向抗压刚度 EA。当承受拉伸载荷时,连接结构刚度是由鼓筒截面抗拉刚度 EA、法兰弯曲刚度(与法兰高度、厚度相关)和螺栓拉伸刚度 $E_b A_b$ 串联组成。忽略轴向尺寸影响,拉伸刚度主要取决于螺栓和法兰的抗拉伸特性。因此,在连接结构刚度设计中,选取合适的法兰结构和螺栓,保证其拉伸刚度要比连接鼓筒的刚度大 2 倍以上。

法兰-螺栓连接结构,由于局部结构加强和螺栓数目增加,一般轴向拉压刚度损伤很小可忽略不计,但角刚度损伤及其影响不容忽略。转子在高速旋转状态下,法兰-螺栓结构均承受较大的离心载荷,由于结构特征差异,连接界面接触状态会产生一定的变化,同时,如果轮盘产生较大的弯曲载荷,连接界面的接触应力分布会具有较大的非对称性,会引起连接结构局部接触损伤和弯曲刚度的变化。

对于带有轮盘的法兰-螺栓连接结构,由于结构特征差异较大,在离心载荷作用下,若连接界面变形不协调,并且作用力大于接触界面摩擦力,则会导致连接界面滑移。连接界面滑移会破坏连接结构的同轴度,当转子停止转动后,转子结构弹性恢复力一般不能使滑移位置恢复到原位,从而使转子连接结构产生附加质心偏移(不平衡),经过反复循环损伤积累,界面之间会产生微动磨损,进而还会产生一定的刚度损失。此外,法兰-螺栓连接结构端面接触积累也会产生一定的不可恢复的角向变形积累,可使轮盘发生一定程度的倾斜,产生惯性主轴倾斜(矩不平衡)。

转子连接结构发生界面滑移后,对相邻的大质量轮盘结构质量分布产生重要的影响,主要表现为质心偏移和惯性主轴倾斜。质心偏移所产生的附加不平衡,在低转速状态下具有显著影响,而惯性主轴倾斜所产生的旋转惯性力矩载荷,只有在高转速状态下会有显著影响,如图 4-11 所示。

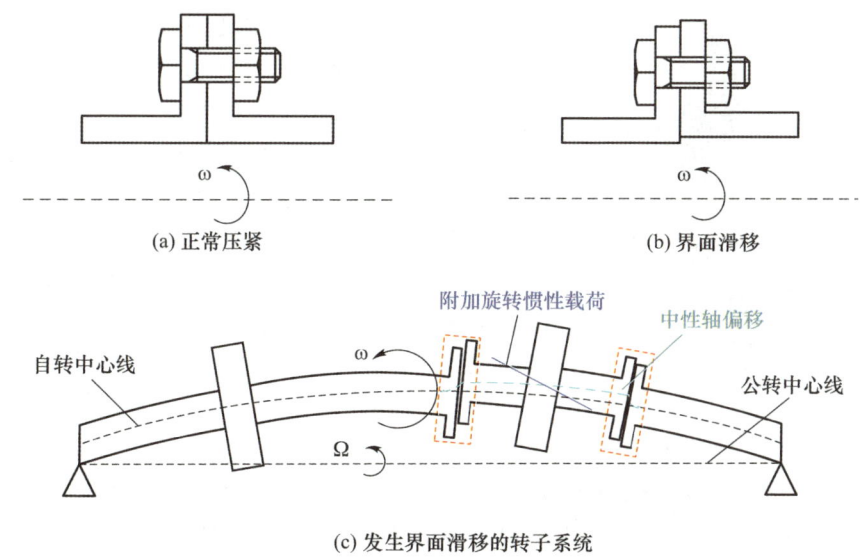

图 4-11 连接界面滑移产生附加不平衡示意图

转子连接结构的连接界面接触损伤模式可以分为磨损、滑移和疲劳。由于连接界面只能承受压应力和界面摩擦力,不承受拉力,因此为保证连接界面具有稳定的接触状态,需要通过预紧螺栓对界面施加预紧,并保证在工作状态下连接界面不产生过大的接触损伤,使连接结构力学特性发生变化,如定心柱面滑移可以产生弯曲刚度损失,端面滑移可破坏结构同轴度而产生附加旋转惯性载荷。此外,由于连接界面的接触损伤与初始装配状态、工作载荷环境以及结构自身变形等多种因素有关,因此,连接结构力学特性表现为一定的分散性。

4.1.3 连接结构刚度损失

转子连接结构弯曲刚度损失,根据所处位置的不同,对转子系统动力学特性影响的敏感度也不同。转子弯曲刚度下降不仅会影响弯曲振型共振转速,而且可能使相邻大质量结构单元产生角向位移,其相应的旋转惯性载荷还会对转子系统动力响应及支点动载荷产生不可忽视的影响。一般情况下,转子局部弯曲刚度变化对转轴刚度特性影响不大,但是在高速旋转状态下,由于质量惯性的放大作用,大质量结构单元角向位移的变化,会对转子系统的动力学特性产生明显的影响。

航空发动机转子系统具有明显的非连续结构特征,不同材料性能、不同几何构形的连接结构,界面接触状态在复杂多变的载荷环境下,发生界面滑移和角向位移突变,使转子系统弯曲刚度损失。控制连接结构刚度损失,除了通过提高连接结构弯曲刚度外,还应降低对局部结构单元的旋转惯性载荷影响的敏感度。

1. 产生原因

转子结构系统在工作中会产生一定的弯曲变形,即法兰-螺栓连接结构会承受附加弯矩载荷作用。当载荷较大时,法兰配合面之间角向变形会产生突变,引起连接法兰配合面的接触状态恶化(见图4-12),即有效接触面积减小,连接结构弯曲刚度突降。提高法兰-螺栓连接结构弯曲刚度稳健性的关键在于减小连接界面处的应变能或将其转移至连续结构处,即提高连接结构处的局部刚度,优化弯曲应变能分布。这不仅有利于缓解连接界面处变形不协调的程度,还可降低接触应力,保证连接界面具有良好的接触状态,提高连接结构稳健性。

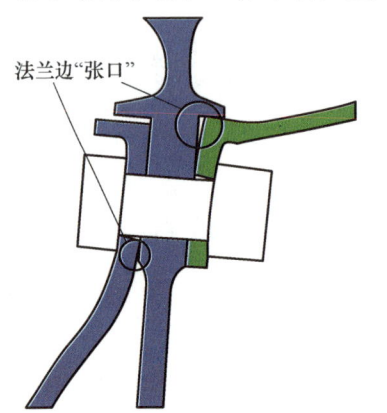

图4-12 载荷较大时出现的法兰变形分离

以锥壳-轮盘螺栓连接结构为例,分析锥壳半锥角等结构参数对连接结构稳健性的影响。以锥壳结构模型分析半锥角对弯曲刚度的影响,如图4-13所示。锥壳承受弯矩载荷时,截面上轴向拉压正应力呈线性变化,轴向刚度近似表征弯曲刚度。

如图 4-14 所示为锥壳承受轴向力的力学模型。依据薄膜理论，可建立壳体单元的几何方程式(4-14)，其中 u,v,w 分别表示沿锥壳子午线、平行圆和外法线的位移，$\varepsilon_1,\varepsilon_2,\gamma$ 分别为子午线应变、沿平行圆的应变及切应变。依据锥壳的几何关系，对式(4-14)进行化简和积分，可得在外载荷 F 作用下锥壳的大圆面发生的轴向位移 Δx，如式(4-15)所示。

$$\varepsilon_1=\frac{1}{R_1}\left(\frac{\partial u}{\partial \theta}+w\right),\quad \varepsilon_2=\frac{1}{r}\left(\frac{\partial v}{\partial \varphi}+u_r\right),\quad \gamma=\frac{1}{r}\frac{\partial u}{\partial \varphi}+\frac{1}{R_1}\frac{\partial u}{\partial \varphi}-\frac{v}{r}\cos\theta \quad (4-14)$$

$$\Delta x=\frac{F(\ln R_U-\ln R_L)}{2\pi E\delta\sin\theta\cos^2\theta} \quad (4-15)$$

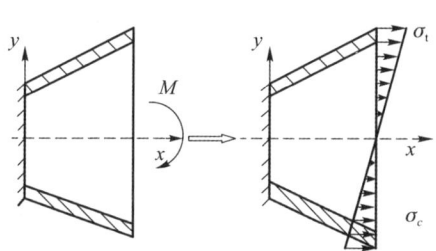
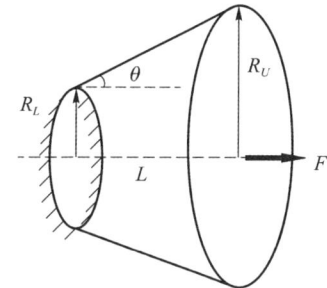

图 4-13 锥壳的弯曲刚度与轴向刚度的关系　　图 4-14 锥壳轴向刚度的力学模型

将锥壳大小圆面半径的关系代入式(4-15)，保持锥壳轴向跨度 L 不变，可得单位轴向力作用下相对轴向位移的表达式(4-16)。

$$\overline{\Delta x}=\frac{\ln\left(1+\dfrac{L}{R_L}\tan\theta\right)}{\sin\theta\cos^2\theta} \quad (4-16)$$

令 $\dfrac{L}{R_L}=1.5$，锥壳轴向变形与锥壳角度之间的变化规律如图 4-15 所示。

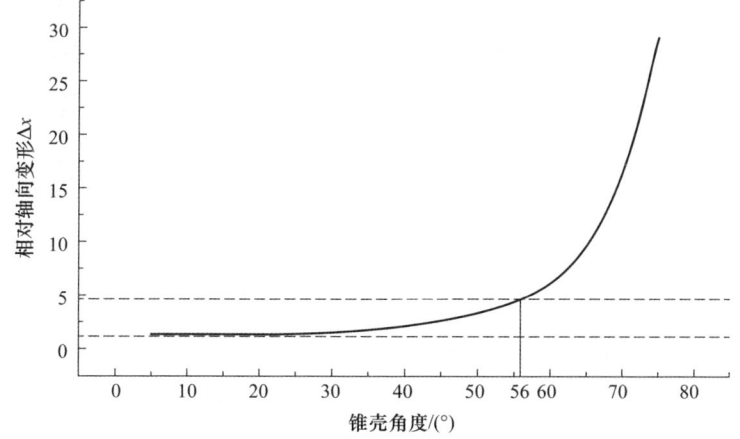

图 4-15 轴向力作用下轴向变形随锥壳角度的变化规律

从图 4-15 中可看出，在轴向力作用下锥壳轴向变形的变化规律具有非线性特征，并在锥角约 56°时，变化斜率急剧增大，呈现出强非线性特征。锥角较小时锥壳的轴向变形较小，即对锥角变化不敏感，而当锥角较大时，锥壳的轴向变形随锥角变化而急剧增大，即对锥角的变化较为敏感。

2. 防止措施

如表 4-1 所列为航空发动机典型高压转子前轴颈结构特征。高压转子前轴颈的结构设计，需要考虑转子动力学特性、轴承 DN 值、压气机转子装配等多个因素的影响。需要通过几何构形和合理的结构尺寸设计，使前轴颈锥角控制在 56°以下，控制轴向变形和转子弯曲刚度，这对提高连接结构稳健性具有重要的作用。

表 4-1 典型航空发动机高压压气机前轴颈半锥角

型 号	F110	F119	F136	AL-31F
高压压气机前轴颈半锥角/(°)	55.1	54.2	43.0	55.8

在工程应用中，由于转子结构尺寸的确定受多方面的限制，在转子几何构形和外形尺寸确定情况下，对局部结构细节的优化设计，也可以提高锥壳-轮盘连接结构的刚度特性，改善其稳健性，例如采用环腔和法兰局部加强等结构设计方案。

在航空发动机实际设计过程中，由于气动设计、结构强度、装配工艺等限制，有时螺栓连接结构力学特性难于满足稳健设计的要求，因此，需对连接结构局部进行加强设计。如图 4-16 所示为 AL-31F 发动机高压转子结构简图，高压压气机前轴颈从第 4 级轮盘轮缘处伸出，在第 3 级轮盘辐板处采用螺栓连接，并通过锥壳结构将第 3、4 级轮盘连接构成环腔结构，以达到提高锥壳轴颈与轮盘连接结构弯曲刚度的目的。同样，在高压后轴颈与鼓筒轴的连接结构中，也是通过螺栓连接轴向拉紧，并通过轮缘止口形成一个环腔结构，以提高结构整体弯曲刚度和局部抗变形能力。

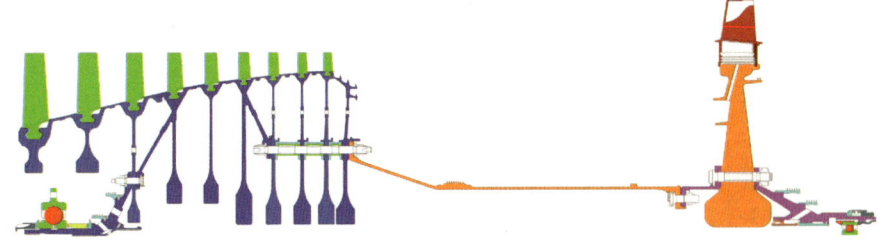

图 4-16 AL-31F 高压转子结构简图

对连接法兰进行局部加强不仅可以减小法兰角向变形不协调量，还可以改善连接结构弯曲刚度稳健性。由于法兰局部加强，提高了螺栓连接处抵抗弯曲变形的能力，改善了锥壳轴颈弯曲变形时的应变能分布，使法兰附近的应变能比例减小，将应变能更多地集中于连续结构处，减小了由外载荷引起的连接结构弯曲刚度的分散度，有利于提高连接结构的弯曲刚度稳健性。

4.2　法兰-螺栓连接大跨度转子系统

在转子连接结构设计中,采用最为广泛的是法兰-螺栓连接结构,其结构特征是圆柱面定心、轴向端面承载和螺栓压紧。由于法兰-螺栓连接结构通过螺栓使法兰连接,若法兰之间的变形不协调,则会在螺栓和法兰之间产生附加载荷作用;对于螺栓压紧结构而言,即使选取较大的轴向预紧力,其有效接触范围仍局限于2倍螺栓直径的范围内,此范围之外的法兰配合面均为准接触状态,不承受载荷。在复杂载荷环境下,法兰配合端面的接触状态呈现离散分布特征,端面/柱面发生的滑移现象会使连接结构不同轴,并导致相邻大质量结构单元出现附加不平衡;当外载荷加大,由于端面有效接触面积减小,甚至出现端面局部分离的现象,导致连接结构局部角向位移不连续加剧,从而体现为转子系统的弯曲刚度损失。

根据结构特征的不同法兰-螺栓连接可分为:鼓筒-轮盘螺栓连接、锥壳-轮盘螺栓连接和鼓筒-锥壳连接,如图4-17所示。在具体的连接结构稳健设计中,各类法兰-螺栓连接结构设计侧重点不同。鼓筒-轮盘螺栓连接结构主要关注端面径向变形协调性的设计;锥壳-轮盘螺栓连接结构主要关注法兰端面的角向变形协调性与界面约束失效控制,即弯曲刚度损失控制;鼓筒-锥壳螺栓连接结构则主要聚焦于界面接触损伤控制。

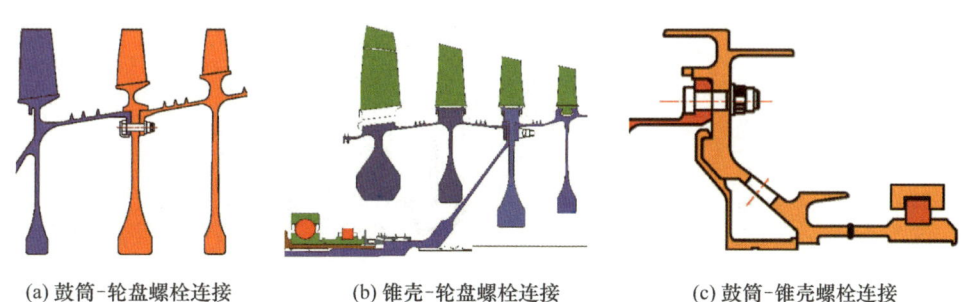

(a) 鼓筒-轮盘螺栓连接　　(b) 锥壳-轮盘螺栓连接　　(c) 鼓筒-锥壳螺栓连接

图4-17　典型法兰-螺栓连接结构简图

4.2.1　连接结构及受力分析

典型法兰-螺栓连接转子结构系统如图4-18所示。

简化转子结构,并对转子结构受力状态进行分析,如图4-19所示。转子系统在正常工作状态下主要承受离心载荷、涡轮驱动压气机转子旋转的扭转载荷、压气机和涡轮转子之

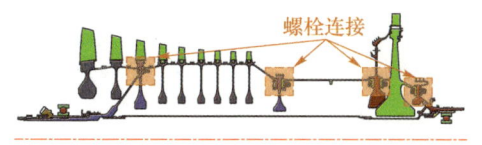

图4-18　典型法兰-螺栓连接转子结构简图

间的气动轴向力(拔河力)。其中压气机转子受到向前轴向力 F_C,涡轮部件受到向后的轴向力 F_T,前端滚珠轴承则受到轴向力 F_B 作用,并且有 $F_B = F_C - F_T$(见图 4-19(b))。除了上述载荷外,当转子运动状态改变时,转子的受力状态也会由此改变。当坐标系做非惯性运动时(例如转子受如图 4-19(b)的机动飞行或横向过载时),其大质量轮盘上产生相应的旋转惯性载荷(如图 4-19(b)所示的旋转惯性力 $F_{a,C}$、$F_{a,T}$ 和旋转惯性力矩 $M_{g,C}$、$M_{g,T}$);当转速较高、转子发生横向弯曲变形时,其结构单元由于其惯性主轴相对转子旋转轴倾斜,因此产生附加旋转惯性载荷(如图 4-19(c)所示的旋转惯性力矩 $M_{g,C}$、$M_{g,T}$),考虑到各结构单元角向倾斜幅值各异,该附加旋转惯性载荷沿轴向具有分布特征。除此之外,不同位置连接结构所受载荷形式存在差异,涡轮-压气机间螺栓连接结构会受到显著的轴向拉力作用,而大质量轮盘附近的连接结构则会在轮盘产生较高旋转惯性力矩时受到较高的弯曲力矩载荷作用。

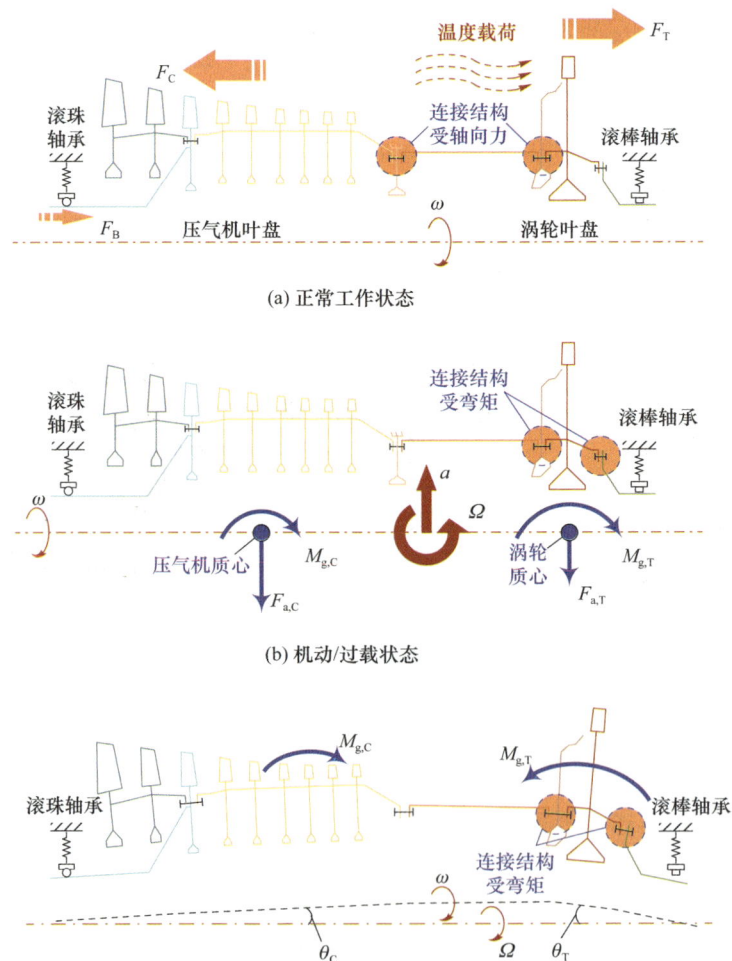

图 4-19 高压转子系统受力分析

1. 鼓筒-轮盘螺栓连接

鼓筒-轮盘螺栓连接结构广泛应用于高压压气机结构设计中。如图 4-20(a) 所示为典型鼓筒-轮盘螺栓连接结构简图,其中鼓筒作用是传递扭矩、轴向力和弯曲力矩,轮盘作用是承受叶片及自身的离心载荷,鼓筒法兰与轮盘通过螺栓进行压紧,使法兰端面产生足够的摩擦力,同时法兰也对鼓筒起到增强径向刚性的作用。

在鼓筒-轮盘螺栓连接结构中,由于鼓筒-轮盘螺栓连接结构的弯曲刚度主要由鼓筒直径决定,且结构弯曲刚度相对较高,在实际工作过程中法兰接触状态和应变能分布对弯矩载荷不敏感,故鼓筒-轮盘螺栓连接结构的弯曲刚度损失问题并不突出。而径向变形协调性是影响法兰-螺栓连接结构稳健性的主要因素。若鼓筒与轮盘连接半径选择不合理会使变形不协调量过大,导致连接界面定心失效、连接界面接触损伤增大和螺栓疲劳断裂。

在鼓筒-轮盘连接结构设计中,根据法兰相对于鼓筒的位置,可以将其结构特征分为法兰内翻、法兰外翻两种情况,如图 4-20 所示。不同的结构设计使得轮盘与鼓筒直径径向变形协调性及变化规律具有一定的差异。

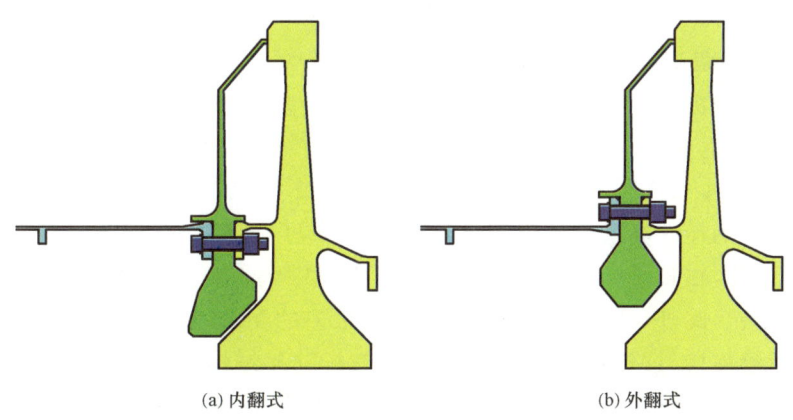

(a) 内翻式　　　　　　　　　(b) 外翻式

图 4-20　典型鼓筒-轮盘螺栓连接结构

对于内翻式和外翻式法兰的鼓筒-轮盘螺栓连接结构,通过有限元计算,得到不同转速下定心圆柱面径向变形,如图 4-21 所示。

由该图可知,轮盘、鼓筒法兰定心面的径向变形与转速平方成正比。由于鼓筒直径较大故内翻边、外翻边的径向变形均大于相应位置的轮盘径向变形,轮盘对鼓筒具有加强约束作用,并可以使定心柱面有效压紧。随着转速的增大,轮盘、法兰的变形差增大,其中,外翻式法兰的径向变形相对于内翻式法兰径向变形较大,这是由于外翻法兰的直径较大,在离心力作用下径向变形更为明显,因此虽然较大的法兰直径可以提高转子弯曲刚度,但是过高的定心柱面压紧应力会引起连接界面疲劳损伤。应该注意合理选取盘鼓连接的径向位置,使得由于变形差产生的定心柱面压紧量不至于过大而引起强度问题,在保证定心柱面保持定心作用的前提下,减少界面接触损伤。

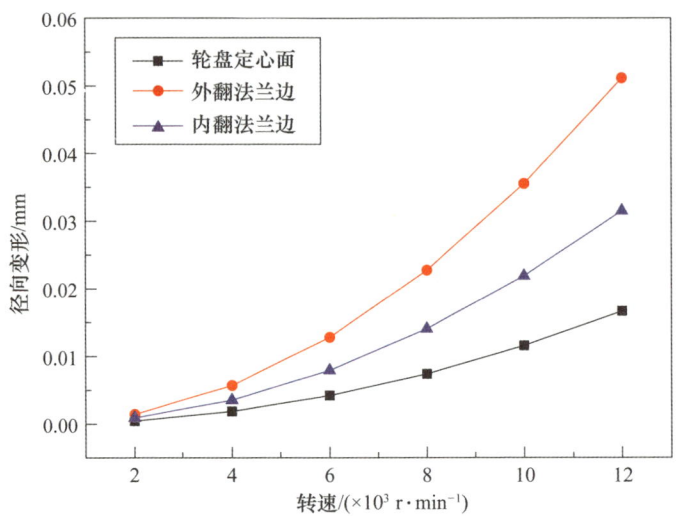

图 4-21　不同转速下盘鼓-轮盘连接法兰界面径向变形

2. 锥壳-轮盘螺栓连接

在航空发动机的结构设计中,锥壳形轴颈一般多用于轴承轴段与鼓筒轴段之间的过渡连接,在涡轮盘-轴连接结构,压气机转子前轴颈与轮盘连接结构常采用锥壳轴颈连接,如图 4-22 所示。高压转子止推轴承 DN 值不宜过高,可使高转速的高压转子轴承内环的径向高度受到限制,同时为保证转子的弯曲刚性,压气机鼓筒的直径设计较大,因此,在转子结构设计中必须设计锥壳轴颈,用于轴承段与压气机鼓筒之间的过渡连接。此外,考虑到连接刚度与装配工艺的要求,常通过螺栓将锥壳形轴颈与压气机轮盘连接,这样就构成了锥壳-轮盘螺栓连接结构。

对于前轴颈位置的锥壳-轮盘螺栓连接结构而言,由于滚珠轴承具有轴向定位作用,因此该位置的螺栓连接结构会承受较大的轴向载荷;后轴颈的螺栓连接结构虽不承受轴向力和扭矩,但是由于位于高压涡轮盘附近,当转子运动状态变化时,高压涡轮盘会产生较大的惯性载荷力矩(陀螺力矩 M_g),以弯矩载荷形式作用在后轴颈螺栓连接结构,因此,涡轮后轴颈处的鼓筒-锥壳螺栓连接结构主要承受载荷是离心载荷与弯矩载荷。

针对锥壳-轮盘螺栓连接结构的稳健设计,主要是通过优化结构几何构形和加强局部界面而实现的,目的是使连接结构具有合理的变形协调性,减小连接界面的接触损伤,提高连接结构弯曲刚度的稳健性,包括调整优化锥壳半锥角和法兰连接位置,以优化连接结构抗弯刚度特性;通过改变锥壳轴颈几何构形,如采用折弯结构,调整连接结构处的弯曲应变能分布,以减少连接界面接触损伤;通过法兰与锥壳连接处的局部加厚,可提高螺栓连接结构稳健性。

第4章 高速转子系统连接结构稳健性

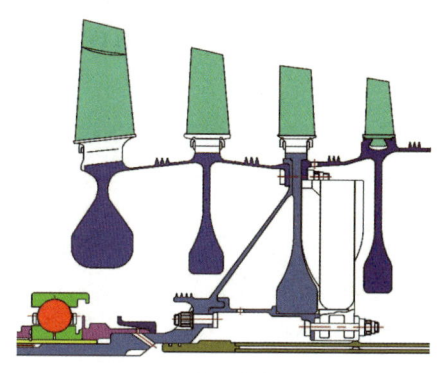

(a) 压气机前轴颈

(b) 涡轮后轴颈

图 4-22 典型锥壳-轮盘螺栓连接结构

对于锥壳轴颈与轮盘的变形协调性优化,主要是对法兰端面的角向变形的优化。不同几何构形下,计算锥壳-法兰连接的法兰角向变形随转速的变化,其计算结果如图 4-23 所示。从图中可以看出,通过降低前轴颈锥壳半锥角,并对锥壳与法兰连接处进行局部强化,可以有效减小离心载荷作用下法兰端面的角向变形,提高端面之间的角向变形协调性,这种优化效果在高转速下尤为显著。

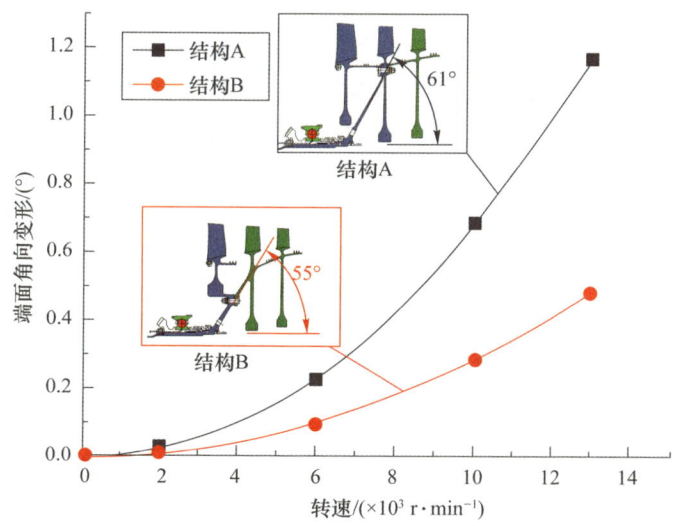

图 4-23 不同几何构形下连接结构端面角向变形随转速的变化

为了分析连接界面接触状态变化对转子连接结构弯曲刚度稳健性的影响,此处采用两种计算模型对比的形式,一种是采用摩擦接触单元的螺栓连接结构力学模型,另一种是绑定接触面的连续结构模型,计算结果如图 4-24 所示。由该图中弯矩载荷与连接结构角向变形的关系曲线可知,连续模型弯曲刚度不随外载荷变化;外载荷较小时连续模型与接触模型的弯曲刚度近似;外载荷较大时,接触模型的变形曲线逐渐偏离连续模型的变形曲线,且随着外载荷增大,附加角向变形逐渐增大,并导致连接结构弯曲刚度损失增大。

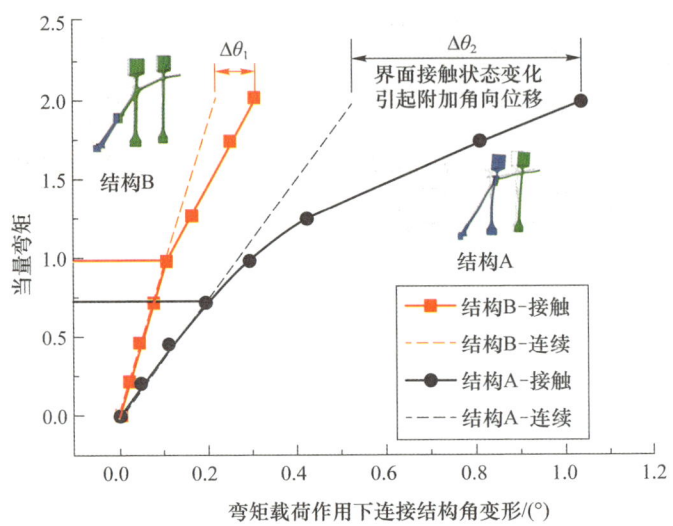

图4-24 不同计算模型下连接结构角向变形随载荷的变化

　　结合以上分析可知,随着弯矩变化,连接界面的接触状态会使连接结构的弯曲刚度发生变化。如图4-25所示为不同结构形式的螺栓连接结构弯曲刚度损失随转速的变化曲线。由该图可知,当外载荷较小时,连接结构弯曲刚度几乎无损失,这时可以不考虑连接结构产生的影响,但随着载荷的增大,弯曲刚度损失增加,结构B的刚度损失始终小于结构A。对于不同结构形式的螺栓连接结构,载荷引起连接结构弯曲刚度损失的"临界弯矩"($M_{cr,1}$和$M_{cr,2}$)不同,显然,结构B的临界弯矩$M_{cr,2}$相对更大。因此,结构B对外载荷的敏感度更小,其连接界面接触状态在工作过程中更容易保持稳定,其弯曲刚度的稳健性也更高。

　　根据不同结构形式下连接结构端面角向变形随转速的变化规律可知,结构A由于在工作载荷下端面角向变形过大,引起界面接触状态改变,导致连接结构在外载荷作用下角向变形过大。结构B则通过合理的锥壳角度设计、连接结构位置的选择和法兰局部的加强,有效控制了端面角向变形,使连接界面始终保持良好的接触状态,降低了连接结构弯曲刚度对载荷环境变化的敏感性。此外,结构B通过增强连接界面附近的抗变形能力,使连接法兰附近的弯曲应变能比例下降,而锥壳轴颈下半部分的应变能比例升高,这样不仅减小了连接界面附近应变能分布、使其更多地分布于连续结构处,而且有利于减小界面接触状态变化及其所引起的连接结构弯曲刚度损失,可显著提高连接结构的稳健性。

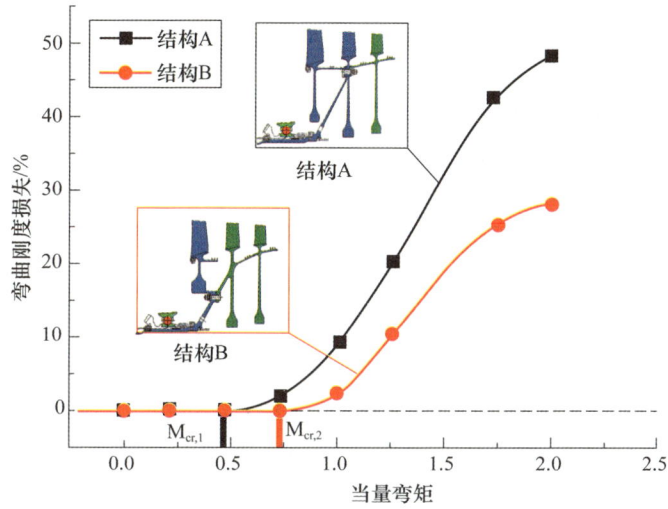

图 4-25 弯曲刚度损失随载荷大小的变化

连接界面变形协调性主要考虑连接法兰之间的变形协调问题,具体可分为径向变形协调与角向变形协调。连接界面接触损伤控制,考虑连接界面接触状态与接触应力对外载荷的敏感度和分散度,通过合理选择螺栓预紧力,采用不同结构形式和界面局部结构加强等措施,优化连接结构附近的应变能分布,减少外载荷对连接结构接触状态和接触应力的影响,控制界面接触损伤,从而保证连接结构的稳健性。在进行具体的连接结构稳健设计时,应综合考虑连接界面变形协调性、接触损伤控制和约束失效控制三个方面的综合作用,以切实提高连接结构稳健性。

4.2.2 转子系统动力响应

先进涡扇发动机高压转子系统一般工作在超临界高转速状态下,高转速负荷所引起的转子弯曲变形及组成结构单元惯性主轴偏斜,产生的附加旋转惯性力矩会使转子内部受力及连接界面接触状态发生变化,并最终导致转子系统支点动载荷响应出现突变。

如图 4-26 所示为典型的涡扇发动机高压转子的结构示意图,该转子通过多道法兰-螺栓结构连接多个质量/刚度特性差异显著的结构单元。通过分析各个结构单元在运动过程中所产生的变形与受载可将这些构件沿轴向划分为若干结构单元,其中压气机、涡轮结构单元为质量单元,其运动产生的旋转惯性载荷是转子产生局部弯曲变形的内在力学机制,前/后轴颈、鼓筒结构单元为弹性单元,其在受到质量单元产生的旋转惯性载荷时易发生弯曲变形。

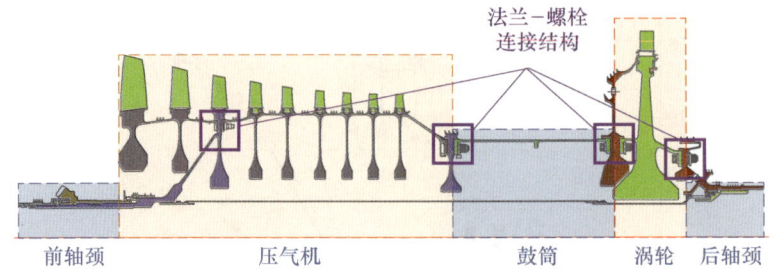

图 4-26 典型涡扇发动机高压转子及其组成结构单元

大长径比的界面连接转子处于高速旋转状态时,转子各结构单元由于受到结构单元惯性主轴偏斜所引起的旋转惯性载荷的作用,互相之间会发生相对横向/角向位移,即转子发生弯曲变形,在该过程中转子各组成结构单元运动状态的变化会破坏低转速下转子的平衡状态,使转子结构单元的局部质量分布不对称以及由此产生的局部旋转惯性载荷激励显现(低转速下转子质量分布具有整体性,可以通过各结构单元互相抵消使转子整机平衡状态良好),使支点动载荷随转速持续增加。

转子在旋转过程中,自身旋转惯性与结构弹性约束的再平衡力学过程,其核心是大质量结构单元(轮盘)所产生的旋转惯性载荷的变化,而连接界面接触状态的局部变化对载荷变化具有较高的敏感性,考虑到界面变形的非连续性,当旋转惯性载荷(力矩)超过门槛值时,界面接触状态变化具有突变特征,使得转子动力响应产生突变。

1. 旋转惯性载荷分布特征

对于大长径比界面连接转子,在高速旋转状态下,各结构单元局部特征逐渐显现,对转子结构系统所产生的力学效果主要表现为惯性主轴倾斜所产生的旋转惯性力矩载荷,以及弯曲力矩影响下,界面连接结构角向约束特性的变化。

为了表征旋转惯性载荷的分布特征及其对转子动力学特性的影响,以航空发动机典型高压转子为背景,建立如图 4-27 所示的界面连接转子系统动力学模型。随着转速和工作状态的变化,连接界面接触状态的变化会导致连接结构弯曲刚度损失和中心轴偏斜,进而使结构单元的惯性主轴偏斜。因此,质量单元在该运动状态产生的旋转惯性载荷可以表示为

$$F(t) = (0,0,\cdots,F_{e,i}\cos(\omega t + \varphi_{e,i}), F_{e,i}\sin(\omega t + \varphi_{e,i}), \\ M_{d,i}\cos(\omega t + \varphi_{d,i}), M_{d,i}\sin(\omega t + \varphi_{d,i}), 0, 0, \cdots, 0)^T \quad (4-17)$$

式中,$F_{e,i}$ 和 $M_{d,i}$ 分别为第 i 个质量单元产生的旋转惯性力和旋转惯性力矩,并且有

$$\begin{cases} F_{e,i} = m_i \omega^2 (e_{i,0} + \Delta e_i(\omega)) \\ M_{d,i} = (I_{d,i} - I_{p,i}) \omega^2 (\tau_{i,0} + \Delta \theta_{d,i}(\omega)) \end{cases} \quad (4-18)$$

式中,$\Delta e_i(\omega)$ 和 $\Delta \theta_{d,i}(\omega)$ 分别为由于连接结构力学特性变化和弹性单元变形所

引起的质量单元质心偏移和惯性主轴倾斜,其变化量随着工作状态的改变而变化。

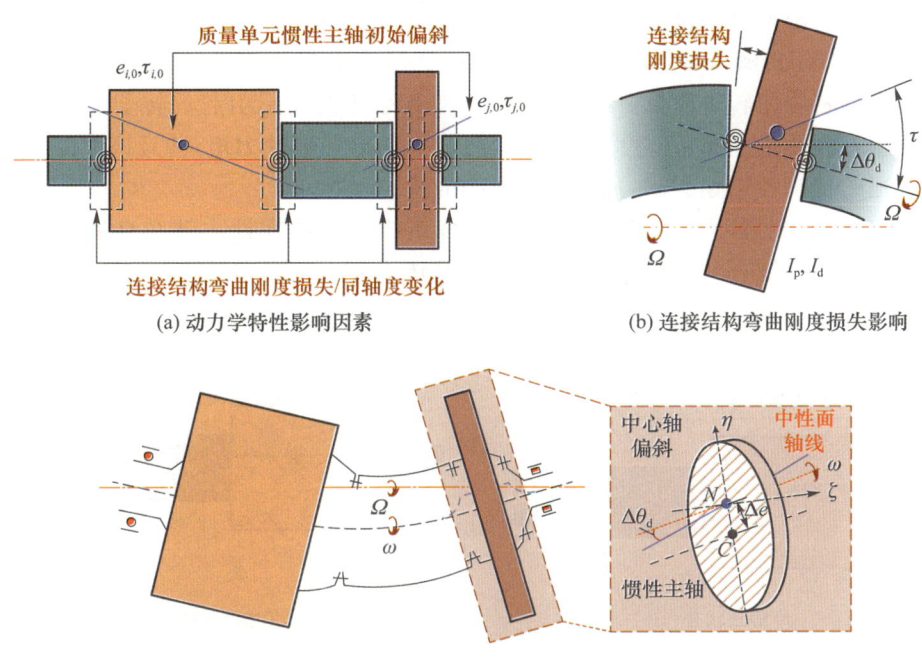

图 4-27 界面连接转子系统动力学模型

由该模型可知,除了质量单元惯性主轴初始偏斜 $e_{i,0}$ 和 $\tau_{i,0}$ 外,随着工作状态的变化,界面接触应力分布变化带来的连接结构弯曲刚度损失/中心轴偏斜会使质量单元的惯性主轴发生附加偏斜 $\Delta e_i(\omega)$ 和 $\Delta\theta_{d,i}(\omega)$(并且附加偏斜变化随转速变化具有突变特征),从而改变转子系统的旋转惯性载荷分布,最终影响转子的动力响应特性。

2. 转子运动状态变化历程

当界面连接转子系统工作在高转速状态下,转子弯曲变形后其连接结构弯曲刚度和中心轴偏斜会发生非连续变化,使转子运动状态改变,由此带来转子质量单元的惯性主轴偏斜分布随转速阶跃变化,这会进一步引起转子动力响应特性突变。

如图 4-28 所示为转子运动状态具体的力学变化过程,从中可观察到随着转速增高,转子运动状态和质量不对称性的改变过程。

图 4-28(a):转子的不同质量单元之间由于质量不对称相互抵消,使转子整体质心偏移和惯性主轴倾斜相对较小,可控制低速旋转时转子整体惯性主轴偏斜所产生的旋转惯性激励作用及其所引起的转子动力响应;

图 4-28(b):随着转速逐渐增高,转子在其质心偏移的作用下发生横向变形,其幅值会随着工作转速的增高而增高;

图 4-28(c):当转子工作转速升高到达刚体临界转速时,转子发生质心转向,由

于转子质心偏移而引起的转子横向变形会随着工作转速的增高而降低,因此高转速下转子整体质心偏移带来的转子动力响应几乎可以忽略不计;

图4-28(d):随着工作转速的继续增高,转子发生弯曲变形,其质量单元之间的相对角向位移会使转子质量分布发生变化,尤其是弯曲变形引起的转子结构单元局部运动状态和质量分布不对称显现,会产生较大的旋转惯性力矩,并且该力矩会随着工作转速的提高而迅速提高,使转子动力响应快速增加;

图4-28(e):随着转速持续增加,转子各结构单元的惯性主轴在自身旋转惯性载荷的作用下均被"掰正",由旋转惯性激励的转子动力响应逐渐减小,最终不再随转速变化。

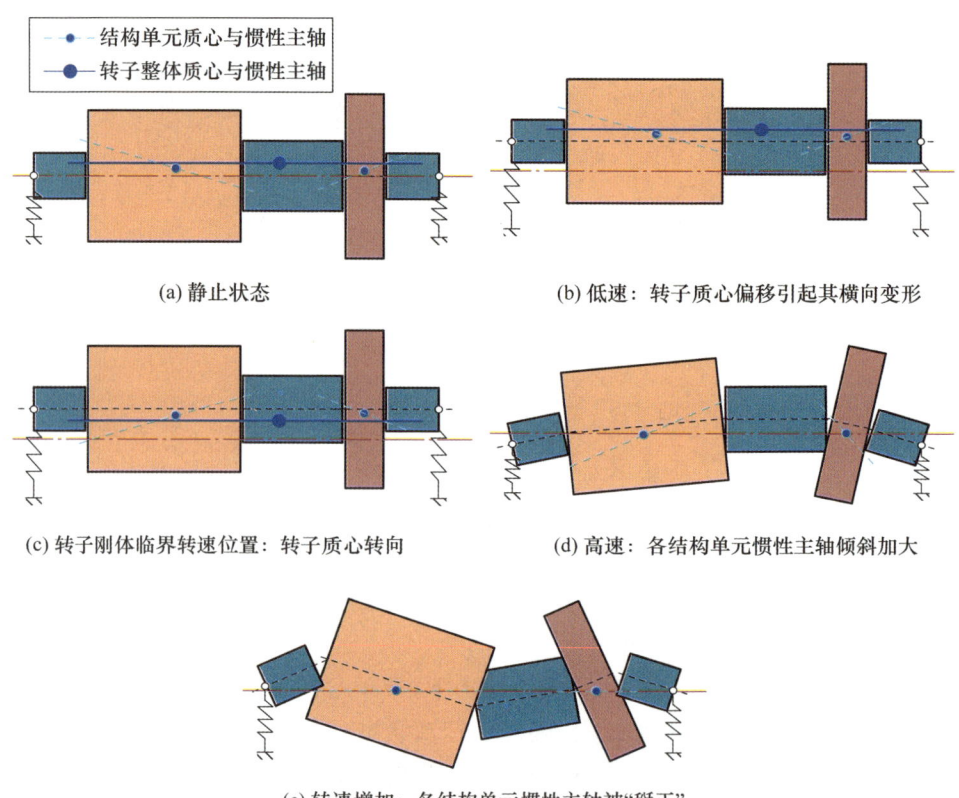

图4-28 转子运动状态及质量不对称性随工作转速变化

需要注意,转子在高速状态下,结构单元由于其惯性主轴倾斜产生旋转惯性力矩,且该力矩作用于连接结构位置,这造成连接结构界面接触状态变化,进而使连接结构弯曲刚度和中心轴偏斜产生非连续变化。这使转子在转速变化过程中,质量单元惯性主轴附加偏斜 $\Delta e_i(\omega)$ 和 $\Delta \theta_{d,i}(\omega)$ 具有阶跃、突变特征。

因此,连接界面接触状态的突变对转子动力响应的影响具有"突变"特征,这一特征具有一个共性,其具体表现为:

① 转子弯曲变形引起局部结构单元旋转惯性载荷增加，使相应的支点动载荷上升；

② 随着各结构单元惯性主轴在自身旋转惯性载荷作用下"掰正"，使相应支点动载荷下降。

带中介轴承双转子涡扇发动机试验中，通过在高压转子前支点轴承座和低压涡轮后支点轴承座上安装振动传感器，测量高压转子前后支点振动信号，获得支点动载荷幅值/相位随工作转速的变化，如图 4-29 所示。为了方便观察，图中截取了转子处于超临界高转速区域的数据。

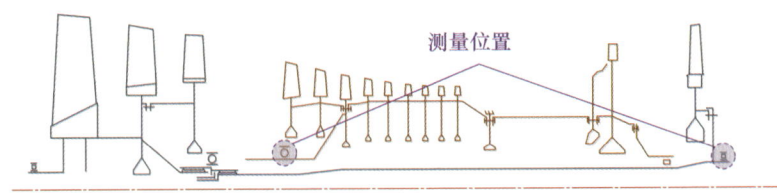

图 4-29　整机试验高压转子支点动载荷测点

由图 4-30 可知，当高压转子转速处于低转速区 A 时，支点动载荷较小且几乎不随工作转速变化而变化。这是由于转子此时已经通过横向临界转速，质心转向后转子因质心偏移产生的动力响应很小，并且该响应会随着工作转速的提高而降低，因此可以忽略不计；当工作转速提高到超过一个门槛值，即处于 A→B 时，转子的弯曲变形引起转子出现突加惯性主轴倾斜，导致支点动载荷在该位置突增。随后当转速继续增加时，转子支点动载荷幅值随着工作转速上升而持续加大（即"振动跟随"现象）。这是由于转子弯曲变形使涡轮盘结构单元惯性主轴倾斜，其旋转状态下所产生的旋转惯性力矩作用会随着转速的增加而快速增加。最终，在转速达到 B 点时，涡轮结构单元产生的旋转惯性力矩增大至一定阈值，导致连接结构界面接触状态改变，转子质量分布再次突变，质量单元的惯性主轴重新恢复至与转子旋转中心轴重合（即涡轮结构单元被"掰正"），由此带来后支点动载荷的突降，并且随着转子工作转速的继续增加，支点动载荷几乎保持不变。

高压转子前后支点振动相位差随转子转速的变化如图 4-31 所示。低转速下转子可视为一整体，其前后支点振动位移与转子整体质心偏移位于同一平面内，因此前后支点振动相位差为 0 或 180°，但是当转子转速超过刚体临界转速后，其结构单元质量不对称性的局部特性得以体现。随着转速的增加后支点的振动相位从转子整体质心所在平面逐渐转移至涡轮惯性主轴倾斜平面。反映到前后支点振动相位差上，表现为随着转子工作转速增加，前后支点振动相位差逐渐变化，并且随着转子运动状态突变，该相位差也会发生阶跃，直至涡轮结构单元完全被"掰正"后，该相位差才不再随转速变化。

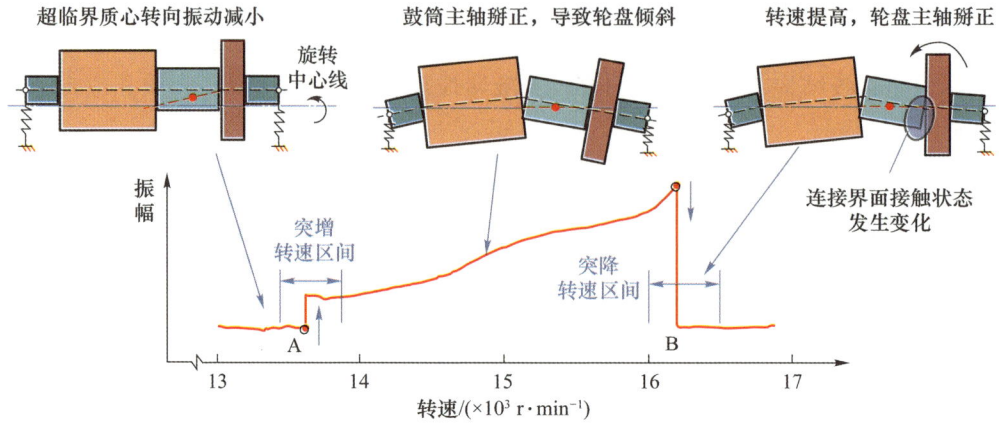

图 4-30 高压转子后支点动载荷幅值随转速的变化

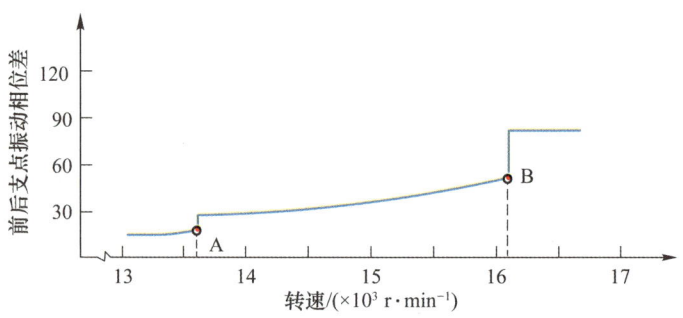

图 4-31 高压转子前后支点振动相位差随转速变化

4.2.3 连接结构稳健设计

在两支点高速转子系统结构及动力学设计中,支承跨度加大使转子弯曲刚度相对下降,虽然采用"拱形"几何构形可以在一定程度上提高转子弯曲刚度,但是由于质量分布和工作转速的提高,很难保证转子在全转速区间内不产生弯曲变形,因此,在弯曲变形下,如何降低连接结构界面接触状态的变化及其对转子动力响应特性的影响是必须面临的挑战。具体到结构设计上,一方面需要对弯曲刚度最薄弱的部位进行加强,另一方面需要减小局部惯性力矩对连接结构界面接触状态的影响。

1. 前轴颈

对于具有"拱形"构形的转子结构,其刚度薄弱位置为前、后轴颈,其中前轴颈对整个转子弯曲刚度的影响更为敏感。在工程应用中,对于具有锥壳构形的前轴颈,为了增加局部抗弯刚度、减小与轮盘连接结构的局部刚度损失,需在结构设计上进行创新。

如图 4-32(a)、4-32(b)所示,分别为 F119 和 AL-31F 高压前轴颈结构示意图。美国普惠公司在 F119 发动机的高压压气机前轴颈设计中,为保证锥壳-轮盘螺栓连接结构的稳健性,将轮盘-螺栓配合面下移至前轴颈中部,以控制螺栓连接结构处的位移约束失效和应力损伤,提高了连接结构的稳健性。俄罗斯留里卡设计局在 AL-31F 发动机高压压气机前轴颈的结构设计中,采用了环腔结构设计,在优化设计盘-轴间距和锥壳角度的基础上,提高了锥壳-轮盘连接结构的抗变形能力和弯曲刚度稳健性。

对比图 4-32(c)所示的转子前轴颈-轮盘螺栓连接结构设计方案,结合前文分析可以看出:

① 若直接将螺栓孔设计于轮盘靠近盘缘位置,会因为螺栓孔过高而导致转子前轴颈锥角过大,从而降低弯曲刚度前轴颈的局部弯曲刚度;

② 前轴颈锥壳法兰与轮盘连接处若没有局部加强或约束,在受到弯矩载荷作用时,端面接触状态会产生较大变化,从而影响连接结构稳健性。

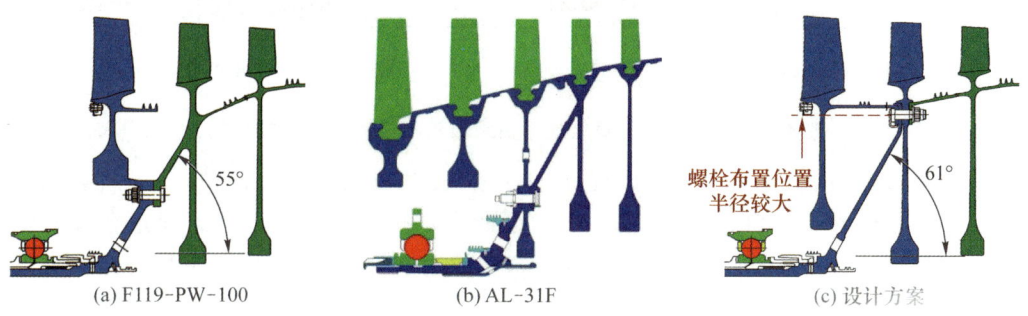

图 4-32 高压压气机前轴颈与轮盘连接结构对比

2. 涡轮盘-轴连接

航空发动机高压涡轮盘与前后轴连接常采用鼓筒-锥壳螺栓连接结构(图 4-33),是典型大跨度支承的高速转子涡轮盘-轴连接结构。

如图 4-33 所示为高压涡轮盘-轴连接结构设计的两种典型鼓筒-锥壳螺栓连接结构。图 4-33(a)所示的后轴颈采用直锥壳结构,该构形在一定的锥角范围内具有良好的抗弯刚度,使锥壳结构刚度较大。但是当盘-轴连接结构承受弯矩载荷作用时,弯矩可能引起螺栓连接结构界面接触状态产生较大的变化,使连接结构力学特性稳健性变差,造成转子动力学特性分散性加大。图 4-33(b)所示的后轴颈则采用了折返锥壳结构,降低了后轴颈折弯处的刚度,因此在弯矩载荷作用下,可以使弯曲变形能分布至连续折返结构中,有效避免了对连接结构界面接触的影响,从而使界面接触状态变化对弯矩不敏感,即提高了连接结构力学特性的稳健性。

需要注意的是,转子后轴颈所使用的折返锥壳结构上还设计有封严结构、冷却空气孔等,这些结构对于锥壳的变形都具有一定的影响。为了消除这些影响和控制锥壳变形,锥壳局部也采用了加强设计,例如,锥壳折弯处的局部加强、锥壳变厚度设计和拐角处倒角/圆角设计(见图 4-34)。通过这些细节结构设计,可以进一步有效地控制应变能分布,提高连接结构的稳健性。

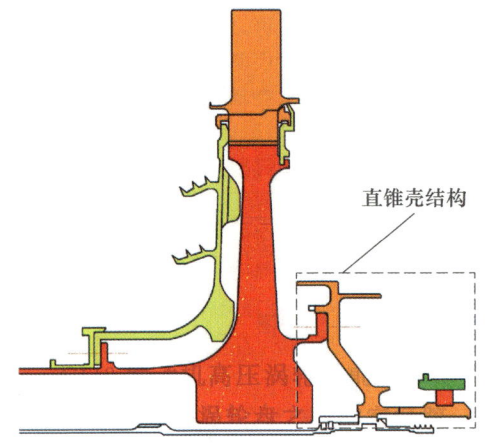

(a) 涡轮后轴颈直锥壳结构　　　　(b) 涡轮后轴颈折返锥壳结构

图 4-33　典型高压涡轮盘后轴颈鼓筒与锥壳螺栓连接结构

随着锻造、加工工艺等方面的提高,现代航空发动机结构设计中,为提高盘轴连接结构的稳健性,还可以采用盘轴一体化设计,如图 4-35 所示,并且通过合理的空气系统设计高效冷却转子后轴颈,以保证材料具有良好的力学性能,从而使结构满足刚度、强度和寿命的设计要求。

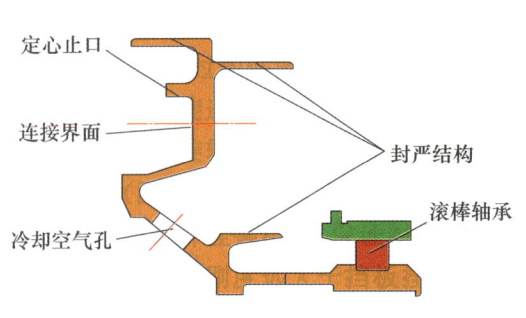

图 4-34　折返锥壳结构设计

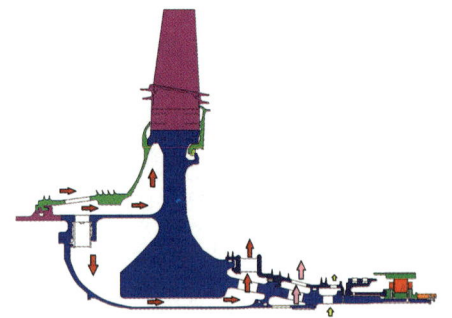

图 4-35　F136 高压涡轮盘-轴连接结构示意图

4.3　套齿连接转子系统

航空发动机刚性转子设计过程中,一般采用两支点对转子进行支承,对于高转速尤其是小流量核心机,采用 1-1-0 支承的悬臂转子系统是常见的转子结构设计方案。如图 4-36 所示,转子具有支点跨距小,大质量涡轮盘悬臂的结构特征,由于后支点位于燃烧室环绕之下,为避免轴承 DN 值过大,故高压轴直径设计相对较小。为了将涡轮输出的大扭矩驱动压气机转子,采用具有较强传扭能力的套齿连接结构,且在发动机工作过程中使其承受初始装配载荷(螺母预紧力与定心面配合紧度)、离心载荷、气动轴向力和轮盘惯性主轴偏移所产生的弯曲载荷等。

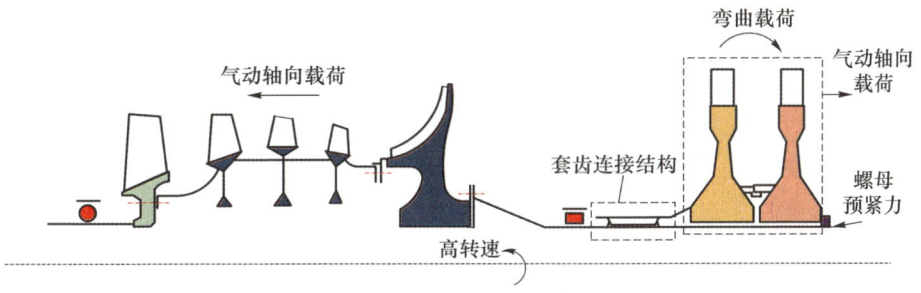

图 4-36 典型轮盘-转子轴套齿连接悬臂支承转子简图

悬臂转子系统涡轮盘-轴套齿连接结构如图 4-37 所示,采用套齿传扭、端面轴向定位、前后圆柱面定心,预紧螺母拧紧使得涡轮盘心拉杆变形,将套齿内外轴及轴承等相关结构压紧,并平衡轴向力。在复杂外部载荷尤其是弯曲载荷作用下,套齿连接结构的界面接触状态、应力分布均产生变化,可能造成界面损伤积累,并导致连接结构刚度损失与同轴度变化,从而使转子系统固有模态特性和响应特性发生恶化,降低转子系统的稳健性。

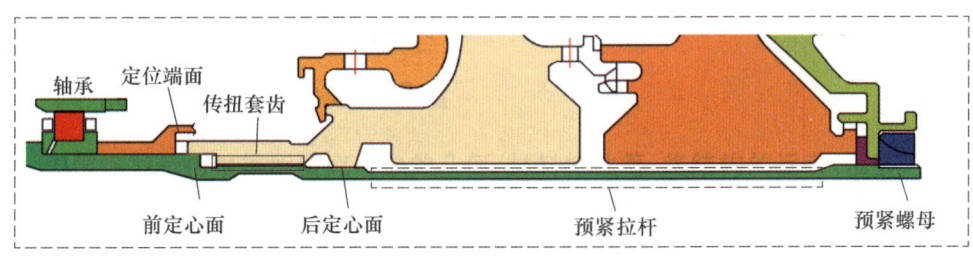

图 4-37 轮盘-套齿连接结构简图

4.3.1 弯曲刚度损失

套齿连接结构在外载荷作用下,端面、圆柱面等的界面接触状态变化引起的弯曲刚度损失是影响连接结构及转子系统稳健性的主要原因。

1. 套齿组件载荷特征

如图 4-38 所示,当悬臂的轮盘受到弯曲载荷时,套齿连接结构组件产生相应的弯曲变形。连接结构所受到的弯曲载荷主要通过前端面和前、后圆柱面共同传递和承担。对于套齿内轴,弯曲载荷通过前、后两柱面法向接触产生的径向力 F_{n1}、F_{n2} 和轴向滑移产生的摩擦力 $F_{\mu1}$、$F_{\mu2}$ 传递,轴上产生相应的拉应力、压应力来平衡这一弯曲载荷;而对于套齿外轴,由于其压紧端面不能提供拉应力,因而套齿外轴仅能够通过局部产生压应力和切应力来平衡。

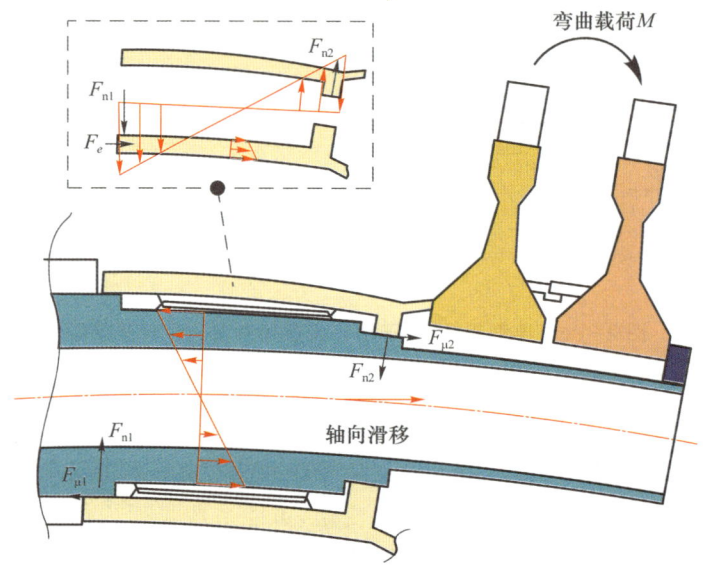

图 4-38　套齿连接各组件变形及受力情况

随着弯曲载荷增大,当套齿连接结构产生一定程度的弯曲变形时,前后柱面界面接触状态发生变化及载荷分布会发生变化,如图 4-39 所示。

为平衡不断增大的弯曲载荷,前后圆柱接触面所承受的法向接触力也继续增加,由于界面具有"承压不承受拉"的接触特性,当法向接触应力超过装配紧度提供的预应力时(见图 4-39),界面间发生局部分离,接触应力仅分布于柱面一侧,即呈现单侧受压状态;此时,圆柱接触面对连接结构内外轴间的约束能力下降,这是导致连接结构刚度损失的原因之一。同时,当连接结构处的弯曲变形较大时(见图 4-39),在圆柱接触面处内外轴存在较强的轴向变形不协调,克服界面间摩擦约束力产生失的轴向滑移;引起套齿内外轴间角向变形加大,这是造成连接结构刚度损失的另一原因。此外,轴向压紧螺母的预紧对套齿连接结构约束能力也具有一定的影响。

2. 刚度损失模型

前后圆柱接触面径向局部分离与轴向滑移造成界面约束能力下降,是套齿连接

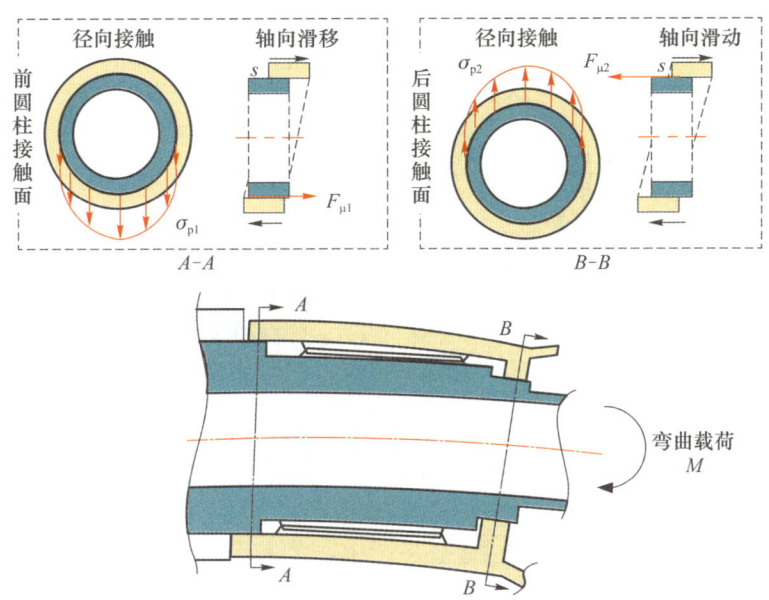

图 4-39 套齿连接结构弯曲变形下界面受载分布与接触状态

结构弯曲刚度损失的主要原因。为反映上述机理,将套齿连接结构简化为双层轴结构,如图 4-40 所示。在分析中有两点假设:①套齿主要承担扭转载荷,其对弯曲刚度变化的影响较小,因此不考虑套齿啮合刚度;②由于前后柱面是承担弯曲载荷的主要接触界面,为反应连接结构刚度损失的机理,因此忽略定位端面的约束作用。

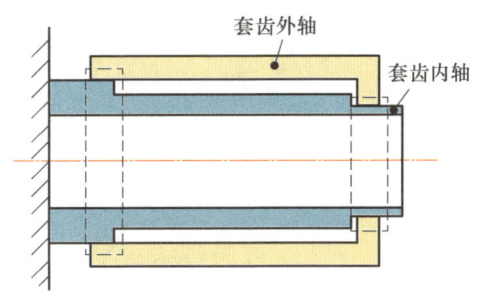

图 4-40 双层轴结构

对于前后圆柱接触面,由于存在界面单侧分离现象,因此,仅考虑半圆柱面的接触特性。如图 4-41 所示,定心面轴向长度较短,为反映其径向接触特性,将其简化为"接触的径向弹簧"。

对结构进行简化与界面等效,建立了如图 4-42 所示的考虑前后定心圆柱面接触分离与滑移的套齿连接结构刚度损失力学模型。

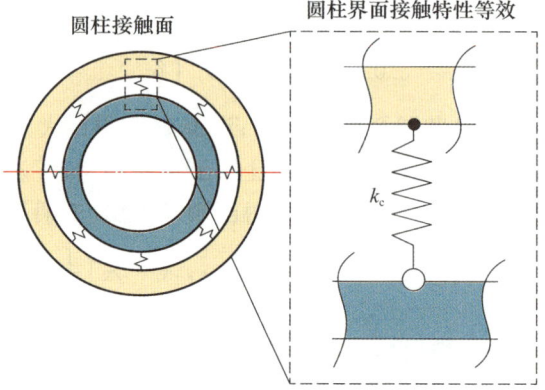

图 4-41 定心圆柱面接触特性等效

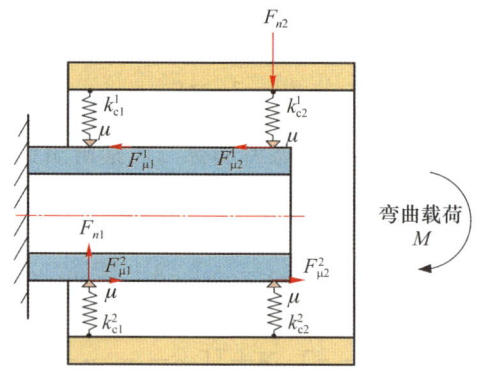

图 4-42 套齿连接结构刚度损失力学模型

对圆柱面接触刚度进行推导(见图 4-43),上半边分离,其接触刚度为 0,接触刚度主要来自下半边接触。

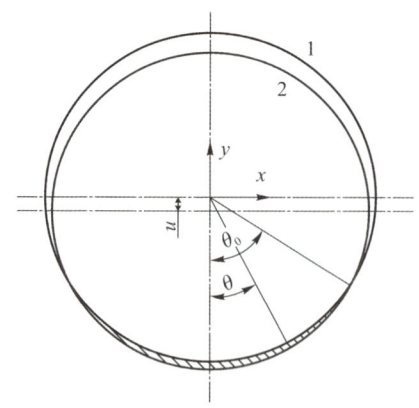

图 4-43 柱面法向接触示意图

其中,1 为外圆柱面(表示外轴),2 为内圆柱面(表示内轴),1 圆柱面不动,2 圆柱面下移距离为 u,可求得两圆交点,其表达式为

$$\begin{cases} x^2 + y^2 = R_1^2 \\ x^2 + (y+u)^2 = R_2^2 \end{cases} \quad (4-19)$$

解得

$$\begin{cases} x_0 = \sqrt{R_1^2 - y_0^2} \\ y_0 = \dfrac{R_2^2 - R_1^2}{2u} - \dfrac{u}{2} \end{cases} \quad (4-20)$$

代入 $\Delta R = R_1 - R_2$ 得:

$$\cos\theta_0 = \frac{-y_0}{R_1} = \frac{-\dfrac{R_2^2 - R_1^2}{2u} + \dfrac{u}{2}}{R_1} = \frac{R_1^2 - R_2^2 + u^2}{2uR_1} = \frac{(\Delta R)^2 + 2R_2\Delta R + u^2}{2u(R_2 + \Delta R)} \quad (4-21)$$

设 ρ_1、ρ_2 分别为外、内圆柱面在同一径向方向上的曲率半径,(此处做一近似,近似曲率半径圆心均处于 1 圆柱面圆心处),则有如下方程:

$$\begin{cases} \rho_1 = R_1 \\ (\rho_2 \sin\theta)^2 + (\rho_2 \cos\theta - u)^2 = R_2^2 \end{cases} \quad (4-22)$$

解得

$$\begin{cases} \rho_1 = R_1 \\ \rho_2 = u\cos\theta + \sqrt{u^2 \cos^2\theta - u^2 + R_2^2} \end{cases} \quad (4-23)$$

由 ρ_1、ρ_2 之差可表示出接触面单位面积压力,即

$$f_y = \frac{k}{h}(\rho_2 - \rho_1)\cos\theta \quad (4-24)$$

积分得

$$F = 2\frac{akR_2}{h}\int_0^{\theta_0}(\rho_2 - \rho_1)\cos\theta\, d\theta$$

$$= 2cE^* R_2 \left[\frac{u}{2}\sin\theta_0 \sqrt{\frac{R_2^2}{u^2} - \sin^2\theta_0} + \frac{R_2^2}{2u}\arcsin\left(\frac{u}{R_2}\sin\theta_0\right) + \frac{u}{2}\theta_0 + \right.$$

$$\left. \frac{u}{4}\sin 2\theta_0 - (R_2 + \Delta R)\sin\theta_0 \right] \quad (4-25)$$

所以接触刚度表达式为

$$k_c = \frac{F}{u} = 2cE^* R_2 \left[\frac{\sin\theta_0}{2}\sqrt{\frac{R_2^2}{u^2} - \sin^2\theta_0} + \frac{R_2^2}{2u^2}\arcsin\left(\frac{u}{R_2}\sin\theta_0\right) + \right.$$

$$\left. \frac{\theta_0}{2} + \frac{\sin 2\theta_0}{4} - \frac{(R_2 + \Delta R)\sin\theta_0}{u} \right] \quad (4-26)$$

式(4-26)中,根据赫兹接触理论 E^* 可表示为

$$\frac{1}{E^*} = \frac{1-\nu_1^2}{E_1} + \frac{1-\nu_2^2}{E_2} \quad (4-27)$$

为抑制界面滑移,涡轮盘-轴套齿连接结构一般采用过盈配合,根据式(4-26),对 0.03 mm 过盈量下,定心接触刚度计算结果如图 4-44 所示。

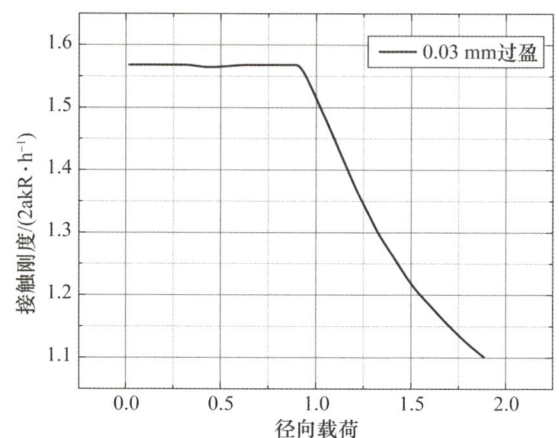

图 4-44　接触刚度随径向载荷变化情况

由图 4-44 可知,接触刚度在初始状态下保持稳定,但随着载荷的上升逐渐减小。这是由于过盈配合时,当径向变形小于过盈量 ΔR 时,整个圆柱面均处于接触状态,且接触面积不发生变化;而当位移继续增加,当位移大于 ΔR 时,上半柱面开始分离,接触面积减小,从而造成接触刚度随位移增大持续下降。根据图 4-42 所示的力学模型可知,接触刚度的下降必然会导致连接结构刚度随之下降,产生刚度损失。

在弯曲载荷作用下,定心接触面轴向滑移是造成连接结构刚度损失的另一原因,如图 4-45 所示。弯曲载荷较小时,套齿内外轴相对变形无法克服界面摩擦力,故定心面间未发生相对滑移。此时,在套齿连接结构轴向上,界面接触特性可视为刚性连接。由于结构体的弯曲刚度是轴向拉压刚度的组合,界面对轴段具有较高的轴向约束能力,使得套齿连接结构刚度损失较小。

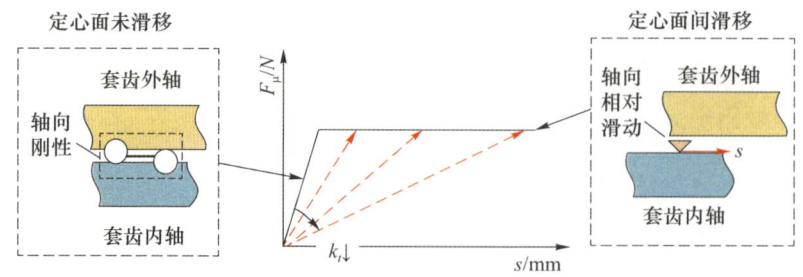

图 4-45　定心面间相对滑移对轴向约束能力的影响

当弯曲载荷较大时,套齿内外轴间相对变形克服了界面间摩擦力,使定心面发生轴向滑移,界面对连接结构轴段的约束能力下降,其界面接触特性可等效为刚度 k_t 不断减小的轴向弹簧,根据图 4-42 所示的力学模型可知,任意位置的连接弹簧刚度减小必然引起套齿连接结构整体刚度的下降,即产生连接结构刚度损失。

如图 4-46 所示为不同横向载荷作用下的转子各测点位移值,图中横坐标对应转子轴向位置,纵坐标为各测点竖直方向位移,转子不加载时各测点位置对应为纵坐标原点。

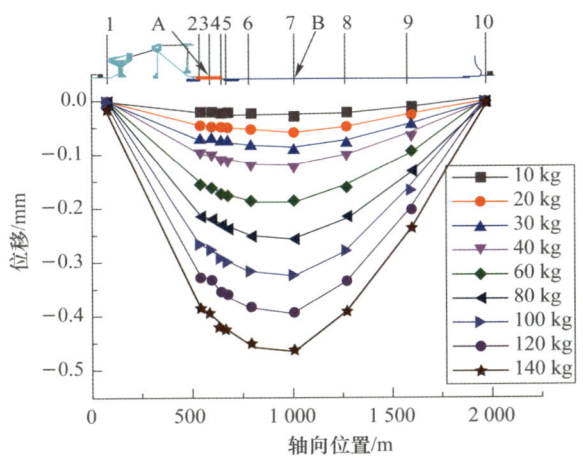

图 4-46 不同横向载荷作用下的转子挠度线

对比试验数据和转子挠度线,可以看出,由于套齿连接结构局部刚度强于涡轮轴,使得转子的最大变形点 B 位于转子的涡轮轴段上,而非加载点 A。同时,受套齿连接结构刚度损失的影响,套齿连接处角向位移随载荷增大呈现较为显著的非线性特征。

带有套齿的连接结构转子轴段在不同拧紧力矩下,等效刚度随横向变形的变化曲线,如图 4-47 所示。套齿连接结构刚度随横向位移(载荷)的增加而减小,即产生弯曲刚度损失,并呈现出较强的非线性与区间分布特征。这是由于当套齿连接结构存在弯曲变形时,前后圆柱面界面接触状态会快速变化,使柱面接触刚度下降、轴向滑移增加,使连接结构刚度在较小的角向变形范围内产生较大的刚度损失,进而使转子系统动力特性呈现突变或阶跃变化。随着弯曲变形的继续增大,刚度损失增加程度较小;但不可恢复的界面滑移以及磨损所产生的摩擦功积累等参数,会随着载荷循环变化持续积累并造成界面损伤,进一步影响转子构件间的同轴度。

此外,拧紧力矩等装配参数也会影响连接结构刚度(见图 4-47),拧紧力矩越大,连接结构等效刚度越高,刚度损失越小,这是由于增加拧紧力矩使得端面预紧力提高,较强的端面轴向约束能力有利于限制圆柱接触面滑移,从而一定程度上降低连接结构的刚度损失。

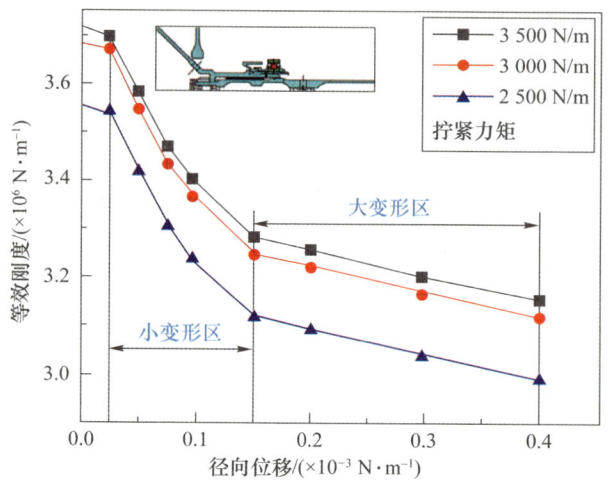

图4-47 不同拧紧力矩下等效刚度随位移变化拟合曲线

因此,为避免套齿连接结构定心柱面界面损伤及刚度损失对悬臂支承高速转子系统动力特性产生不利影响,在设计时,通常需要通过布置轴承位置、增加有效预紧力与调整连接结构的结构尺寸等措施保证连接结构在大弯曲载荷作用下刚度损失最小,即提高连接结构稳健性。

4.3.2 动力特性分析

对于悬臂支承高速转子系统动力学特性分析,需要考虑轮盘-转轴套齿连接结构的刚度损失(分散性)对动力特性的影响。根据典型套齿连接悬臂转子系统的结构特征,建立具有结构特征相似的转子动力学模型,如图4-48所示。

根据上述分析,压气机端与悬臂的涡轮盘视为不会发生变形的质量单元,质心位置分别为z_1,z_2,质量、极转动惯量、直径转动惯量分别记为m_1,$I_{p,1}$,$I_{d,1}$,m_2,$I_{p,2}$,$I_{d,2}$。高压轴根据结构特征可分为三段(仅考虑刚度的等截面弹性单元):压气机盘至后支点、后支点至套齿连接结构以及套齿连接结构至涡轮盘。根据欧拉梁理论进行等效,第i段弹性单元的截面抗弯刚度与长度分别为$E_i I_i$,l_i。对于套齿连接结构的角向刚度,可将其视为角向弹簧k_θ,并在模型建立过程中,需考虑其对连接结构刚度损失特性的影响。2个支承约束分别位于压气机盘前和涡轮盘前,支承刚度分别为k_1,k_2,后支点位置$z_1 < z_b < z_2$,涡轮盘具有悬臂特征。

第 4 章　高速转子系统连接结构稳健性

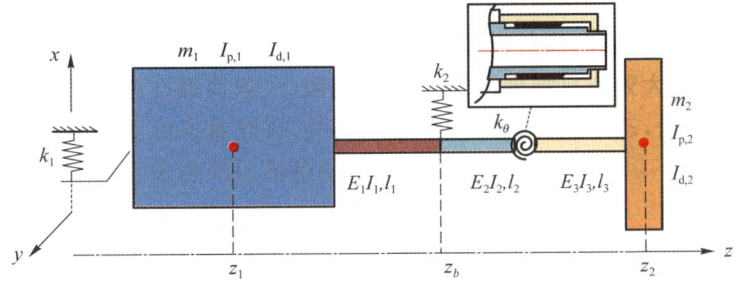

图 4-48　套齿连接悬臂转子系统动力学模型

对于两支点悬臂支承高速转子系统，共振转速及支点动载荷随转速变化，与悬臂涡轮轮盘-转轴连接结构刚度及支点支承约束有密切关联性。

1. 支承约束影响

在工作转速范围内，两支点悬臂转子系统存在两阶刚体模态，振型分别为涡轮俯仰和压气机俯仰如图 4-49 所示。受振型影响，涡轮俯仰下后支点动载荷较大，压气机俯仰下前支点动载荷较大，而后支点轴承为"热端"部件，在转速较高时，支点动载荷较小，有利于转子系统的稳定工作。

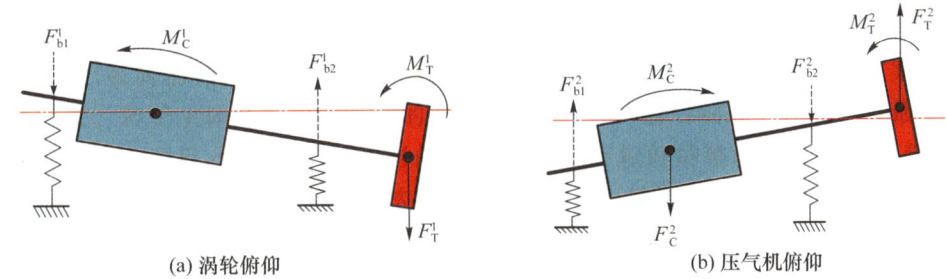

(a) 涡轮俯仰　　　　　　　　　　　　(b) 压气机俯仰

图 4-49　悬臂转子系统前两阶俯仰振型

刚体振型下，转子结构弯曲变形较小可将其视为一个整体，转子处于"偏斜回转"的运动状态，旋转惯性载荷对刚体振型共振转速分布存在一定影响，但由于整个转子系统长径比较大，且 $I_p/I_d \approx 1$，因此，旋转惯性载荷的作用相对有限，一般主要受支承刚度等支承约束特性的影响。如图 4-50 所示，其中支点当量刚度为无量纲数，通常两支点刚性转子的支承刚度与转子刚度之比的范围为 0.01～1。

对悬臂转子系统刚体振型而言，支承刚度的增大或减小影响支点对转子系统运动的约束能力，起到了改变转子系统临界转速的作用。但对于不同刚体振型临界转速，各支点支承约束作用存在差异：第一阶涡轮俯仰振型临界转速对后支点刚度的变化更为敏感；第二阶压气机俯仰振型临界转速对前支点刚度变化更为敏感。这是由于当支点距振动节点较远而处于振幅较大的位置时，其对转子系统运动约束能力更

129

强,从而使其支承刚度变化对相应刚体振型临界转速的影响更大。

因此,在对两支点悬臂转子系统动力特性进行设计时,可通过调节支承刚度以实现对刚体振型共振转速的合理分布,值得注意的是,支承刚度增大虽然提高了支承约束能力,但是会导致支点负荷增大,这在设计过程中也需充分考虑。

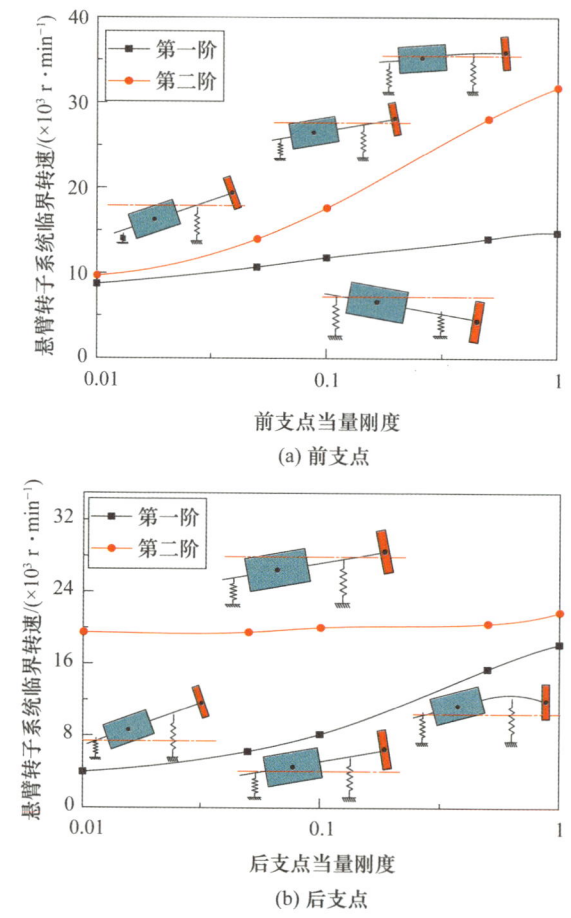

图 4-50　支承刚度对悬臂转子系统刚体振型临界转速影响分布的影响

2. 旋转惯性影响

根据上文分析可知,悬臂转子系统刚体振型模态主要受到前后支点支承约束特性的影响,而弯曲模态特性则主要受大质量轮盘旋转惯性载荷的影响。悬臂转子系统两支点跨度较小,转子系统的整体刚度较高,但涡轮轴局部刚度较低,这会产生较大的角向变形,旋转惯性载荷对轴端刚度的增强作用使得转子系统共振转速分布更易随转速的变化而变化。如图 4-51 所示为两种不同支承方案转子系统弯曲模态共振转速的分布对比。

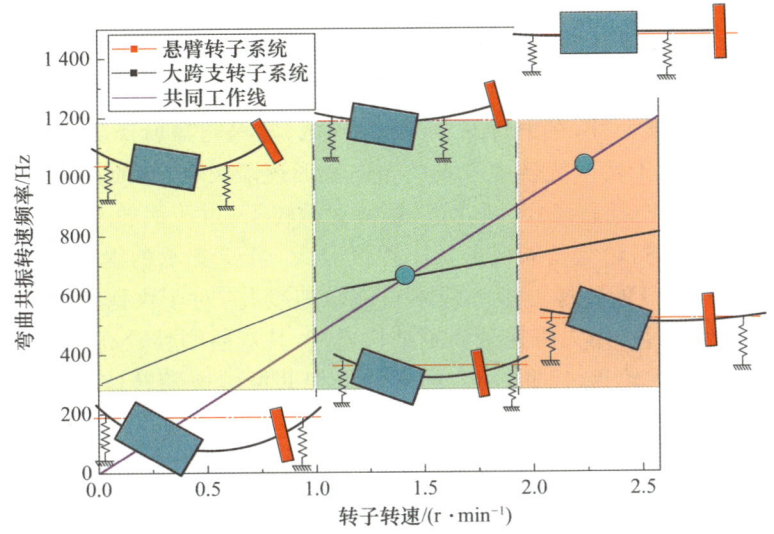

图 4-51 不同支承方案的转子系统弯曲共振转速分布

随转速升高,两种支承方案的转子系统弯曲模态共振转速均会持续升高,总体而言,由于悬臂支承转子系统大质量悬臂轮盘处等效角向刚度较弱,故变形较大,所产生的陀螺力矩效应更强,因此,随转速增加悬臂支承转子系统相对于大跨度转子系统,其弯曲模态共振转速增速更大,其弯曲临界转速较高。

转子系统在不同运动状态下,结构单元旋转惯性载荷分布及其对动力学特性的影响不同,而转子变形又会对转子运动状态和旋转惯性载荷具有一定的反馈作用。如图 4-52 所示为不同转速下,转子系统运动状态变化的力学过程分析。

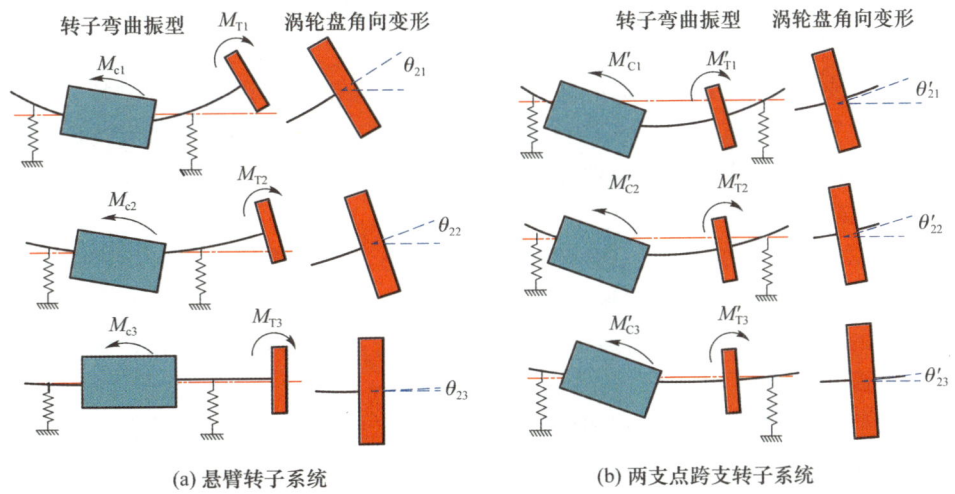

图 4-52 悬臂支承转子系统运动状态随转速变化的力学过程

随着转速的上升,悬臂支承转子在低转速(阶段1)区域内,弯曲振型共振转速的增长速率远快于大跨度支承转子系统,这是由于悬臂支承转子系统,涡轮轴刚度较弱,涡轮盘质量较大,在低转速时具有更大的角向弯曲变形,其陀螺力矩效应更强所致。随着转速的继续上升,在中转速(阶段2)区域,随涡轮盘所产生的陀螺力矩载荷继续加大,轮盘相对于转子旋转中心线的角向变形逐渐减小,弯曲振型共振转速增长速率下降。在高转速(阶段3)区域,对于悬臂支承转子,由于涡轮与压气机转子的连接轴段刚性相对较弱,轮盘角向变形减小程度较大,悬臂支承的涡轮盘被"掰正",轮盘转角趋近0,涡轮盘的陀螺力矩效应不再随转速变化;对于大跨度支承转子,由于压气机与涡轮盘之间采用大直径鼓筒轴结构连接,其弯曲刚性较高,涡轮盘陀螺力矩的增加不足以"掰正"轮盘,因此,相应的弯曲振型共振转速随转速持续上升,最后也会被"掰正",但需要转速足够高、陀螺力矩足够大。

尽管大跨度支承转子与悬臂支承转子的弯曲共振转速均存在相应的增长率较高的转速区间,但由于悬臂支承转子系统的弯曲振型共振转速频率的提升是在较宽的转速区域,即在低转速区域就充分发挥涡轮盘旋转惯性载荷的作用,快速提高了弯曲振型共振转速频率,使得其弯曲共振转速与工作转速始终具有较大的安全裕度,有效控制了转子弯曲变形及支点动载荷。相反,大跨度支承转子系统,由于涡轮盘的陀螺力矩效应是随转速上升持续增加的,这对支点动载荷和叶尖间隙控制带来一定的影响。

总之,对于两支点高速转速系统,其动力学设计目标均是提高弯曲模态共振转速,使其在最大工作转速以上,并保持足够的"避开共振安全裕度"。对于小直径高转速的转子系统,可以采用1-1-0悬臂支承方案,利用大质量涡轮盘及其弯曲刚度较弱的特点,充分发挥其陀螺力矩效应抑制转子弯曲变形,使弯曲模态共振转速升高。需要注意的是,共振转速变化速率和幅值变化主要取决于悬臂轮盘-转子轴连接刚度,而套齿连接结构的刚度损失对其具有重要影响;对于大直径转子系统,则可以采用1-0-1支承方案,并通过提高转子中部鼓筒直径和"拱形"的几何构形设计来提高转子弯曲刚度,在高转速区域,当转子具有一定的弯曲变形时,再利用轮盘陀螺力矩效应,提高转子抗弯刚度及弯曲模态共振转速。

3. 连接刚度影响

根据以上分析可知,两支点悬臂转子系统涡轮盘旋转惯性载荷对涡轮轴具有增强作用,这有利于提高转子"共振裕度",从而起到抑制支点动载荷和提高转子系统运转稳定性的作用,而盘-轴套齿连接结构刚度则是影响悬臂轮盘旋转惯性载荷作用效果的关键因素。

受载荷、装配与界面损伤积累的非确定性影响,前后接触柱面滑移会造成界面间约束能力下降,引起套齿连接结构刚度损失,且具有较强的区间分布特征,如图4-53所示。

受套齿连接结构刚度损失的影响,涡轮盘-轴连接刚度下降,悬臂转子系统弯曲共振转速分布特征发生变化,弯曲临界转速随之下降,从而降低转子系统共振裕度,如图 4-54 所示。

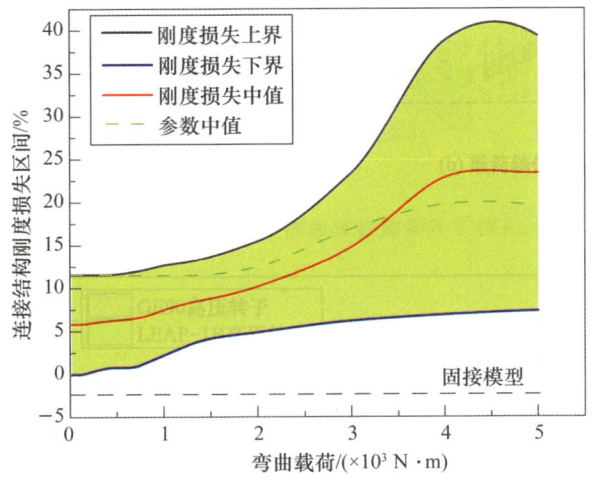

图 4-53　弯曲载荷对连接结构刚度损失的影响

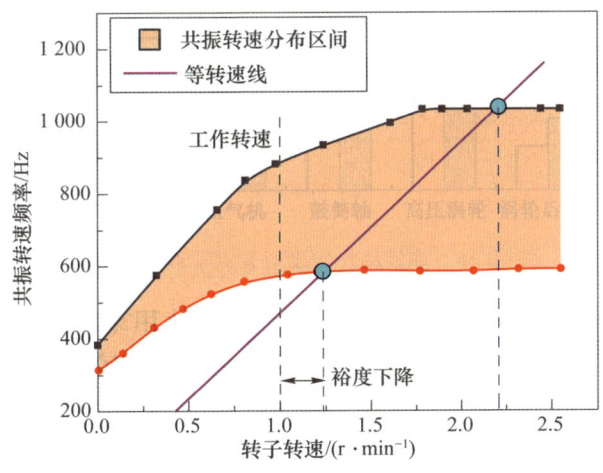

图 4-54　连接结构刚度损失对弯曲临界转速的影响

由于套齿连接结构刚度损失导致悬臂涡轮盘-轴连接刚度下降过多,大质量结构旋转惯性载荷难以作用于转轴上,削弱了陀螺力矩效应对转轴刚度的加强作用,变形与运动状态也发生了变化(见图 4-55),在旋转惯性载荷作用下,悬臂涡轮轮盘在低转速下被迅速"掰正",从而导致了弯曲共振转速频率随转速的增长大幅降低,且在较低转速下就几乎不再增长。

如图 4-56 所示为支点动荷载受弯曲振型临界转速下降的影响。由于弯曲临界共振裕度下降,造成转子在工作转速内存在弯曲变形,增大了转子系统的支点动载荷。

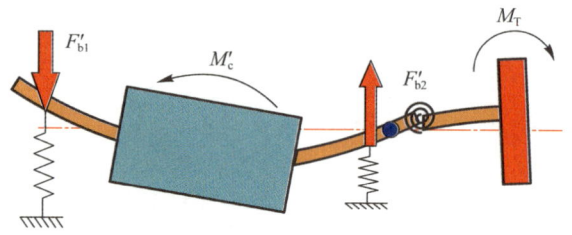

图4-55 悬臂盘旋转惯性对转子弯曲变形的影响

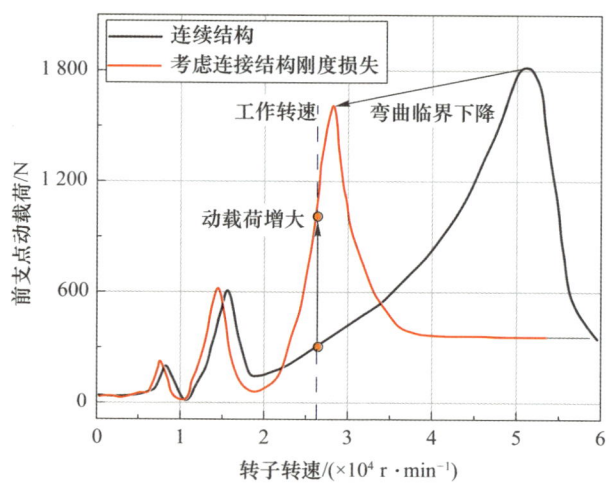

图4-56 连接结构刚度对支点动载荷的影响

因此,抑制套齿连接结构刚度损失,保证悬臂结构陀螺力矩效应是控制转子系统支点动载荷的根本方法,也是悬臂转子系统稳健性设计的核心问题。

4.3.3 转子系统稳健设计

两支点悬臂支承转子系统在工作过程中具有弯曲共振裕度大、"热端"支点轴承负荷小的优点,适用于小尺寸高速转子系统。在设计时,为了利用涡轮盘的陀螺力矩效应以提高弯曲临界,增大共振转速裕度,需要保证涡轮盘-轴连接刚度,因此,控制套齿连接结构刚度损失是悬臂转子系统稳健设计的关键。

套齿连接结构刚度损失的产生机理为:弯曲载荷下前后接触柱面分离或滑移引起的界面约束能力下降,预紧力不足导致压紧松动,这是引起柱面滑移的重要原因之一。如图4-57所示为涡轮盘在离心载荷与气动轴向载荷作用下对装配预紧力的影响。作用在涡轮盘的气动轴向载荷会平衡套齿连接结构压紧螺母施加的预紧力;此外,当大螺母预紧力传力路线经过大质量轮盘时,在离心载荷作用下,材料正泊松比效应会使轮盘轴向收缩,从而降低拉杆预变形及预紧力。

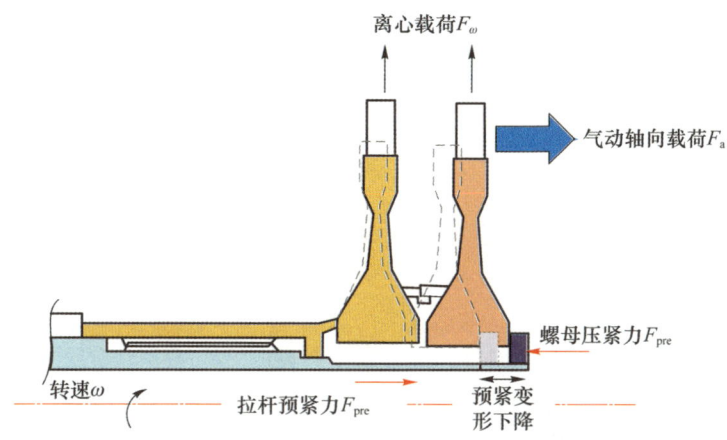

图 4-57 外部载荷对装配预紧力的影响

为减小压紧松动导致的套齿连接结构的刚度损失,应采取如以下稳健设计方法:

① 预估气动轴向载荷大小与离心载荷对轮盘变形的影响,在强度允许的情况下,尽量增大初始装配预紧力,保证工作过程中各压紧部件不松动。

② 离心载荷对预变形的影响较为确定,在预紧力一定的情况下,增大初始装配预变形,使预变形损失占比减小,达到提高剩余预紧力的目的。通常采用细长拉杆或增加"门"形等弹性压紧件,降低轴向拉压刚度(见图 4-58(a)),从而提高装配预变形;

③ 在强度、加工和装配等其余条件允许的情况下,通过对预紧力传力路线的优化(见图 4-58(b)),可避免预紧力传力路线经过大质量轮盘,从而直接消除离心载荷的影响。

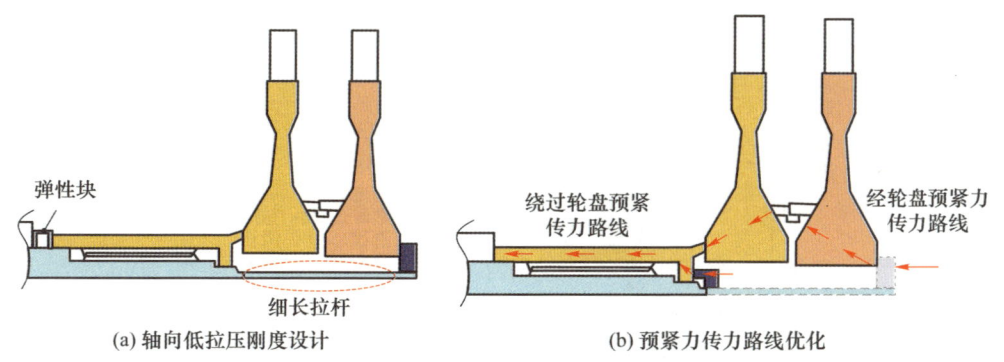

图 4-58 套齿连接结构轴向预紧力保持

除保持预紧力外,为进一步控制定心柱面滑移,避免发生界面接触应力引起的疲劳损伤和界面滑移产生的约束损伤,可采用如图 4-59 所示的设计措施。在一定程度上增大前后定心面跨距,在相同弯曲载荷的作用下,跨距越大单个圆柱接触面承担的载荷负担越小,则不易发生界面滑移,从而降低连接结构的刚度损失。此外,还可以调整支点位移,减小套齿连接结构的局部变形,保证定心界面具有良好的接触状态,从而降低定心界面轴向滑移及界面变形,达到控制连接结构刚度损失的目的,如轴承安置于套齿连接结构处(见图4-59)。

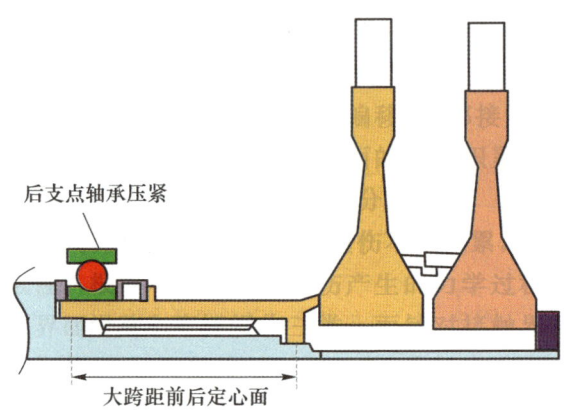

图4-59 前后圆柱接触面滑移控制

根据仿真计算可知,支承结构提供的附加约束可以提高套齿连接结构弯曲刚度约5%~10%,如图4-60所示。采用"轴承压紧"的稳健设计方法,可为连接结构提供附加变形约束,增大定心柱面的有效接触面积,减小界面滑移量及界面分离与连接结构的刚度损失。

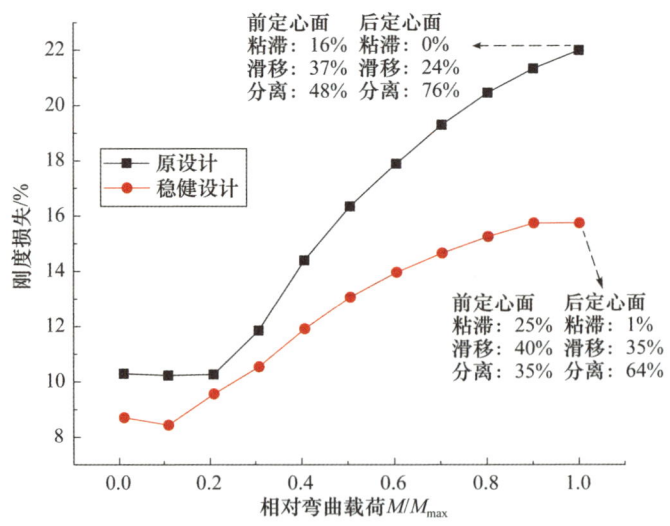

图4-60 刚度损失随弯曲载荷变化情况

综上所述，1-1-0悬臂转子系统在低转速范围内，可以通过对前后支点位置、支承刚度的调整，使转子系统共振转速降低，其中前两阶刚体振型共振转子处于低转速区域，变形能集中在支承结构上，并采用支承阻尼结构控制其动力响应；对于具有局部弯曲振型的高阶共振转速，则可通过充分发挥悬臂轮盘陀螺力矩效应，抑制转子弯曲变形，提升相应共振转速到最大工作转速以上，并保持足够的安全裕度。因此，1-1-0悬臂支承方案适用于高转速小尺寸的航空发动机转子系统。

在悬臂转子系统的动力特性设计中，涡轮轴高度受后支点 DN 值限制，其径向尺寸较小，而涡轮驱动功率则伴随着大扭矩向压气机传递，该处通常会采用径向尺寸小且传扭能力较强的套齿连接结构进行涡轮盘-轴连接。为充分利用悬臂涡轮盘陀螺力矩效应对转子系统动力特性的良好影响，则必须通过上述"预紧力保持"和"界面滑移量控制"等稳健设计方法，保证前后定心面接触状态良好，降低连接结构刚度损失及其对悬臂盘陀螺力矩效应的影响，提高转子系统动力特性的稳健性。

此外，在动力响应上，通过调整后支点轴向位置，即将其靠近弯曲模态节点，可使转子系统在高转速范围内，前支点（冷端）承担较大的支承约束动载荷，而处于环境温度较高的后支点轴承所受的动载荷较小，有利于转子系统的稳定运转。

4.4　止口连接高速转子系统

先进航空发动机的高转速转子中也采用止口连接结构如图4-61所示，高压压气机前轴颈与后轴颈与压气机各级盘间均采用止口连接，高压涡轮前轴颈与高压压气机后轴采用套齿连接。高压压气机轮盘间通过止口定心、定距、传扭，采用中心拉杆对8级压气机轮盘和前、后轴颈施加轴向压紧力。这种止口-中心拉杆转子结构适应于高切向速度转子，并具有便于拆卸的特点。

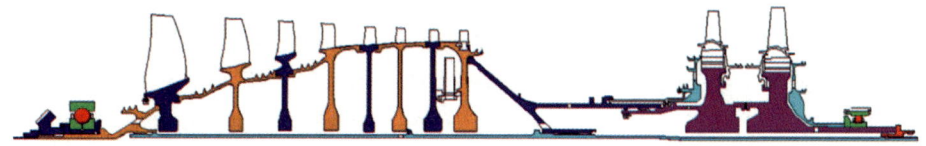

图4-61　PW1000G 高压转子结构简图

如图4-62所示为采用止口连接的涡轴发动机燃气发生器转子结构。传统的端齿-中心拉杆转子连接结构不宜在具有高切向速度的燃气发生器转子上采用，因此可采用止口连接结构，即采用止口的圆柱面进行定心，依靠轴向端面的摩擦传动扭矩，转子轴向由中心拉杆压紧。这种止口-中心拉杆连接结构，具有结构简单、便于装配等优点，但是由于转子在工作中，需要承受离心载荷、轴向载荷和弯曲载荷，并且这些载荷根据工作状态和循环周期的不同会产生变化，因此就要在止口连接结构的设计中，考虑初始配合状态及其在工作过程中载荷环境的影响，保证连接界面接触状态和转子的力学性对载荷环境具有最低的敏感度和最小的分散性，即具有良好的稳健性。

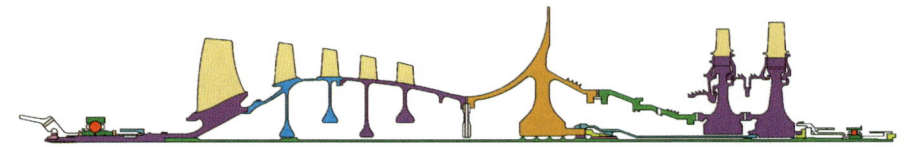

图 4-62　涡轴发动机燃气发生器转子结构简图

如图 4-63 所示，压气机转子前轴承安装在前轴颈轴上，前端轴颈紧紧顶在压气机第 1 级盘轮缘下面的辐板处，通过止口与第 1 级压气机轮盘连接。高压压气机转子后端为一个大直径鼓筒轴，前端同样伸出一锥壳形轴颈，通过止口与压气机第 8 级盘的轮缘下面的辐板处轴向压紧定心、传扭，高压压气机转子结构采用中心长拉杆将前轴颈和后轴颈轴向压紧，实现压气机转子的刚性连接。

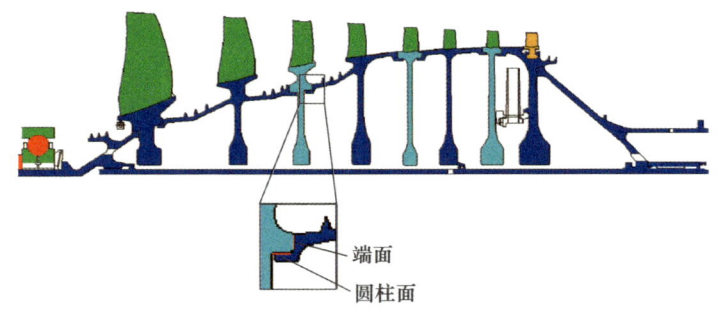

图 4-63　止口-中心拉杆连接转子结构简图

在工作中止口连接结构的主要失效模式是：

① 当止口连接结构产生弯曲变形时，端面接触状态发生变化使弯曲刚度减小；

② 连接界面滑移会使连接构件同轴度发生变化，产生附加旋转惯性激励载荷，因此，为保证止口连接结构及其转子系统的稳健性，需要在全工作状态下保证轴向压紧力和界面接触状态变化最小，即在工作过程中必须保证止口-中心拉杆连接转子结构始终保持良好的整体性。

止口是结构件相互定位、定心所采取的主要结构形式，由于止口端面和柱面尺寸较小、刚度较弱，并且承载界面通过接触应力传递扭矩和提供截面约束，所以止口连接结构一般用于大直径、低扭矩的转子结构中。相比传统的螺栓、端齿等连接结构，止口连接具有结构简单、重量轻、装配性好等优势。对于止口连接结构的稳健设计，是从控制连接界面损伤和转子系统动力学特性分散性角度出发，对关键连接界面变形协调性和连接界面接触损伤累积两方面进行结构设计。

4.4.1 连接界面损伤

转子连接止口需要具有定心、定位功能,并且依靠初始装配施加的预紧力,承受拉压和扭转载荷。如图 4-64 所示为止口连接转子结构简化模型,内外止口在轴向预紧力的作用下压紧,通过端面传递轴向力和扭矩,圆柱面定心。

在工作状态下,止口连接结构的抗弯曲变形能力主要来自端面上的轴向预紧力,因此,对于高速旋转的转子结构系统,在不同运动状态下,转子结构的离心载荷、弯曲载荷和温度载荷会产生很大的变化,从而对止口连接结构力学特性的分散性具有一定的影响,止口连接结构稳健设计中主要的设计参数包括:转子结构构形/几何尺寸、止口紧度和轴向预紧力等,如图 4-64 所示。

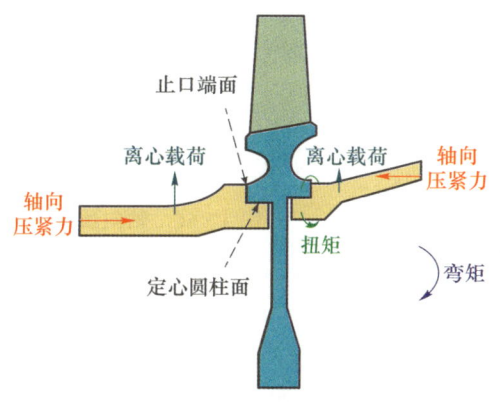

图 4-64 止口连接结构转子结构受力状态

转子在旋转状态下,连接结构处的离心载荷使止口发生径向变形(Δr_1、Δr_2)和轴向变形(Δx_1、Δx_2),如图 4-65 所示。由于结构特征不同,其内外止口所受的离心载荷不同,故其配合圆柱面的径向变形也不同(若 $F_{\omega 1} < F_{\omega 2}$,则 $\Delta r_1 < \Delta r_2$),那么,圆柱面上会产生相应的正压力 p 和弯曲力矩 T。若止口连接结构的变形协调性不好,则转子在工作过程中会导致圆柱面接触状态变化,造成连接界面接触损伤累积。由于结构材料的正泊松比效应,连接结构在发生径向变形的同时会伴随着轴向收缩变形(Δx_1、Δx_2),导致端面轴向压紧减小,承载端面接触状态改变,导致连接结构局部刚度损失,连接结构间同轴度发生变化。

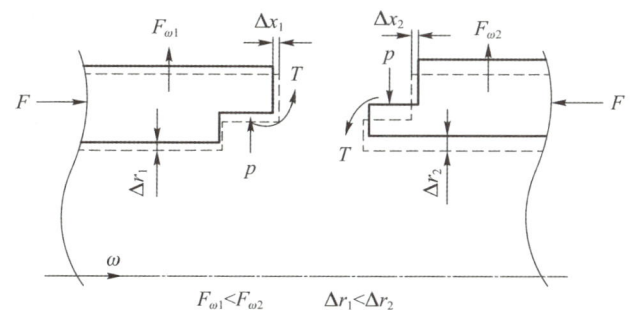

图 4-65 离心载荷作用下止口结构的受力与变形分析

在止口连接结构设计中,主要设计参数包括:轴向预紧力、止口紧度、圆柱面切向速度和止口结构几何构形。

轴向预紧力:由于转子工作时会受到复杂载荷作用,为保证各部件的可靠连接,止口连接结构通常与中心拉杆共同使用,通过与压紧螺母配合提供轴向预紧力,使端面与圆柱面接触状态具有较好的稳健性。如图 4-66 所示为在轴向预紧力 F 作用下止口连接界面的受力分析,在轴向预紧力作用下,端面产生正压力 F_n,由于内外止口采用紧度配合,圆柱面上产生径向正压力 p 与轴向摩擦力 f。

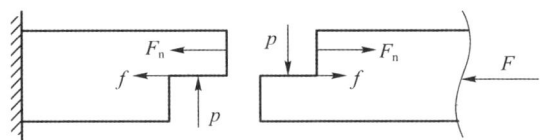

图 4-66 轴向预紧力下止口连接界面受力分析

止口紧度:为防止转子止口连接结构在高速旋转时圆柱面发生径向分离和周向转动,在装配时内外止口采用紧度配合,使止口连接结构形成一个刚性较强的整体,以保证圆柱面的可靠定心。如图 4-67 所示为紧度变形为 δ 时的止口变形图,内止口配合时内外止口发生径向变形,定心圆柱面上承受径向正压力 p 和切向应力 σ_t。

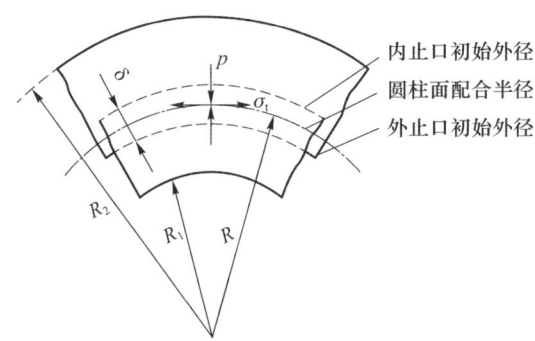

图 4-67 止口紧度配合时的受力分析

以材料参数相同的内外止口为例,根据材料力学可知,圆柱面正压力 p 与紧度 δ 之间的关系可通过简化力学模型(4-28)式表示,即

$$p = \frac{\delta E}{2R^3} \frac{(R_2^2 - R^2)(R^2 - R_1^2)}{R_2^2 - R_1^2} \quad (4-28)$$

式中,E 为材料弹性模量;R 为圆柱面配合半径;R_1 为止口结构内侧自由面半径;R_2 为止口结构外侧自由面半径。

圆柱面切向速度:切向速度是衡量离心载荷作用的参数,也直接影响止口结构径向变形量和连接界面接触应力的分布。切向速度可以综合反映离心载荷及其对止口连接结构径向变形量的影响,如图 4-68 所示。

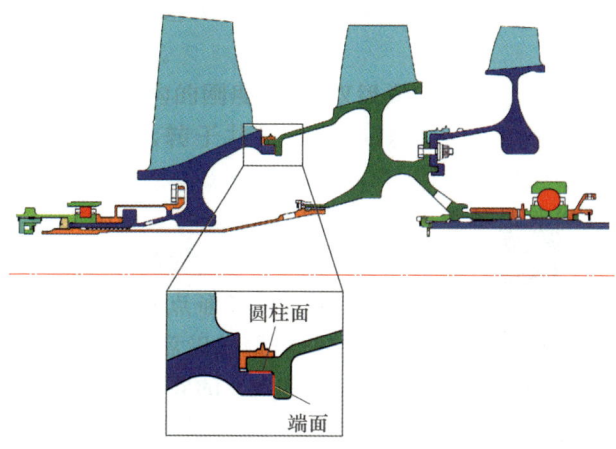

图 4-68 止口结构切向速度示意图

止口结构几何构形:对于轮盘与鼓筒的止口连接结构,由于结构构形的差异,为提高在高速旋转时止口连接处变形的协调性,通常将止口布置于轮盘幅板处,因此,止口连接结构变形协调性可视作鼓筒与轮盘之间的变形协调性问题。合理设计止口连接结构的构形和关键尺寸,使止口圆柱面具有合适的径向变形不协调量,保证圆柱面的可靠定心。同时,合理设计几何构形也可保证止口连接结构的有效压紧,其关键在于使中心拉杆产生足够的预变形,同时对传力路线进行优化设计。

在止口-中心拉杆连接结构设计中,中心拉杆需具有足够的轴向拉力和轴向预变形,以便转子在高速旋转状态下,防止被压紧轮盘等结构件轴向收缩使轴向压紧力减少,因此,中心拉杆拉伸刚度一般较弱,并且在传力路线设计上,通过合理选择前后锥壳角度、压气机鼓筒形状,使各止口端面上的压紧力均匀分布,以保证止口连接结构端面有效压紧,防止出现轴向变形不协调。

当转子处于超临界高速旋转状态时,由于转子质量结构单元运动状态的变化,相应的陀螺力矩效应会引起转子弯曲变形,使止口连接界面接触状态发生变化。当受压界面压应力分布减小,以至压应力消失,会出现连接界面接触分离,这会导致连接结构弯曲刚度大幅度降低,同时,结构单元的旋转中心也会产生变化,产生附加旋转惯性激励载荷。

4.4.2 止口连接稳健设计

为保证止口连接结构稳健性,需要在转子几何构形和连接界面变形控制设计中,通过结构参数调整,使转子在全转速的工作范围内,保证止口定心柱面和承载端面变形协调性和接触损伤在允许范围内。

合理的转子几何构形是保证止口连接结构界面有效压紧的关键,由于各界面压紧力均来自于中心拉杆的预变形,并通过轮毂将压紧力施加到各连接界面上,如

图 4-63 所示。在多级压气机转子中,由于中心拉杆的轴向尺寸大,拉伸刚度较弱,在一定的预紧力作用下,中心拉杆可以产生足够的预变形,以保证在工作过程中,各被压结构发生轴向收缩,足够的预变形也可以保证整个转子轴向有效压紧。此外,在承受压力的传力路线设计中,需要保证压紧螺母处的预紧力能够均匀地传递至各止口端面上,防止端面轴向变形不协调,产生局部损伤。

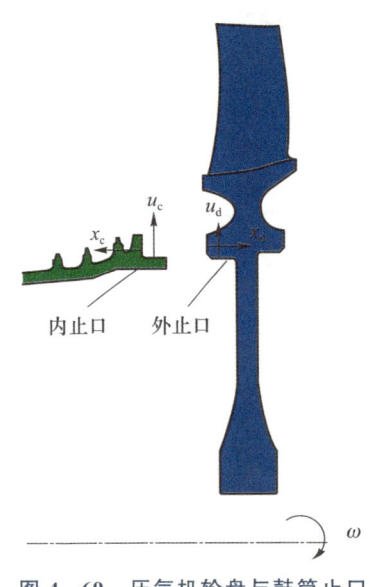

图 4-69 压气机轮盘与鼓筒止口连接结构

在高速转子止口连接结构设计中,止口位置一般以轮盘为基准,以保证在大离心载荷作用下止口界面径向位移、角向位移协调性。

止口连接转子结构稳健设计需要考虑以下两个方面的影响:

① 降低圆柱面紧度和端面压紧力随外载荷变化而产生的分散性。在离心载荷、弯曲载荷等共同作用下,通过对定心圆柱面配合紧度和传扭端面剩余压紧力的计算分析和评估,保证定心界面变形协调性和承载界面接触特性;

② 降低各连接界面的接触状态变化受外载荷影响的敏感性,在全工作状态下始终保证止口连接结构具有较高的局部刚性。

轮盘与鼓筒止口连接结构的变形协调性分为圆柱面径向协调性和端面轴向变形协调性如图 4-69 所示。径向变形协调性影响圆柱面的定心能力,轴向变形协调性影响端面的传扭能力。

为说明轮盘-鼓筒止口连接结构径向变形协调设计问题,以等厚实心轮盘为例,考虑轮盘和鼓筒为不同材料,但假定其泊松比均相同,则由弹性力学可知,轮盘径向变形可由(4-29)式表示,即

$$u_d = \frac{(3+\nu)(1-\nu)}{8E_d}\rho_d\omega^2\left(r_a^2 r - \frac{1+\nu}{3+\nu}r^3\right) \quad (4-29)$$

式中,E_d 为外止口材料的弹性模量;ρ_d 为外止口材料的密度;ω 为转速;r_a 为轮缘半径;r 为外止口处的径向尺寸;ν 为外止口材料的泊松比。

鼓筒径向变形可由(4-30)式表示,即

$$u_c = \frac{\rho_c \omega^2 r^3}{E_c} \quad (4-30)$$

式中,E_c 为内止口材料的弹性模量;ρ_c 为内止口材料的密度。

从(4-30)与(4-29)中可以看出,密度 ρ 与弹性模量 E 始终以材料比刚度 $\dfrac{E}{\rho}$ 的形式出现,又考虑到大部分材料的比刚度相差不大,故下文的公式推导中可忽略材料参数的不同,令(4-30)与(4-29)相等,可得到恰当半径 r_c 的表达式(4-31),即

$$\overline{r}_c = \frac{r_c}{r_a} = \sqrt{\frac{\rho_d E_c}{\rho_c E_d}\frac{1-\nu}{3-\nu}} \approx \sqrt{\frac{1-\nu}{3-\nu}} \qquad (4-31)$$

由变形不协调量的定义,可得出圆柱面变形不协调量的表达式,即

$$\Delta\delta = u_c - u_d = \frac{(9-\nu^2)\rho}{8E}\omega^2(r^3 - r_c^2 r) \qquad (4-32)$$

从上式可以看出,圆柱面配合半径大于恰当半径,即 $r > r_c$ 时,$\Delta\delta > 0$,即在离心载荷作用下鼓筒的径向变形大于轮盘的径向变形。为保证工作过程中止口圆柱面有效压紧,鼓筒止口应在内侧,轮盘止口作为外侧。在离心载荷作用下圆柱面的剩余紧度可由式(4-33)表示,按照一般情况对公式中的常数赋值,可绘制出不同半径下剩余紧度随转速的变化曲线,如图 4-70 所示。

$$\delta = \delta_0 + \Delta\delta = \delta_0 + \frac{(9-\nu^2)\rho}{8E}\omega^2(r^3 - r_c^2 r) \qquad (4-33)$$

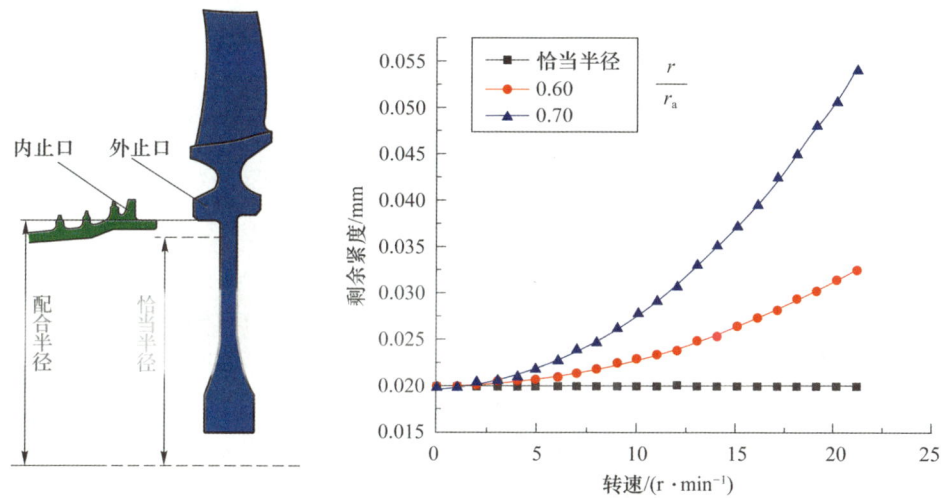

图 4-70　不同半径下止口定心圆柱面剩余紧度随转速的变化

进行圆柱面变形协调量设计时,根据情况选择合适的圆柱面配合半径,以保证在全转速范围内,圆柱面具有较好的紧度,既可靠定心,又可防止紧度过大,造成应力损伤。

而圆柱面配合半径小于恰当半径,即 $r < r_c$ 时,$\Delta\delta < 0$,即在离心载荷作用下鼓筒的径向变形小于轮盘的径向变形,此时轮盘止口应为内止口,这样,可使得定心圆柱面在高速旋转时保证可靠定心。在离心载荷作用下圆柱面的配合紧度可由式(4-34)表示,按照一般情况对公式中的常数赋值,可绘制出不同半径下剩余紧度随转速的变化曲线,如图 4-71 所示。

$$\delta = \delta_0 - \Delta\delta = \delta_0 + \frac{(9-\nu^2)\rho}{8E}\omega^2(r_c^2 r - r^3) \qquad (4-34)$$

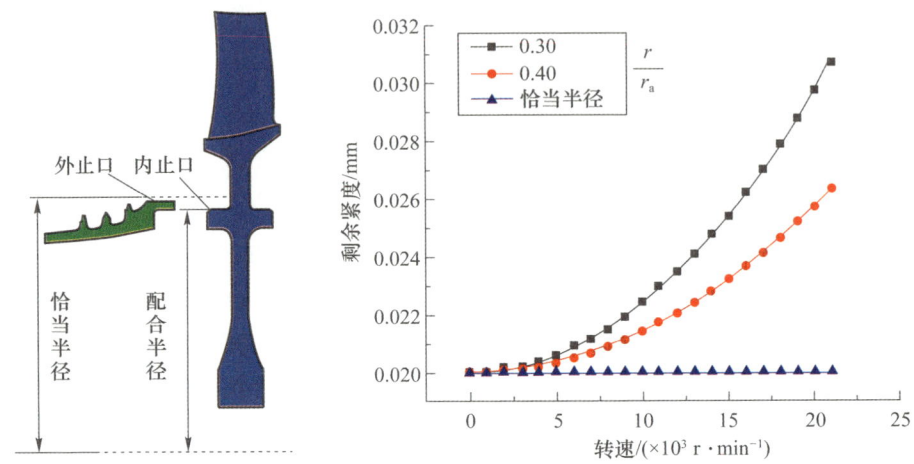

图 4-71 止口圆柱面配合半径小于恰当半径时的剩余紧度随转速的变化

对于端面轴向变形协调性的设计，由于内外止口的轴向收缩量与其径向变形相关，故通过止口局部几何结构难以保证工作过程中端面的有效压紧，因此，需要配合中心拉杆、轴向预紧力、其他压紧结构的设计以及优化传力路线，保证止口端面的有效压紧，并减小外载荷作用下端面剩余压紧力的分散度和敏感性，以提高保证端面轴向变形协调的稳健性。

同时，为保证止口端面的轴向变形协调，需要减少止口结构处的弯曲变形。如图 4-72 所示是以该高压压气机转子为例，压气机第一级盘的前轴颈采用锥壳结构，并合理选择其锥壳角度，保证锥壳的轴向刚度，同时锥壳厚度相比于第一级盘较薄，如此便可保证在较大的轴向压紧力下，第一级盘不会发生较大的弯曲变形，从而减小止口处的弯曲变形，以保证止口端面轴向变形协调以及端面压紧力的均匀分布。

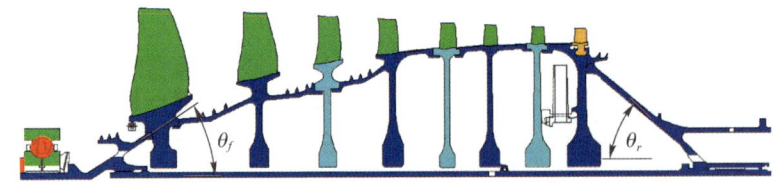

图 4-72 PW1000G 高压压气机压紧结构图

在理想状态下，只要满足连接界面在工作中变形的协调性，连接界面就会有稳定的接触状态和接触应力，但在工程实践中，由于影响因素多且具有一定的不确定性，所以，需要对不同工作状态下连接界面接触损伤进行定量评估，保证连接界面接触特性具有最低的敏感度和最小的分散性，即具有良好的稳健性。

由于止口连接的转子结构系统在工作中承受多轴载荷作用，要求轴向端面在传扭和弯曲载荷作用下，配合面的滑移量最小、摩擦功最小，以保证止口连接结构稳健可靠。保证止口连接界面接触特性稳健的关键在于提高止口处的局部刚度,以改变止口结构附近的应变能分布,即降低外载荷对连接界面接触状态和接触应力变化的敏感度。

如图4-73所示为两种采用止口连接的多级轴流压气机转子结构设计方案示意图,从变形协调性控制、接触损伤控制两方面分析止口连接结构的稳健设计。

图4-73(a)所示的转子结构设计方案 A 中,在止口连接结构处,切向速度相对较高,止口两侧的结构质量、刚度差异增大。由于止口位于鼓筒之间,其局部刚度较弱,当转子高速旋转状态下,很难保证连接界面变形协调和减小连接界面接触损伤。此外,在轴向压紧力的传递路径上,由于轴向压紧力来自第一阶轮盘前轴颈处的压紧螺母,且轴向力作用于盘心,并通过辐板上传到轮缘止口处,这样的传递路径会使轮盘产生倾斜,从而影响止口连接界面的接触状态,造成界面接触损伤。

图4-73(b)所示的转子结构设计方案 B 中,根据径向/轴向变形协调性的设计要求,降低止口径向高度,调整鼓筒受压传递路线,使其沿一定锥角扩散传递,由于止口刚度较强,可增加轴向压力分布的均匀性。止口连接位置移至靠近轮盘附近,以保证在高速旋转状态下,止口处具有稳定固定基准,减小界面接触状态的变化。通过有限元计算对比分析可以对两种止口连接结构界面接触状态变化幅值及其对稳健性的影响给出定量数值。

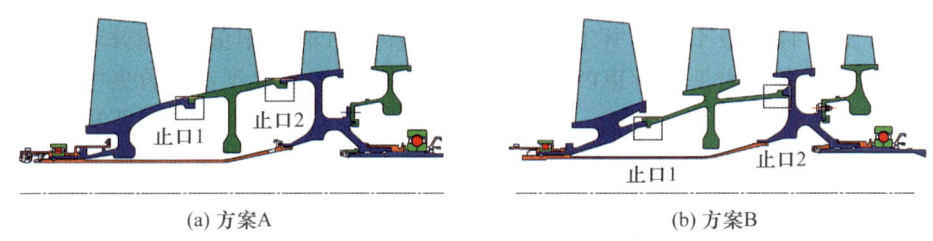

(a) 方案A　　　　　　　　　　(b) 方案B

图 4-73　止口连接压气机转子结构简图

在航空发动机转子系统中,按连接结构预紧和承载可分为螺栓、套齿、端齿、止口4种常见的结构形式。从连接界面接触损伤控制角度考虑,连接结构稳健设计主要包括连接界面变形协调性控制、连接界面接触损伤控制和连接界面约束失效控制。对于不同结构形式的界面连接转子系统,连接结构对转子系统动力学特性的影响不尽相同。对于法兰-螺栓连接高速转子系统,重点是局部旋转惯性载荷对相应连接界面接触损伤的控制;对于套齿连接悬臂支承高速转子系统,则盘-轴连接结构稳健性对转子系统共振转速分布和支点动载荷均具有显著的影响;对于止口-拉杆连接转子系统,重点则是界面损伤失效的控制。

第 5 章
典型结构系统界面损伤失效控制

第 5 章 典型结构系统界面损伤失效控制

航空燃气轮机转子系统是由多个不同几何构形、不同材料性能的结构件通过界面组合而成,并处于复杂多变的载荷环境下高速旋转。转子结构系统是一个约束保守系统,在工作过程中,由于各组成结构体旋转惯性的作用,结构系统发生相应的变形和能量转化。随着工作状态的改变和循环的累加,连接界面接触状态变化会产生不可恢复的损伤积累,这对转子动力学特性产生不同的影响。

5.1 涡轮盘结构组件

涡轮盘组件处于高温、高压、高转速工作环境下,为降低涡轮叶片及轮盘结构的温度,减小温度梯度与热应力,在结构设计中需要通过相应的篦齿封严、导流结构等形成冷却气流通道,引导冷却气体对涡轮叶片、轮盘进行高效冷却。在涡轮盘结构组件的设计中,由于结构构形复杂,且多采用界面预紧配合,因而防止界面损伤积累及失效是保证组件稳健性的关键,即设计目标是在全工作状态下保证结构系统的整体性。

5.1.1 涡轮盘-挡板结构

1. 功能作用

高压涡轮叶盘-封严盘-挡板结构系统(简称"涡轮盘组件")的功能是:通过封严结构件和高压涡轮共同形成空气腔,为高压涡轮盘前端和高压涡轮叶片提供冷却气流,在转子运行过程中保证气流定向流动、不发生外泄且冷却过程合理、高效。

图 5-1 为高压涡轮盘组件结构简图。在高压涡轮转子结构系统中,该结构系统由多个构件组合而成,各构件需要通过连接结构合理地固定、相互配合,从而确保涡轮盘组件功能的实现。此外,在高压涡轮转子中,叶片和轮盘采用榫齿和榫槽连接,两者之间采用间隙配合。在工作状态下,由于叶片受离心载荷及气动载荷的作用,涡

轮叶片相对于轮盘会产生向后的轴向相对位移趋势,而该结构系统还起到限制高压涡轮叶片轴向位移的作用。

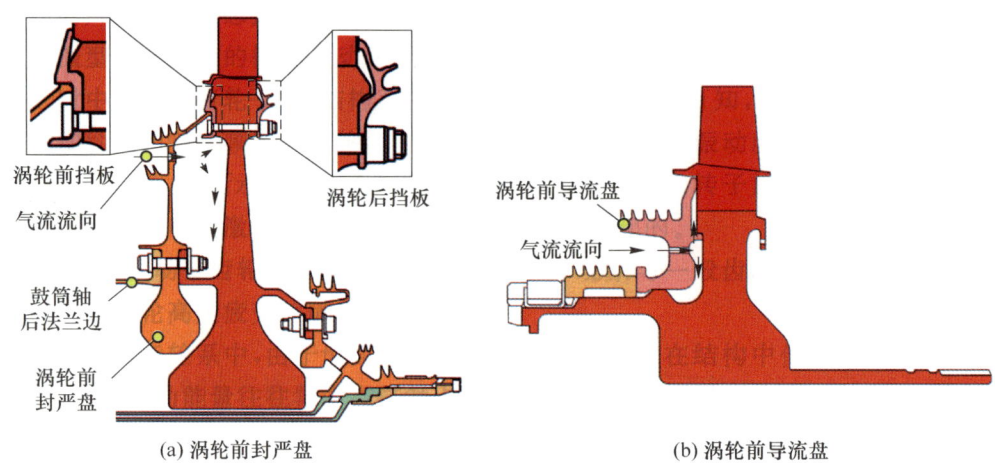

图 5-1　高压涡轮盘组件结构简图

工作状态下,高压涡轮叶盘处于高转速、高温度负荷的工作环境下,需要从压气机出口引气,利用二股气流对高压涡轮叶盘进行冷却。由于二股气流在工作状态下周向速度较小,而高压涡轮盘和高压涡轮叶片处于高转速状态,会导致二股气流在对涡轮叶盘进行冷却的同时出现旋转换热问题,且大量气流难以直接径向进入高压涡轮叶片从而实现对高压涡轮叶片的合理冷却,即使少量气流进入高压涡轮叶片,也会由于高转速下气流的相对切向速度很大、摩擦生热剧烈,导致冷却气流升温、冷却效率降低。因此,需要合理设计封严盘和高压涡轮盘之间所形成的空气腔,使进入空气腔中的二股气流跟随盘一起旋转并在离心载荷作用下径向流入到涡轮叶片冷却气膜孔中实现对涡轮叶片的冷却。

对于如图 5-1(a)所示的大径向尺寸涡轮叶盘-封严盘-挡板结构系统,由于封严盘-挡板薄壁处多、刚度弱,故变形对温度载荷较为敏感,主要表现为热变形大,这对结构组件变形的协调性和界面接触损伤影响较大。对于如图 5-1(b)所示的小径向尺寸涡轮叶盘-封严盘-挡板结构系统,由于封严盘-挡板刚度较强,故热变形相对较小,但温度梯度较大,主要表现为热应力大,易产生热疲劳损伤失效。由上述分析可知,结构系统的结构形式不同,在受载状态下会呈现出不同的变形特点,从而导致各连接界面接触状态的变化,进而影响结构系统的稳健性。

为了使冷却气流持续高效地对涡轮盘进行冷却以及确保对转子轴向气动载荷的有效调整,须在高压涡轮盘前设计封严盘,以保证在不同工作转速下高压转子轴向负荷不超过轴承最大承载力,并且为涡轮叶片、轮缘、辐板等提供必要的冷却气流。虽然篦齿封严结构尺寸较小,但在高温环境下高速旋转会产生较大的应力和变形。为了减小在结构上打孔而产生的应力集中,在结构设计中,可利用旋转惯性和温度变化

所产生的结构变形,使挡板与涡轮盘各接触面压紧。

通过对涡轮叶盘-封严盘-挡板结构系统的基本组成和功能分析可知,为了保证结构系统的高可靠性,涡轮盘组件需要满足的基本设计要求包括以下几点:

① 在功能上,通过封严结构件和高压涡轮共同形成的空气腔,为高压涡轮盘前端和高压涡轮叶片提供冷却气流,保证气流不发生外泄且冷却过程合理、高效;

② 在结构上,需要对封严盘-挡板结构进行合理的固定,在保证构件强度和重量符合要求的基础上,使结构系统在装配/工作载荷的作用下避免发生配合界面间相对变形和接触损伤。

综上所述,为保障冷却气体实现高效换热,高压涡轮盘组件结构设计的关键在于对封严盘-挡板结构的变形控制,以实现挡板位置始终对涡轮盘盘缘保持压紧状态,从而保证对涡轮叶片的轴向定位,以及保证冷却气不发生泄漏且正常流入叶片根部完成对叶片的冷却。此外,对篦齿封严结构变形的有效控制,还可以避免篦齿碰摩对转子结构系统动力学特性的不利影响。

2. 结构特征

高压涡轮盘前采用封严盘-挡板结构,根据封严盘和挡板之间的组成关系,可以分为封严盘-挡板分体式结构和封严盘-挡板一体式结构。分体式结构是指封严盘和挡板为两个不同的构件,通过分别固定或者利用封严盘轴向压紧挡板的方式,实现封严盘-挡板结构的固定;一体式结构是指在涡轮盘前采用具有复杂构形的多功能构件,同时实现涡轮前的冷却气导流功能和对叶片的轴向固定。

图5-2为典型的分体式结构的封严盘-挡板结构简图。分体式结构用于早期发动机设计中。其中,封严盘与挡板分别通过螺栓压紧固定于高压涡轮盘上,由于固定挡板时需要在涡轮盘上"打孔",故在高温、载荷多变环境下"打孔"位置会产生较大的局部应力集中,这种连接结构产生的损伤失效模式主要是疲劳断裂。

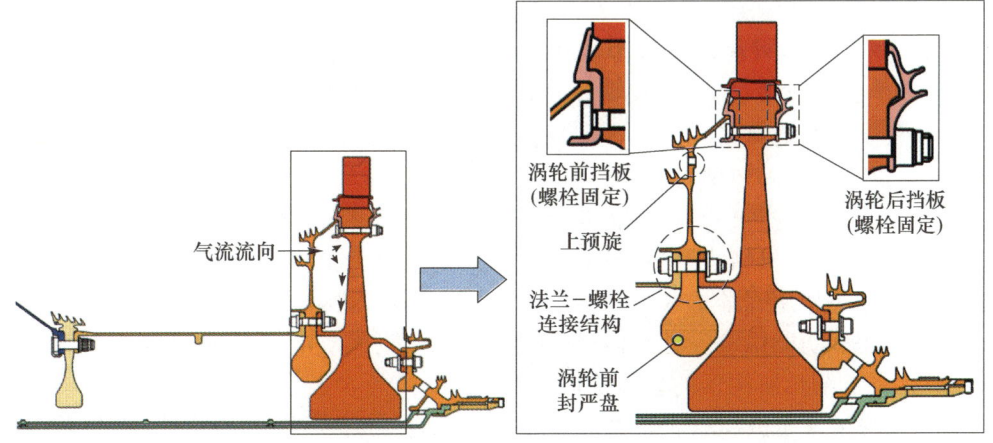

图5-2 典型高压涡轮盘-挡板分体式结构简图(F110)

图 5-3 为典型的一体式结构封严盘-挡板结构简图,常用于现代的发动机设计中。其中,封严盘与挡板为一体化设计,利用封严锥壳结构预变形产生的弹性恢复力将自身压紧于高压涡轮盘上。这种设计降低了结构重量、减少了约束界面,有利于进一步提高发动机的性能以及发动机的稳健性。

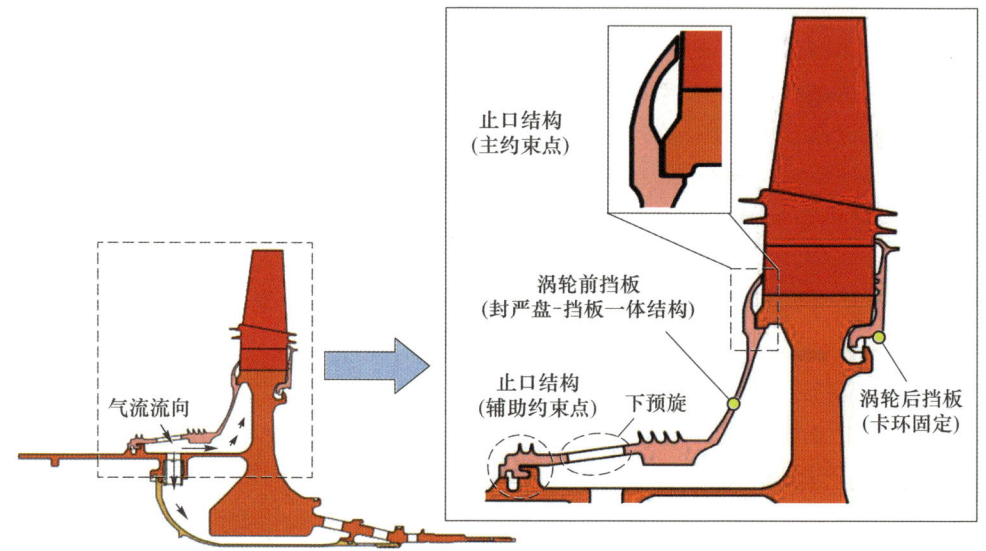

图 5-3　典型高压涡轮盘-挡板一体式结构简图(F136)

根据挡板与涡轮盘之间的连接固定方式和受力状态,可将其分为刚性固定和柔性固定。

早期发动机大多采用刚性固定的方式(见图 5-2)。在涡轮盘和封严盘上打孔,采用螺栓连接的方式连接封严盘和高压涡轮,在高温多变环境下这种连接固定结构会产生较大的局部应力集中。目前,在先进航空发动机中,大多采用柔性固定安装方式(见图 5-3)。在封严挡板与高压涡轮连接处采用止口搭接的方式,利用封严挡板预变形产生的弹性恢复力,以保持止口的压紧,同时避免了由于开孔导致的应力集中,可有效降低结构质量。此外,由于高压涡轮盘后端不需要封严盘结构,故只用挡板对叶片进行槽向固定即可。

由上述简要分析可知,在涡轮叶盘组件中的封严固定结构设计上,不宜在轮盘上采用"打孔"螺栓连接结构,以避免在孔边产生大的应力集中进而降低结构的使用寿命,同时可避免使用螺栓造成的结构质量增加。因此,在结构几何构形和连接固定设计上,宜采用多功能结构设计,将空气系统的封严盘、涡轮叶片轴向固定挡板等结构设计成具有复杂几何构形的整体结构。

F136 涡扇发动机高压涡轮盘前冷却气流进气位置采用下预旋设计(见图 5-3)。冷却气流首先对高压涡轮盘心和辐板进行冷却,随着封严盘和高压涡轮盘的旋转,在离心载荷下气流径向向外移动,逐步冷却高压涡轮盘轮缘与高压涡轮叶片。这种空气系统流道设计使封严盘篦齿位置较低,较小的盘心质量足以控制结构的变形。但由于冷却气流从下方进入,首先对高压涡轮盘的辐板进行冷却,然后在离心载荷和压差作用下进入涡轮叶片对其进行冷却,该设计需要对冷却气流的流量和流动损失进行控制,以保证整体的冷却效果。

图 5-4 为高压涡轮前封严盘-挡板受力分析示意图。为防止冷却气流外泄造成涡轮盘与叶片在高温下损坏,关键在于保证挡板与涡轮盘盘缘位置轴向贴紧。封严盘通过装配时构件产生的轴向弹性恢复力使挡板压紧涡轮盘盘缘,由于封严位置较低,封严盘-挡板结构呈锥壳构形,轴向压紧力作用于锥壳上,锥壳薄壁部分变形能大,该设计使得挡板与涡轮盘连接界面应变能较低(图 5-4 中 G 位置),不会引起接触状态较大的变化。由于涡轮盘凸缘对挡板处约束刚度较大,即接触面对位移的约束能力强,所以位于挡板止口位置的约束点为主约束点(图 5-4 中 G 位置)。封严盘内侧加厚(图 5-4 中 F 位置),不仅可满足强度要求,而且利用封严盘高速旋转时产生的离心载荷,使一体式结构的封严盘相对约束点 G 点产生顺时针的力矩作用(图 5-4 中等效力矩),保证在高速旋转状态下,实现封严盘对高压涡轮盘的轴向压紧。在温度载荷影响下,高压涡轮前挡板作为一个约束结构体,受到径向和轴向的约束,由于靠近涡轮叶片处温度相对高,锥壳结构热膨胀利于挡板的径向压紧。

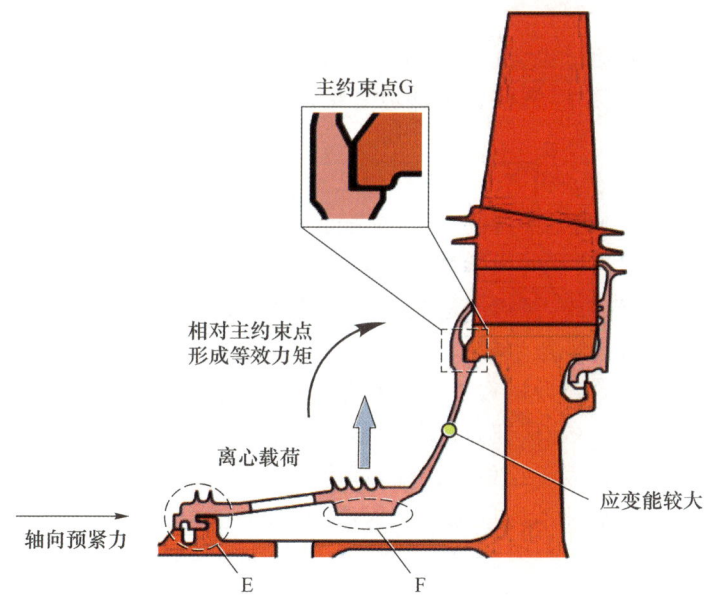

图 5-4　F136 发动机高压涡轮前封严盘-挡板受力分析示意图

通过上述对通用公司发动机的分析可知,封严盘-挡板发展趋势为一体化设计。如图 5-5 所示,普惠公司在 F119 发动机的高压涡轮转子封严盘-挡板设计中也采用了一体式结构,但是在确定二股气流进气位置上,采用了不同的设计思路,使得高压涡轮转子封严盘-挡板具有不同的结构和载荷特点。

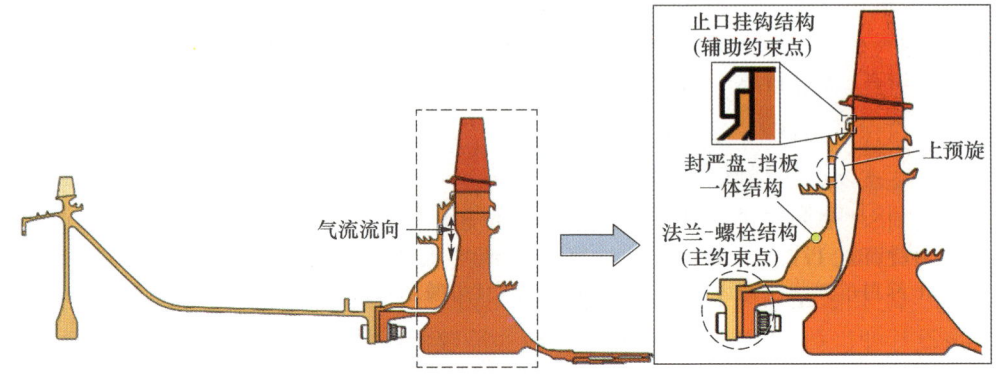

图 5-5　高压涡轮盘-挡板一体结构简图(F119)

F119 发动机高压涡轮盘前的冷却气流进气位置采用上预旋设计,气流从轮缘进入封严盘和高压涡轮盘之间的空气腔,一部分冷却气流进入高压涡轮叶片冷却孔,对高压涡轮叶片进行气膜冷却,另一部分冷却气流向下移动,对高压涡轮盘心进行冷却。这种冷却气流进气位置高,气流可直接进入高压涡轮叶片根部,对高压涡轮叶片冷却有较好的效果,但是高位的进气孔导致封严盘篦齿位置高,需要较大质量的封严盘提高强度、刚度,以控制在离心载荷下结构关键位置的应力、变形。然而,大质量惯性的封严盘在离心载荷下也会产生变形,使结构应变能增加。因此,在结构设计中为了保证结构系统的稳健性,需使载荷环境下结构应变能分布合理,封严结构体连接结构更加稳定。

图 5-6 为 F119 发动机高压涡轮前封严盘-挡板受力分析示意图。封严盘通过法兰-螺栓连接结构实现定心定位,为保证挡板与高压涡轮盘之间形成密封良好的空气腔,装配时通过构件的轴向弹性恢复力与涡轮盘轮缘压紧,以防止冷却气流外泄。由于采用上预旋进气方式,篦齿高速旋转产生的离心载荷较大,故封严盘较厚。篦齿封严盘在高速旋转状态下产生较大的离心载荷,并相对于法兰-螺栓连接结构形成逆时针力矩(图 5-6 中等效力矩),使封严盘盘缘的端面压紧有松脱的趋势,因此须在涡轮盘盘缘设计挂钩结构,保证封严盘压紧涡轮轮缘。而由于封严盘前端法兰-螺栓连接结构处约束刚度远大于挡板挂钩处,即主约束点位于靠近法兰-螺栓结构位置,而止口挂钩结构则作为辅助约束点控制封严盘角向变形趋势。

值得注意,由于靠近涡轮处温度高,挂钩与挡板结构受热时若径向变形不协调,则可能导致挡板脱离挂钩。同时,也应考虑温度瞬态变化的情形,例如涡轮处温度降低时,涡轮盘热惯性远大于封严盘热惯性,由于封严盘热变形恢复快,也可能导致挡板脱离。

因此,在发动机涡轮叶盘-封严盘-挡板结构系统的设计中,为保障该结构系统具有高结构效率和高稳健性,需要通过结构几何构形设计和装配控制,合理运用刚度/质量分布、装配约束位置以及装配预紧载荷,以保证结构组件内部变形和约束载荷分

第 5 章 典型结构系统界面损伤失效控制

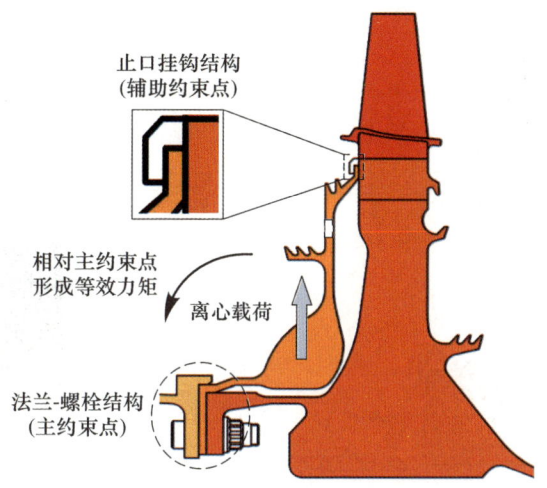

图 5-6　F119 发动机高压涡轮前封严盘-挡板受力分析示意图

布合理,使得在受载状态下结构系统应变能分布有利于连接结构的稳定性,从而降低连接界面接触损伤和结构内应力损伤积累的影响,提高结构系统稳健性以防止结构系统失效。可见,对于界面连接结构系统的稳健性本质,在于保证结构组件的整体性,即结构系统完整统一、不发生失效。

综上所述,在涡轮盘组件结构变形控制设计中,由于结构系统内部载荷主要来自离心载荷和温度载荷,各组成结构体的变形(位移),取决于质量/刚度分布以及界面约束特性。因此,各结构件(结构单元)之间的"约束"(变形协调)是影响结构系统变形的关键,其主要取决于刚度的分布。

5.1.2　涡轮盘结构组件力学模型

力学模型是指根据所研究对象的几何/材料特性等,将结构的运动(位移)变化及其相互间力学关系抽象出来进行表达的方法。力学模型可以采用数学方法进行表示,该方法具有逻辑清晰、严谨的特点;也可以采用结构状态变化图来直观表达。

对于涡轮盘-挡板结构系统,力学模型主要研究各组成结构件及其相互间的受力-变形关系,属于静力学分析的范畴。因此,可忽略结构的阻尼参数,主要考虑结构的质量、刚度特性。以典型的前封严盘-挡板结构系统为例建立力学模型,通过研究不同运动状态下各结构件的载荷-变形-约束关系及内部能量的分布,以确定潜在损伤失效的位置及模式。

1. 力学模型

图 5-7 为简化后的一体式前封严盘-挡板结构简图。前封严盘-挡板主要由轮盘、锥壳、柱壳等结构组成。在力学模型中,可将上述各结构离散为刚体单元,各单元之间则通过局部弹簧连接,以研究前封严盘-挡板结构的整体变形。

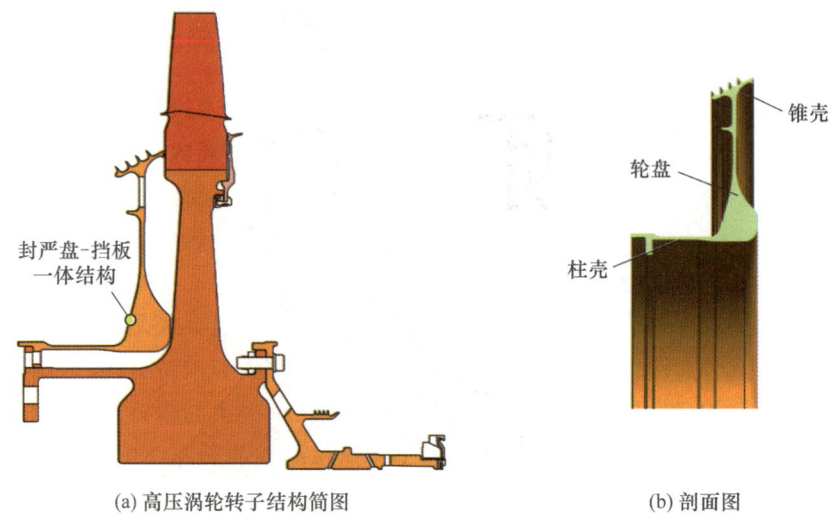

(a) 高压涡轮转子结构简图 (b) 剖面图

图 5-7　一体式前封严盘-挡板结构简图

由于前封严盘-挡板为旋转体,在研究周向均布载荷作用时,其力学模型可以采用二维模型进行描述。图 5-8 所示为高压涡轮前封严盘-挡板结构的力学模型。该力学模型共有 6 个单元(用阿拉伯数字 1~6 表示),5 个局部弹簧(用英文字母 A~E 表示)。因此,前封严盘-挡板力学模型的自由度可定义为:对于第 i 个单元,轴向自由度为 $x_i(t)$,径向自由度为 $y_i(t)$,角向自由度为 $\alpha_i(t)$,各广义坐标的原点为单元不受力时的自然状态位置。结构间的非连续性则主要体现在单元间角向位移不等。

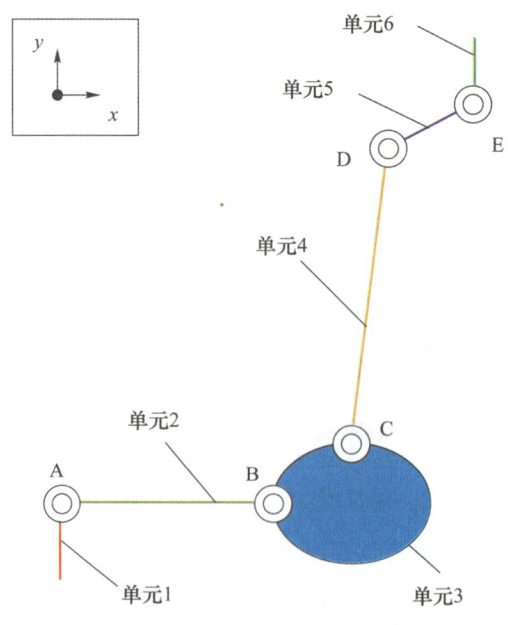

图 5-8　前封严盘-挡板力学模型

为模拟各单元之间连接结构的刚度特性,采用线性刚度模型,并假设各单元之间的弹性力仅与单元之间的位移差有关,各弹簧的刚度矩阵为

$$\boldsymbol{K}_j = \begin{bmatrix} k_{x_j} & k_{xy_j} & k_{x\alpha_j} \\ k_{xy_j} & k_{y_j} & k_{y\alpha_j} \\ k_{x\alpha_j} & k_{y\alpha_j} & k_{\alpha_j} \end{bmatrix} \quad (5-1)$$

式中,k_{x_j} 为第 j 个弹簧相连单元之间的相对轴向刚度;k_{y_j} 为第 j 个弹簧相连单元之间的相对径向刚度;k_{α_j} 为第 j 个弹簧相连单元之间的相对角向刚度;k_{xy_j} 为第 j 个弹簧相连单元之间的轴向与径向的耦合刚度;$k_{x\alpha_j}$、$k_{y\alpha_j}$ 分别为第 j 个弹簧相连单元之间的径向耦合刚度与角向耦合刚度。

由于结构还会受到离心载荷的影响,因此在物理模型中还需要体现出质量分布特性。对于第 i 个单元,质心位置的半径大小用 r_i 表示,质量用 m_i 表示。各单元的质量矩阵为

$$\boldsymbol{M}_i = \begin{bmatrix} 0 & 0 & 0 \\ 0 & m_i & 0 \\ 0 & 0 & 0 \end{bmatrix} \quad (5-2)$$

2. 装配状态应变能分布

图 5-9 所示为装配状态下的前封严盘-挡板力学模型图。其中,单元 1 与涡轮连接,单元 6 轴向压紧涡轮盘缘。因此,在装配状态下可认为单元 1 受到径向双活动铰支座约束、单元 6 受到轴向双活动铰支座约束,分别约束了单元 1 的径向、角向自由度和单元 6 的轴向、角向自由度,且都属于理想约束。而装配载荷为加载在单元 1 上的轴向主动力。

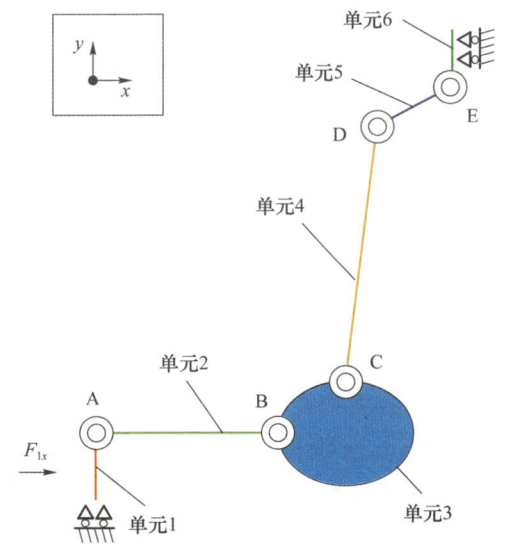

图 5-9 装配状态下的前封严盘-挡板力学模型图

利用哈密顿原理可以建立结构系统的运动微分方程

$$\delta \int_{t_1}^{t_2} (T-V) \mathrm{d}t = 0 \quad (5-3)$$

式中,δ 为变分符号;T 为结构系统动能;V 为结构系统势能;t_1 和 t_2 为相应时刻;其中 $T=0$。在装配状态下,作用在单元1上的轴向装配压紧力与单元1轴向位移呈线性关系,该力可以按照保守力处理,则结构系统势能 V 可以表示为

$$V = \frac{1}{2} F_{1x} x_1 + \frac{1}{2} [x_2 - x_1, y_2, \alpha_2] \boldsymbol{K}_A [x_2 - x_1, y_2, \alpha_2]^T +$$

$$\frac{1}{2} [x_3 - x_2, y_3 - y_2, \alpha_3 - \alpha_2] \boldsymbol{K}_B [x_3 - x_2, y_3 - y_2, \alpha_3 - \alpha_2]^T +$$

$$\frac{1}{2} [x_4 - x_3, y_4 - y_3, \alpha_4 - \alpha_3] \boldsymbol{K}_C [x_4 - x_3, y_4 - y_3, \alpha_4 - \alpha_3]^T + \quad (5-4)$$

$$\frac{1}{2} [x_5 - x_4, y_5 - y_4, \alpha_5 - \alpha_4] \boldsymbol{K}_D [x_5 - x_4, y_5 - y_4, \alpha_5 - \alpha_4]^T +$$

$$\frac{1}{2} [-x_5, y_6 - y_5, -\alpha_5] \boldsymbol{K}_E [-x_5, y_6 - y_5, -\alpha_5]^T$$

上式中,F_{1x} 为轴向装配预紧力。装配状态下结构系统的平衡方程为

$$\begin{cases} \frac{1}{2} F_{1x} + k_{x_A}(x_2 - x_1) + k_{xy_A} y_2 + k_{x\alpha_A} \alpha_2 = \boldsymbol{0} \\ -\boldsymbol{K}_A [x_2 - x_1, y_2, \alpha_2]^T + \boldsymbol{K}_B [x_3 - x_2, y_3 - y_2, \alpha_3 - \alpha_2]^T = \boldsymbol{0} \\ -\boldsymbol{K}_B [x_3 - x_2, y_3 - y_2, \alpha_3 - \alpha_2]^T + \boldsymbol{K}_C [x_4 - x_3, y_4 - y_3, \alpha_4 - \alpha_3]^T = \boldsymbol{0} \quad (5-5) \\ -\boldsymbol{K}_C [x_4 - x_3, y_4 - y_3, \alpha_4 - \alpha_3]^T + \boldsymbol{K}_D [x_5 - x_4, y_5 - y_4, \alpha_5 - \alpha_4]^T = \boldsymbol{0} \\ -\boldsymbol{K}_D [x_5 - x_4, y_5 - y_4, \alpha_5 - \alpha_4]^T + \boldsymbol{K}_E [-x_5, y_6 - y_5, -\alpha_5]^T = \boldsymbol{0} \\ k_{xy_E} x_5 - k_{y_E}(y_6 - y_5) + k_{y\alpha_E} \alpha_5 = 0 \end{cases}$$

从上式看出,在装配状态下,装配载荷对结构系统所做的功以应变能的形式储存在结构系统中。如果需要增加应变能储备,从理论上分析,可通过加大装配过程中的预变形量或增加结构系统抗变形能力(刚度)来实现。当应变能一定时,结构刚度越小、变形越大,这对结构系统在复杂多变载荷环境下保持其整体性更为有利。

结构系统的刚度分布决定了装配状态下结构内部应变能的分布,而结构系统应变能的外在表现则是约束界面的接触状态和变形。在工作循环载荷作用下,结构变形对连接界面损伤和应力损伤积累具有直接的影响,因此需要通过对结构系统刚度分布进行优化,控制结构关键位置的变形,在保证结构组件整体性的前提下,减少界面损伤、应力损伤,进而提高结构系统的稳健性。

3. 旋转状态变形能分布

图 5-10 所示为旋转状态下前封严盘-挡板的力学模型。在旋转状态下,前封严盘-挡板除了受装配载荷外还受到离心/温度载荷,这里以离心载荷作用下对应变能的分布变化进行分析。为了得到离心载荷对单元6(挡板压紧涡轮盘位置)垂直和水

平方向上位移的影响,结构的旋转状态模型时约束位置等与配状态下的约束位置不同。在旋转状态下,可以认为单元1受到轴向和径向活动铰支座约束、单元6受到角向约束(图中未画出),分别约束了单元1的轴向、径向、角向自由度和单元6的角向自由度,且都属于理想约束。而装配载荷为加载在单元6上的轴向主动力,该轴向主动力可视为与单元6轴向位移呈线性关系,在旋转状态下,可以称为"剩余装配预紧力"。

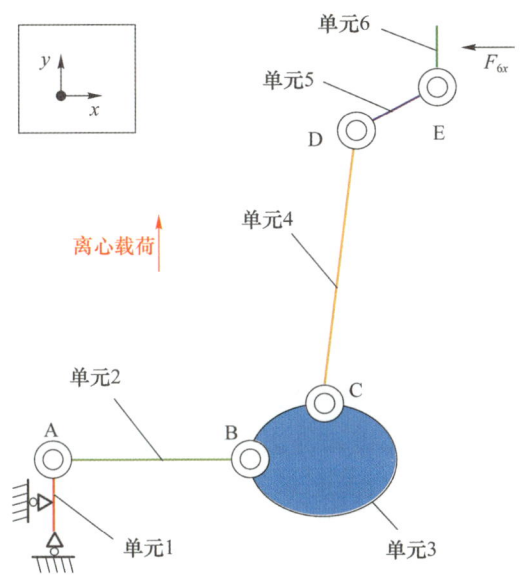

图 5-10 旋转状态下的前封严盘-挡板力学模型

利用哈密顿原理式(5-3)建立结构系统的运动微分方程。式中 $T=0$,相比于装配状态,旋转状态下 V 中多出了离心力作用项(此处离心力也视为保守力),可以表示为

$$V = \frac{1}{2}F_{6x}x_6 + \frac{1}{2}[x_2, y_2, \alpha_2]\boldsymbol{K}_A[x_2, y_2, \alpha_2]^T + \\ \frac{1}{2}[x_3-x_2, y_3-y_2, \alpha_3-\alpha_2]\boldsymbol{K}_B[x_3-x_2, y_3-y_2, \alpha_3-\alpha_2]^T + \\ \frac{1}{2}[x_4-x_3, y_4-y_3, \alpha_4-\alpha_3]\boldsymbol{K}_C[x_4-x_3, y_4-y_3, \alpha_4-\alpha_3]^T + \\ \frac{1}{2}[x_5-x_4, y_5-y_4, \alpha_5-\alpha_4]\boldsymbol{K}_D[x_5-x_4, y_5-y_4, \alpha_5-\alpha_4]^T + \\ \frac{1}{2}[x_6-x_5, y_6-y_5, -\alpha_5]\boldsymbol{K}_E[x_6-x_5, y_6-y_5, -\alpha_5]^T + \\ \sum_{i=2}^{6} m_i \omega^2 r_i \cdot (y_i - y_{i-asm}) \tag{5-6}$$

式中,F_{6x} 为轴向剩余装配预紧力;y_{i-asm} 为装配状态下第 i 个单元的径向位移;ω 为转

子角速度。

可得旋转状态下平衡方程为

$$\begin{cases} k_{x_A} x_2 + k_{xy_A} y_2 + k_{x\alpha_A} \alpha_2 = 0 \\ -\boldsymbol{K}_A [x_2-x_1, y_2, \alpha_2]^T + \boldsymbol{K}_B [x_3-x_2, y_3-y_2, \alpha_3-\alpha_2]^T + M_2 \cdot \omega^2 r_2 = 0 \\ -\boldsymbol{K}_B [x_3-x_2, y_3-y_2, \alpha_3-\alpha_2]^T + \boldsymbol{K}_C [x_4-x_3, y_4-y_3, \alpha_4-\alpha_3]^T + M_3 \cdot \omega^2 r_3 = 0 \\ -\boldsymbol{K}_C [x_4-x_3, y_4-y_3, \alpha_4-\alpha_3]^T + \boldsymbol{K}_D [x_5-x_4, y_5-y_4, \alpha_5-\alpha_4]^T + M_4 \cdot \omega^2 r_4 = 0 \\ -\boldsymbol{K}_D [x_5-x_4, y_5-y_4, \alpha_5-\alpha_4]^T + \boldsymbol{K}_E [-x_5, y_6-y_5, -\alpha_5]^T + M_5 \cdot \omega^2 r_5 = 0 \\ \frac{1}{2} F_{6x} + k_{xy_E} (x_6-x_5) + k_{y_E} (y_6-y_5) - k_{y\alpha_E} \alpha_5 = 0 \end{cases}$$

(5-7)

对比式(5-4)、式(5-5)和式(5-6)、式(5-7)可以看出，由于离心载荷的影响，结构系统在旋转状态下的应变能分布较装配状态下有所改变。装配状态下结构的变形能分布取决于刚度分布，而旋转状态下其变形能的分布则受刚度分布和质量分布的共同影响。因此，控制连接界面接触状态的变化、减小界面损伤积累和结构内应力损伤，不仅需要优化刚度分布，还需要优化结构的质量分布。此外，该结构系统还受到温度载荷的影响，而结构系统的温度分布具有较强的不确定性，这对结构系统稳健性具有重要的影响。

5.1.3 界面损伤失效控制

根据涡轮盘组件结构特征和在工作状态下的受力分析，在结构设计中，可以通过几何结构优化，调整应变能的分布，以控制连接界面接触状态和损伤失效。

1. 失效类型

界面损伤失效包括分离(约束)失效、应力(疲劳)失效、摩擦损伤失效三种情况。不同的盘-挡板结构形式，其连接界面的主要损伤失效形式也不同。例如，盘-挡板结构中关注最多的是挡板压紧位置处的连接界面，当该位置无挂钩结构时，其主要失效形式是分离失效；当该位置带挂钩时，由于径向、轴向约束较多，其主要失效形式可能变为应力失效。因此，需要根据具体的结构形式，分析、确定连接界面处的主要损伤失效形式，并选取合适的控制方法。

2. 控制方法

对于涡轮盘-挡板结构，可通过设计挂钩、调整刚度分布、调整质量分布等方法来控制界面的损伤失效。

图5-11为典型高压涡轮盘-挡板一体结构简图，前挡板压紧位置处设计有挂钩结构。

第 5 章 典型结构系统界面损伤失效控制

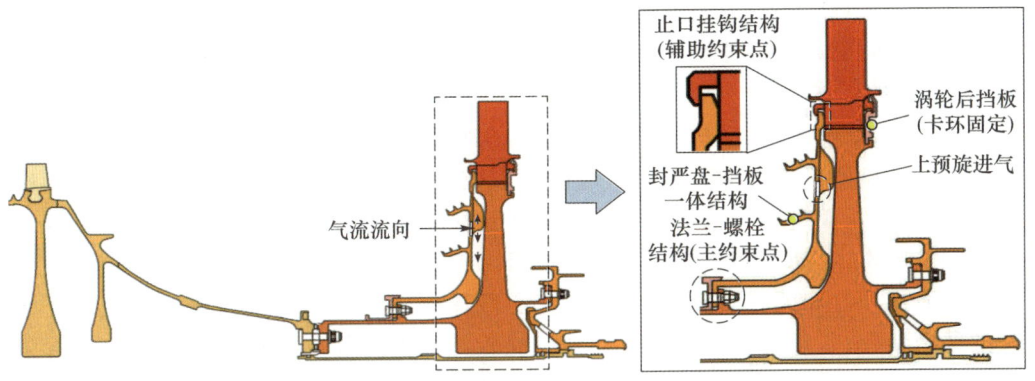

图 5-11 高压涡轮盘-挡板一体结构简图(EJ200)

图 5-12 为高压涡轮前封严盘-挡板受力分析图。由于封严盘靠近法兰-螺栓连接处的约束刚度远大于挂钩处,故主约束点位于法兰-螺栓结构位置处。篦齿封严盘在高速旋转状态下产生较大的离心载荷,相对于法兰-螺栓连接结构形成逆时针力矩,而挂钩可以有效防止该位置发生分离失效。此外,封严盘前端采用了圆弧形轴颈,相较于鼓筒直接连接盘心的设计,其局部角向刚度稍弱,使结构应变能更多地集中于该位置,可减少相应连接结构的界面损伤,并控制封严盘的角向变形。而封严盘外侧设计有封严篦齿,在离心载荷作用下,两个封严篦齿的离心力会产生顺时针的局部等效力矩,有利于封严盘与涡轮盘轮缘端面压紧,即通过质量分布优化的方式提高结构系统的稳健性。

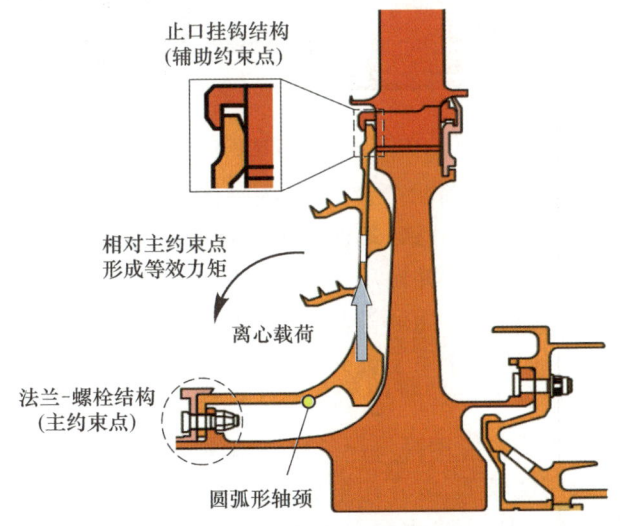

图 5-12 高压涡轮前封严盘-挡板受力分析图

通过设计挂钩、调整刚度分布、调整质量分布等方法可以控制结构系统连接界面应力与变形,以减少界面损伤,防止界面失效,从而提高界面连接结构系统的稳健性。因此,界面损伤失效控制方法是一种稳健性设计方法,旨在保证该结构系统的整体性。

俄罗斯 RD-33 发动机就高压涡轮前的冷却采用的是下预旋设计,如图 5-13 所示。来自压气机的冷却气流沿着鼓筒轴形成的气流通道,首先对高压涡轮盘心进行冷却,然后从鼓筒与高压涡轮盘前的端齿连接结构处进入高压涡轮盘和封严盘之间的空气腔中,对高压涡轮辐板和叶片进行冷却。在该过程中,冷却气在导流叶片作用下随着封严盘和高压涡轮盘旋转,在离心载荷作用下被高速甩向高压涡轮盘上所开的径向斜孔,实现对高涡轮盘缘和高压涡轮叶片的冷却。这种冷却方式可以有效降低高压涡轮盘的温度梯度,从而减小高压涡轮盘内的热应力。

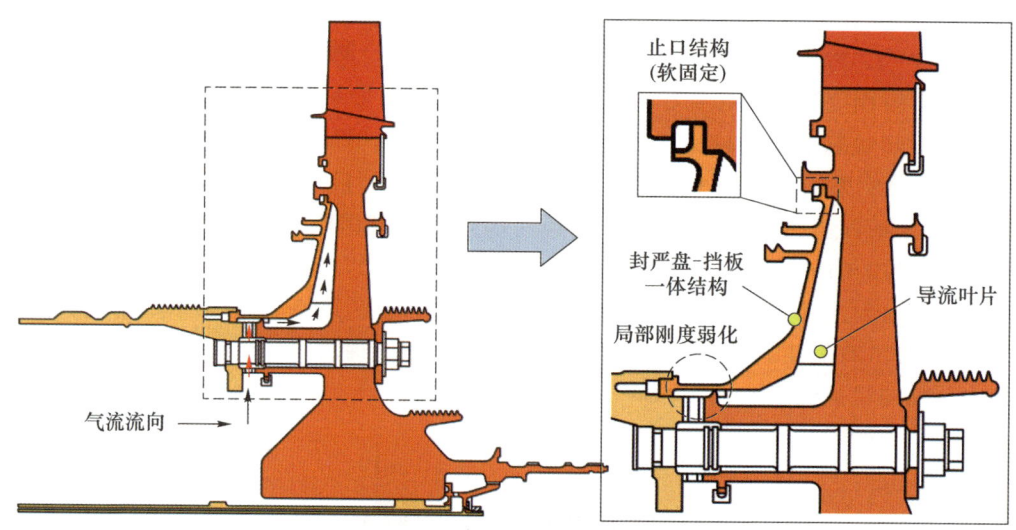

图 5-13 RD-33 发动机高压转子结构简图

RD-33 发动机高压涡轮前封严盘-挡板为一体结构设计,采用软固定方式。装配时利用涡轮盘盘缘位置的圆柱面/端面实现对封严盘的轴向、径向定位。通过长螺栓将鼓筒轴与涡轮盘轴向压紧,并由压气机后鼓筒轴传力给封严盘,使封严盘产生轴向预变形,并利用该弹性恢复力压紧涡轮盘,防止冷却气流外泄。封严盘-挡板整体结构呈锥壳构形,轴向压紧力作用于锥壳上时,应变能集中于锥壳薄壁部分,因此挡板与涡轮盘之间的接触状态不易恶化。由于封严盘整体采用弱刚度设计,故在离心载荷作用下封严盘变形不易影响高压压气机后轴颈与封严盘前轴颈的接触状态。由于封严盘前轴颈约束刚度较低,故主约束点位置位于挡板止口处,同时封严盘内侧加厚,不仅可以满足强度要求,而且也增大了离心力,产生的顺时针等效力矩保证在旋转状态下挡板压紧涡轮盘。

综上所述,为保障高压涡轮盘组件具有高结构效率和高可靠性,需要通过结构几何构形设计和装配控制,以保证结构组件内部变形和约束载荷分布合理,降低对连接界面接触损伤和结构内应力损伤积累的影响。由于涡轮盘前封严结构处于燃烧室和涡轮盘之间,热载荷、离心载荷较大,因此封严结构一般要具有较大质量的轮盘,在设计中需要调整结构刚度和质量分布,并确定合理的初始装配状态,使涡轮盘组件各结构件之间具有良好的变形协调性和稳定的连接界面接触状态。

5.2 双级涡轮盘-轴转子系统

先进高涵道比涡扇发动机为增加推力、降低耗油率,常采用高增压比、高涡轮前温度、高涵道比等高循环参数设计。这不仅增加了转子的结构复杂度,而且在高转速下易产生弯曲变形和连接界面接触损伤,导致转子动力学特性变化,如弯曲模态振型临界转速安全裕度不足、支点动载荷随转速持续增大等问题。在高温多变载荷环境下,有效控制连接界面损伤,保证涡轮盘组件稳定工作是结构设计的关键技术。

5.2.1 转子结构特征

1. 几何构形

图 5-14 为典型高速大跨度高压转子结构简图。高压转子由压气机前轴颈、多级压气机、鼓筒轴、高压涡轮、涡轮后轴颈组成。转子采用 1-0-1 的支承方案,支承跨度较大。转子主体结构为大跨度的"拱形环壳"结构,前后轴颈的径向尺寸最小,压气机鼓筒的径向尺寸最大,这类构形的转子通常具有较好的整体性和较高的整体弯曲刚度。在结构设计时,通过对结构特征参数的设计,控制转子的质量/刚度分布,进行转子动力学设计。

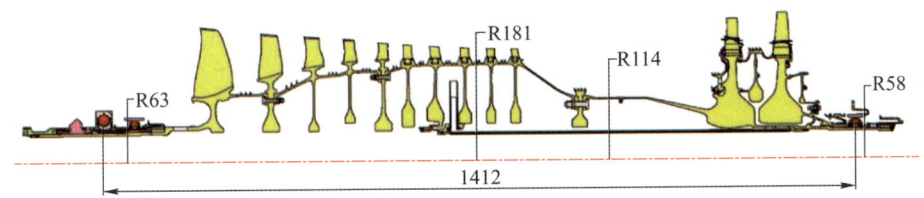

图 5-14 典型高速大跨度高压转子结构简图

压气机转子由多级轮盘和连接鼓筒组成,轴向尺寸较大,为典型的"厚盘"转子构形。转子高速旋转时产生的陀螺力矩效应较小,对转子共振转速的影响较低。在设计时多采用盘-鼓混合式结构,通过大直径鼓筒设计,以提高压气机转子弯曲刚度,在高转速过程中防止压气机转子结构产生局部弯曲变形。

高负荷核心机通常采用双级涡轮转子为高负荷压气机转子提供轴功率,两级涡轮盘之间设计有级间封严鼓筒,通过止口定位,大螺母轴向预紧,形成高刚度的涡轮盘组件。在转子结构动力学设计中,常运用涡轮盘组件产生的陀螺力矩效应,抑制高压转子弯曲变形,提高弯曲模态振型共振转速。若双级涡轮盘结构组件在几何构形、装配控制等方面不合理,则转子在高转速、高负荷工作载荷状态下,涡轮盘组件轴向预紧不足、连接界面发生松脱,这将破坏涡轮盘组件的整体性,使陀螺力矩效应大幅下降。

高压转子通常由多个结构件组合而成,其整体弯曲刚度受刚度较弱的结构影响。由于鼓筒轴位于高压转子跨中位置(远离支点),其弯曲刚度一般最低,对转子整体弯曲刚度的影响最大。鼓筒轴在工作过程中除了承受自身的离心载荷以外,还承受巨大的轴向拉伸和扭转载荷,故对连接界面接触状态影响较大,因此在鼓筒轴结构设计中,需要对相关连接结构进行稳健性评估。由于鼓筒轴为轴向大尺寸的旋转壳,在加工过程中壁厚变化会使鼓筒轴的惯性主轴相对形心轴产生偏斜,产生较大的动不平衡,在高速转子系统中这对旋转惯性载荷具有重要的影响,故须对结构加工/装配进行高效控制。

对于典型高速大跨度高压转子,由于转子具有较大的长径比,整体弯曲刚度较弱,当要求高工作转速时,转子弯曲模态频率会低于转子最大工作转速,此时仅依靠转子的结构刚度和支承约束,不足以实现"避开共振"的设计要求,需要充分利用高转速旋转涡轮盘所产生的陀螺力矩效应,提高转子系统抗弯曲变形能力,才能提升弯曲振型共振转速,使转子系统具有充足的"避开共振安全裕度"。

在转子结构动力学设计中,通过调整转子结构构形和连接结构局部构形,可改变高转速下转子弯曲应变能的分布,使鼓筒轴中间处发生弯曲变形(见图 5 - 15,称为"V 形"弯曲)。压气机转子和涡轮盘转子具有相反的角向变形,充分发挥轮盘的陀螺力矩效应,提高转子弯曲模态共振转速。

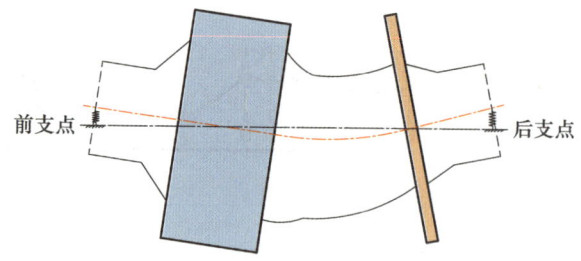

图 5 - 15　高速大跨度转子"V 形"弯曲示意图

需要说明,对于大跨度支承、大长径比的高速转子系统,通常采用大直径的鼓筒轴设计,以提高整体弯曲刚度和弯曲振型共振转速。但是鼓筒轴与前后连接的压气机、涡轮转子在几何结构构形上具有较大差异,由于其所处的载荷环境十分恶劣,连接结构接触损伤积累严重,因此在鼓筒抗高周疲劳、连接结构稳健性等方面的设计是高压转子结构动力学设计的一个难点。

在大跨度高速转子结构中,前后轴颈是转子结构几何突变较明显的位置,其弯曲刚度相对较小,但对转子动力学特性和支点动载荷影响显著。前后轴颈在几何构形上多采用柱壳或锥壳构形,通过调整轴向长度和锥角来调整结构的弯曲刚度。在前轴颈结构设计中,一般采用 50°左右锥角,以保证其具有较高的径向、轴向和角向刚度;由于后轴颈不承受轴向载荷,为降低支点动载荷,提高轴承在高温环境下的使用寿命,后轴颈一般采用小锥角低刚度设计,使涡轮盘产生的陀螺力矩充分作用于前端鼓筒轴上,以提高共振转速,同时降低后端支承约束载荷,实现对支点动载荷的控制。

2. 质量分布

转子质量分布是指转子质量、极/直径转动惯量沿轴向的分布,描述时可根据转子的结构特征,将转子离散为多个结构单元,用各结构单元的质心位置、质量、极/直径转动惯量描述。典型高压转子的质量分布如图 5 - 16 所示。

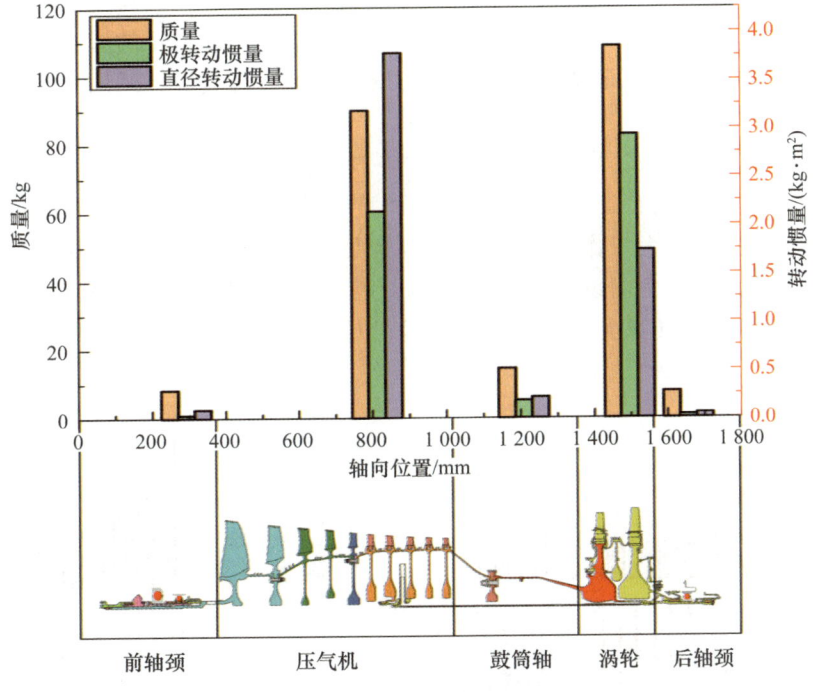

图 5 - 16 典型高压转子的质量分布

由图可知,高压转子的质量和转动惯量主要集中于压气机转子结构单元和涡轮转子结构单元上,两子结构单元的质量和转动惯量在数值量级上接近,是转子旋转惯性的主要来源。其中,压气机转子结构单元的惯量比 $I_p/I_d \approx 1$,为厚盘特征转子;涡轮转子结构单元的惯量比 $I_p/I_d \approx 2$,为薄盘特征转子,当转子高速旋转时,可以利用涡轮转子角向变形产生的旋转惯性力矩,提高高压转子弯曲刚度,控制转子变形。

3. 刚度分布

在航空燃气轮机转子结构设计中，对转子抗变形能力的基本要求包括以下几点：
① 整体具有良好的横向弯曲刚度；
② 轮盘-轴连接处具有可接受的角向刚度。

因此，为了充分反映转子结构的抗变形能力，根据所确定的结构和载荷环境，转子系统抗变形能力可通过等效刚度分布和惯性刚度来描述。

转子系统的等效刚度分布特征与其构形设计有关。图 5-17 所示为两种典型构形的高压转子等效刚度分布。两种转子均采用大轴向跨度的"拱形环壳"构形，其区别在于鼓筒轴刚度的强弱，虽最小等效刚度均在 10^7 N/m 量级，但等效刚度分布上存在一定差异。

如图 5-17(a)所示，采用大直径、高刚度鼓筒轴设计的高压转子，其等效刚度分布均匀，具有较强的整体性和很高的整体弯曲刚度。转子工作转速一般较低，能使转子弯曲振型模态频率位于最高工作转速以上，考虑涡轮陀螺力矩的影响，可进一步提高弯曲振型临界转速，保证转子具有足够的安全裕度。这类设计适用于大结构尺寸、低转速的高压转子。

如图 5-17(b)所示，采用小直径、低刚度鼓筒轴设计的高压转子，其等效刚度表现为两侧高、中间低的特征，转子整体弯曲刚度一般较低。转子工作转速较高，转子弯曲临界转速接近最大工作转速，转子在高速旋转时，会产生一定的弯曲变形，因此可以利用涡轮盘组件角向位移产生的陀螺力矩，提高转子弯曲刚度及相应的共振转速，以满足避开临界转速并具有足够裕度的设计要求。

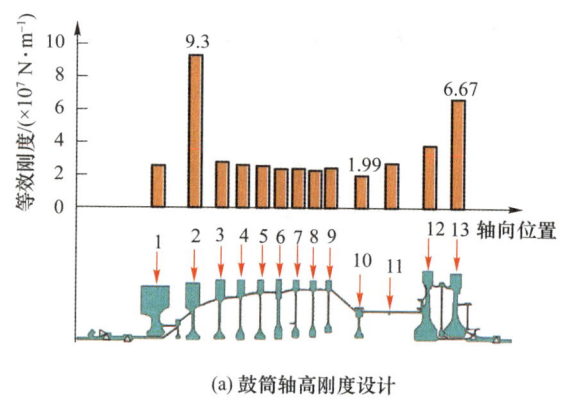

(a) 鼓筒轴高刚度设计

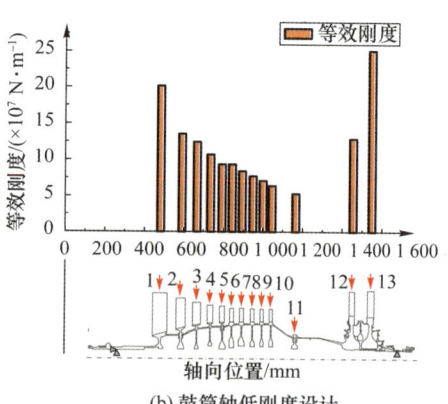

(b) 鼓筒轴低刚度设计

图 5-17 典型高压转子等效刚度分布

图 5-18 为两种典型构形的高压转子在横向载荷下的横向变形云图。图 5-19 所示为这两种高压转子在横向载荷下的应变能分布。

采用大跨度"拱形环壳"构形的高压转子，惯性刚度一般在 10^8 N/m 量级。但不同构形设计的转子在惯性载荷下的变形仍表现出较大的区别。

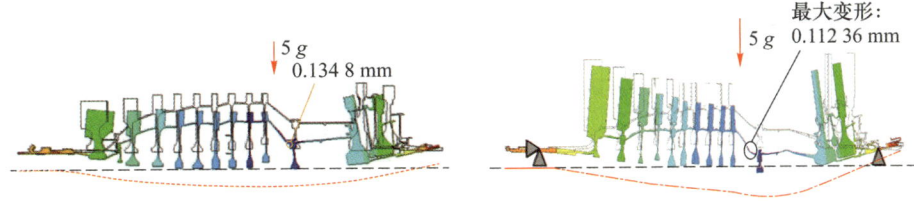

(a) 鼓筒轴高刚度设计　　　　　　　(b) 鼓筒轴低刚度设计

图 5-18　典型高压转子横向惯性载荷下的横向变形

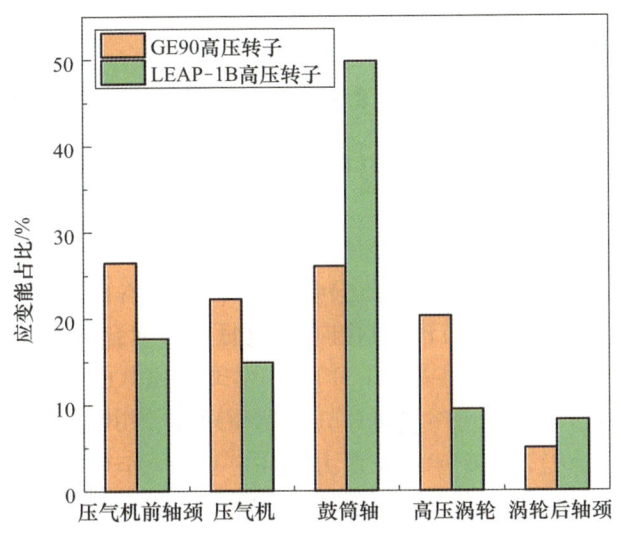

图 5-19　典型高压转子横向惯性载荷下转子应变能分布

如图 5-18(a)所示，采用大直径、高刚度鼓筒轴设计的高压转子，在横向过载时，转子表现为沿轴向均匀变形。从应变能分布来看，转子发生整体弯曲变形时，转子各子结构应变能占比均在 20% 左右，即各子结构均匀发生变形而非在某处集中弯曲变形。这类转子具有良好的整体性，整体弯曲刚度很强，同时具有较大的惯性刚度，在横向过载时的抗变形能力较强，转子整体横向变形较小。

如图 5-18(b)所示，采用小直径鼓筒轴设计的高压转子，在横向过载时，转子表现为在鼓筒轴局部发生较大的弯曲变形。从应变能分布来看，转子压气机、涡轮等气动部件应变能占比较小，而鼓筒轴应变能占比很大，即转子主要在鼓筒轴处发生弯曲变形。这类转子的整体性相对较低，易在鼓筒轴处发生局部弯曲变形，惯性刚度相对较低，但转子在压气机、涡轮处的局部刚度很高，气动部件不易发生变形，可以保证其较高的气动效率。此外，低刚度的鼓筒轴设计更有利于利用涡轮的陀螺力矩来提高转子弯曲刚度及相应的共振转速，适合高速转子设计。

5.2.2 转子结构设计模型

图 5-20 为高涵道比涡扇发动机典型高压转子结构示意图。高压转子由多级压气机和两级高压涡轮组成。转子轴向跨度较大且具有多个连接界面,转子整体弯曲刚度较低且易发生弯曲变形。因此,在转子结构设计时,需充分利用高速旋转时轮盘结构单元产生的陀螺力矩效应,提高弯曲模态共振转速;此外,还需对转子连接结构进行稳健设计,降低转子系统力学特性分散度。

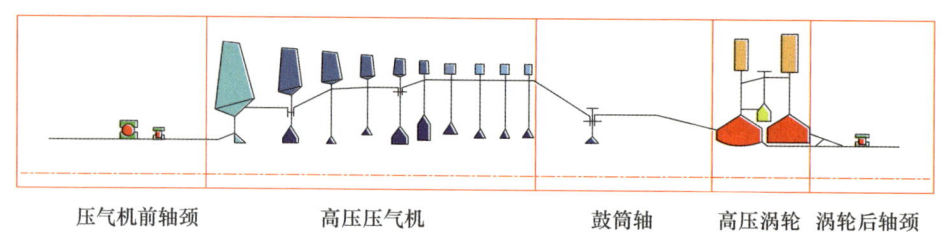

图 5-20 典型高压转子结构示意图

图 5-21 所示为根据高压转子结构特征建立的结构分析模型。将高压转子离散为 5 个子结构单元,单元类型包括质量单元和弹性单元。其中,转子的旋转惯性载荷主要由质量单元产生。

高压转子的质量单元分为压气机单元和涡轮单元,其中压气机单元轴向尺寸较大,其构形接近"厚盘"转子,产生的陀螺力矩效应较弱;涡轮单元构形接近"薄盘"转子,产生的陀螺力矩效应较强。因此,在转子动力学设计时,高压压气机转子采用高刚度设计,以避免高压压气机转子发生局部弯曲变形,同时利用高压涡轮盘在高速旋转时产生的陀螺力矩效应,提高转子弯曲模态共振转速。

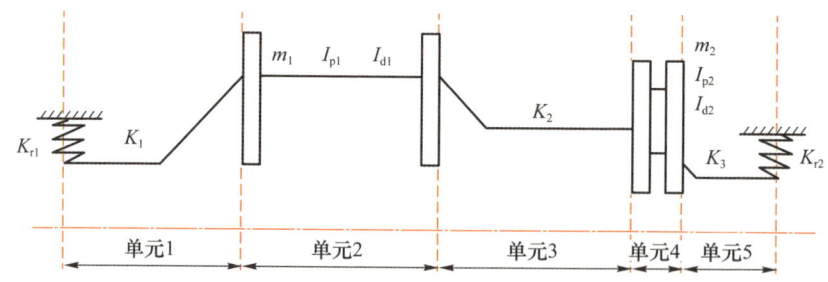

图 5-21 高压转子结构特征分析模型

高压涡轮的"薄盘"结构特征是发挥陀螺力矩效应的基础。为充分利用陀螺力矩效应需确保涡轮盘-轴连接结构具有足够的角向刚度,以保证轮盘产生的陀螺力矩对转子弯曲变形具有抑制作用。此外,涡轮盘组件需具有良好的整体性,以保持稳定的旋转惯性载荷。

如图 5-22 所示,当涡轮盘-轴连接角向刚度较高时,涡轮与鼓筒轴的角向变形具有较好的连续性。若鼓筒轴发生弯曲变形,则涡轮盘的角向变形 θ_{t1} 等于鼓筒轴右端截面的挠角,即始终保持一致的角向变形,可充分发挥轮盘的陀螺力矩效应。随着转速升高,在轮盘陀螺力矩作用下转子弯曲变形逐渐消失,鼓筒轴右端截面转角接近0,即涡轮盘被"掰正",此时陀螺力矩不会再随转速升高而增加。

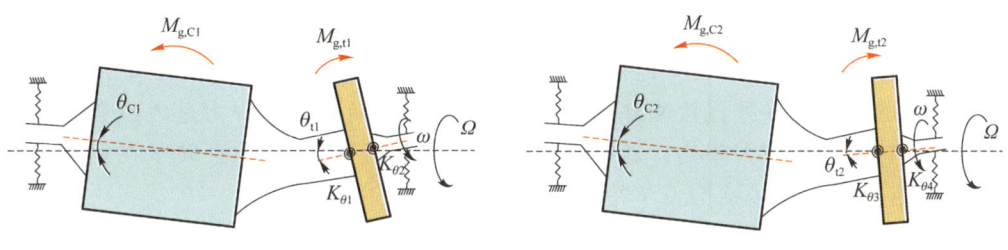

(a) 涡轮盘-轴向连接角向刚度较高　　(b) 涡轮盘-轴向连接角向刚度较低

图 5-22　涡轮盘-轴连接角向刚度对转子变形的影响

如图 5-22(b)所示,当涡轮盘-轴连接角向刚度较低时,若鼓筒轴发生弯曲变形且涡轮盘产生相应的角向变形时,在轮盘陀螺力矩作用下,涡轮盘则会在较低的转速下被"掰正"。随着涡轮盘处角向变形变小、陀螺力矩减弱,即使鼓筒轴仍具有较大的弯曲变形,但已无法进一步提高弯曲模态共振转速。

对于采用两级高压涡轮的转子(见图 5-23),若两级涡轮盘组件整体性较差,会导致第 2 级高压涡轮角向刚度显著下降。当转子高速旋转时,第 2 级高压涡轮易被陀螺力矩"掰正",即陀螺力矩效应不随转速持续增加,仅在第 1 级高压涡轮产生一定的陀螺力矩效应。在上述情形下,转子弯曲振型共振转速增长缓慢,可能造成临界转速安全裕度不足。

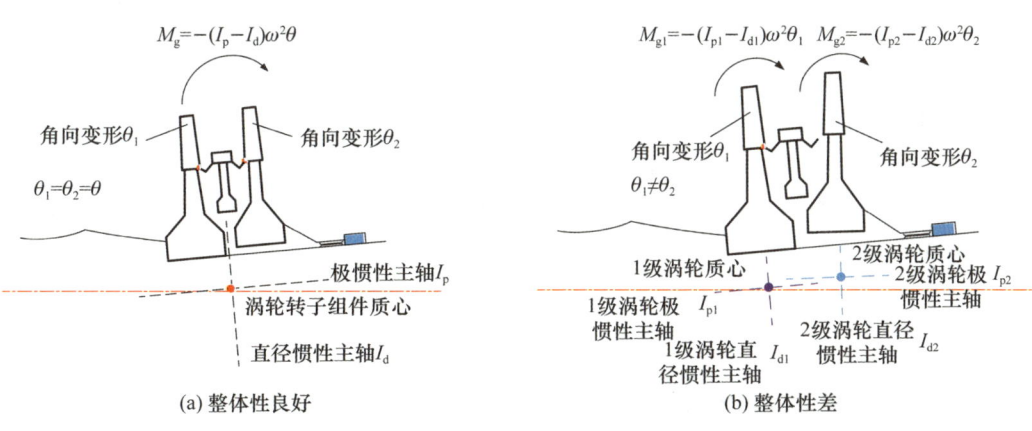

(a) 整体性良好　　(b) 整体性差

图 5-23　高压涡轮转子组件整体性对陀螺力矩效应的影响

此外,通过涡轮盘组件产生的陀螺力矩提高转子弯曲振型临界转速的同时,也要控制轮盘陀螺力矩对支点动载荷的影响。通常采用低刚度涡轮后轴颈设计,使质量单元产生的旋转惯性力矩大部分用于抵抗鼓筒轴的弯曲变形,仅有小部分转化为支点的动载荷,以实现支点动载荷的控制。

5.2.3 转子稳健性设计策略

1. 变形协调性及接触损伤控制

在工作载荷环境下,转子连接界面的接触状态与接触应力会呈现区间分布特征,连接界面的滑移会导致连接构件之间相对质心偏移,局部接触应力过大或交变变化会导致连接界面的应力损伤。通过控制连接界面的损伤积累,保证转子在复杂载荷环境下,有效降低连接结构力学特性的敏感性和分散性。

连接界面变形不协调,随着载荷循环接触损伤不断积累,这使转子结构系统力学特性产生一定的分散性。根据对界面接触损伤产生的力学过程的分析,连接结构失效可分为:接触疲劳、界面滑移和摩擦损伤三类。而针对接触界面力学行为的差异,连接结构稳健性评估参数包括:有效接触面积系数、接触应力、界面滑移量和接触摩擦功。

在复杂载荷下,为实现连接结构接触界面定位/定心、承载、传力的功能,必须保证界面接触状态稳定,一般可采用有效接触面积系数和对界面接触状态进行衡量,即

$$C_{val} = \frac{A_{sticking} + A_{sliding}}{A_{total}} \times 100\% \tag{5-8}$$

式中,$A_{sticking}$、$A_{sliding}$ 分别为粘滞接触面积和滑动接触面积;A_{total} 为接触界面总面积。

有效接触面积系数越大,界面承载面积越大,接触越稳定,即不易发生界面接触损伤。由于界面接触应力分布不均匀,可采用最大接触应力 σ_n 和平均接触应力 σ_{aver} 进行定量描述。连接界面最大接触应力 σ_n 越大,越易发生接触疲劳损伤;而平均接触应力 σ_{aver} 则反应了界面压紧状态,其量值越大,连接界面压紧越稳定。但界面的接触应力分布往往具有较强的不均匀性,应同时增大界面有效接触面积,以起到压紧稳定的作用。

界面滑移会造成结构同轴度变化和约束失效,进而会引起转子系统动力学特性的变化。由于界面各接触节点滑移量存在差异,可采用界面平均滑移量对界面约束失效程度进行衡量,即

$$\delta_{ave} = \frac{\sum_{i=1}^{m} \delta_i}{m} \tag{5-9}$$

式中,δ_i 表示接触节点 i 的相对滑移量;m 则表示接触节点的个数。

在滑移量统计时,仅需考虑界面滑移对连接结构力学特性影响较大的滑移方向,例如端面的径向滑移与柱面的轴向滑移。而柱面的周向滑移等接触行为,则主要造成界面微动磨损,并非接触界面的约束失效,其表征参数为接触摩擦功。

由于接触摩擦功与微动损伤寿命存在反比例关系,故在一个载荷循环周期内可采用摩擦功作为评估连接界面磨损程度的参数。界面摩擦功可表示为

$$W = \sum_{i=1}^{m} \mu |\sigma_{ni}| |\delta_i| A_i \qquad (5-10)$$

总之,需要控制不同形式的界面损伤积累,避免连接界面破坏或约束能力下降。其中,界面变形协调控制是最基础的界面损伤控制方法,通过对转子局部连接结构的几何构形、装配参数进行调整,保证在工作载荷环境下,转子结构的连接界面上滑移量始终保持在允许范围内,从而保证界面的接触力学特性、约束特性存在一定的相似性。此时,界面接触状态良好,接触应力分布均匀,滑移量与磨损程度较低。

如图5-24所示,变形协调性控制主要分为径向变形协调性控制和角向变形协调性控制。径向变形协调性控制要求在工作载荷下,连接结构圆柱定心面的内外环具有相对协调的径向变形,通常希望圆柱定心面内环径向变形略大于外环,既能保证圆柱定心面稳定定心,又不至于产生过大接触应力,避免造成界面接触损伤。角向变形协调性控制要求在工作载荷作用下,承载端面之间具有相对协调的角向变形,承载端面不至于发生较大的局部轴向分离,影响端面的接触状态和接触应力,避免造成承载端面的接触损伤。

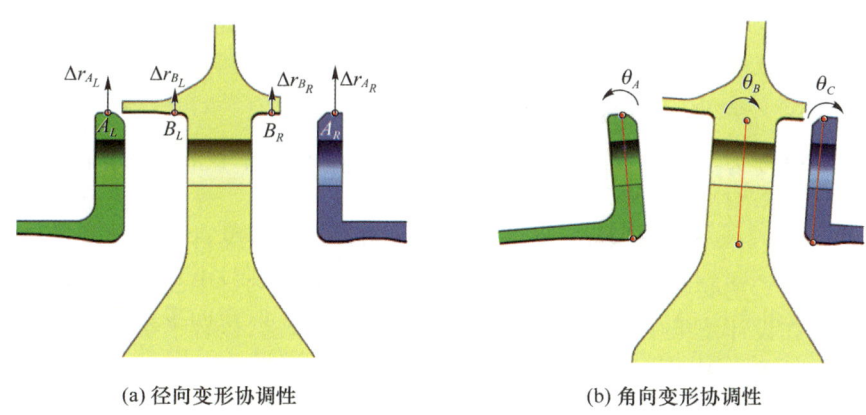

(a) 径向变形协调性　　　　　(b) 角向变形协调性

图5-24　连接结构变形协调性控制

2. 刚度损失和同轴度控制

转子结构系统在工作过程中发生弯曲变形,使连接界面接触状态发生变化,引起连接结构抗弯刚度和同轴度变化,在旋转状态下结构单元惯性主轴偏斜产生旋转惯性激励载荷(力矩),在转子动力响应中表现为相应支点动载荷随转速持续增大。

连接结构刚度和同轴度的变化,对高速转子系统的动力学特性的影响是不可忽略的。由于连接结构力学特性的变化与结构特征、装配特征、载荷环境等多参数相关,在定量描述中具有非确定性,通常以转子结构系统应变能分布、连接界面损伤积累等参数进行评估。

弯曲应变能可以定量表征转子局部的变形程度。应变能集中于连接结构处,由此造成的连接界面损伤是转子动力学特性产生分散性的来源。以弯曲振型为例,转子弯曲振型共振转速对应变能较大位置的刚度较为敏感,若将连接结构设计在应变能较大的位置,由于连接结构的刚度损失,会使该处的刚度进一步下降,引起弯曲振型共振转速的明显变化。

在连接结构设计时,对连接界面局部结构进行加强或者削弱相邻结构,使得在外载荷作用下,应变能向连续结构集中,也能有效降低连接结构敏感性,如图 5 - 25 所示。

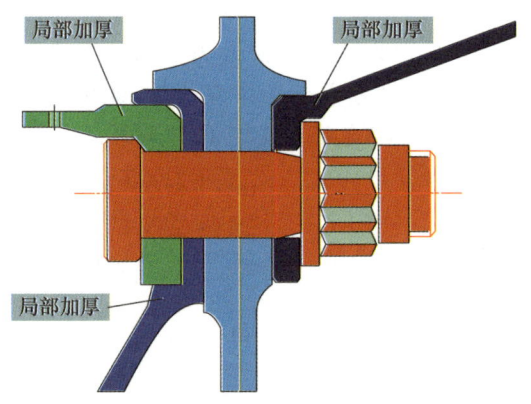

图 5 - 25　连接结构局部加强设计

转子同轴度为结构定心面或连接界面的几何圆心相对于转子轴线的几何偏差,表征转子组件被测的几何尺寸相对于转子轴线的波动情况。在界面连接转子组件的装配过程中,其不平衡会产生很大变化(装配后组件的不平衡量大于装配前各构件的不平衡量之和),主要归因于在装配过程中各构件轴心线相对于与组件的旋转中心线产生偏斜。在设计图纸中,转子同轴度一般以跳动量给出,包含了被测圆面的形状偏差和同轴度偏差。需要说明的是,同轴度和跳动并不一致,同轴度偏差的标准圆形,其跳动是同轴度偏差的两倍。

3. 动力学特性分散性控制

转子系统动力学特性分散性控制,不仅可降低转子共振转速对支承结构、连接结构刚度变化的敏感度,而且控制转子结构旋转惯性载荷对支点动载荷的影响。

在不同运动状态下支承结构的刚度、转子连接结构的刚度会随载荷频率和大小产生相应的变化,使转子结构系统各阶共振转速及动力响应呈现分散性。

大跨度高压转子在最大工作转速以下存在多阶共振转速,包括刚体振型共振转速和弯曲振型共振转速。转子稳健设计要求转子的工作转速应避开临界转速,并具有充足的安全裕度。

转子系统刚体振型共振转速通常位于低转速区域,对支承刚度的变化较为敏感。在转子动力学设计时,一般通过支点位置、支承刚度的设计,使各阶刚体振型临界转速处于低转速区,且相互靠近,以便转子加速时能快速通过,减小转子系统动力响应水平。

转子系统弯曲振型共振转速对转子的结构状态十分敏感。对于在压气机与涡轮转子相连接的鼓筒轴处弯曲的转子系统,由于涡轮盘转子具有"薄盘"特征,陀螺力矩效应显著,在转子动力学设计时,可通过对转子结构几何构形的调整,保证涡轮盘具有稳定陀螺力矩,且能充分作用在鼓筒轴上,以达到提高弯曲振型共振转速的目的。因此,通常遵循以下几点:

① 高压涡轮盘转子应具有"薄盘"特征,其极转动惯量和直径转动惯量之比应大于1.5,保证高速旋转时高压涡轮盘能产生足够的陀螺力矩;

② 应该保证涡轮盘与前端鼓筒轴具有高的盘-轴连接角向刚度,以使陀螺力矩能充分抑制转子的弯曲变形,提高转子的抗弯刚度;

③ 对于采用双级高压涡轮盘的结构,应保证双级高压涡轮在全转速内稳定压紧,即具有良好的整体性,避免双级高压涡轮在工作载荷作用下发生轴向松脱;

④ 尽量减小连接结构处的应变能占比,从而降低弯曲振型共振转速对连接结构刚度变化的敏感性。

转子系统在超临界高转速状态下的动力响应主要表现为支点动载荷的变化。因此,转子动力响应稳健性控制主要包括以下几点:

① 通过转子构件初始不平衡控制、优化装配工艺、采用分级平衡等措施,对转子系统大质量结构单元质量偏心与惯性主轴倾斜程度进行控制;

② 通过对转子结构和支承结构优化设计,降低各支点动载荷及其对支承结构和连接结构刚度变化的敏感度;

③ 根据转子构形和支承约束的设计需求,通过对转子旋转惯性载荷轴向分布、转子弯曲刚度分布以及支点位置优化设计,充分发挥轮盘陀螺力矩效应,提高转子抗变形能力,减小支点动载荷。

5.2.4 界面损伤对动力学特性影响

转子连接结构界面损伤虽然是局部力学特性的微小改变,但是由于高速旋转结构质量所产生的旋转惯性被"放大",使转子系统模态特性和响应特性均产生巨大的变化。

1. 共振转速分布

图5-26所示为典型高压转子系统共振转速分布。高压转子在工作转速附近通常存在三阶共振转速,分别为整体平动共振转速、整体俯仰共振转速和整体弯曲共振转速。

前两阶为刚体振型共振转速,共振转速主要受支承刚度的影响,由于陀螺力矩效应较小,共振转速几乎不随转速变化。在转子动力学设计时,一般要求两阶刚体振型临界转速相互靠近,以便转子加速时能快速通过。

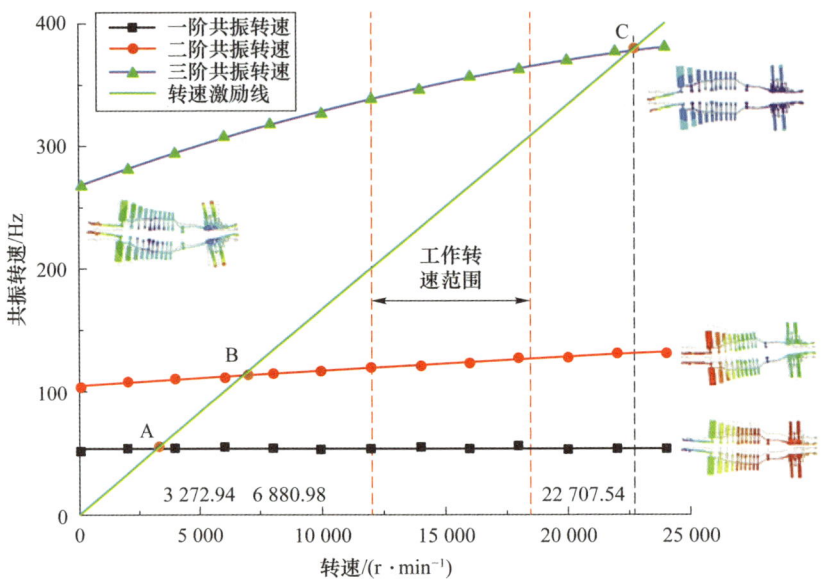

图 5-26 典型高压转子系统共振转速分布

第三阶为整体弯曲共振转速,对转子弯曲刚度、涡轮陀螺力矩的影响较敏感。大跨度支承转子系统的整体弯曲刚度相对较低(弯曲模态频率一般低于最大工作转速),随转速提高会发生弯曲变形,导致涡轮盘发生角向变形,产生陀螺力矩效应。由于陀螺力矩可抑制转子的弯曲变形,等效于增强转子的抗弯刚度,使相应的共振转速随转速持续增加,从而保证工作转速具有足够的安全裕度。

轮盘陀螺力矩效应主要取决于结构体的转动惯量比 I_p/I_d。在涡轮结构设计中,尽量增加径向尺寸、减小轴向尺寸,使其具有"薄盘"特征,转动惯量比 I_p/I_d 在 1.5~2,以增加陀螺力矩效应。此外涡轮盘-转轴连接具有高的角向刚度是必要保障,才能使轮盘产生的旋转惯性力矩载荷有效抑制转轴的弯曲变形。

大跨度高压转子具有多连接界面的结构特征,在外部载荷作用下,连接结构承载界面可能产生局部滑移与分离,连接界面对结构体约束能力下降,使连接结构产生刚度弱化现象,即连接结构刚度损失。连接结构刚度损失通常会造成转子共振转速特性的变化。在转子稳健设计时,通常将连接结构设计在转子弯曲振型应变能分布较小的轴向位置,降低连接结构敏感性和转子动力学特性的分散性。

对于采用双级高压涡轮的高压转子系统,涡轮盘组件的整体性也对陀螺力矩效应具有显著的影响。当双级涡轮盘组件具有良好的整体性时,转子系统在涡轮盘的陀螺力矩作用下,弯曲振型共振转速随转速迅速增加,保证了在工作转速范围内与临界转速具有足够的安全裕度。当双级涡轮盘组件整体性较差时,转子的陀螺力矩效应大幅较小,弯曲振型共振转速几乎不随转速变化,高压转子弯曲振型临界转速大幅下降,造成转子安全裕度不足。

当考虑高压转子连接结构的刚度损失、双级涡轮盘组件的整体性保持、支承刚度分散性等非确定因素影响时,转子共振转速将表现出区间分布的特征,如图 5-27 所示。

若高压转子连接结构稳健性良好,双级涡轮盘组件整体性保持良好,支承刚度分散性小,则可视为连续转子,整体弯曲共振转速可达到图中所示的上限值,此时的临界转速点为 A 点,该临界转速点通常具有较高的安全裕度。反之,若敏感位置的连接结构刚度损失大、双级涡轮盘组件整体性较差、支承刚度分散性大,则整体弯曲共振转速可能达到图中所示的下限值,此时的临界转速点为 B 点,该临界转速点可能靠近最大工作转速甚至落在工作转速区间内,造成安全裕度不足甚至转子共振。因此,对于大跨度、多界面高速高压转子,必须进行转子稳健性设计,保证连接结构具有良好的稳健性、涡轮盘组件具有良好的整体性,并对转子进行共振转速分散性控制。

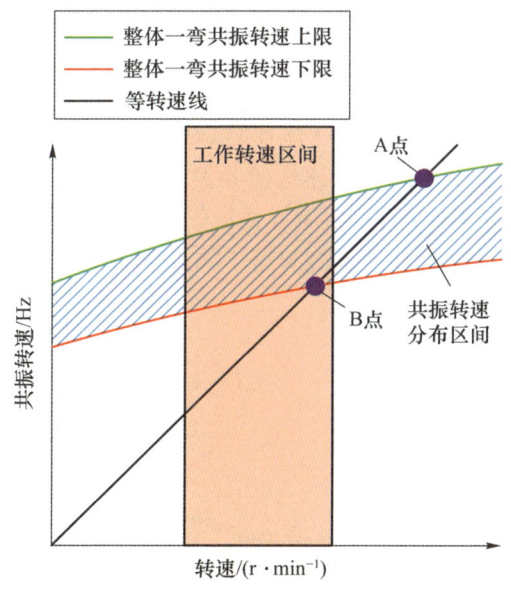

图 5-27　高压转子整体弯曲共振转速区间分布特征

2. 支点动载荷

在典型高压转子系统压气机和涡轮质心处施加相位相同的质量偏心和惯性主轴倾斜,得到支点动载荷随转速变化,如图 5-28 所示。从图中可以看出:

① 各支点在过临界时载荷突增,形成峰值。

② 高压转子通过整体俯仰临界后,两支点处仍存在较大支点动载荷,且随转速逐渐增大,这是由于结构惯性主轴倾斜产生旋转惯性力矩载荷导致。

③ 由于涡轮为薄盘结构,在高转速下将产生很大的旋转惯性力矩载荷,影响相

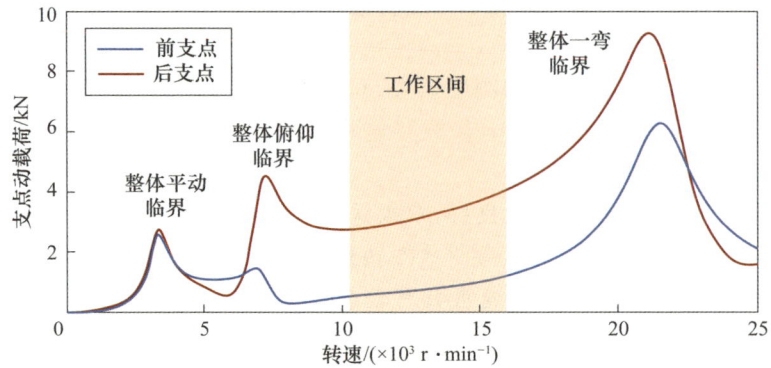

图 5-28　高压转子支点动载荷

邻的后支点动载荷。在高压转子支点动载荷控制中,需重点关注涡轮旋转惯性载荷对后支点的影响。

对于采用双级高压涡轮的高压转子,需关注双级涡轮盘组件整体性对支点动载荷的影响。图 5-29 所示为涡轮盘组件整体性良好和整体性较差时后支点动载荷的变化。从图中可以看出:

① 双级涡轮盘组件具有良好的整体性时,对刚体振型共振转速及过临界时的支点动载荷影响很小,但会显著影响整体弯曲共振转速及相应的支点动载荷。

② 当双级涡轮盘组件产生界面接触损伤失效,整体性变差后,涡轮盘的陀螺力矩效应大幅下降,高压转子整体弯曲共振转速显著下降,在高转速时支点动载荷显著增大。

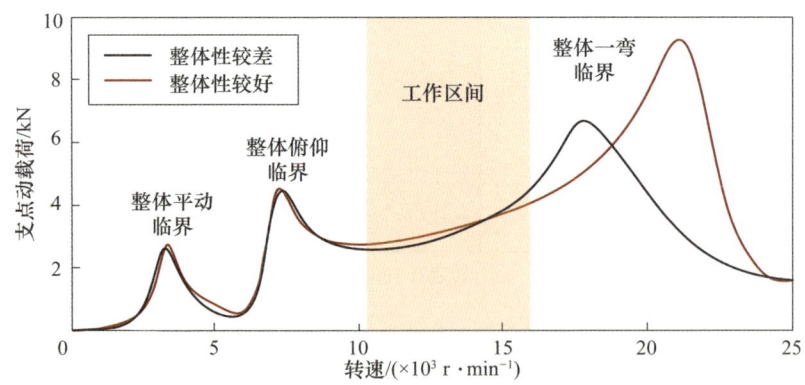

图 5-29　涡轮盘组件整体性对后支点动载荷的影响

图 5-30 为两种状态下高压转子弯曲变形示意图。对于双级涡轮盘组件整体性良好的高压转子,在高转速下转子发生弯曲变形,双级涡轮盘保持一致的角向变形,能产生较强的陀螺力矩效应,提高整体弯曲临界转速。如果双级涡轮盘组件整体性结构设计较差,在高转速旋转状态下,连接界面松动甚至发生分离,使高压转子弯曲变形时,双级涡轮盘的角向变形不一致。第 1 级涡轮盘仍具有足够的盘-轴连接角向

刚度，与鼓筒轴保持整体弯曲变形，能产生一定的陀螺力矩抵抗鼓筒轴变形，而第2级涡轮盘由于角向刚度显著下降，陀螺力矩效应无法体现，使高压转子弯曲共振转速显著降低。此外，由于双级涡轮盘之间产生相对角向位移，惯性主轴偏斜角度的变化会产生附加旋转惯性激励载荷，对动力响应也会产生相应的影响。

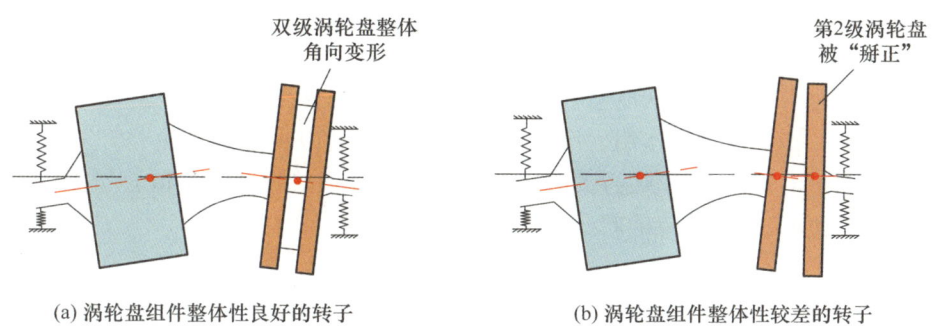

(a) 涡轮盘组件整体性良好的转子　　　　(b) 涡轮盘组件整体性较差的转子

图 5-30　高压转子弯曲变形示意图

典型大跨度支承高转速转子系统，其涡轮盘后轴颈多采用低刚度设计，以控制支点动载荷。在高转速下，高压转子后支点动载荷主要来源于涡轮盘高速旋转产生的旋转惯性力矩。涡轮盘产生的旋转惯性力矩由鼓筒轴和涡轮后轴颈共同承受，两者承受的载荷之比取决于两者的弯曲刚度之比。当采用较低弯曲刚度的后轴颈时，后轴颈承受的旋转惯性力矩载荷相对较小，故后轴颈变形（应变能）较小。因此，后支点对涡轮后轴颈的约束较弱，产生的动载荷也相对较小。在先进的高压转子设计中，通常采用弱刚度设计的涡轮后轴颈，控制后支点动载荷，图 5-31 所示的"折返形"锥壳设计和小直径长柱壳设计，均是典型的弱刚度设计。

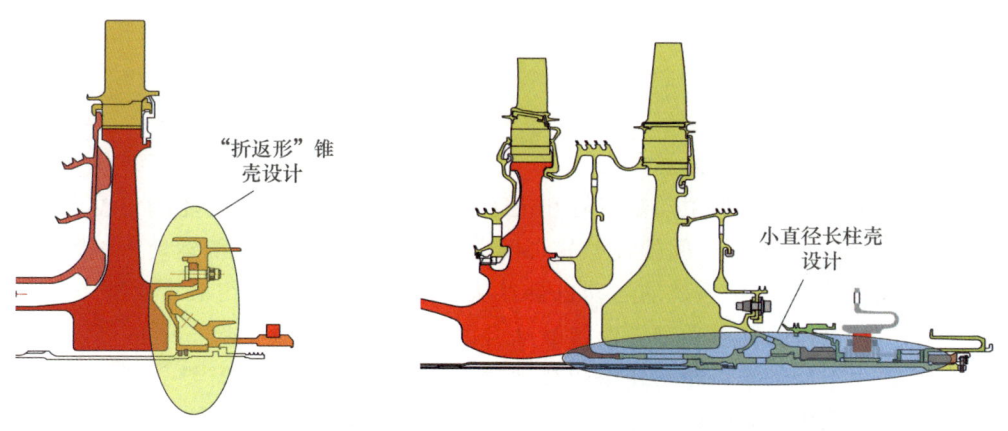

(a) "折返形"锥壳设计　　　　　　　(b) 小直径长柱壳设计

图 5-31　典型弱刚度后轴颈设计示例

综上所述，对于双级涡轮的高转速、大跨度转子系统，必须保证双级涡轮盘组件具有良好的整体性,既有利于提高弯曲振型临界转速,又能控制高转速下支点的动载荷。

5.3 中央传动齿轮-转子系统

中央传动齿轮组件是从航空发动机主轴向外部附件传递轴功率的转子系统,对发动机正常工作具有重要作用。图 5-32 所示为典型中央传动齿轮-转子结构系统的结构示意图。其中,转子通过安装于前端的主动锥齿轮与从动锥齿轮连接,进而驱动传动轴转动、实现向外传输转子轴功率的功能。

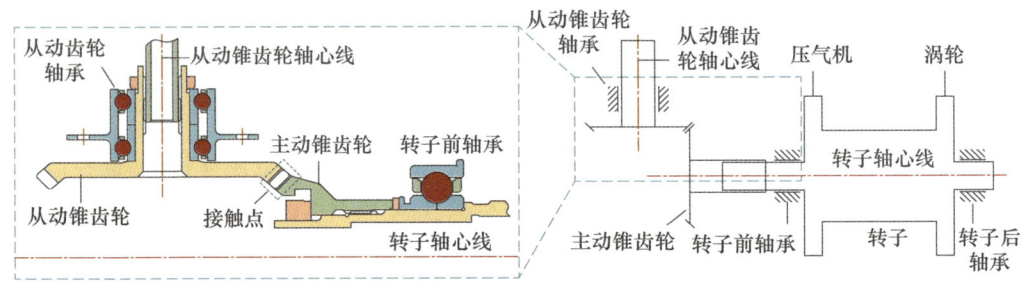

图 5-32 中央传动齿轮-转子结构系统

根据轻质重载的设计要求,由于齿轮传动结构质量降低,转子系统的转速负荷却不断增加,使发动机转子系统在驱动中央传动齿轮副工作状态下,引起整个传动结构系统发生复杂的振动。在工程实际使用中,由于转子振动过大、中央从动齿轮断裂等故障时有发生,对发动机的正常运行及结构系统可靠性具有重要的影响。

5.3.1 力学模型

中央传动齿轮副一般为悬臂支承,在工作过程中产生横向位移或角向位移(平动或俯仰)时,位于转子上的主动锥齿轮和位于承力机匣上的从动锥齿轮的位置发生改变,这使中央传动齿轮副之间的接触状态发生变化,进而对转子系统运动产生附加约束和附加激励反之,转子系统的运动也会对从动锥齿轮产生附加约束及激励。

考虑从动锥齿轮和主动锥齿轮接触啮合的交互影响,建立如图 5-33 所示的动力学模型。由于从动锥齿轮与转子的转动轴心线互相垂直,因此需要分别建立局部参考坐标系。图中的 O-xyz 为转子系统的局部直角坐标系,O-$x'y'z'$ 为从动锥齿轮系统的局部直角坐标系,轮盘 1、2、3、4 分别代表主动锥齿轮、压气机、涡轮和从动锥齿轮。需要说明,主动锥齿轮与从动锥齿轮之间的间隙弹簧,用于模拟带有初始间隙的齿轮接触这一非线性特征。

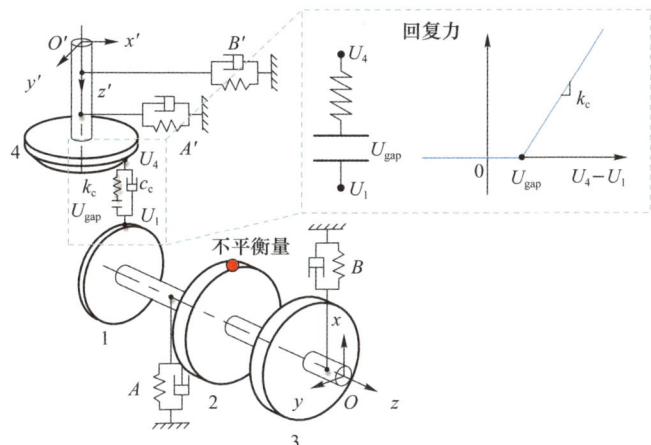

1—主动锥齿轮；2—压气机；3—涡轮；4—从动锥齿轮

图 5-33　中央传动齿轮-转子结构系统动力学模型

5.3.2　响应特性

1. 主轴转子系统

中央传动齿轮副-转子结构系统的接触界面具有"约束"和"激励"的双重作用,由于工作转速较高,齿轮啮合作用具有"冲击"效果,工作状态下结构件的交互影响显著。对于中央传动转子系统,从动锥齿轮对其横向约束状态变化较敏感,相应的动力响应十分复杂。

由于受到从动锥齿轮的附加约束作用,转子系统的动力响应除了包含转子转速成分外,还包括较为丰富的倍频成分。图 5-34 所示为上述中央传动齿轮-转子系统经过仿真计算和试验测量,所得工作转速下转子后支点轴承位置的频率成分。

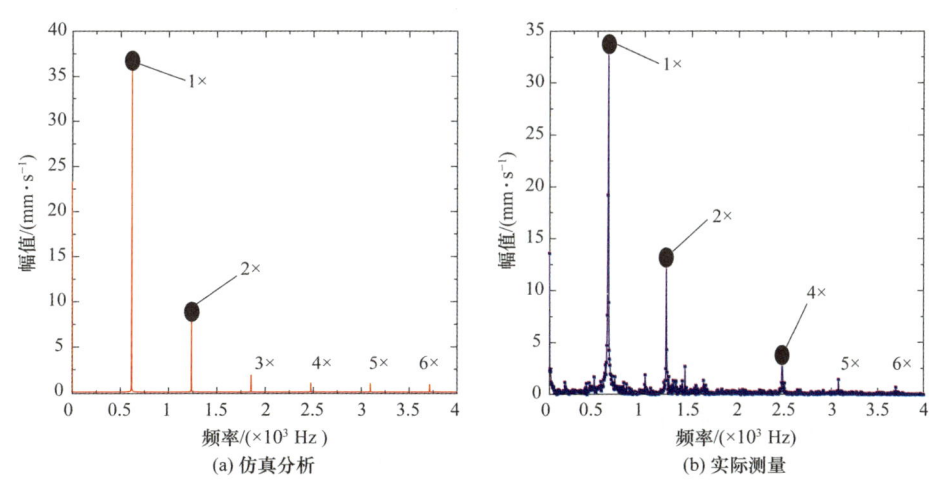

图 5-34　工作转速下转子后轴承位置动力响应特性

此外,由于受到来自锥形齿轮副齿面啮合的持续约束作用,转子的轴心还存在稳定的横向偏移,转子截面轴心轨迹整体偏离中心点,如图 5-35 所示。

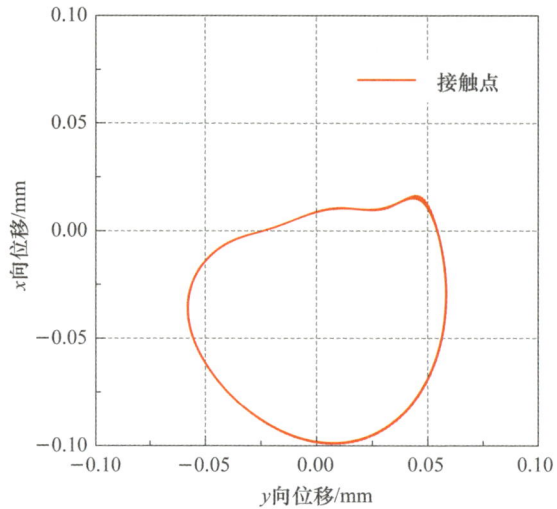

图 5-35　工作转速下转子接触点位置轴心轨迹

综上所述,从动锥齿轮对转子系统所产生的附加约束作用,使其运动会产生转动基频和倍频成分的振动,同时,转子运动状态的变化也会对从动锥齿轮产生附加约束或激励作用。

2. 从动锥齿轮

在工作状态下,从动锥齿轮需考虑来自以下两方面的激励:①与主动齿轮的齿面啮合所产生的高频激励;②转子横向振动产生的低频激励。其中,齿轮副齿面接触引起的啮合激励频率 H_h,可表述为从动锥齿轮工作转速 ω_g 与从动锥齿轮齿数 n_g 的乘积,即

$$H_h = \omega_g \cdot n_g \tag{5-11}$$

由于啮合激励频率较高、啮合时间较短(小于 1 ms),需将该激励视为冲击载荷,并考虑其振动能量的传播特性。因此,将从动锥齿轮受到的齿面啮合激励载荷通过冲击函数表示,从动锥齿轮受到的激励作用如图 5-36(a)所示。

根据分析可知,工作状态下转子变形会对从动锥齿轮产生低频激励作用,并且与转子的转动频率呈倍频关系,其激励可以表达为

$$H_l = \omega_r \cdot n_v \tag{5-12}$$

其中,$n_v = 1,2,3\cdots$表示转子系统振动频率相对转子转速可能出现的倍率。显然,该周期激励作用与转子的转动频率有关。而相对于齿面啮合产生的高频激励作用,该旋转惯性激励频率较低、幅值较大。因此,转子系统产生的激励作用可以近似通过简谐函数表达,其具体形式如图 5-36(b)所示,图中 F_{l0} 为锥齿轮间啮合产生界面初始

力,ΔF_l 为振动应力幅值。

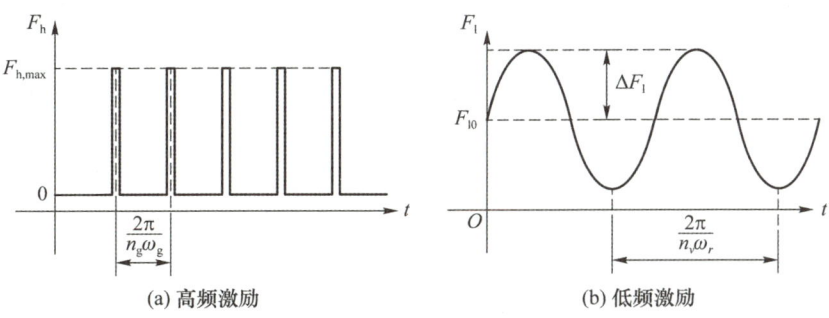

(a) 高频激励 (b) 低频激励

图 5-36　从动锥齿轮受到的激励作用

由于从动锥齿轮结构受到外界激励,即来源于齿面啮合产生的高频激励和转子转动产生的低频激励,且这两个激振频率分别取决于从动锥齿轮的转动频率和转子的转动频率,故基于单激励源的 Campbell 图并不能满足对齿轮-转子系统的共振状态分析。

图 5-37 为多源激励条件下从动锥齿轮的 Campbell 图。该图的两条横坐标分别表示从动锥齿轮转速和转子转速。图中绘制了以齿轮转动频率为基频(n_g)的倍频激励($K_g=n_g$)和以转子转动频率为基频的倍频激励($K_r=1,2,3$),通过上述直线与从动锥齿轮各阶模态的共振频率线的相交情况,分析工作状态下从动锥齿轮可能出现的共振点。

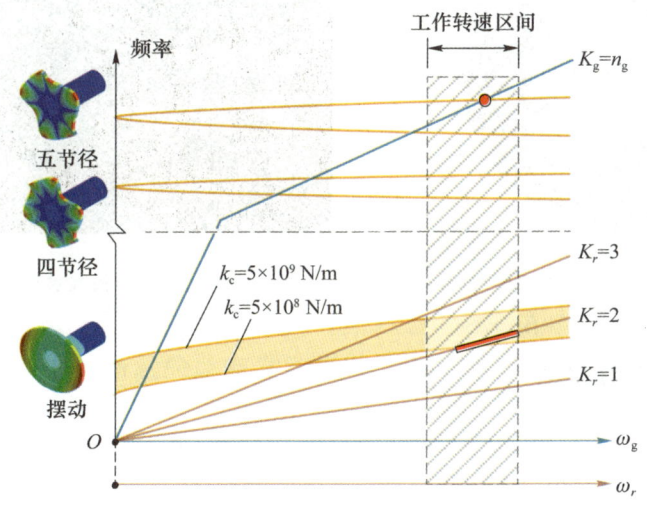

图 5-37　多源激励下从动锥齿轮 Campbell 图

由中央传动转子系统共振图可知:①由于锥齿啮合面附加约束刚度只对从动齿轮的低频振动模态影响较大,故图中只考虑了不同附加约束刚度 k_c 对从动锥齿轮低阶模态动频特性的影响。因此，从动锥齿轮摆动模态对应的共振转速随从动锥齿轮的转速变化呈区间分布；②由于转子转速2倍频的激励作用，从动锥齿轮在工作转速区间内产生摆动模态振动；③由于锥齿轮副啮合频率激励的影响，从动锥齿轮还同时存在振型为五节径的模态振动。

对中央传动齿轮-转子结构系统的动力响应仿真分析可知，由于受锥齿轮啮合面的附加约束和啮合频率激励的影响，从动锥齿轮内的低频振动应力分布呈非轴对称分布，如图5-38所示。结构系统高周疲劳损伤失效是由转子旋转激励引起的低频振动和由齿面啮合激励引起的高频振动共同作用引起的。

因此，从动锥齿轮的高周疲劳损伤失效故障现象与一般齿轮系中单纯由齿面啮合引起的齿轮高周疲劳故障现象不同。

在一般齿轮系中，由于齿面啮合产生的高频激振力在结构中传播时会被快速耗散，因此其振动能量往往集中在接触点附近，使高周疲劳损伤失效表现为齿轮局部掉块。在中央传动齿轮-转子系统中，由齿面啮合产生的高频激振力造成初始损伤后，其裂纹扩展是沿着锥齿低频模态振型的高应力区沿辐板轴向扩展（见图5-38中的虚线），最终有可能会导致锥齿轮的整体开裂，这与工程使用中的锥壳轮断裂故障件的荧光检测结果相一致，如图5-39所示。

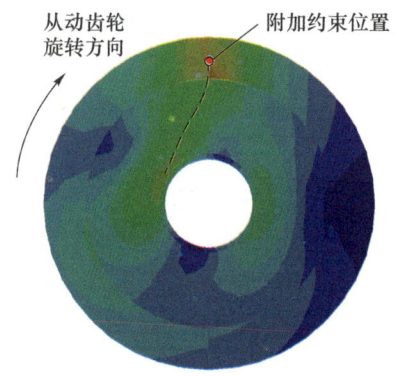

图5-38 从动锥齿模态振动应力分布

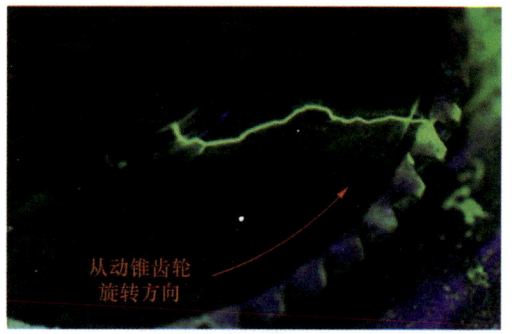

图5-39 从动锥齿轮疲劳裂纹荧光检测

5.3.3 耦合振动抑制

基于对中央传动齿轮-转子结构系统的振动特性分析，根据系统发生耦合振动的机理，可以制定相应的振动抑制措施。

对于大尺寸主轴转子系统，由于结构质量大、转速相对较低，转子系统与锥齿轮副的动力学特性差异极大，中央传动锥齿轮副对转子系统的局部约束和激励作用已忽略不计。对于小尺寸高转速的转子系统，由于结构刚度低、激励频率高，中央传动锥齿轮副的啮合激励具有冲击特征，可导致转子系统动力响应出现倍频特征，因此需要将中央传动齿轮与转子系统作为一个整体,进行动力学特性分析和动力学设计。

为了避免中央传动装置对转子系统动力学特性的影响,在一些发动机传动转子系统设计中,采用浮动套齿过渡轴传递高压转子与中央传动锥齿轮副的扭矩(见图 5-40),利用其自动定心特性及横向间隙,减小转子与锥齿轮副之间的交互激励。

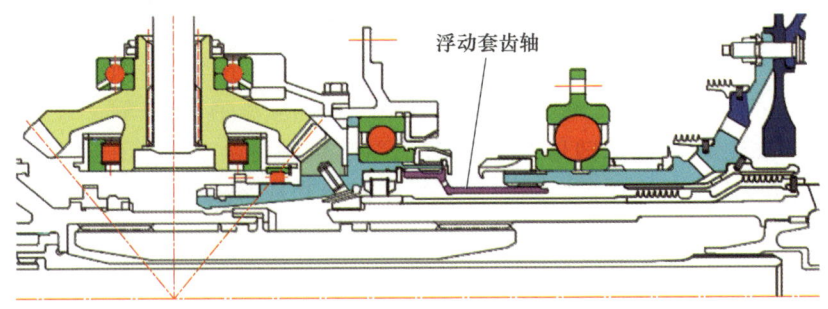

图 5-40　采用浮动套齿轴过渡中央传动锥齿轮副组件

大尺寸航空发动机的高压转子转速相对较低,中央传动锥齿轮结构模态频率相对较高,故在锥齿轮的振动特性分析时,不需要考虑转子运动带来的旋转激励作用,而只考虑齿面高频啮合带来的模态振动和损伤。但是小尺寸涡轴涡桨发动机的高转速转子系统,旋转激励频率会在从动锥齿轮中引发低阶模态振动时,必须考虑位于转子上的主动锥齿与从动锥齿轮啮合所产生的动力响应。因此,对于高速转子系统,需要考虑中央传动锥齿轮与转子系统的交互影响,以防止锥齿轮副齿面啮合引起的高频模态振动及相关构件的高周疲劳损伤失效。

在一些中央传动装置中设计有阻尼结构,图 5-41 所示为齿轮辐板处设计有弹性涨圈干摩擦阻尼器,以提高锥齿轮在高频振动下的结构阻尼,防止结构振动过大而发生损伤。

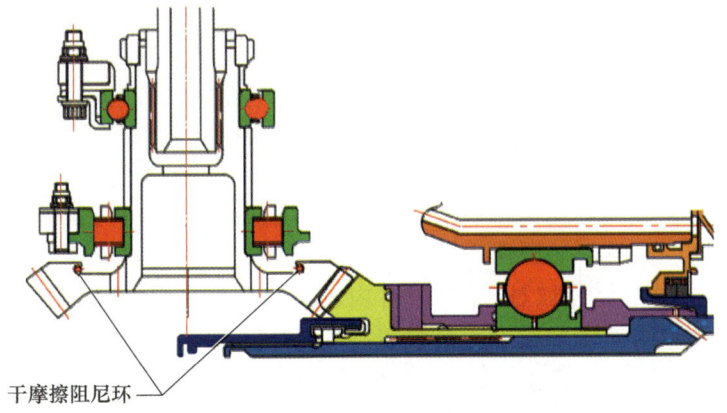

图 5-41　带有干摩擦阻尼环的传动锥齿轮

第 6 章
复杂转子系统动力响应稳健性

第6章 复杂转子系统动力响应稳健性

转子结构非连续性主要表现为结构构形突变、界面连接和接触约束三个方面。其中,转子支承结构由轴承及相关承载结构、阻尼结构、润滑结构和封严结构组成。为适应转子高速旋转,轴承及其安装结构间、固定结构间均存在一定间隙,这使转子在不同运动状态下,轴承-支承结构的约束力学特性有所不同。

现代航空发动机大多采用双转子结构布局设计,常采用中介轴承支承或共用承力框架结构系统来减小承力框架以实现减轻结构质量的目的。在双转子结构系统中,各转子在旋转过程中均会产生各自基频的旋转惯性激励,并对支承结构产生动态激励,这在一定程度上对其他转子进动及动力学特性产生影响。

由于转子运转状态不同,转子间的交互激励或动力响应的影响会引起转子发生"非协调涡动"。从能量传递的角度,转子系统进行的非协调涡动属于"自激振动",由于进动速度与转动速度不同,在转轴上会产生交变应力,从而使转子转动能量持续向进动运动注入,这在一定条件下使转子进动轨迹加大,甚至发生失稳,或引起轴承、支承结构损伤失效。

| 6.1　中介支点双转子非协调涡动 |

高推重比涡扇发动机大多采用带有中介轴承的双转子结构布局设计,以减少承力框架数目,提高结构效率,降低结构重量。图 6-1 为典型小涵道比涡扇发动机双转子结构系统示意图。

中介轴承-双转子系统中,由于中介轴承可直接传递转子间的交互激励载荷,影响高低压转子的进动,因此对双转子系统的动力学特性分析中需要考虑转子之间交互激励作用的影响。在中介轴承的交互激励作用下,双转子系统模态特性和响应特性均具有非协调涡动状态特征。

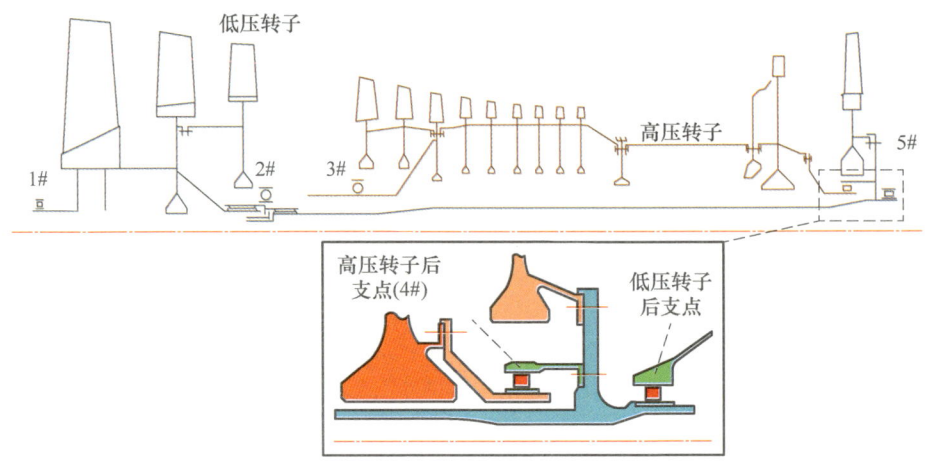

图 6-1 中介轴承-双转子系统结构示意图

6.1.1 双转子系统耦合模态

双转子系统固有模态运动分为两种:一是单转子局部模态,该模态振型以一个转子的位移或变形为主进行同步正进动旋转;二是双转子耦合模态,各转子均有相应的模态振型,并以相同的模态频率进动。当发生耦合模态运动时,至少一个转子处于非协调涡动状态,这时相应的转子系统的支承结构会产生组合频率激励响应,造成疲劳损伤失效。

根据转子系统在共振状态下进动速度的不同,双转子系统共振转速可以分为:高压激起共振转速(双转子系统进动速度与高压转子转速相同)、低压激起共振转速(双转子系统进动速度与低压转子转速相同)。由于转子在不同转速下的运动状态不同,转子各结构单元旋转惯性载荷大小和作用方向也会发生相应的变化,各阶共振转速随转速的变化规律也有所不同。

为抑制中介轴承-双转子系统动力响应,需要从避开耦合模态共振转速和减小转子间交互激励两个方面进行结构及转子动力学优化设计。

对于双转子系统,由于高低压转子结构特征相差较大,在低转速区域发生耦合振动的可能性较小,且转速较低,可通过支承刚度和阻尼结构设计进行有效控制。在转子高转速区域,高低压转子的弯曲模态振动产生耦合是最危险的,在转子动力学设计中需要重点考虑。避免振动耦合的必要条件是高低压转子工作转速和共振转速之间需要有充分的安全裕度。需要注意,由于一般双转子系统的两个转子反向旋转,这里所说的共振转速包括正进动和反进动状态下的共振转速。

在全工作转速范围内,高低压转子在旋转惯性激励下,中介轴承处的位移约束会直接影响另一个转子的运动状态,并且会给转轴和支承结构带来振动疲劳损伤失效问题。因此,需要在转子结构及动力学设计中对中介轴承处的位移约束进行必要的控制。在中介轴承处,高压转子对低压转子的作用主要表现为支点动载荷激励作用。从理论上讲,若中介轴承处于高压转子模态振型的节点附近,其支点动载荷最小,低压转子对高压转子的激励属于"基础激励",中介轴承位置应选在动力响应最小点处。针对低压多支点柔性转子,只有靠近振型节点处的动力响应最小,低压涡轮后支点也通常靠近低压转子振型节点。在工程设计上,一般应该使中介轴承尽量靠近低压涡轮后支点。

对于典型的双转子结构系统(见图 6-1),高压转子(两支点转子)的后支点支承在低压转子(三支点转子)涡轮后支点附近的轴颈上,使高压后支点成为中介轴承(4#),两个转子通过中介轴承传递力并相互约束。依据典型高推重比涡扇发动机的结构特征参数,设置力学模型特征参数,通过仿真计算可求解双转子系统在不同转速下所对应的模态振型和应变能分布特性。图 6-2 为中介轴承-双转子系统前 8 阶模态振型图。

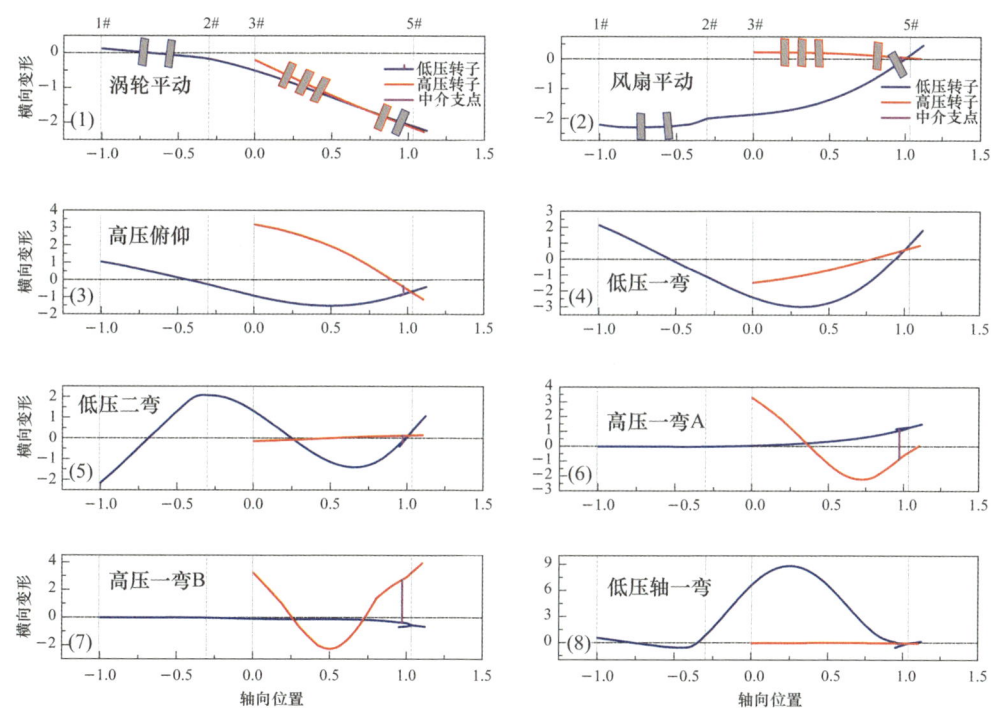

图 6-2 中介轴承-双转子系统模态振型图

从模态振型中可知,在高压转子俯仰模态(3)、低压一阶弯曲模态振型(4)中,高低压转子的变形均较大,耦合程度较大;而高低压涡轮平动(1)次之;其余振型(2,5,6,7,8)皆是以某一个转子振动为主的局部模态,基本不存在转子间的耦合。

为了描述各阶模态应变能在高、低压转子和中介轴承上的分布,以表征两个转子的模态耦合程度,可采用**激励系数** η_1(为中介轴承应变能占比)和**耦合系数** η_2(为高

低压转子系统应变能密度比)进行定量评估，根据定义可表示为

$$\eta_1 = \frac{U_{4\#}}{U_{\text{total}}} \times 100\% \tag{6-1}$$

$$\eta_2 = \log\left(\frac{U_{\text{HR-sys}}/m_{\text{HR}}}{U_{\text{LR-sys}}/m_{\text{LR}}}\right) \tag{6-2}$$

式中，$U_{4\#}$ 为中介轴承应变能；U_{total} 为双转子系统模态总应变能；$U_{\text{HR-sys}}$ 为高压转子系统应变能；$U_{\text{LR-sys}}$ 为低压转子系统应变能；m_{HR}、m_{LR} 分别为高压转子总质量、低压转子总质量。

激励系数 η_1 与转子工作时中介轴承动载荷大小直接相关，若 η_1 增大则两转子之间交互激励作用较强，两转子振动耦合程度就较大。高压转子工作转速附近的两阶振型常为俯仰振型和弯曲振型，且由于高压转速较高，故高压后支点（中介轴承）的振幅较大、能量较高，对低压转子的激励作用尤为强烈；由于低压弯曲振型较多，中介轴承常置于低压涡轮质心附近（即低压转子弯曲节点附近），故低压转子对高压转子激励往往没有高压转子对低压转子的激励作用强烈。减弱中介轴承应变能占比，应尤为关注高压激励成分。

耦合系数 η_2 描述的是模态应变能在两个转子上的平均分布程度，即两个转子的振动耦合程度。η_2 为正值则表明高压转子系统振动能量在系统振动能量中占主导，为负值则表明低压振动能量占主导。η_2 的绝对值越大，相应转子能量占比越大，能量越集中在某个转子上，表明两转子无耦合振动。当 η_2 绝对值接近 0 时，说明两个转子具有相同量级的振动能量（即均发生振动），故耦合程度较大。

表 6-1 所列为图 6-2 中所示的 8 个模态共振状态下，中介轴承激励系数 η_1 和高低压转子系统耦合系数 η_2 的值。

表 6-1 双转子系统耦合系数示例

阶次	模态振型	中介轴承应变能占比 η_1/%	高低压转子应变能密度比 η_2
1	涡轮平动	0.8	−1.19
2	风扇平动	0.0	−1.98
3	高压俯仰	1.4	0.88
4	低压一弯	0.0	−0.59
5	低压二弯	0.0	−2.80
6	高压一弯 A	28.7	1.63
7	高压一弯 B	29.6	1.73
8	低压轴一弯	0.0	−4.32

η_2 为正数的模态振动以高压振动为主，如高压俯仰、高压一弯 A、高压一弯 B 振型；η_2 为负数的以低压振动为主，如涡轮平动、风扇平动、低压整体和局部弯曲振型。其中，低压转子弯曲和高压转子俯仰两个振型，模态频率较为接近，η_2 绝对值均小于 1，

说明对应的两种模态为耦合振动。不妨规定,η_2 绝对值小于 1,称双转子系统发生耦合振动。

由于中介轴承位置较接近于低压弯曲模态节点,因此在以低压转子振动为主的模态中,中介轴承应变能占比 η_1 均较小,η_1 较大的是以高压振动为主的模态振型。在双转子系统的中介轴承位置优化设计中,从理论上分析当中介轴承与低压转子后支点靠近时,对中介轴承应变能占比 η_1 降低有益。此外,需要对高压转子动力响应特性进行优化设计,以控制中介轴承载荷,减小转子间振动耦合。

在高低压反向旋转的双转子系统的工作过程中,双转子系统耦合模态共振主要有两类:

① 高低压转子交互激励下的强耦合模态共振,在高低压转子自身旋转惯性载荷(不平衡)交互激励作用下,激励转子为同步正进动涡动(处于共振状态),被激振转子做反向非协调涡动(进动转速等于激励转子转速),且具有较大的横向位移与角向位移。此时,转轴内存在频率为 f_1+f_2 的交变应力,高低压转子之间的中介轴承处具有较大动载荷,并依次传递至轴承、支承结构等承力系统。

② 双转子系统受到气动力、碰摩、支承松动等激励时,双转子系统耦合模态被激起,且高低压转子运动发生耦合,此时高、低压转子均处于非协调涡动状态,在高低压转子上作用的交变应力均大幅增加,并出现相应的组合频率振动,使轴承及承力系统产生较大的高频激振。

6.1.2 高低压转子交互激励响应

在高低压转子交互激励下,双转子系统的动力响应不同于单转子系统。典型双转子系统的低压转子后支点动载荷总幅值随转速的变化以及高低压基频幅值分量的变化如图 6-3 所示。随着转子转速提高,低压转子的动力响应(主要是支点动载荷)幅值逐渐增大,且存在多个局部峰值。

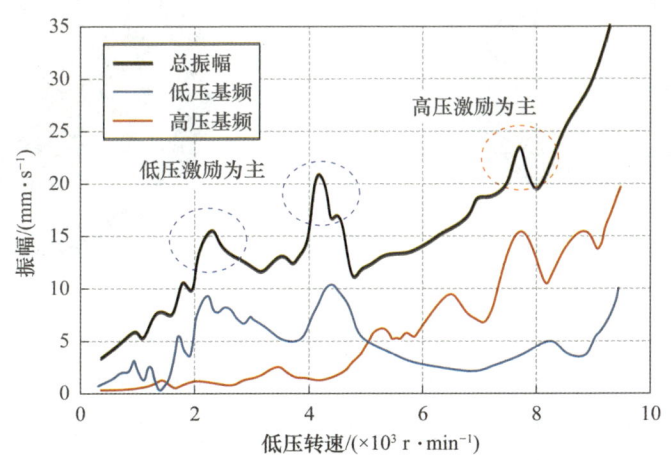

图 6-3 典型双转子系统低压转子后支点动载荷幅值及基频分量

与单转子系统不同的是,不同局部峰值处的激励源不同。如低压转子在高转速(约 8 000 r/min)下其后支点的振动信号主要是高压转子基频成分,这是由于高压转子在中介轴承处的支点动载荷较大,使低压转子进动转速与高压转子基频一致,即这时低压转子处于非协调涡动状态。

1. 中介轴承交互激励

带有中介轴承的双转子结构系统,高低压转子交互激励作用直接表现为"旋转激励"或"冲击激励",如图 6-4 所示。一般情况下,高低压转子交互激励的表现形式为支点动载荷。中介轴承内环固定于高压转子上,外环固定于低压转子上,虽然内外环的转速不同,但在轴承滚子-保持架组件的推动作用,使高低压转子在中介轴承处具有相同的进动轨迹,力学效果近似为"位移约束"。而当中介轴承与轴承座之间存在间隙时,并且由于高低压转子在中介轴承处进动轨迹不协调,导致中介轴承内环与外环间发生碰撞,通过冲击激励改变彼此的运动状态,此时高低压转子之间的力学效果近似为"接触约束"。

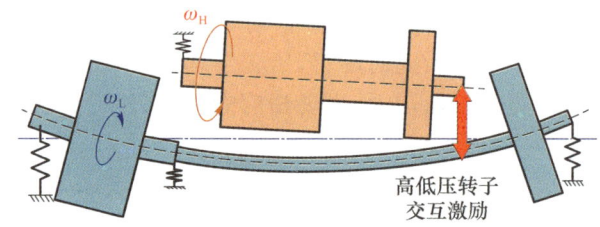

(a) 中介轴承传递双转子交互激励

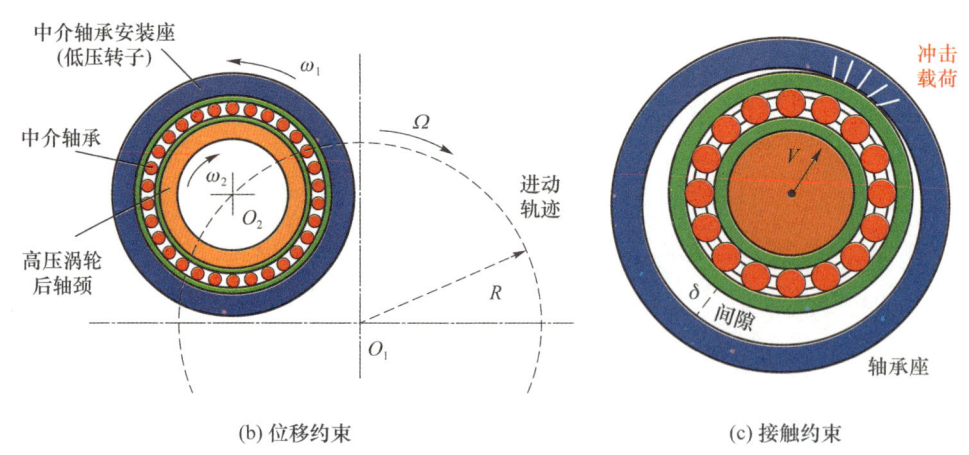

(b) 位移约束   (c) 接触约束

图 6-4 中介轴承-双转子系统交互激励及作用形式

从中介轴承交互激励的频域特征分析,"位移约束"主要是主激励转子的旋转惯性载荷通过中介轴承对被激励转子施加旋转激励,在频域上体现为单频特征(见图 6-5),通常只会激起双转子系统的强迫振动。

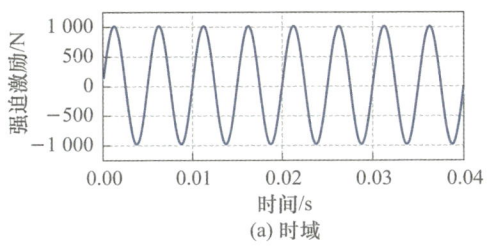
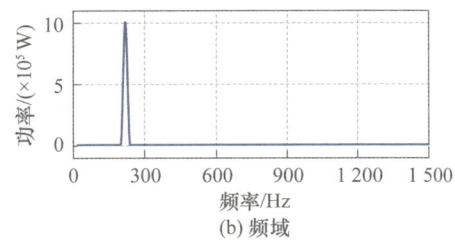

(a) 时域　　　　　　　　　　　(b) 频域

图 6-5　中介轴承"位移约束"的时域和频域特征

由于中介轴承间隙引起的"接触约束",其作用形式为瞬时冲量激励,在频域上体现为宽频激励(见图 6-6),这极有可能激起双转子系统的低阶模态振动。

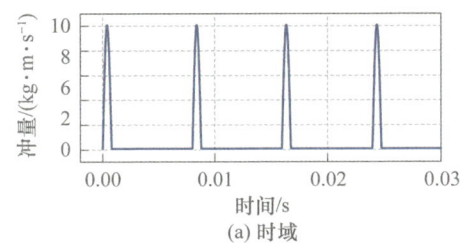
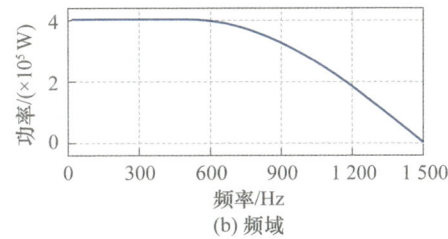

(a) 时域　　　　　　　　　　　(b) 频域

图 6-6　中介轴承"接触约束"的时域和频域特征

在中介轴承的"位移约束"和"接触约束"下,双转子系统均可能发生非协调涡动,此时转子的进动转速与自转转速不同,转子弯曲变形始终处于交变状态,在支点动载荷中表现出组合频率的频域特征,其组合频率为转子弯曲变形的交变频率,即进动转速与自转转速之差。

对非协调涡动状态下转子受力变化进行理论推导分析,转子自转转速为 ω,非协调涡动进动速度为 Ω,分析转子轴向位置 z_i 处的截面内一点 P(径向位置为 r,周向位置为 γ)的弯曲应变,如图 6-7 所示。建立以自转转速 ω 旋转的相对坐标系 $O\text{-}\xi\eta z$,则 P 点弯曲正应变为

$$\varepsilon = \frac{r}{E}\left(\frac{M_\eta}{I_\eta}\cos\gamma - \frac{M_\xi}{I_\xi}\sin\gamma\right) \qquad (6-3)$$

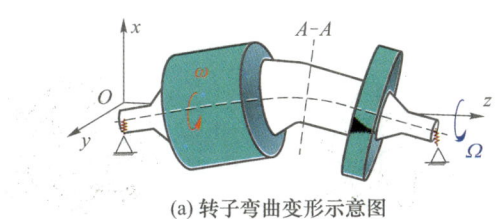
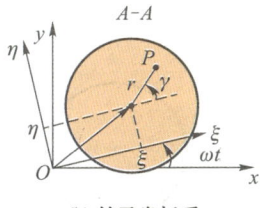

(a) 转子弯曲变形示意图　　　　　(b) 转子坐标系

图 6-7　转子横截面和坐标系

其中,M_ξ,M_η 为由转子弯曲变形产生的弯曲力矩在 ξ 和 η 向的分量,I_ξ,I_η 则为 P 点所在截面抗弯系数。对正圆截面而言,满足 $I_\xi = I_\eta = I_i$,则该截面弯曲力矩有

$$\begin{cases} M_\eta = EI_i \dfrac{\partial^2 \xi(z_i, t)}{\partial z^2} \\ M_\xi = EI_i \dfrac{\partial^2 \eta(z_i, t)}{\partial z^2} \end{cases} \quad (6-4)$$

相对坐标系 $O-\xi\eta z$ 向绝对坐标系 $O-xyz$ 转换,转换公式为

$$\begin{cases} \xi = x\cos\omega t + y\sin\omega t \\ \eta = -x\sin\omega t + y\cos\omega t \end{cases} \quad (6-5)$$

则 P 点弯曲正应变可写作

$$\varepsilon(r,\gamma,z_i,t) = r\left[\dfrac{\partial^2 x(z_i,t)}{\partial z^2}\cos(\omega t - \gamma) + \dfrac{\partial^2 y(z_i,t)}{\partial z^2}\sin(\omega t - \gamma)\right] \quad (6-6)$$

式中,$x(z_i,t)$,$y(z_i,t)$ 分别是转子在 x 和 y 方向上的横向位移,是关于轴向位置和时间的函数,由转子的进动转速 Ω 和弯曲变形分布 $Q(z_i)$ 决定。其表达式可进一步写作

$$\begin{cases} x(z_i,t) = Q(z_i)\cos(\Omega t + \alpha) \\ y(z_i,t) = Q(z_i)\sin(\Omega t + \alpha) \end{cases} \quad (6-7)$$

将式(6-7)代入式(6-6)化简后可得转子发生非协调涡动时转轴某点的弯曲正应变表达式,即

$$\varepsilon(r,\gamma,z_i,t) = r\dfrac{\partial^2 Q(z_i)}{\partial z^2}\cos[(\Omega - \omega)t + (\alpha + \gamma)] \quad (6-8)$$

从上述推导过程可知,当转子处于非协调涡动状态,转轴内部的弯曲变形的交变频率为进动转速与自转转速之差($\Omega - \omega$),这一特征频率体现在支点动载荷的频域特征中。

由此,总结得到中介轴承-双转子系统非协调涡动时的运动状态及动力响应特征,如表 6-2 所列。

表 6-2 典型的双转子非协调涡动分类

项 目	强迫振动		模态共振
	高压激起	低压激起	
激励源	高压转子旋转惯性	低压转子旋转惯性	气动载荷、碰撞冲击
进动速度	高压转速 f_2	低压转速 f_1	共振转速 f_n
高压转子进动轨迹			

续表 6-2

项目	强迫振动		模态共振
	高压激起	低压激起	
激励源	高压转子旋转惯性	低压转子旋转惯性	气动载荷、碰撞冲击
进动速度	高压转速 f_2	低压转速 f_1	共振转速 f_n
低压转子进动轨迹	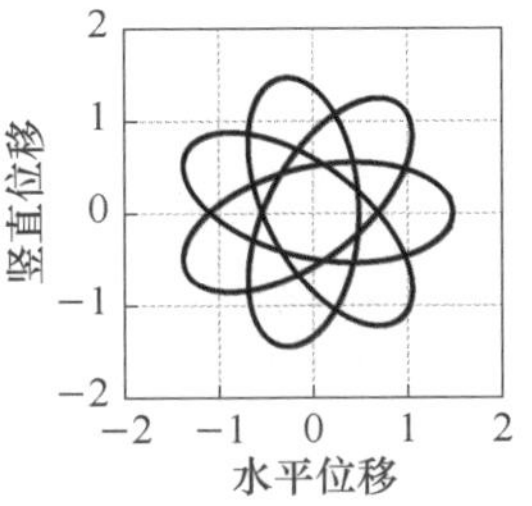 外花瓣形	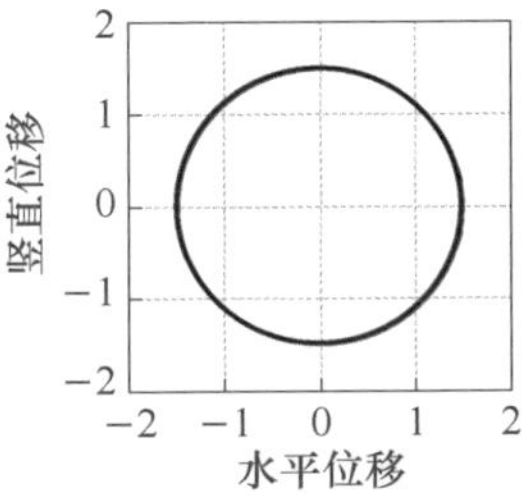 正圆形	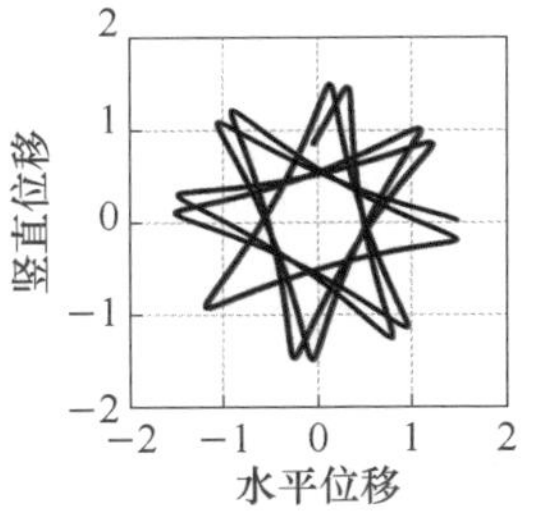 内花瓣形/外花瓣形
高压转子响应的频域特征	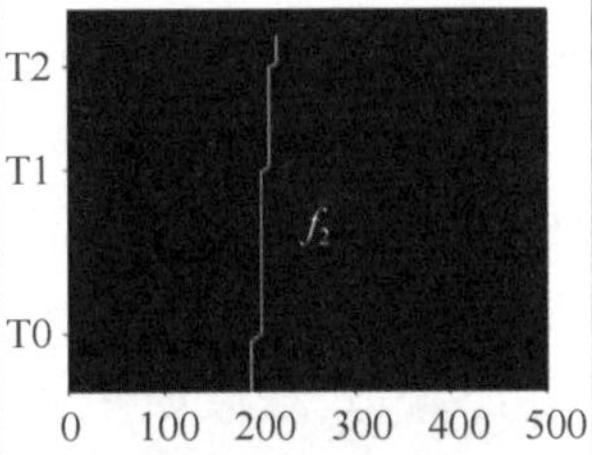 频谱含 f_2	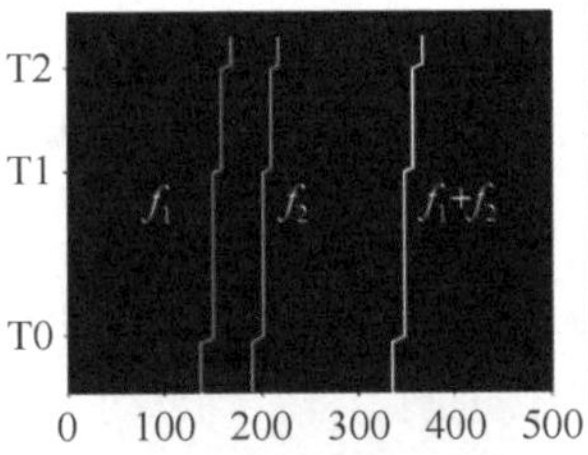 频谱含 f_1、f_2、f_1+f_2	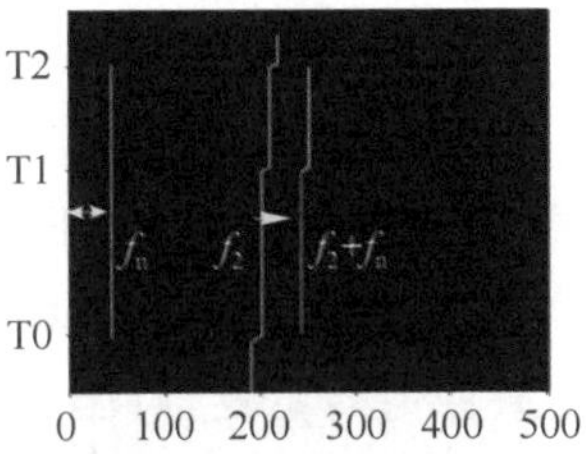 频谱含 f_n、f_2、f_2+f_n
低压转子响应的频域特征	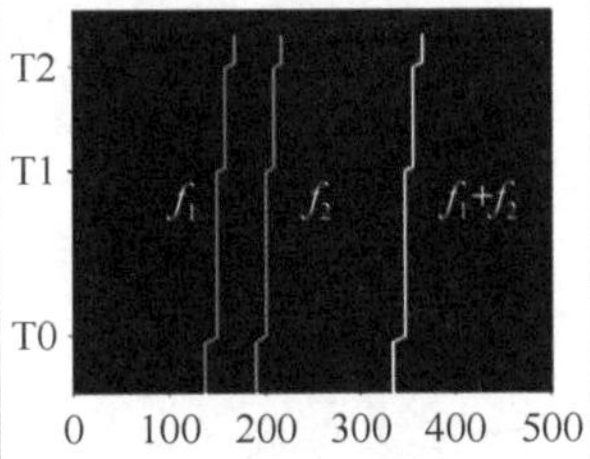 频谱含 f_1、f_2、f_1+f_2	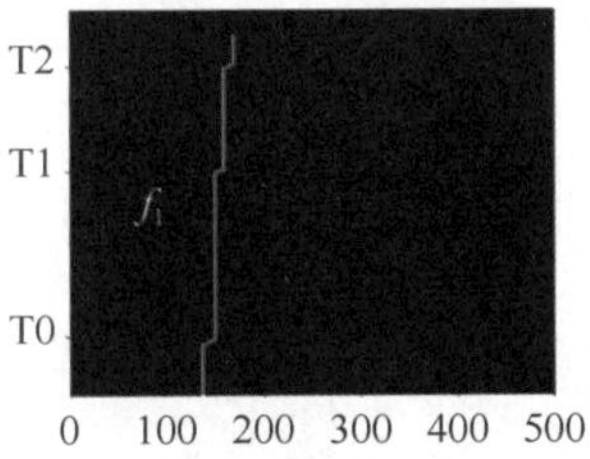 频谱含 f_1	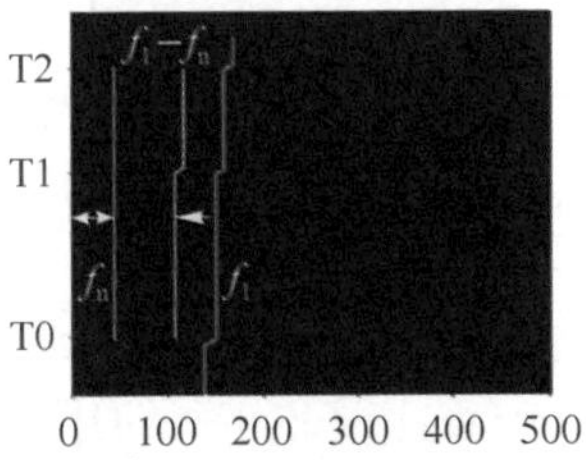 频谱含 f_1-f_n、f_1

以高压转子激起的强迫振动为例，此时双转子涡动由高压转子旋转惯性激励主导，高压转子做同步正进动，轨迹为正圆形，响应频谱中以高压基频为主；而低压转子在高压转子的强迫激励下以高压转速进行涡动，即反向涡动状态，因此低压转子的运动轨迹为外花瓣形，动力响应频谱以高低压基频及其组合频率为主；低压激起的双转子涡动同理。

在航空发动机双转子系统的实际工况下，载荷环境复杂且多变，受到气动激励、碰撞冲击或谐波激励等，可能激起某阶双转子系统模态共振。此时双转子以该阶模态的共振转速进动，高低压转子同时处于非协调涡动状态，其进动轨迹呈现内花瓣形或外花瓣形，响应频谱中则出现基频、模态频率及其组合频。由于双转子模态振动的机械阻抗较低，振动能量更易于聚集，可能导致转子进动半径较大，对转子轴承-支承结构造成损伤。

2. 高低压动力耦合抑制

抑制高低压转子之间的交互激励,可有效减少高低压转子之间旋转激励和冲击激励的传递,从而减弱或避免双转子动力响应耦合。在中介轴承-双转子系统的动力学设计中,必须考虑中介轴承位置的优化设计问题,即通过优化中介轴承位置以减少双转子间的交互激励。这也是提高双转子系统动力响应稳健性的一个重要目标和设计要求。

此外,在机动飞行情况下,转子产生的陀螺力矩作用在承力结构上,该惯性载荷的量级很大,甚至超过转子系统的不平衡载荷。在带有中介轴承的对转双转子系统中,由于转动方向相反的高低压转子所产生的陀螺力矩是相反的,并在中介轴承处叠加相互抵消,从而减少载荷外传但不会减少轴承载荷(尤其是中介轴承上的载荷和损伤),需通过优化转子结构及中介轴承位置,以减少中介轴承载荷及损伤。

在优化选取中介轴承的位置时,需要考虑中介轴承与转子弯曲振型节点的相对位置。如图6-8所示,工作状态下低压转子会发生一定程度的弯曲变形,两个弯曲振型节点分别位于低压压气机和低压涡轮附近。为得到中介轴承位置对低压转子动力响应的影响规律,可将高压转子与低压转子的交互激励等效为一个激振力,通过改变激振力的位置,对低压转子进行单转子的动力响应计算,其结果如图6-9所示。图中纵坐标为归一化的最大动力响应,横坐标表示激振力位置与弯曲振型节点2的距离,可知当激振力位置靠近低压涡轮附近弯曲振型节点时,低压转子振动响应逐渐变低,这说明弯曲振型节点处机械阻抗较大;将中介轴承设计在弯曲振型节点附近,有利于减弱高低压转子间的交互激励。

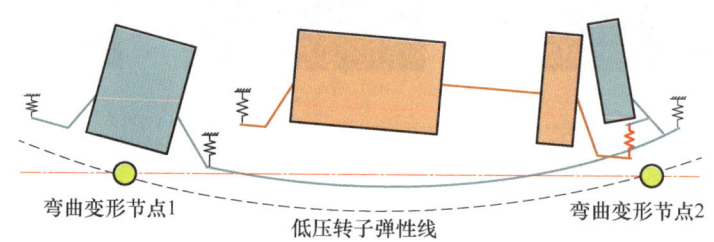

图6-8 工作状态下双转子系统弯曲变形示意图

为了验证中介轴承位置对转子系统动力响应的影响,利用双转子动力学模型计算得到中介轴承在不同轴向位置时低压转子动力响应的变化,如图6-10所示。图中横坐标为中介轴承相对于低压转子弯曲模态振型节点2的距离。虽然中介轴承位置会影响两个转子间的约束关系,进而影响双转子系统模态振型的节点位置,但从图6-10中可以看出,当中介轴承靠近低压转子的单转子弯曲振型节点时,低压转子仍然具有较小的振动响应,这也为中介轴承的设计及位置选取提供了理论支撑,为中介轴承-双转子系统的动力学优化提供了一个有效的设计途径。

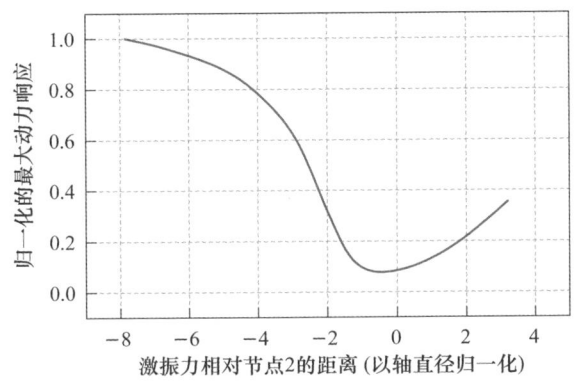

图 6-9　不同激励位置对低压转子动力响应的影响

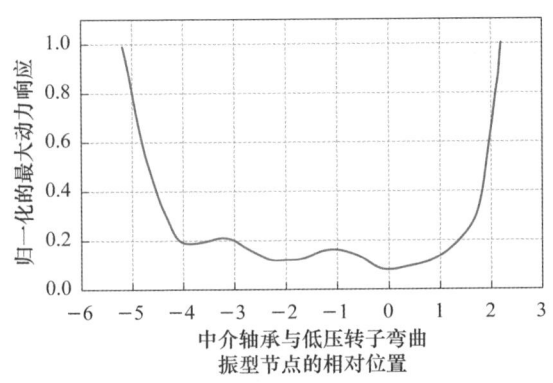

图 6-10　低压转子最大响应与中介轴承位置关系图

上述的双转子交互激励响应控制方法在多个航空发动机型号中已经得到了应用。图 6-11(a)所示的高压涡轮支点、低压涡轮支点、低压涡轮盘的质心均位于同一平面内，因此低压转子发生弯曲变形时，上述两支点均靠近弯曲变形的节点，在有效抑制双转子交互激励的同时，可减小低压涡轮支点的动载荷。但此设计方案也存在以下几个问题：

① 轴承布置在振型节点上，会使工作状态下轴承的负载过小，容易打滑。而且中介轴承的内环安装在低压转子上，外环安装在高压转子上，当转子系统工作时，轴承内外环均受到离心力的作用，高低压转子的转速差使外环变形量高于内环，也容易发生轴承打滑现象。

② 一般而言，弯曲振型节点处虽然横向位移较小，但具有较大的角向位移，这使中介轴承内外环发生角向倾斜，使其出现偏磨现象，缩短了轴承寿命。

③ 低压涡轮支点是高低压涡轮转子的主承力支点，结构负载都从低压涡轮后支

点外传,将其布置在高压涡轮支点内侧,使结构刚度较小,同时限制了低压涡轮支点的直径,导致其滚子数目较少,承载能力不足。

图6-11(b)所示的发动机则采用了相反的设计思路,同样是使高低压涡轮支点相互接近,调换中介轴承内外环所在的转子,并采用"反C型"的后轴颈将低压涡轮后支点布置于中介轴承的径向外侧,增强了低压涡轮后支点的支承结构刚度,同时利于增加其滚子数目,提高轴承承载能力。

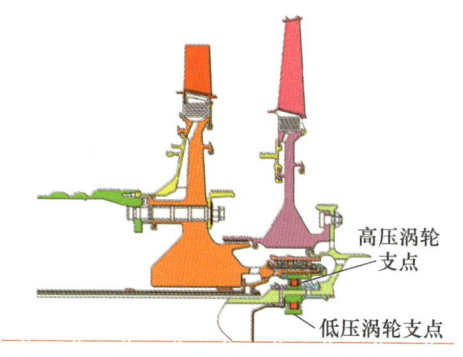
(a) 高低压涡轮支点在一个截面内

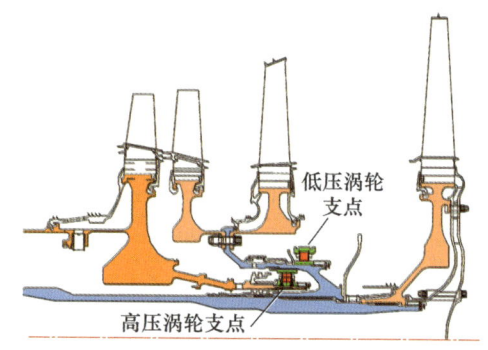
(b) 中介轴承位于低压涡轮后支点内

图6-11 中介轴承-双转子系统涡轮支承结构设计

6.1.3 双转子次谐波非协调涡动

1. 次谐波激励产生机理

转子高速转动过程中产生次谐波激励,该激励的产生受支承松动、气动载荷、转子积液等因素的影响。图6-12为转子系统在运转过程中,受气流扰动、失速团等气动负荷作用下所产生的外部激励示意图。当流场具有一定的非均匀性时,尤其是在

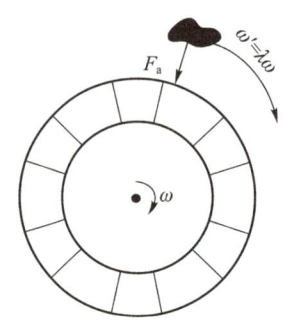

图6-12 气动载荷对转子系统进动的影响

超临界状态下产生的气动激励载荷会影响转子的进动速度。研究表明,对于旋转失速载荷,气动载荷绕转子的旋转速度与其自转速度的比值为常系数λ,常系数的取值与流场存在极强的关联性,一般其取值范围为 0.45~0.65。

当转子受到内部积液(滑油泄漏)等影响,滑油与腔体间存在相对运动时,也可产生频率近似为转速一半的次谐波激励。此外,转子支承松动也可诱发转子系统产生次谐波激励。轴承外环与轴承座之间存在一定间隙时,在转子进动过程中带动轴承与轴承座发生周期性碰撞,也是产生频率为转速一半的次谐波激励的主要原因。

高压转子前支点轴承外环与鼠笼弹支为一体式结构,通过法兰-螺栓将其与轴承座连接。为限制支点处振动,外环与轴承座限位结构间为具有一定"厚度"的挤压油膜,如图 6-13 所示。

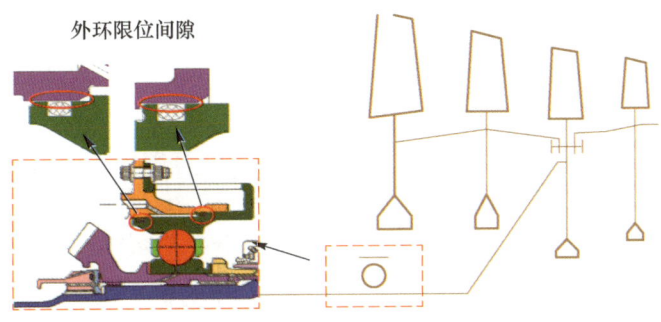

图 6-13　高压转子前支点支承松动示意图

当支点动载荷较大时,尤其是前轴颈产生角向倾斜或弯曲变形时,无法有效形成有效的挤压油膜,轴承外环与限位环间可能发生直接碰撞,轴承外环与限位环间的受力情况,如图 6-14(a)所示。当前支点振动较大时,轴承外环与限位环间发生接触碰撞,同时受到法向冲击载荷与切向摩擦力,从而改变了轴承碰撞时的法向速度,使碰撞运动具有一定的周期性,如图 6-14(b)所示。假设转子每自转两周,轴承外环与限位环间经历一次碰撞,则轴承座对转子施加了周期为自转频率一半的冲击载荷。

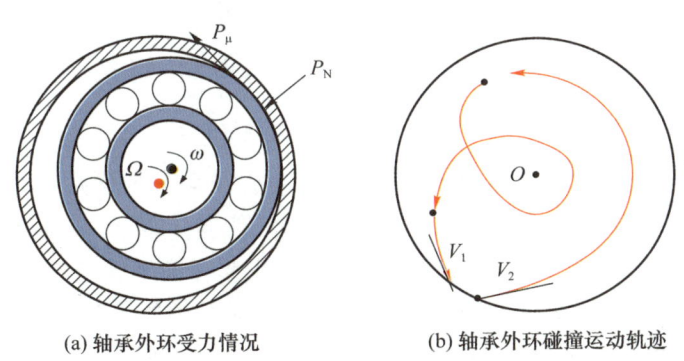

(a) 轴承外环受力情况　　　　(b) 轴承外环碰撞运动轨迹

图 6-14　轴承外环与弹性支座接触碰撞

2. 双转子非协调涡动

转子系统发生次谐波非协调涡动须满足以下两个条件:

① 具有稳定的非协调激励载荷或具有非光滑特性的"接触约束",以保证在转子进动过程中有能量持续注入,并改变转子的进动;

② 转子系统在运动过程中,转子进动与非协调激励载荷之间具有稳定的能量传递方式,以保证在能量转换过程中具有最小的损耗,即处于共振或谐共振状态。

图 6-15 为反转双转子系统共振转速分布示意图,其中红色线为高压转子激起的共振转速,蓝色线为低压转子激起的共振转速,黑色为高低压转子转速的共同工作线。图中表示出的两个共振转速点的振型,分别为风扇转子俯仰振型和高压转子俯仰振型(见图 6-16)。

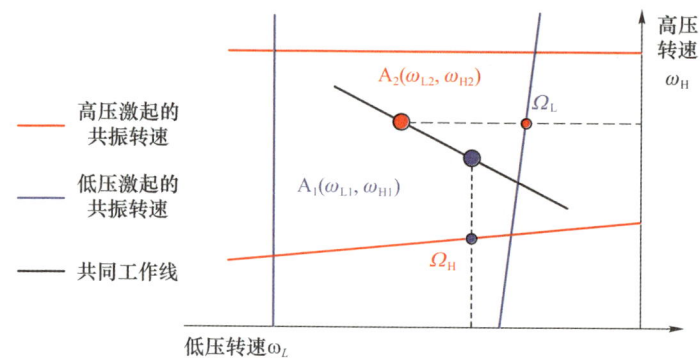

图 6-15 双转子系统共振转速分布示意图

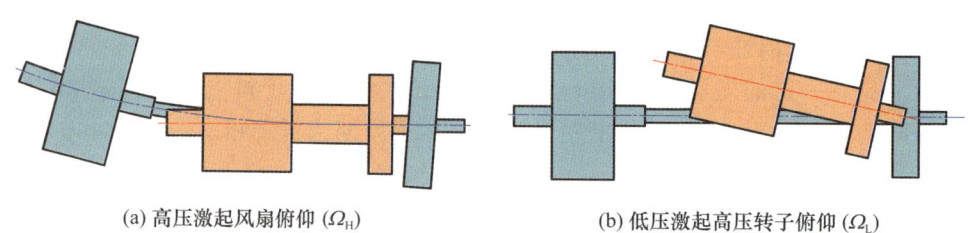

(a) 高压激起风扇俯仰 (Ω_H)　　　　　(b) 低压激起高压转子俯仰 (Ω_L)

图 6-16 双转子系统共振转速振型示意图

在双转子系统共振转速分布图中,A_1、A_2 为转子系统的常用工作状态,对应的高低压转子转速为 $A_1(\omega_{L1},\omega_{H1})$ 和 $A_2(\omega_{L2},\omega_{H2})$。当转子处于 A_1 状态时,各转子工作转速与共振转速保持较大的安全裕度,但是由于此时高压转子转速是该状态下风扇转子俯仰共振转速的 2 倍,即 $\omega_{H1}=2\Omega_H$,由于此时转子处于超临界状态,在气动载荷、轴承接触约束等次谐波激励的影响下,可发生风扇俯仰模态的非协调涡动。同理,当转子处于 A_2 状态时,由于低压转子转速是该状态下高压转子俯仰模态共振转速的 2 倍,即 $\omega_{L1}=2\Omega_L$,也可能发生高压转子俯仰模态的非协调涡动。

从模态振型分析可知,对于高压转子次谐波激起的模态共振,振动能量主要集中在风扇前支点处,因此在风扇机匣承力结构上动力响应较为显著,对轴承、支承结构的损伤也较大。而对于低压转子次谐波激起的高压转子俯仰模态共振,由于应变能主要集中在高压转子前支点处,而此处大多设计有弹性支承阻尼结构,以保证振动能量的耗散。需要说明,单一转子的局部模态振动的影响范围和引起的损伤较小,可以通过限制振动幅值保证转子运转安全;如果所激起的模态振动是高、低压转子耦合模态振型,且在高低压转子和中介轴承结构上应变能占比较高时,则对转轴、轴承和支承结构的损伤较为严重,需要试验验证以保证其结构的可靠性。

综上所述,中介轴承-双转子系统发生次谐波激励的非协调涡动时,其力学过程主要分为以下几点:

① 高负荷航空发动机转子系统由于气流旋转激励、轴承接触约束等因素会对转子系统产生次谐波激励;

② 当次谐波激励频率与双转子系统模态频率(共振转速)相等时,转子系统发生非协调涡动,转子自转动能持续注入转子进动中,维持双转子模态振动;

③ 当双转子系统处于模态共振时,转子的弯曲变形处于交变状态,产生的组合频率为转子进动与转速的矢量差,通过增加转轴弯曲变形能以改变转子进动轨迹幅值,最终在支点动载荷响应中,体现为相应组合频率成分的增加。

6.2 共用支承双转子耦合振动

在先进多转子航空发动机总体结构布局设计中,常采用多支点共用承力框架以减少承力框架总数、缩短整机长度、减轻结构重量、提高推重比,并且有效控制转子间的振动耦合。

航空发动机承力框架结构多由板壳类构件组合而成。对于高速转子系统,抑制全转速范围内转子间交互激励动力响应是共用支承-双转子系统动力学设计的重要内容。

6.2.1 结构特征及力学模型

图 6-17 为典型共用支承-双转子系统总体结构布局设计示意图。高压转子和低压转子分别采用 1-0-1、1-2-0 支承方案,共计 5 个支点(1#~5#)。3 个承力框架结构分别是进气机匣承力框架(1#支点)、中介机匣承力框架(2#和 3#支点共用)和涡轮级间承力框架(4#和 5#支点共用)。

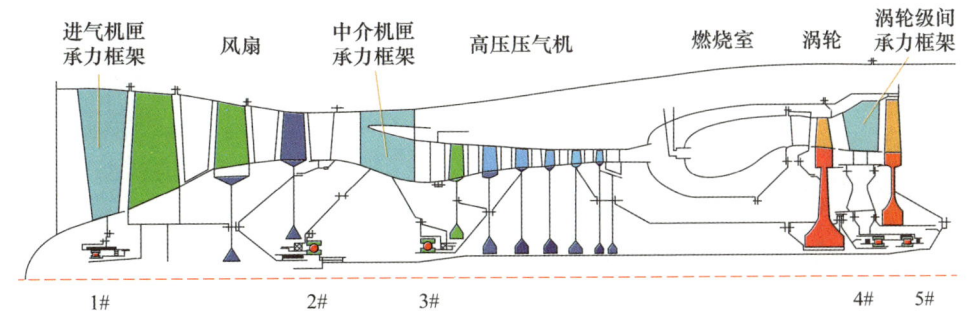

图 6-17 典型共用支承-转子总体结构布局设计示意图

为进一步分析共用支承-双转子系统的子结构模态特性和相互间耦合模态特性，建立如图 6-18 所示的系统耦合动力学模型。转子系统由子结构 L（低压转子）、子结构 H（高压转子）和子结构 S（级间共用承力框架）三部分构成。为便于分析，仅考虑涡轮级间承力框架对双转子振动耦合的影响。

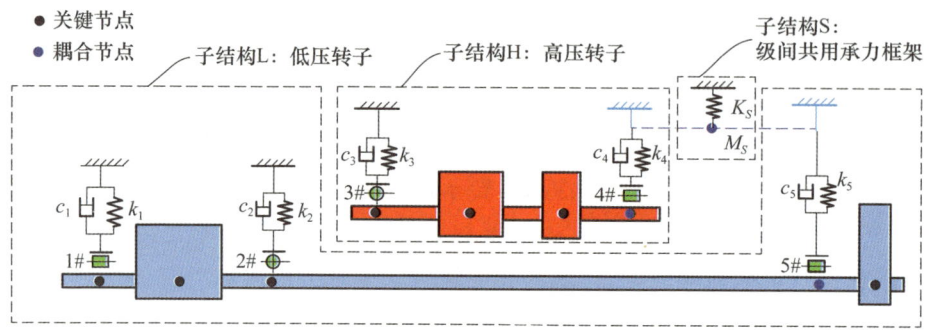

图 6-18　涡轮级间共用承力框架-双转子系统耦合振动模型

在不平衡激励下，假设高、低压转子自转角速度分别为 ω_H 和 ω_L，则根据拉格朗日原理、有限元方法等可获得三个子结构 H、L、S 的动力学方程分别为

$$M_H \ddot{q}_H + [C_H - \omega_H G_H] \dot{q}_H + K_H q_H = Q_H \quad (6-9)$$

$$M_L \ddot{q}_L + [C_L - \omega_L G_L] \dot{q}_L + K_L q_L = Q_L \quad (6-10)$$

$$M_S \ddot{q}_S + C_S \dot{q}_S + K_S q_S = 0 \quad (6-11)$$

式中，M、C、G、K、q 和 Q 分别表示广义质量参数、阻尼、转动惯量、刚度、广义自由度和不平衡激励。

令式(6-9)～式(6-11)中的右端为零，通过模态分析可获得三个子结构的模态频率和振型，通过分析主要参数对模态特性的影响，用于确定转子系统及各子结构单元的关键参数。然而，支承结构、高压转子、低压转子等三个子结构通过连接节点（图中蓝色粗虚线和相应节点）结合成共用支承-双转子系统，子结构之间的动力学特性存在耦合，可结合式(6-9)～式(6-11)获得共用支承结构-双转子耦合动力学方程（忽略阻尼耦合）为

$$\begin{bmatrix} M_H & & \\ & M_L & \\ & & M_S \end{bmatrix} \begin{Bmatrix} \ddot{q}_H \\ \ddot{q}_L \\ \ddot{q}_S \end{Bmatrix} + \left\{ \begin{bmatrix} C_H & & \\ & C_L & \\ & & C_S \end{bmatrix} - \begin{bmatrix} \omega_H G_H & & \\ & \omega_L G_L & \\ & & 0 \end{bmatrix} \right\} \begin{Bmatrix} \dot{q}_H \\ \dot{q}_L \\ \dot{q}_S \end{Bmatrix} +$$

$$\left\{ \begin{bmatrix} K_H & & \\ & K_L & \\ & & K_S \end{bmatrix} + K_{cp} \right\} \begin{Bmatrix} q_H \\ q_L \\ q_S \end{Bmatrix} = \begin{Bmatrix} Q_H \\ Q_L \\ 0 \end{Bmatrix} \quad (6-12)$$

式中，K_{cp} 表示子结构之间的耦合刚度矩阵。

假设连接节点的自由度编号分别为 i_H、i_L、i_S，则 $K_{cp}(i_H, i_S) = K_{cp}(i_S, i_H) = -k_4$、

$\boldsymbol{K}_{cp}(i_S, i_L) = \boldsymbol{K}_{cp}(i_L, i_S) = -k_5$,其中$(i_H, i_S)$表示第$i_H$行、第$i_S$列的元素,且其他元素为零,即

$$\boldsymbol{K}_{cp} = \begin{matrix} & \cdots & i_H & \cdots & i_L & \cdots & i_S & \cdots \\ \end{matrix} \begin{bmatrix} & & & & & & \vdots \\ & k_4 & & & & -k_4 & & i_H \\ & & & & & & \vdots \\ & & & k_5 & & -k_5 & & i_L \\ & & & & & & \vdots \\ & -k_4 & & -k_5 & & k_4+k_5 & & i_S \\ & & & & & & \vdots \end{bmatrix} \quad (6-13)$$

由于$\boldsymbol{K}_{cp}$将子结构的动力学方程式(6-9)~式(6-11)联合起来组成式(6-12),从方程中可以看出三个子结构之间可通过相连节点之间运动位移约束以发生相互作用,具体体现在两个方面:

① 转子系统具有耦合模态,且一些模态频率和振型与子结构不同;
② 一个转子激励响应可通过支承结构传递到另一个转子,从而影响转子进动。

在共用支承多转子结构系统动力学特性分析中,需建立支承-转子系统耦合模态计算模型;在共振转速分析中,需考虑转子间交互激励影响,并通过动力响应分析,确定耦合影响程度。

6.2.2 耦合振动特性

1. 耦合模态

表6-3所列为共用支承-双转子系统在转子工作转速内的若干阶模态振型及应变能分布。

表6-3 共用支承-双转子系统模态振型及应变能分布

阶次	模态振型及频率	模态振型图	模态应变能分布占比 高压转子系统 / 承力框架 / 低压转子系统
1	低涡平动 50 Hz	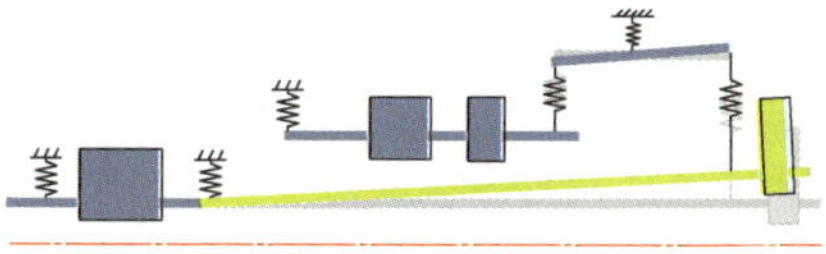	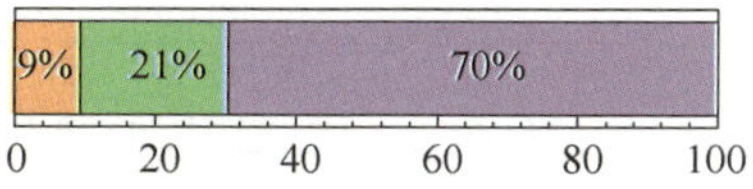 9% / 21% / 70%

续表 6-3

阶次	模态振型及频率	模态振型图	模态应变能分布占比 高压转子系统 / 承力框架 / 低压转子系统
2	高压平动 57 Hz		86% / 2% / 13%
3	低压整体弯曲 74 Hz		0% / / 99%
4	高压俯仰 84 Hz		90% / 7% / 3%
5	涡轮俯仰 88 Hz		0% / / 100%
6	风扇俯仰 156 Hz		0% / / 100%
7	低涡轴一弯 242 Hz		0% / / 100%
8	承力框架俯仰 267 Hz		29% / 62% / 9%
9	高压一弯 275 Hz		73% / 25% / 2%

转子系统不仅存在以子结构振动为主的振型,还包括子结构之间的耦合模态。通过模态应变能在 3 个子结构的分布状态,可判断子结构模态间是否存在耦合。其

中第 3、4、6、7 阶模态振型以低压转子振动为主,第 2、5 阶模态振型以高压转子振动为主,而第 1、8、9 阶为双转子系统与共用承力框架间的耦合模态。

共用支承-双转子结构系统中,高压一弯模态频率和共用承力框架俯仰模态频率相互靠近,故这两阶模态互相耦合。其中,第 8 阶模态共用承力框架的应变能占比最高(为 62%),即以共用承力框架振动为主;第 9 阶模态高压转子应变能占比最大(达到 75%),共用承力框架的应变能达到了 25%,故该阶模态以高压振动为主、承力框架振动为辅。

上述对共用支承-双转子系统各组成子结构模态振动进行计算分析,只是在频域中对各组成结构在局部模态频率相近、容易发生的耦合模态进行了计算与评估,并没有考虑转子旋转及其所产生的陀螺力矩的影响。

2. Campbell 图

在转子系统共振转速分布图(Campbell 图)的基础上,通过共用支承两个转子的共同工作线及其倍频激励线,对高低压转子交互激励下可能产生的谐波共振进行分析和判断。

图 6-19 为典型共用支承-双转子系统的高压转子系统 Campbell 图。图中低压转子的共同工作转速线与高压转子第 2 阶共振转速线在工作转速区内交于 a 点。其表示工作在该转速工况下,低压转子旋转惯性激励频率与高压第 2 阶共振转速一致,低压转子可能通过共用支承激起高压转子发生共振。

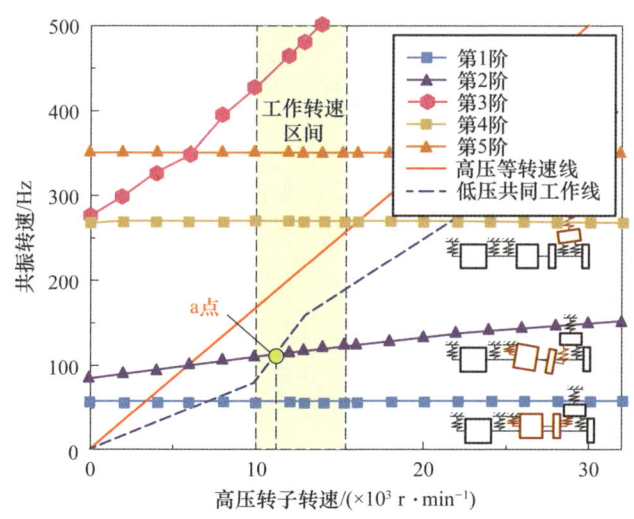

图 6-19 共用支承-双转子系统的高压 Campbell 图

转子系统在 a 点的模态振型和应变能占比如图 6-20 所示。该阶模态是高压转子俯仰模态,应变能主要集中于 3#、4# 支点上,但此时共用支承应变能占比达到了约 8%。低压转子激励是否能引起高压转子发生非协调涡动,可进一步通过响应分析确定。

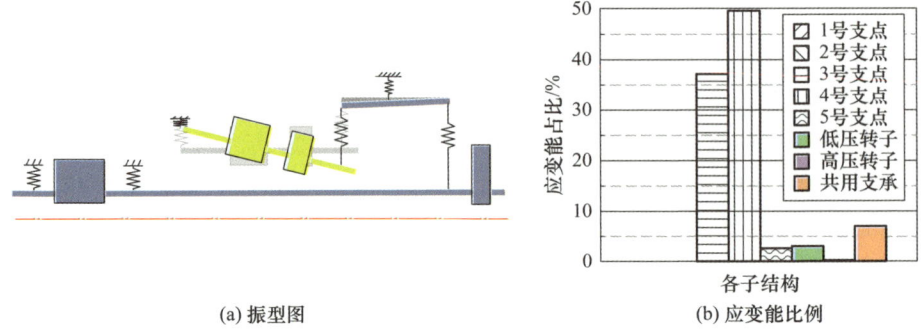

(a) 振型图

(b) 应变能比例

图 6-20 共用支承转子系统-高压转子第 2 阶共振转速振型云图和应变能比例

3. 交互激励响应

计算共用支承-双转子系统工作在图 6-19 中 a 点时系统的稳态响应,得出如图 6-21 所示的系统弹性线。此时高压转子主要表现为俯仰振动,低压转子则以低压涡轮平动为主。

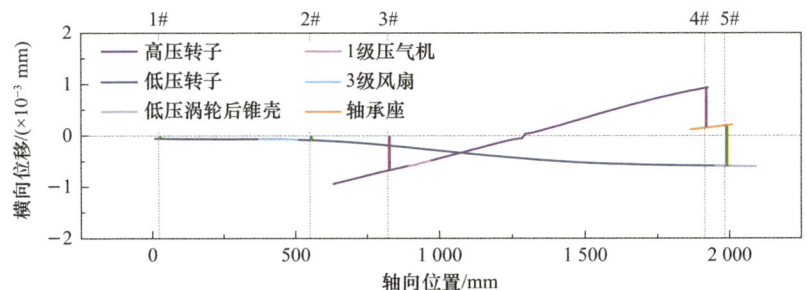

图 6-21 共用支承-双转子系统稳态响应弹性线

图 6-22、图 6-23 分别为高压转子 4# 支点处、低压转子 5# 支点处的轴心轨迹图和频率成分图。

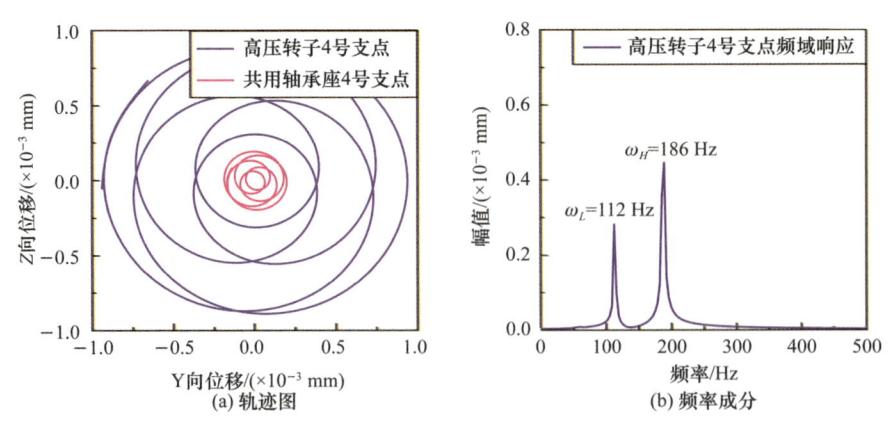

(a) 轨迹图

(b) 频率成分

图 6-22 4# 支点轨迹和频率成分

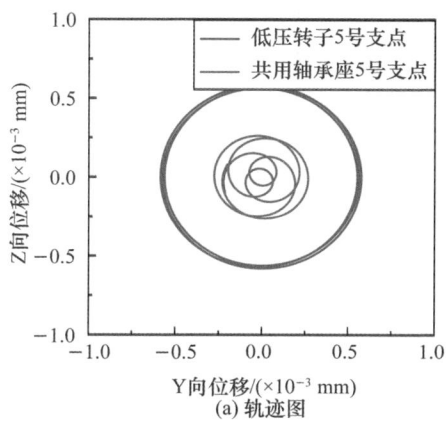 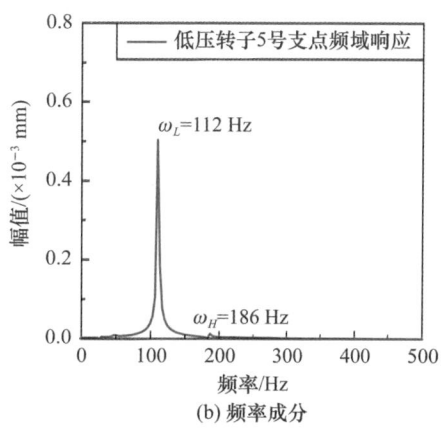

(a) 轨迹图　　　　　　　　　　(b) 频率成分

图 6 - 23　5♯支点轨迹和频率成分

从中可知,4♯支点振动频率成分中第 2 阶共振转速频率(112 Hz)占比很高,与高压转子自身转速频率(186 Hz)相当,故其轴心轨迹为典型的花瓣形,高压转子处于剧烈的谐波共振状态。5♯支点振动频率的主要成分为其自身转速频率(112 Hz),高压转子频率(186 Hz)占比极小,其轴心轨迹为典型同步正进动时的圆轨迹。

正是由于高压转子的俯仰振型对后支点振动具有高敏感度,故低压涡轮平动激起了高压转子的俯仰共振转速,使其发生谐波共振。图 6 - 24 为 4♯、5♯支点动载荷随时间变化图。由于高压转子处于谐波共振状态,其支点动载荷相对较大,且波动幅度也很大。

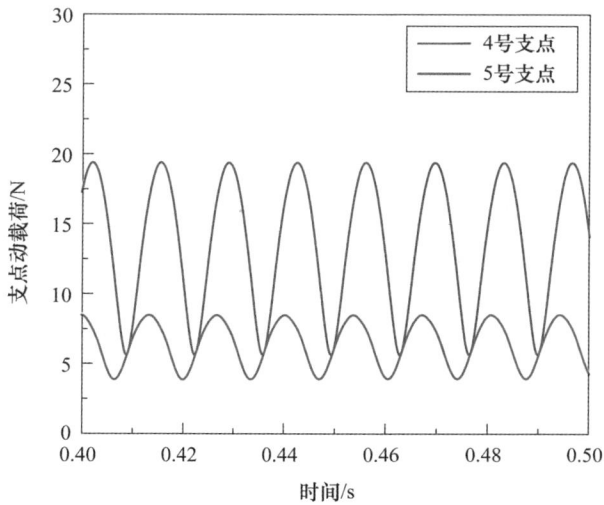

图 6 - 24　4♯和 5♯支点动载荷

通过对转子系统耦合振动特性的分析可知,在共用支承-双转子系统结构布局与动力学设计中,不仅须满足子结构避开各自共振的基本要求,对于整机振动控制设计要求,还应满足各子结构之间不发生模态耦合,以及减小或抑制不同转子之间交互激励的动力响应。

6.2.3 隔振设计

共用支承-双转子系统在工作过程中损伤失效的主要形式包括:
① 转子交互激励下发生非协调涡动失稳;
② 转子运动状态变化及动力响应的增加引起轴承-支承结构疲劳损伤积累。

因此,支承及承力框架结构振动控制是一种抑制支承结构系统失效的有效方法。

支承-承力结构系统振动控制设计分为:通过改变支承刚度来调整转子系统共振转速分布;提供承力结构机械阻抗实现对转子激励及其动力响应的抑制。共用支承-双转子系统的隔振设计中两个转子既是振动源又是振动接收体,而共用承力框架则是关键的振动传播路径。因此,共用承力框架力学特性设计对两个转子之间的隔振特性至关重要。

如图 6-25(a)所示为振动传递率与相对激励频率(激励频率/系统固有频率)的关系。在阻尼比不超过临界阻尼时,若激励频率固定且大于系统的固有频率,则系统的固有频率越低(刚度越低),振动传递率越小,即隔振性越好。然而,刚度越低则表明系统在静载下(低频载荷)的变形越大,承载能力越低,可导致隔振性能与承载能力之间的相悖,故需要合理地进行平衡取舍。图 6-25(b)所示为一种准零刚度设计,通过非线性刚度设计可实现低频承载能力与高频隔振之间的兼得,但在共用支承-双转子系统中结构设计较为复杂。

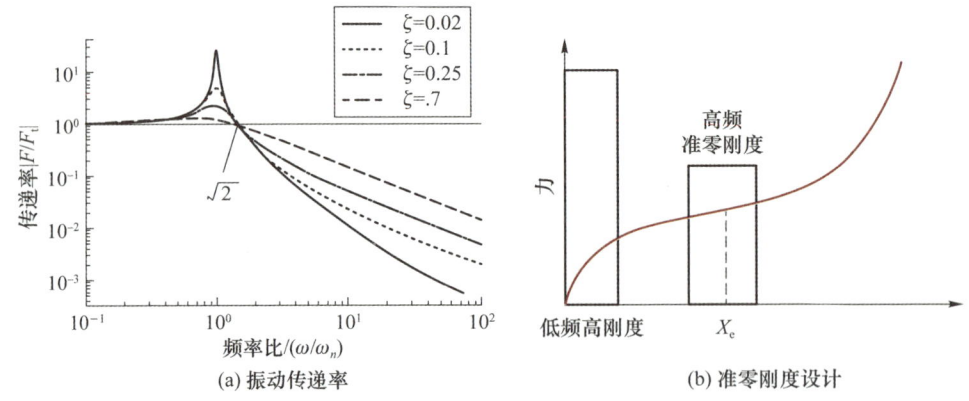

图 6-25 振动传递率和隔振设计

对于共用支承-双转子系统,承力框架振动传递特性由支承机匣和带限位的弹支决定。为平衡承载承力和隔振性能,承力框架机匣采用高刚度设计,而弹支采用低刚度设计并与限位结构配合使用。

1. 承力框架隔振

承力框架常采用高刚度设计,使其最低阶模态频率高于转子系统最大工作转速及其各阶模态,防止高低压转子与支承结构发生模态耦合,避免支承结构出现较大动力响应而对转子造成基础激励。

承力结构系统的支承刚度与几何构形、尺寸密切相关。对于小尺寸涡扇发动机或涡轴桨发动机,由于流量小以及对发动机轻量化和紧凑性的极致追求,涡轮级间共用承力框架结构刚度一般可以比转子刚度特性高出一个量级。但是对于具有大径向尺寸涡轮共用承力框架(如高涵道比涡扇发动机),则须提高承力系统的刚度特性,尤其提高动态刚度特性十分具有挑战性。

不同类型发动机的涡轮级间共用承力框架结构,其结构布局设计和相应的力学特性设计有所不同,如图 6-26 所示。

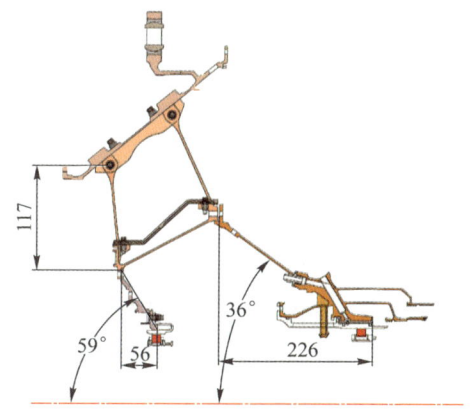
(a) 高涵道比发动机涡轮级间共用承力框架

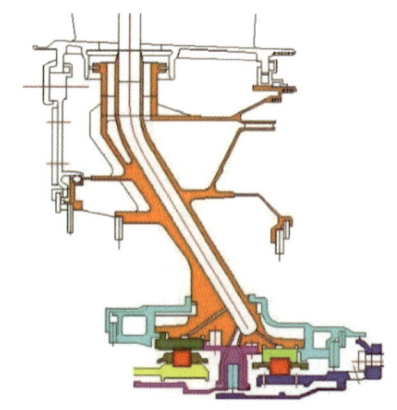
(b) 小涵道比发动机涡轮级间共用承力框架

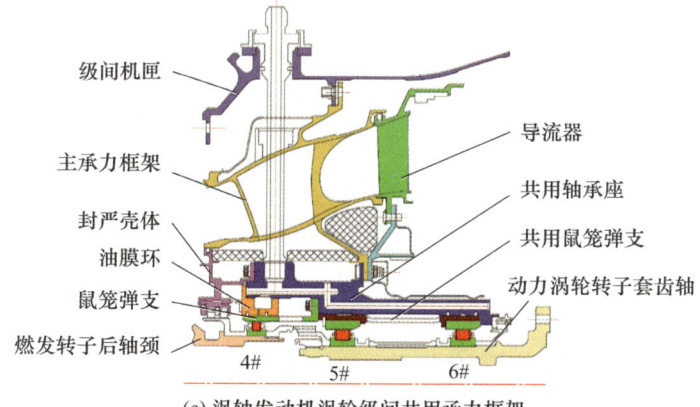
(c) 涡轴发动机涡轮级间共用承力框架

图 6-26 不同类型发动机涡轮级间共用承力框架结构特征

对于高涵道比涡扇发动机，由于其高低压涡轮径向尺寸差异较大、流道较长，涡轮级间共用承力框架可以在较大的径向范围和轴向范围内布局设计。为增强承力框架的隔振性能、抑制高、低压转子的耦合振动，常采用"人"字形、"π"形等分叉支承结构设计，以减少支点间振动耦合的影响。对于涡轴发动机，虽然其径向尺寸较小，但其动力涡轮转子系统为细长的柔性转子，涡轮级间共用承力框架可以在较大的轴向范围内布局设计。将燃气发生器转子与动力涡轮转子后支点轴承座分开设计，并采用鼠笼弹性支承和挤压油膜阻尼器，提高支承结构的隔振性和减振性。

对于小涵道比涡扇发动机（见图 6 - 26(b)），其高低压涡轮间径向与轴向尺寸均十分有限，尤其对其轴向尺寸要求严苛，在较短的轴向尺寸内很难通过结构构形设计使减振效果明显。因此，为使小涵道比涡扇发动机涡轮级间共用承力框架结构具有良好的刚性与隔振性，同时保证小涵道比涡扇发动机转子系统轴向尺寸短，除了采用一些新的减振、隔振结构外，更需要从总体结构布局来综合考虑分析小涵道比涡扇发动机涡轮级间共用承力框架结构布局方案，并对多支点共用承力框架结构与动力学特性进行一体化设计。

需要说明，采用共用承力框架时，高压（或低压）转子在旋转惯性激励下产生支点动载荷，该载荷对共用承力框架的作用使其产生"基础振动"，进而激起低压（或高压）转子的振动。高压（或低压）转子在低压（或高压）转子共用承力框架轴承座处引起的"基础振动"的大小，与激振力的大小（支点动载荷）和共用承力框架的力学特性有关。因此，采用共用承力框架结构能够避免高低压转子运动的直接激励，合理设计隔振结构可以有效控制转子间耦合振动。此外，还需要考虑热变形的影响，通过结构几何构形设计减小热应力及其对支承结构刚度、疲劳特性的影响，以满足承力结构可靠性的要求。

通过对带有共用承力框架结构高推重比涡扇发动机的总体结构布局设计的分析可知，在现代先进航空发动机总体结构设计中，考虑结构参数（结构构形、几何尺寸和确定约置等）对结构抗变形能力和在高速旋转状态下，其对结构动力学特性的影响，并通过优化结构参数，保证转子系统及整机结构系统的变形协调性和振动响应抑制，使高推重比涡扇发动机成为高气动效率和高结构效率的旋转动力装置。

如图 6 - 27 所示为典型共用支承-双转子系统涡轮级间承力框架的固有模态频率和振型，其前 2 阶模态频率分别为 f_1、f_2。当一个转子上的不平衡激励频率靠近模态频率时，可能激起承力框架的局部振动模态，使共用轴承座的振幅较大（相当于"动刚度"较低），另一个转子受到基础激励作用，可能激起较大幅度的振动。

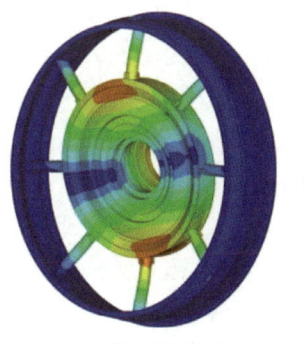 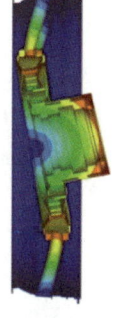 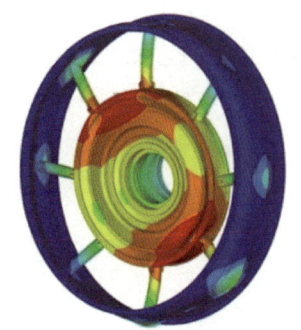 

(a) 第1阶模态频率为f_1的俯仰模态　　　　(b) 第2阶模态频率为f_2的俯仰模态

图 6-27　涡轮级间共用承力框架模态频率和振型

为了更好地评估共用支承结构的载荷传递作用,可采用以下传递函数进行评估,即

$$Z(\omega) = \frac{F(\omega)}{X(\omega)} \qquad (6-14)$$

式中,$F(\omega)$为简谐激励;$X(\omega)$为动力响应结果。

当动力响应测点与激励位置相同时,该传递函数即为动刚度,反映了支承结构抵抗振动载荷的能力,是激励频率(转子转速)的函数。

如图 6-28 所示,4#、5#支点动刚度随转速增加而同步减弱,当共用支承结构发生模态振动时,支点动刚度突降。因此,为了提高支承结构的承载能力,降低动刚度对转子动力响应的影响,支承机匣结构应采用"高刚度"设计,通过避免支承结构的模态频率与工作转速范围相接近来实现。

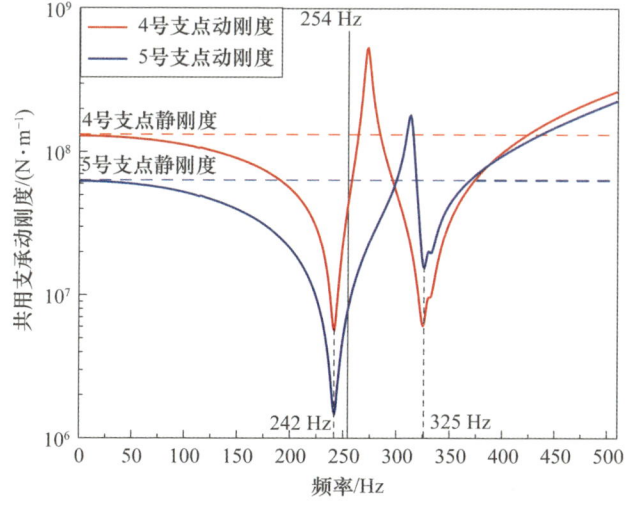

图 6-28　共用承力框架 4#、5#支点动刚度

为了降低两转子之间的振动传递率,减小高、低压转子间的交互激励,应对弹性支承结构进行低刚度设计。如图 6-19、图 6-22 所示的转子系统为例,当系统工作在 a 点时,低压转子能够激起高压转子的非协调涡动,将 4# 支承刚度从 2.1×10^7 N/m 降低至 0.5×10^7 N/m,则优化后的转子系统稳态动力响应特性如图 6-29 所示。低/高压幅值比由 0.39 下降至 0.12,共用支承的隔振特性得以显著优化。

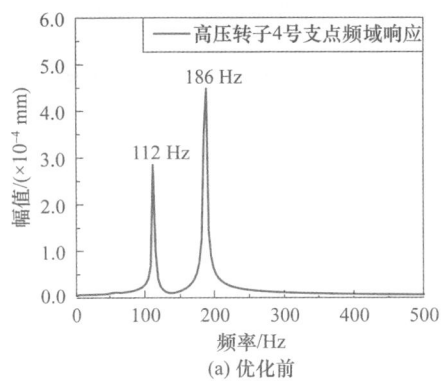
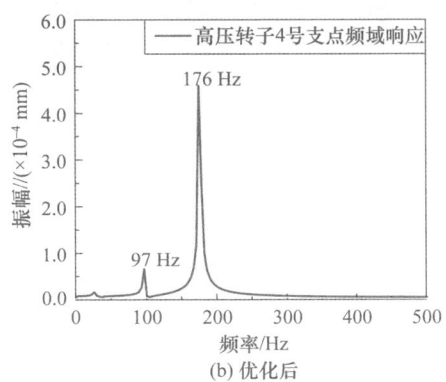

图 6-29　共用支承-双转子系统 4# 支点频率成分

综上所述,共用支承-双转子系统中共用支承结构始终存在响应,子结构之间可通过支反力或位移产生相互作用。在工程设计中需要建立共用支承、双转子系统耦合动力学系统,分析耦合模态频率和振型等;分析 Campbell 图中共同工作线与固有频率的交点,可对可能的交互激励的动力响应及耦合振动情况进行评估。从隔振的角度可对承力框架机匣、弹性支承结构刚度进行合理设计,达到抑制双转子振动耦合的目的。

2. 弹性支承阻尼结构

在轴承外的支承结构上设置阻尼减振器,吸收并耗散振动能量,抑制转子在临界转速点处的振动响应,并衰减外传载荷,降低发动机整机振动水平。转子支承结构的阻尼,可来自挤压油膜阻尼器、也可以来自吸振薄片和高阻尼材料(金属橡胶和泡沫材料)等。

(1) 挤压油膜阻尼

如图 6-30 所示,挤压油膜阻尼器(Squeezed Film Damper,SFD)主要由油膜环和油膜轴颈组成。滑油从支座上的供油孔流入油膜环与油膜轴颈的间隙以形成油膜,转子运动过程中通过轴承外环带动弹性支承产生径向位移,不断挤压油膜环和油膜轴颈之间的油膜,使油膜流动进而消耗一定的振动能量,从而达到减振的效果。

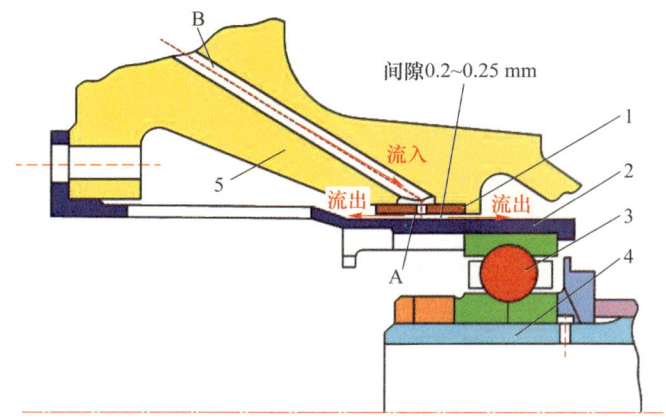

1—油膜环；2—弹性支承；3—轴承；4—转子轴颈；
5—支承结构；A—油膜轴颈表面；B—阻尼器供油孔

图 6-30 挤压油膜阻尼器构造

当油膜轴颈做角速度为 Ω 的进动（与转子进动角速度相同），油膜轴颈瞬间向上运动，使上部滑油被挤压，压力升高，且径向间隙较小处的油压更大，其分布大致如图 6-31(a) 中曲线所示。分布在油膜轴颈的压力分布可等效为过其中心的作用力 F（见图 6-31(b)）。其径向分力 F_r 将油膜轴颈推向进动中心，为支承提供额外的油膜刚度；切向分力 F_t 与油膜轴颈运动相反，阻碍其发生进动，为转子系统提供阻尼。

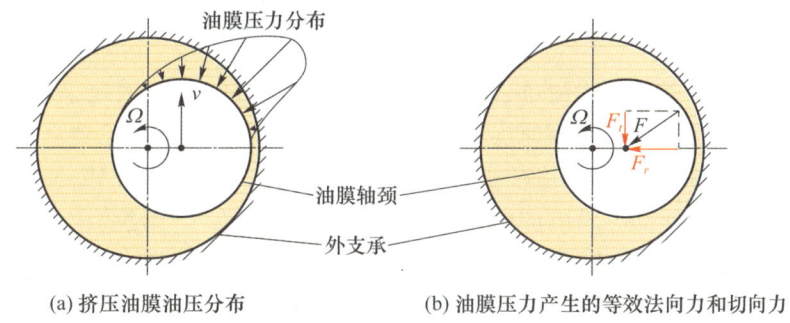

(a) 挤压油膜油压分布　　　　(b) 油膜压力产生的等效法向力和切向力

图 6-31 油膜轴颈运动及油膜力分析（图中将间隙夸张化）

需要指出：弹性支承结构固定在支承结构上，油膜轴颈（弹支结构）仅会随轴承外环发生进动而不会产生绕其自身轴线的自转（这是挤压油膜阻尼器与滑动轴承的根本区别），因此不会产生油膜振荡。

挤压油膜阻尼器可以产生阻尼力的必要条件为：
① 油膜轴颈产生一定径向偏移并发生进动；
② 油膜被挤压并产生合适的油压分布。
因此挤压油膜阻尼器需要配合弹性支承共同使用。常用的弹性支承有笼条式支

承(包括鼠笼式和拉杆式)和弹性环式支承两类。

笼条式弹性支承结构是通过辐条结构几何尺寸和数量以调整支承刚度,阻尼主要来自油膜环与油膜轴颈之间的径向挤压及油膜流动。如果油膜内外环相对倾斜,则油膜难以形成,且可能导致油膜轴颈与限幅环发生接触或碰撞,支承刚度突变,这对转子系统动力学特性有一定影响。

弹性环式挤压油膜阻尼器位于轴承外环和轴承座之间,弹性环通过内、外凸台与二者形成油腔,弹性环上打有通油孔,如图 6-32(a)所示;当转子轴颈带动弹性环发生横向位移时,滑油通过弹性环上的渗油孔在内外腔间快速流动,形成油膜压力场以起到阻尼效果,如图 6-32(b)所示。弹性环为径向弹性支承结构,可改善油膜刚度的非线性影响,但对支承刚度调整幅度有限,阻尼效果相对较差。

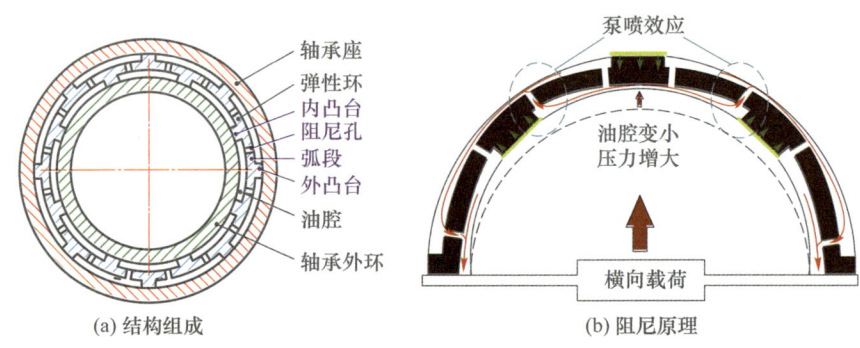

图 6-32 弹性环式挤压油膜阻尼器结构组成与阻尼原理示意图

挤压油膜阻尼器因结构简单、体积小、重量轻、成本低廉、减振效果显著等优点,已广泛应用于航空发动机等高速旋转机械中。在保证挤压油膜阻尼器良好的减振作用的同时,不仅要降低支承刚度使轴承支承位置产生一定的横向位移,而且需要控制转子不平衡激励及外部激励响应的范围。如果转子系统在工作过程中不平衡激励或外部激励增加过大,其油膜刚度随油膜轴颈偏心率的增大呈高度非线性增长,可能会使转子系统出现"双稳态""非协调进动""锁死"或"失稳"等现象,以致对整机会带来严重的危害。

(2) 金属橡胶阻尼

金属橡胶(Metal Rubber,MR)是一种多孔的功能性阻尼材料,通过绕丝、拉丝、编织以及模压成形的具有高阻尼、环境适应性强的功能结构件。金属橡胶材料的减振机理为:在振动环境中,其内部的金属丝间会产生相对滑移,提供干摩擦阻尼,将振动能量转化为内能耗散,实现结构阻尼减振。由于 MR 具有重量轻、阻尼高、刚度可设计以及环境适应性好的优点,因此,被广泛应用于隔振器设计。利用金属橡胶代替挤压油膜可以有效改善油膜刚度高度非线性的缺点,同时保证高阻尼、结构简单、体积小、重量轻及拆装方便等优点。

如图 6-33 所示为带有金属橡胶外环的挤压油膜阻尼器工作原理与实体结构图。

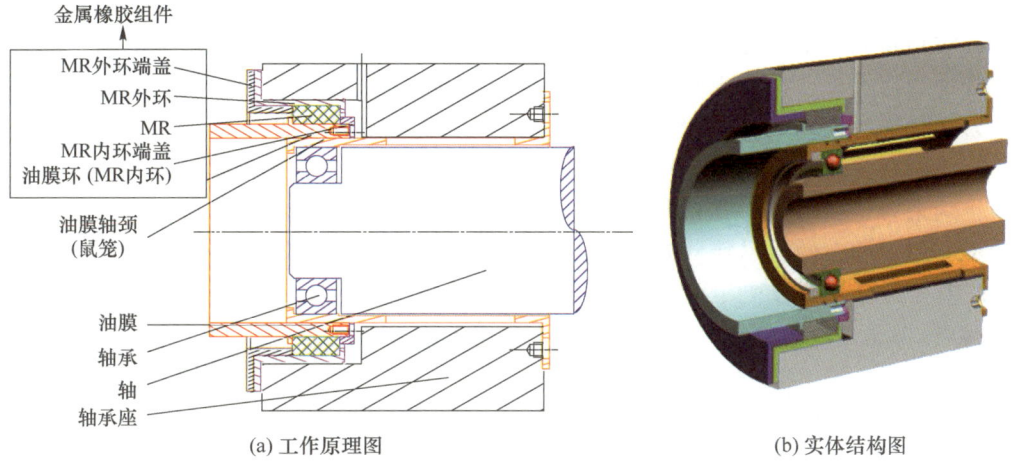

(a) 工作原理图　　　　　　　　(b) 实体结构图

图 6-33　MR-SFD 的工作原理与实体结构

带金属橡胶外环的挤压油膜阻尼器(MR-SFD)的减振机理是：在转子系统运转的过程中，当不平衡量较小或转速较低时，不平衡激振力较小，油膜轴颈对油膜略有挤压，产生的油膜力较小，不足使金属橡胶变形（或变形很小），油膜环基本保持不动，此时可近似为挤压油膜阻尼器；当不平衡量较大或转速较高时，不平衡力急剧增大，油膜轴颈挤压油膜产生的油膜力迅速增大，油膜环在其作用下挤压金属橡胶，金属橡胶产生弹性压缩变形，使油膜厚度相应增大，油膜力减小直至达到某一个平衡状态。其实质是油膜力和油膜环弹性支承的复杂流-固耦合作用的结果。

采用 MR-SFD 后，油膜厚度取决于油膜轴颈和油膜环的位移之差，当选取适当的金属橡胶刚度时，油膜刚度不随轴颈偏心率变化产生高度非线性，避免了转子系统出现"双稳态""非协调进动""锁死"或"失稳"等现象。此外，金属橡胶为高阻尼材料，相较于传统 SFD，MR-SFD 增大了转子系统的阻尼，能在更大的不平衡量范围和更高的转速下有效减振。同时，通过设计金属橡胶的刚度，可以在一定程度上改变支承刚度，实现调整转子系统临界转速的功能。

6.3　碰摩激励转子动力响应

在航空发动机设计中，为减小流动损失，提高叶轮机气动效率，需在主要的工作状态下控制转静件间隙至低水平。由于现代航空发动机转子系统工作转速均位于多阶临界转速以上，在运转过程中不可避免地发生横向变形，或当转静件变形不协调时叶片叶尖与机匣可能发生剐蹭，使转子受到径向冲击、切向摩擦等约束和激励作用，产生剧烈振动甚至发生非协调涡动失稳、断轴等恶劣事故。

对于高速转子系统,为避免轴承和支承结构的摩擦疲劳损伤,在支承结构设计中需要保留一定间隙(轴承游隙和安装间隙)。因此,当轴承游隙与安装间隙满足一定条件时轴承对转子的力学表现为接触约束支承(或称松动支承),可使支承结构的力学特性随转子运动状态的变化产生支承刚度突变、冲击激励和运动轨迹非光滑等特殊力学特性,这可引起转子及支承结构系统产生摩擦疲劳损伤失效。

无论叶尖与机匣剐蹭,还是轴承支承结构的松动,其力学本质是静子结构对转子产生约束力(位移约束)或径向/周向冲击激励(质量约束),进而引起转子系统复杂的动力响应。约束的力学特性变化随转子动力响应变化具有突变、阶跃特征。

基于数学中对非光滑的定义,可将这种由碰摩产生的激励与约束作用,称为非光滑约束,含非光滑约束的转子系统在动力响应上具有一些特殊性。

6.3.1 非光滑约束转子力学模型

转静件碰摩时转子受到冲击激励和约束力作用时,转子运动轨迹会产生突变,称为非光滑约束转子。根据转子结构特征、运动状态以及碰摩所产生的"约束特性",建立转子系统运动微分方程。

1. 碰摩激励与约束特性

叶片与机匣剐蹭和松动支承使转子受到的激励与约束具有不同特点,下面分别对其开展分析。

如图 6-34 所示为典型高推重比涡扇发动机低压转子系统结构示意图。其中,风扇转子由前后两支点支承。由于加工和装配的影响使大质量风扇转子产生的旋转惯性激励和由支承不同心引起的激励共同作用下,使转子系统动力响应增加,导致支点动载荷加大,若支承结构处轴承与轴承座间采用过盈配合,则会引起轴承-支承结构摩擦疲劳损伤加重。因此,在轴承和支承结构间通常设计有装配间隙 δ_l。

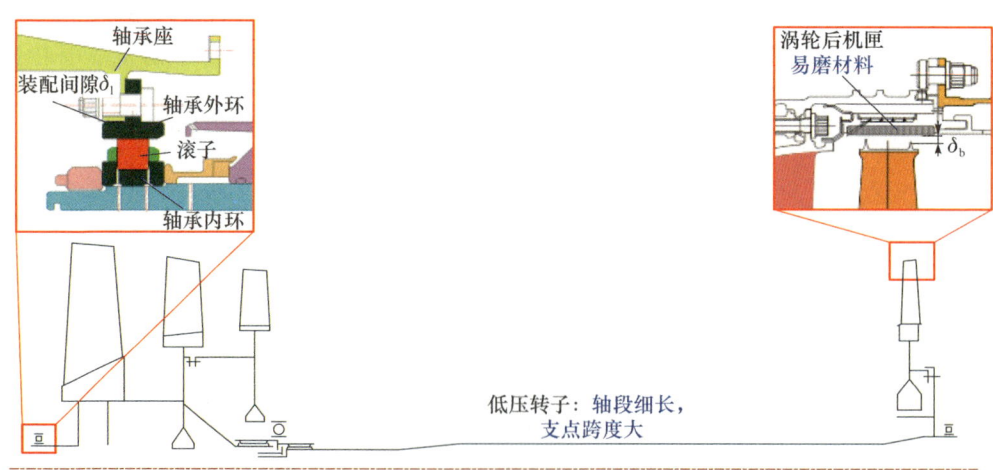

图 6-34 高推重比涡扇发动机低压转子结构示意图

对于带有装配间隙的支承结构,当转子运动轨迹或响应幅值突变时,转子与支承结构会发生碰撞,转子受到径向冲击载荷 F_n 和切向摩擦载荷 F_τ,如图 6-35(a)所示。由于轴承外环与轴承座局部刚性良好,二者之间重复发生接触-分离,这种由支承间隙所产生的激励和约束引起的碰摩又被称为**局部碰摩**(或**间歇碰摩**)。

根据碰撞理论,转子与静子碰撞过程中满足动量守恒定律和动能定理,碰撞前、后速度($\vec{v}_-$ 和 $\vec{v}_+$)在理论上取决于转子和静子的质量和初始动量,当假设支承结构具有大质量时,满足以下关系

$$\vec{v}_{n+} = -e^* \vec{v}_{n-}, \quad \vec{v}_{\tau+} = \vec{v}_{\tau-} \qquad (6-15)$$

式中,e^* 为碰撞恢复系数,$\vec{v}_{n-}$、$\vec{v}_{n+}$ 和 $\vec{v}_{\tau-}$、$\vec{v}_{\tau+}$ 分别为碰撞前、后转子在支承处的法向速度与切向速度,碰撞时间近似为 0。

为便于分析,可假设碰撞时间为一非零极小值,则上述碰撞过程中转子受到的径向冲击可等效为附加径向约束与径向阻尼耗散作用。

在高推重比涡扇发动机低压转子系统中,低压涡轮轴细长,支点跨距极大,如图 6-34 所示。尽管采用了反"C"型结构设计,使低压涡轮处具有良好的角向刚度,但其横向刚度较低。当受到横向过载或较大的旋转惯性激励时可能产生较大的横向位移,进而导致低压涡轮叶片与机匣发生碰摩。

当转子响应幅值超过叶尖间隙 δ_b 时,叶片与机匣发生刮蹭。由图 6-34 可知,低压涡轮叶片展弦比较大,刚度相对较低,而涡轮后机匣内壁采用易磨材料(通常为石墨块或蜂窝结构),其刚度低、摩擦系数高。因此,叶片与机匣不会发生反复的接触-分离,而是持续的接触作用,这种持续的刮蹭性碰摩又称为**全周碰摩**。此时,转子受到机匣持续、稳定的径向约束(表现为径向载荷 F_n),并由于叶片与机匣之间的相对滑动而受到切向摩擦(表现为摩擦力 $F_\tau = \mu_b F_n$,其中,摩擦系数 μ_b 主要取决于叶片与机匣内壁易磨材料的材料属性),如图 6-35(b)所示。

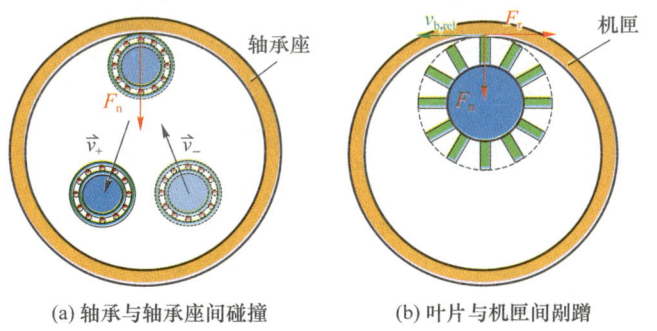

(a) 轴承与轴承座间碰撞　　(b) 叶片与机匣间刮蹭

图 6-35　两种转静件碰摩的力学过程

综上所述,可建立适用于转静件碰摩的非光滑约束模型(见图 6-36),转子与限位环之间存在间隙 δ。转子响应幅值 r 小于间隙 δ 时,不受任何附加约束或激励作

用。而当转子响应幅值 r 大于间隙 δ 时,转子受到附加径向约束、径向阻尼耗散与切向摩擦作用,分别表现为径向刚度 k_{ext}、径向阻尼 c_{ext} 与切向摩擦 μ。对于叶片与机匣的刮蹭,可令 $c_{ext}=0$;对于轴承支承,则有 $\mu=0$。

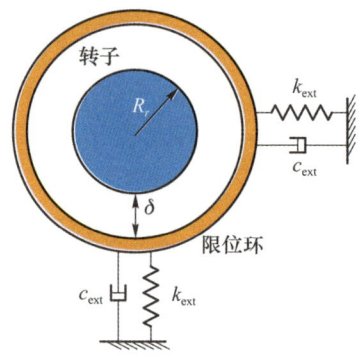

图 6-36 非光滑约束模型

可列出转子与限位环之间作用力 F 在 y 向与 z 向分量的表达式,即

$$\begin{cases} F_y = H(R-\delta)\left[c_{ext}\dot{y} + k_{ext}(1-\dfrac{\delta}{R})(y - \text{sign}(v_{rel})\mu z)\right] \\ F_z = H(R-\delta)\left[c_{ext}\dot{z} + k_{ext}(1-\dfrac{\delta}{R})(z + \text{sign}(v_{rel})\mu y)\right] \end{cases} \quad (6-16)$$

式中,$R=\sqrt{y^2+z^2}$ 为转子响应幅值;$H(\cdot)$ 为 Heaviside 函数;$\text{sign}(\cdot)$ 为符号函数;v_{rel} 为转子与限位环接触点处相对速度。

其中,$H(\cdot)$,$\text{sign}(\cdot)$ 满足以下关系

$$H(x)=\begin{cases} 0 & x\leqslant 0 \\ 1 & x>0 \end{cases} \qquad \text{sign}(x)=\begin{cases} -1 & x<0 \\ 0 & x=0 \\ 1 & x>0 \end{cases} \quad (6-17)$$

$$\text{sign}(v_{rel})=\begin{cases} -1 & \omega R_r + \dfrac{(y\dot{z}-z\dot{y})}{R}<0 \\ 0 & \omega R_r + \dfrac{(y\dot{z}-z\dot{y})}{R}=0 \\ 1 & \omega R_r + \dfrac{(y\dot{z}-z\dot{y})}{R}>0 \end{cases} \quad (6-18)$$

2. 运动微分方程

基于图 6-34 所示高推重比涡扇发动机低压转子系统结构特征,建立转子结构与力学特征等效的非光滑约束转子力学模型,如图 6-37 所示。设轮盘 2 与轮盘 4 分别具有一定的初始质心偏移(偏移量分别为 e_2 与 e_4,初相位分别为 $\varphi_{e,2}$ 与 $\varphi_{e,4}$)与初始惯性主轴倾斜(倾斜角分别为 τ_2 与 τ_4,初相位分别为 $\varphi_{\tau,2}$ 与 $\varphi_{\tau,4}$),其余参数如

图 6-37 所示。

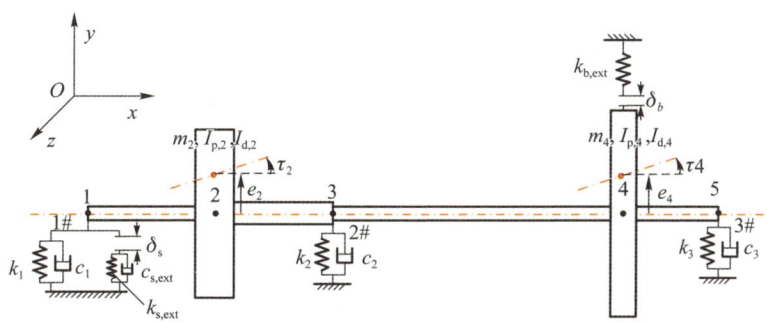

图 6-37 非光滑约束转子力学模型

用有限元素法推导该转子系统的运动微分方程

$$M\ddot{q} + (C - \omega G)\dot{q} + Kq + g(q, \dot{q}) = Q \quad (6-19)$$

式中，M,C,G 和 K 分别为质量矩阵、阻尼矩阵、陀螺矩阵与刚度矩阵；q 是系统广义坐标，包括每个节点处的径向位移与角向位移；$g(q,\dot{q})$ 和 Q 分别是由转静件碰摩引起的非线性力与不平衡激励。其表达式为

$$q = \{y_1, z_1, \theta_{y1}, \theta_{z1}, \cdots, y_5, z_5, \theta_{y5}, \theta_{z5}\}^T = \{q_1^T, q_2^T, q_3^T, q_4^T, q_5^T\}^T \quad (6-20)$$

$$g(\boldsymbol{q},\dot{\boldsymbol{q}}) = \left\{ H(R_1 - \delta_l)\left[c_{1,\text{ext}}\dot{y}_1 + k_{1,\text{ext}}(1 - \frac{\delta_l}{R_1})y_1\right], \right.$$

$$H(R_1 - \delta_l)\left[c_{1,\text{ext}}\dot{z}_1 + k_{1,\text{ext}}(1 - \frac{\delta_l}{R_1})z_1\right], \cdots,$$

$$H(R_4 - \delta_b)k_{b,\text{ext}}(1 - \frac{\delta_b}{R_4})(y_4 - \text{sign}(v_{b,\text{rel}})\mu_b z_4),$$

$$\left. H(R_4 - \delta_b)k_{b,\text{ext}}(1 - \frac{\delta_b}{R_4})(z_4 + \text{sign}(v_{b,\text{rel}})\mu_b y_4), \cdots, \right\}^T \quad (6-21)$$

$$Q = \{\cdots, m_2 e_2 \omega^2 \cos(\omega t + \varphi_{e,2}), m_2 e_2 \omega^2 \sin(\omega t + \varphi_{e,2}), -$$

$$(I_{p,2} - I_{d,2})\omega^2 \cos(\omega t + \varphi_{\tau,2}), -(I_{p,2} - I_{d,2})\omega^2 \sin(\omega t + \varphi_{\tau,2}), \cdots,$$

$$m_4 e_4 \omega^2 \cos(\omega t + \varphi_{e,4}), m_4 e_4 \omega^2 \sin(\omega t + \varphi_{e,4}), -$$

$$(I_{p,4} - I_{d,4})\omega^2 \cos(\omega t + \varphi_{\tau,4}), -(I_{p,4} - I_{d,4})\omega^2 \sin(\omega t + \varphi_{\tau,4}), \cdots\}^T \quad (6-22)$$

式中，$R_1 = \sqrt{y_1^2 + z_1^2}$，$R_4 = \sqrt{y_4^2 + z_4^2}$，$\text{sign}(v_{b,\text{rel}})$ 满足

$$\text{sign}(v_{b,\text{rel}}) = \begin{cases} -1 & \omega R_{\text{blade}} + \dfrac{(y_4\dot{z}_4 - z_4\dot{y}_4)}{R_4} < 0 \\ 0 & \omega R_{\text{blade}} + \dfrac{(y_4\dot{z}_4 - z_4\dot{y}_4)}{R_4} = 0 \\ 1 & \omega R_{\text{blade}} + \dfrac{(y_4\dot{z}_4 - z_4\dot{y}_4)}{R_4} > 0 \end{cases} \quad (6-23)$$

式中，R_{blade}为低压涡轮叶尖处径向尺寸。

6.3.2 叶片与机匣剐蹭

叶片与机匣剐蹭时转静件持续接触，转子受到持续的附加径向约束与切向摩擦作用，使其刚度特性改变，转子模态特性发生变化，即模态频率、模态振型改变。同时，切向摩擦会向转子进动注入运动能量，使转子运动状态改变，可能引起转子非协调涡动失稳。

当发生严重碰摩，在转子转动时转静件碰摩持续存在，表现为全周碰摩状态，这时转子涡动轨迹通常为圆轨迹，动力响应以不平衡激励引起的强迫振动和模态振动为主。因此，叶片与机匣剐蹭激励对转子动力学特性的影响，可通过模态特性（包括模态频率与模态阻尼）的变化来反映。

需要注意，由于非光滑约束转子系统具有强非线性特征，基于线性模态理论的传统分析方法不再适用，需要采用基于非线性模态理论的谐波平衡法——将非线性振动方程的位移和系统的非线性力展开为傅里叶级数形式，并通过相同阶次的谐波平衡，获得以位移的傅里叶系数为未知量的非线性代数方程组，即将非线性微分方程转化为非线性代数方程，而后通过数值迭代或优化方法进行求解，最终得到系统的解。

1. 约束模态特性

对于转子系统的模态特性，由于转子进动方向可以改变，因此对正、反进动模态阻尼变化规律及模态稳定性分析，可以从摩擦力做功角度进行解释。

首先，由于转子系统中存在阻尼，不考虑转静件碰摩的转子系统，其各阶模态阻尼始终大于0。叶片与机匣接触点相对速度$v_{b,rel}=\omega R_{blade}+\Omega R_b$，其方向取决于进动速度$\Omega$方向和转子响应幅值$R_b$大小，即不同进动方向的模态或幅值大小不同时，其摩擦力方向也不同。

对于正进动模态，转子进动方向与自转方向相同，相对速度$v_{b,rel}=\omega R_{blade}+\Omega R_b>0$，且对任意转子响应幅值$R_b$均成立，因此摩擦力方向与转子自转和进动方向相反，如图6-38(a)所示。摩擦力对正进动模态做负功，耗散转子系统的能量。随着幅值增加，径向载荷与摩擦力均增大，摩擦力做功增加，其模态阻尼增加。同时，由于摩擦力与转子系统其余阻尼的共同耗散转子系统能量，使转子模态振动幅值随时间衰减（最终衰减至0），故正进动模态始终稳定。

对于反进动模态，转子进动方向与自转方向相反，相对速度$v_{b,rel}=\omega R_{blade}+\Omega R_b$的方向取决于转子幅值$R_b$大小。

① 当幅值R_b较小时，相对速度$v_{b,rel}>0$，摩擦力方向与转子进动方向相同，如图6-38(b)所示。摩擦力对反进动模态做正功，增加转子系统的能量。随着幅值增加，摩擦力增加，摩擦力做功亦增加，其模态阻尼降低但仍为正值。这时，在摩擦力与

系统其余阻尼的共同用下耗散转子系统的振动能量,使转子模态振动幅值随时间衰减(最终衰减至 0),故反进动模态是稳定的。

② 对于第 3、4 阶反进动模态而言,相对速度 $v_{b,rel}>0$ 时转子响应幅值 R_b 存在一个临界幅值 $R_{cr,l}$,使摩擦力作用与系统阻尼耗散作用相平衡,即模态阻尼为 0。随响应幅值的增加($R_b>R_{cr,l}$),摩擦力输入能量高于转子系统其余阻尼耗散时,模态阻尼降为负值,此时转子反进动模态失稳,转子模态振动幅值随时间增加。至于第 1、2 阶反进动模态,相对速度 $v_{b,rel}>0$ 时,摩擦力输入能量始终低于转子系统其余阻尼耗散,不存在临界幅值 $R_{cr,l}$,反进动模态是稳定的。

③ 转子振幅 R_b 进一步增加至相对速度 $v_{b,rel}<0$(有 $R_b>\dfrac{\omega R_{blade}}{|\Omega|}$),摩擦力方向改变,与转子进动方向相反,如图 6-38(c)所示。此时摩擦力对反进动模态做负功,耗散转子系统的能量,则模态阻尼大于 0($R_b>R_{cr,r}$,易知 $R_{cr,r}=\dfrac{\omega R_{blade}}{|\Omega|}$)且高于初始阻尼,且随着幅值增加而增加。这时摩擦力与转子系统其余阻尼共同耗散转子系统能量,转子模态振动幅值随时间衰减,反进动模态是稳定的。

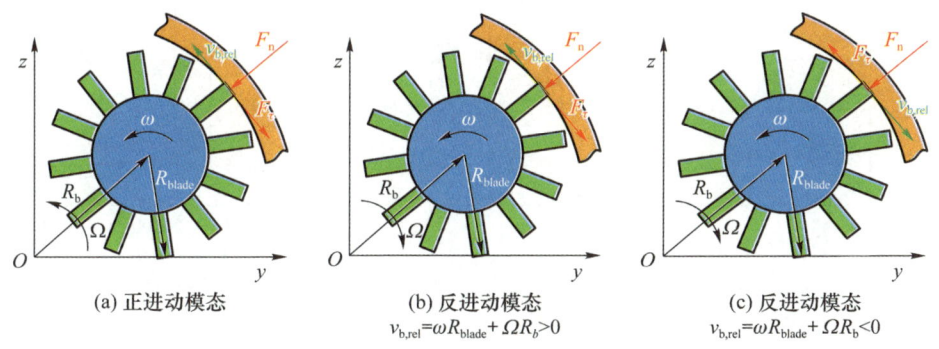

图 6-38 正/反进动模态下转子受到的摩擦力

需要注意的是,对于反进动模态而言,模态失稳区间($R_{cr,l},R_{cr,r}$)的大小决定了模态的稳定性。范围越大该阶模态越不稳定。对于转子系统而言,转子失稳区间($R_{cr,l},R_{cr,r}$)(指各阶模态失稳区间的并集,即 $(R_{cr,l},R_{cr,r})=\bigcup\limits_{i=1}^{\infty}(R_{cr,l,i},R_{cr,r,i})$)范围大小则决定了该转子系统的稳定性。

基于上述分析,对叶片与机匣剐蹭激励下转子系统的动力响应给出如下预测:当转子受到外界周期激励时,初始时刻动力响应中包含周期激励的响应成分与各阶模态频率成分。其中,强迫响应成分是稳定的,其幅值恒定;由于各阶正进动模态与部分反进动模态(其模态阻尼始终大于 0)是稳定的,因此,在转子动力响应中这些模态成分的振幅随时间衰减,最终衰减至 0;同时,可能存在一部分反进动模态(存在失

稳区间 $(R_{cr,1}, R_{cr,r})$，响应中这些模态成分的振幅随时间的变化趋势如下。若响应幅值 $R_b < R_{cr,1}$，则该模态稳定，响应幅值随时间衰减至 0；若响应幅值 $R_b > R_{cr,1}$，无论 R_b 与 $R_{cr,r}$ 孰大孰小，该模态成分振幅都会增加或衰减至 $R_{cr,r}$，即使受到小扰动，也会回到 $R_{cr,r}$，即振幅稳定于 $R_{cr,r} = \dfrac{\omega R_{\text{blade}}}{|\Omega|}$。

实际工程应用中，机匣内壁采用不同易磨材料，叶片与机匣剐蹭时产生的附加刚度与摩擦系数不同；支承结构的设计往往会因航空发动机总体结构布局设计方案的不同而有所差异，这对支承结构的阻尼特性有明显的影响；转子系统有多阶临界转速，则叶片与机匣之间的剐蹭可能在不同转速下发生。因此，此处以第 4 阶反进动模态为例，分析关键特征参数对转子系统非线性模态频率、模态阻尼及振动稳定性的影响规律。给定不同关键参数，得第 4 阶反进动模态频率与模态阻尼曲线如图 6-39、图 6-40 所示。

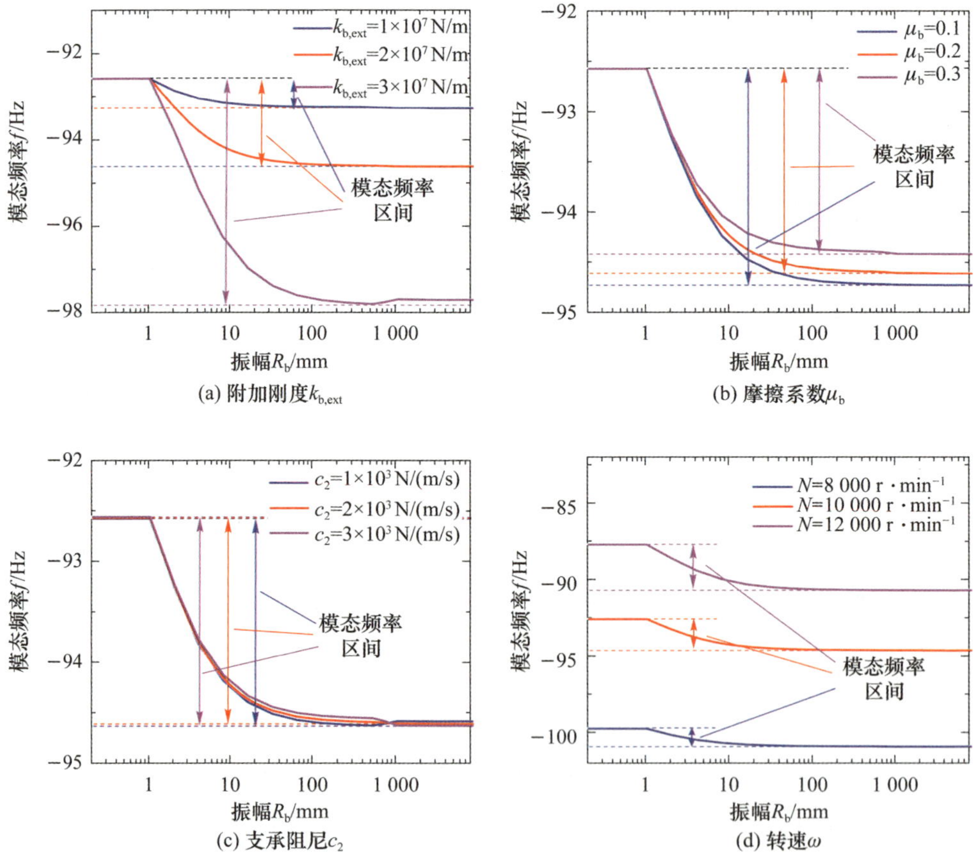

图 6-39　关键参数对转子系统反进动模态频率的影响

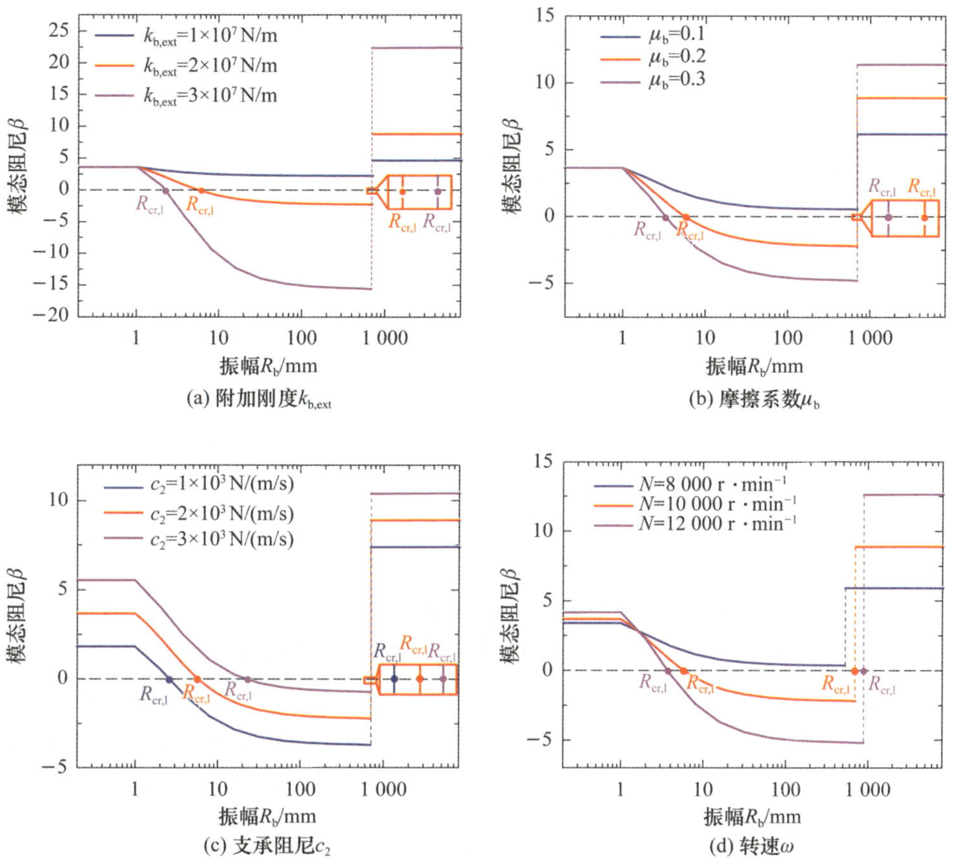

图 6-40 关键参数对转子系统反进动模态阻尼的影响

(a) 附加刚度 $k_{b,ext}$
(b) 摩擦系数 μ_b
(c) 支承阻尼 c_2
(d) 转速 ω

根据图 6-39 可知：

① 随着支承结构阻尼降低，模态频率略有降低，但变化很小，模态频率分布区间基本不变；

② 随着附加刚度增加，转子受到的附加横向约束作用增强，系统等效刚度提高，模态频率及其分布区间范围大幅增加；

③ 随着摩擦系数增加，转子受到的切向载荷增加，转子在两方向上的横向位移（y 向与 z 向）彼此之间的影响增加，即两方向受载时其中一个方向的受载会引起另一方向发生位移，可近似为横向约束降低，附加刚度降低，模态频率减小，模态频率分布区间范围也有一定缩小；

④ 由于反进动模态中陀螺力矩效应削弱系统等效刚度，因此转速提高，陀螺力矩效应增强，系统等效刚度降低，模态频率降低。与此同时，转子受到的附加横向约束作用近似不变，但其对系统等效刚度的增强作用相对提高，因此，模态频率分布区

间范围明显增加。

根据图 6-40 可知：

① 随着附加刚度增加或摩擦系数增加，模态阻尼值降低。同时失稳区间下限 $R_{cr,l}$ 明显降低，而区间上限 $R_{cr,r}$ 基本不变，模态稳定性变差。这归因于摩擦系数或附加刚度的增加使得相同幅值下的摩擦力增大，做功能力增加，模态阻尼降低（$R_b < R_{cr,r}$）或增加（$R_b > R_{cr,r}$），摩擦力做功与系统阻尼耗散作用相平衡所需的幅值 $R_{cr,l}$ 减小（即失稳区间下限 $R_{cr,l}$ 明显降低），使叶片与机匣接触点相对速度 $v_{rel}=0$ 时的幅值 $R_{cr,r} = \dfrac{\omega R_{blade}}{|\Omega|}$ 随模态角频率 Ω 的改变而略有变化，但变化很小。

② 随着支承阻尼增加，模态阻尼值增加。同时，失稳区间下限 $R_{cr,l}$ 明显提高，区间上限 $R_{cr,r}$ 基本不变，模态稳定性变好。这归因于摩擦力做功能力及其对模态阻尼的影响不变，而支承阻尼的增加使系统阻尼耗散能力增强，摩擦力做功与系统阻尼耗散作用相平衡所需的振幅 $R_{cr,l}$ 增加，区间上限 $R_{cr,r}$ 随模态角频率 Ω 的改变而略有变化，但变化很小。

③ 随着转速增加，模态阻尼降低。同时失稳区间上、下限有明显的增加与降低。由于范围增加故模态稳定性变差。这归因于转速的增加使陀螺力矩效应及其对转子等效刚度的削弱作用增强。转子在叶片处的振幅一定时，受到来自机匣的摩擦力的做功能力不变，但其余轴向位置振幅增加，系统阻尼耗散作用增强，模态阻尼降低（$R_b < R_{cr,r}$）或增加（$R_b > R_{cr,r}$）。摩擦力做功与系统阻尼耗散作用相平衡所需的振幅 $R_{cr,l}$ 降低，使叶片与机匣接触点相对速度 $v_{rel}=0$ 时的幅值 $R_{cr,r} = \dfrac{\omega R_{blade}}{|\Omega|}$ 随转速的增加和模态角频率 Ω 的降低而明显提高。

综上所述，叶片与机匣剐蹭激励下转子系统模态频率主要取决于附加横向约束，即机匣提供附加刚度 $k_{b,ext}$ 的大小，同时受转速与切向摩擦的影响。模态阻尼则受附加横向约束、切向摩擦、支承阻尼与转速等多个因素的影响。附加刚度与摩擦系数增加，摩擦力做功能力增强，模态阻尼降低（$R_b < R_{cr,r}$ 时）或增加（$R_b > R_{cr,r}$ 时），失稳区间范围增加，稳定性降低；随支承阻尼增加，系统阻尼耗散作用增强，模态阻尼增加，失稳区间范围减小，稳定性提高；随转速提高，转子等效弯曲刚度降低，系统阻尼耗散作用增强，模态阻尼降低（$R_b < R_{cr,r}$ 时）或增加（$R_b > R_{cr,r}$ 时），失稳区间范围增加，稳定性降低。

在工程实践中，机匣内壁应采用刚度较低、摩擦系数较小的易磨材料，通过在支承处增加挤压油膜阻尼器等措施可适当提高转子系统的阻尼，以降低叶片与机匣剐蹭对转子系统模态频率与模态阻尼的影响，进而提高转子系统振动稳定性。

2. 动力响应特性

非光滑约束转子系统模态特性与转子系统运动状态及动力响应交互影响，因此，在不同转速下转子系统在不平衡激励下动力响应的幅值对非光滑约束转子系统的动力响应影响显著。

给定转子结构特征参数并设定转速为超临界状态(10 000 r/min),在不同质心偏移旋转惯性激励载荷的作用下,转子的轴心涡动轨迹如表 6-4 所列和动力响应频谱如图 6-41 所示。

当转子初始不平衡较小,其响应幅值远小于叶尖间隙 δ_l 时,叶片未与机匣接触,转子系统为线性系统。初始时刻动力响应中出现的各阶模态频率的幅值迅速衰减至 0,稳态下转子作稳定地同步正进动,如表 6-4(a)所示,其动力响应仅包含转速频率 ω,如图 6-41(a)所示。

当转子初始不平衡较大,响应幅值超过叶尖间隙 δ_l 时,叶片与机匣发生剐蹭,响应中出现转子各阶模态频率。若响应幅值的最大值较小,小于转子失稳区间下限 $R_{cr,r}$,则各阶模态频率的幅值随时间衰减至 0,稳态下转子作稳定地同步正进动,如表 6-4(b)所示,其动力响应仅包含转速频率 ω,如图 6-41(b)所示;若响应幅值较大,超过失稳区间下限 $R_{cr,r}$,则第 3 阶反进动模态频率的幅值随时间迅速增加,最终增至失稳区间上限 $R_{cr,1}$,在此过程中,轴心轨迹呈"极限环"特征。由于反进动模态频率 p_{b3} 幅值远高于转频 ω 幅值,如图 6-41(c)所示,稳态下转子以第 3 阶反进动模态角频率 Ω_{b3} 作稳定的非协调涡动。

综上所述,对于叶片与机匣剐蹭激励下的转子系统,当转子系统动力响应幅值较大,且处于失稳区间下限时,动力响应中部分反进动模态频率的幅值将持续增加,转子系统以反进动模态频率作稳定的非协调涡动,形成大的极限环。这种运动状态下,由于转子处于非协调涡动状态,转轴内产生较大的交变应力,支承约束的动载荷也会显著提高,甚至会产生疲劳损伤失效。

表 6-4 不同初始质心偏移旋转惯性激励载荷下转子的轴心轨迹

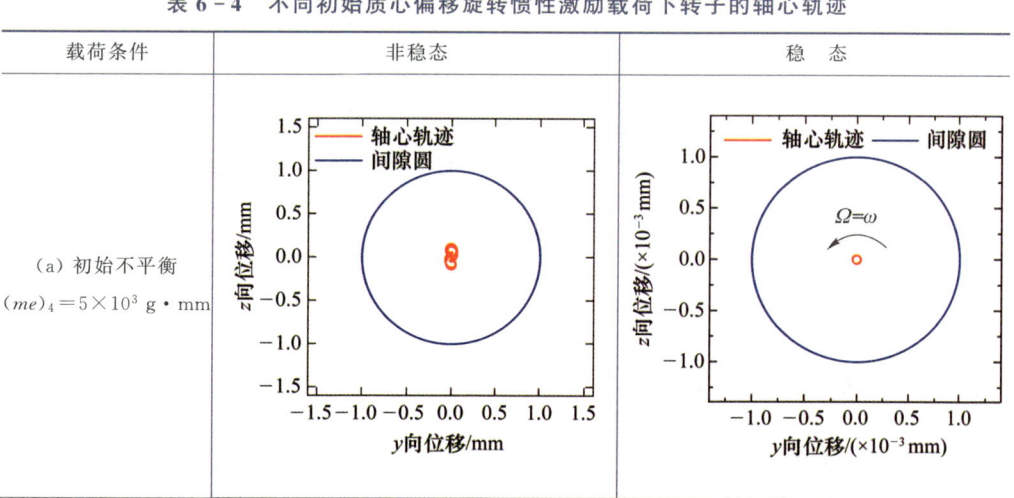

续表 6-4

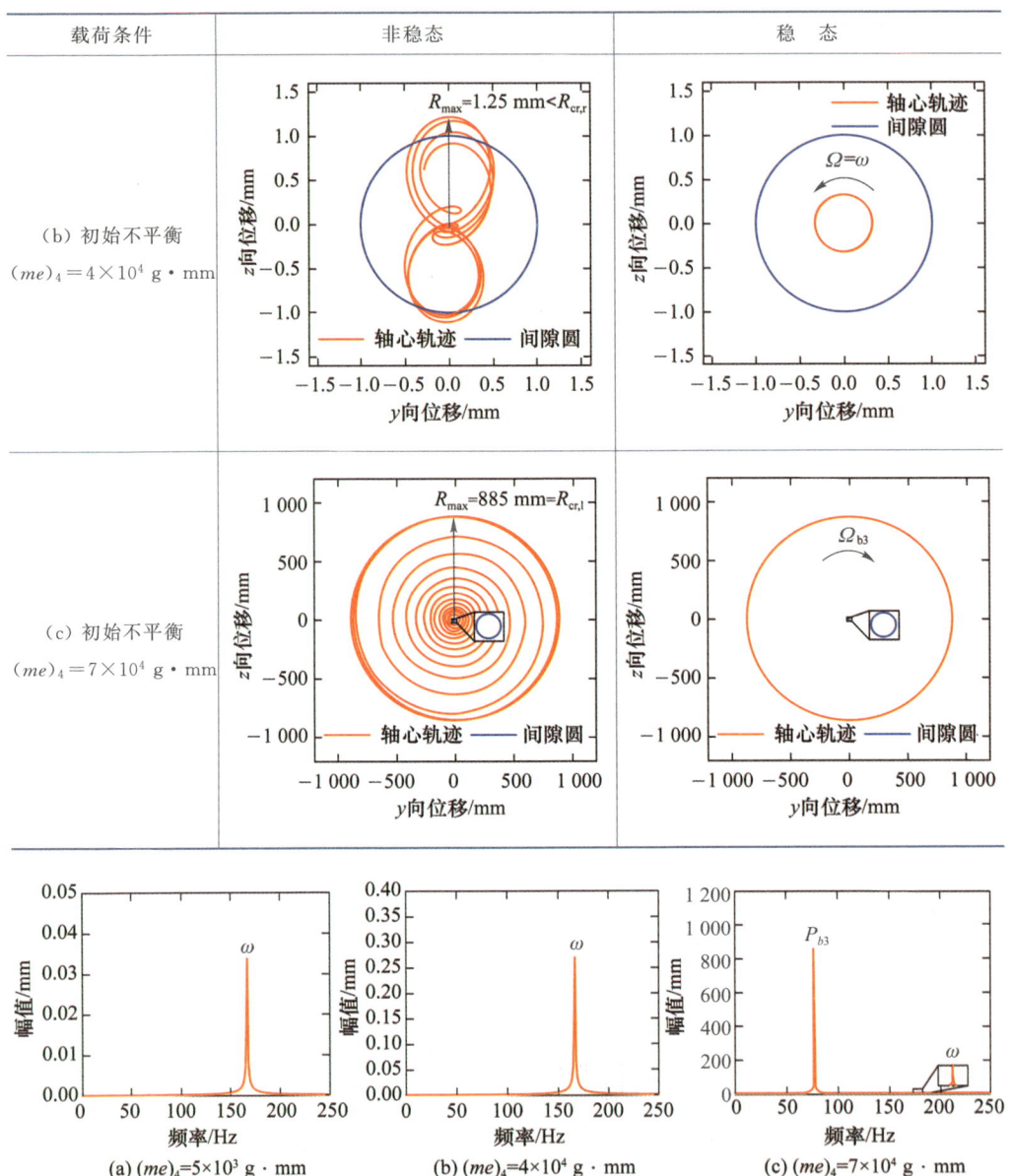

图 6-41 不平衡激励下转子动力响应频谱(稳态)

6.3.3 轴承支承间隙影响

转子处于非稳态运转状态下,转子在支承结构处的轨迹变化幅值大于间隙 δ_l 时,随动力响应幅值和频率变化,转子与支承结构之间重复发生接触-分离,转子会受到冲击激励。为便于理解其力学过程,在转子与支承结构间发生"接触-分离"的过程中,转子受到的附加径向约束与径向阻尼可等效为径向碰撞激励 $f(q,\dot{q})$,即式(6-19)等效于

$$M\ddot{q}+(C-\omega G)\dot{q}+Kq=Q+f(q,\dot{q}) \quad (6-24)$$

上式中

$$f(q,\dot{q})=-g(q,\dot{q})=\{F_y(t),F_z(t),0,0,\cdots\}^T \quad (6-25)$$

式中,$F_y(t)$,$F_z(t)$ 为松动支承处碰撞激励 $F(t)$ 的 y,z 向分量。那么,轴承支承对转子系统动力学特性的影响体现为该径向碰撞激励与不平衡激励共同作用下的复杂动力响应 q。下面将对轴承支承对转子径向碰撞激励力学过程及动力响应特征进行分析。

1. 冲击激励

假设 t_0 时刻转子与支承结构的碰撞时间为 Δt,可将碰撞时转子受到的径向碰撞激励 $F(t)$ 写作

$$F(t)=\begin{cases}F_n\sin\dfrac{\pi}{\Delta t}(t-t_0) & t_0\leqslant t\leqslant t_0+\Delta t \\ 0 & \text{其他}\end{cases} \quad (6-26)$$

式中,F_n 为碰撞激励的幅值,通常与碰撞时转子的法向速度 v_n 成正比;碰撞时间 Δt 则取决于轴承外环与轴承座的材料属性和配合状态。

先考虑最理想的情况:转子每自转一圈,转子与支承结构碰撞 n 次(设 n 为整数);每次碰撞时转子的法向速度大小相等,即碰撞激励幅值相等,碰撞之间的时间间隔相同。基于上述假设,时间在 $[0,T]$ (T 为转子自转周期,且 $T=\dfrac{2\pi}{\omega}=\dfrac{1}{f}$)内的径向碰撞激励 $F(t)$ 如图 6-42 所示,并写作

$$F(t)=\begin{cases}F_n\sin\dfrac{\pi}{\Delta t}\left(t-i\dfrac{T}{n}\right) & i\dfrac{T}{n}\leqslant t\leqslant i\dfrac{T}{n}+\Delta t, 0\leqslant i\leqslant n-1 \\ 0 & \text{其他}\end{cases} \quad (6-27)$$

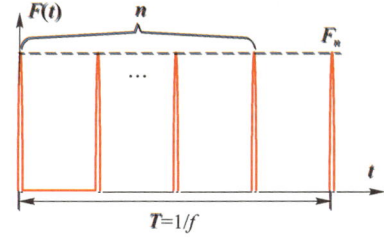

图 6-42 径向碰撞激励(自转一圈碰撞 n 次)

将式(6-27)进行傅里叶展开,可表示为连续函数形式,即

$$F(t) = F_0 + \sum_{k=1}^{\infty} F_k \cos(kn\omega t + \varphi_k) \qquad (6-28)$$

上式中满足

$$F_0 = \frac{1}{T} F_n \frac{2n\Delta t}{\pi} \qquad F_k = \frac{2}{T} F_n \frac{\frac{2\pi}{\Delta t} n}{\left(\frac{\pi}{\Delta t}\right)^2 - (kn\omega)^2} \cos \varphi_k \qquad \varphi_k = \frac{1}{2} kn\omega \Delta t$$

$$(6-29)$$

设动力响应 $q = q_u + q_1$,则

$$\begin{cases} M\ddot{q}_u + (C - \omega G)\dot{q}_u + K q_u = Q \\ M\ddot{q}_1 + (C - \omega G)\dot{q}_1 + K q_1 = f(q_1, \dot{q}_1) \end{cases} \qquad (6-30)$$

式中,q_u,q_1 分别代表由不平衡激励 Q 与径向碰撞激励 $f(q_1, \dot{q}_1)$ 引起的动力响应。为便于分析,假设 $\|q_1\| \ll \|q_u\|$,即动力响应主要由不平衡激励引起,即以转频 ω 为主,由径向碰撞激励引起的动力响应 q_1 对 q_u 的影响很小。

考虑每次碰撞时的周向位置不同,其径向碰撞激励的方向也不同,即径向碰撞激励方向随时间改变。根据上述假设,动力响应以转频 ω 为主,则径向碰撞激励方向的变化频率与转频相等,可写出碰撞激励在两个方向的分量形式,即

$$\begin{cases} F_y(t) = F(t)\cos\omega t = F_0 \cos\omega t + \sum_{k=1}^{\infty} F_k \cos(kn\omega t + \varphi_k)\cos\omega t = \\ \qquad F_0 \cos\omega t + \frac{1}{2}\sum_{k=1}^{\infty} F_k \{\cos[(1-kn)\omega t - \varphi_k] + \cos[(1+kn)\omega t + \varphi_k]\} \\ F_z(t) = F(t)\sin\omega t = F_0 \sin\omega t + \sum_{k=1}^{\infty} F_k \cos(kn\omega t + \varphi_k)\sin\omega t = \\ \qquad F_0 \sin\omega t + \frac{1}{2}\sum_{k=1}^{\infty} F_k \{\sin[(1-kn)\omega t - \varphi_k] + \sin[(1+kn)\omega t + \varphi_k]\} \end{cases}$$

$$(6-31)$$

当转子自转一圈且轴承外环与轴承座碰撞次数 n 为确定的整数时,径向碰撞激励为包含转频 ω 及 $(1-kn),(1+kn)\omega(k=1,2,\cdots)$ 等多种倍频成分的周期激励。

通常转子每自转一圈,转子与支承结构碰撞次数 n 并非整数,但存在整数 n_1,n_2 使得 $n = \frac{n_1}{n_2}$(表示自转 n_2 圈碰撞 n_1 次)。假设每次冲击时的碰撞激励幅值和碰撞时间间隔分别相等,则时间在 $[0, T']$(T 为转子自转周期,且 $T' = n_2 T$)的径向碰撞激励 $F(t)$ 如图 6-43 所示,并写作

$$F(t) = \begin{cases} F_n \sin\frac{\pi}{\Delta t}(t - i\frac{T'}{n}) & i\frac{T'}{n} \leqslant t \leqslant i\frac{T'}{n} + \Delta t, 0 \leqslant i \leqslant n_1 - 1 \\ 0 & \text{其他} \end{cases} \qquad (6-32)$$

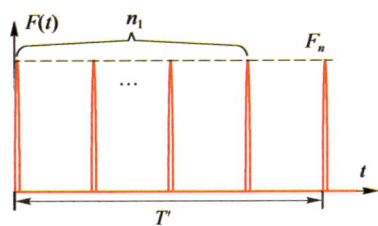

图 6-43 径向碰撞激励(自转 n_2 圈碰撞 n_1 次)

将式(6-32)傅里叶展开为连续函数形式,即

$$F(t) = F_0 + \sum_{k=1}^{\infty} F_k \cos(kn\omega t + \varphi_k) \tag{6-33}$$

上式中满足

$$F_0 = \frac{1}{T} F_n \frac{2n\Delta t}{\pi} \quad F_k = \frac{2}{T} F_n \frac{\frac{2\pi}{\Delta t} n}{\left(\frac{\pi}{\Delta t}\right)^2 - (kn\omega)^2} \cos\varphi_k \quad \varphi_k = \frac{1}{2} kn\omega \Delta t \tag{6-34}$$

同样假设 $\|\boldsymbol{q}_l\| \ll \|\boldsymbol{q}_u\|$,动力响应中以转频 ω 为主,并设 $p = n\omega$,则碰撞激励在两个方向的分量形式如下

$$\begin{cases} F_y(t) = F(t)\cos\omega t = F_0 \cos\omega t + \sum_{k=1}^{\infty} F_k \cos(kpt + \varphi_k)\cos\omega t = \\ \qquad F_0 \cos\omega t + \frac{1}{2}\sum_{k=1}^{\infty} F_k \{\cos[(\omega-kp)t - \varphi_k] + \cos[(\omega+kp)t + \varphi_k]\} \\ F_z(t) = F(t)\sin\omega t = F_0 \sin\omega t + \sum_{k=1}^{\infty} F_k \cos(kpt + \varphi_k)\sin\omega t = \\ \qquad F_0 \sin\omega t + \frac{1}{2}\sum_{k=1}^{\infty} F_k \{\sin[(\omega-kp)t - \varphi_k] + \sin[(\omega+kp)t + \varphi_k]\} \end{cases}$$
$$\tag{6-35}$$

因此,当转子与支承结构之间的碰撞具有周期特征(即碰撞频率恒定,可称为碰撞特征频率,设为 p)时,转子受到的径向碰撞激励为包含转频 ω 和多种转频与碰撞特征频率组合频($\omega-kp$),($\omega+kp$)($k=1,2,\cdots$)成分的周期激励。

2. 动力响应

实际情况下,转子与支承结构之间的接触-分离并非持续发生(即时域上存在"碰撞区"与"非碰撞区"),每次轴承外环与轴承座碰撞时转子的法向速度不同,转子受到的碰撞激励幅值 F_n 不同,碰撞时间间隔也不相等(见图 6-44),因此径向碰撞激励 $F(t)$ 无法写成类似式(6-27)或(6-32)的形式。由于动力响应中 q_u,q_l 幅值的量级相近,可能相互影响。因此,上文求得的径向碰撞激励无法直接用于动力响应的分析。

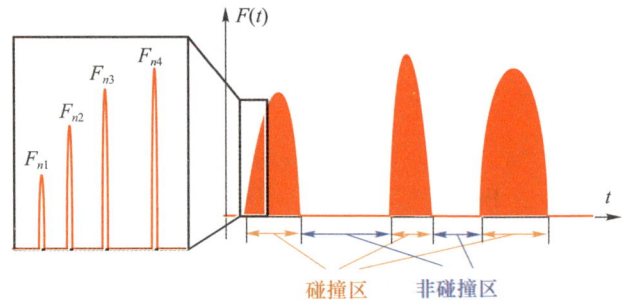

图 6-44 实际的径向碰撞激励

设

$$q = q_u + q_l = \{y_1, z_1, \theta_{y1}, \theta_{z1}, \cdots\}^T \quad (6-36)$$

式中,y_1, z_1 分别表示轴承支承结构处横向位移在 y, z 向的分量,且有

$$\begin{cases} y_1 = A_u \cos \omega t + \sum_{k=1}^{\infty} A_k \cos(\omega_k t + \varphi_k) \\ z_1 = A_u \sin \omega t + \sum_{k=1}^{\infty} A_k \sin(\omega_k t + \varphi_k) \end{cases} \quad (6-37)$$

表示动力响应包括转频 ω 与其他多种由径向碰撞激励引起的频率 ω_k。

假设径向碰撞激励 $F(t)$ 的傅里叶展开式为

$$F(t) = \sum_{r=1}^{\infty} F_r \cos(p_r t + \beta_r) \quad (6-38)$$

式中,p_r 可称为碰撞激励的特征频率,各频率幅值 F_r 与转子法向速度 v_n 成正比,有

$$F_r = \chi_r v_n \quad (6-39)$$

而法向速度 v_n 与 y_1, z_1 之间关系为

$$v_n = \frac{y_1 \dot{y}_1 + z_1 \dot{z}_1}{\sqrt{y_1^2 + z_1^2}} = \frac{y_1 \dot{y}_1 + z_1 \dot{z}_1}{\delta_l} \quad (6-40)$$

将式(6-37)、(6-39)与(6-40)代入式(6-38),有

$$F(t) = \sum_{r=1}^{\infty} \chi_r v_n \cos(p_r t + \beta_r) = \frac{y_1 \dot{y}_1 + z_1 \dot{z}_1}{\delta_l} \sum_{r=1}^{\infty} \chi_r \cos(p_r t + \beta_r) =$$

$$\frac{1}{\delta_l} \left\{ \sum_{k=1}^{\infty} A_k A_u (\omega - \omega_k) \sin[(\omega_k - \omega)t + \varphi_k] \right\} \sum_{r=1}^{\infty} \chi_r \cos(p_r t + \beta_r) =$$

$$\left\{ \sum_{k=1}^{\infty} V_k \sin[(\omega_k - \omega)t + \varphi_k] \right\} \sum_{r=1}^{\infty} \chi_r \cos(p_r t + \beta_r) =$$

$$\sum_{r=1}^{\infty} \sum_{k=1}^{\infty} V_k \chi_r \sin[(\omega_k - \omega)t + \varphi_k] \cos(p_r t + \beta_r) =$$

$$\frac{1}{2}\sum_{r=1}^{\infty}\sum_{k=1}^{\infty}V_k\chi_r\{\sin\left[(\omega_k+p_r-\omega)t+(\varphi_k+\beta_r)\right]+$$
$$\sin\left[(\omega_k-p_r-\omega)t+(\varphi_k-\beta_r)\right]\} \tag{6-41}$$

式中,$V_k=\dfrac{1}{\delta_l}A_kA_u(\omega-\omega_k)$。

考虑每次碰撞时转子横向位移的周向位置随时间改变,径向碰撞激励 $F(t)$ 的分量形式为

$$F_y(t)=F(t)\frac{y_1}{\delta_1}=\frac{1}{\delta_1}\left[A_u\cos\omega t+\sum_{k=1}^{\infty}A_k\cos(\omega_k t+\varphi_k)\right]F(t)=$$
$$\sum_{r=1}^{\infty}\sum_{k=1}^{\infty}F_{k,r,u}\{\sin\left[(\omega_k+p_r)t+(\varphi_k+\beta_r)\right]+\sin\left[(\omega_k-p_r)t+(\varphi_k-\beta_r)\right]+$$
$$\sin\left[(\omega_k+p_r-2\omega)t+(\varphi_k+\beta_r)\right]+\sin\left[(\omega_k-p_r-2\omega)t+(\varphi_k-\beta_r)\right]\}+$$
$$\sum_{s=1}^{\infty}\sum_{r=1}^{\infty}\sum_{k=1}^{\infty}F_{k,r,s}\{\sin\left[(\omega_k+\omega_s+p_r-\omega)t+(\varphi_k+\varphi_s+\beta_r)\right]+$$
$$\sin\left[(\omega_k-\omega_s+p_r-\omega)t+(\varphi_k-\varphi_s+\beta_r)\right]+\sin\left[(\omega_k+\omega_s-p_r-\omega)t+$$
$$(\varphi_k+\varphi_s-\beta_r)\right]+\sin\left[(\omega_k-\omega_s-p_r-\omega)t+(\varphi_k-\varphi_s-\beta_r)\right]\} \tag{6-42}$$

$$F_z(t)=F(t)\frac{z_1}{\delta_1}=\frac{1}{\delta_1}\left[A_u\sin\omega t+\sum_{k=1}^{\infty}A_k\sin(\omega_k t+\varphi_k)\right]F(t)=$$
$$\sum_{r=1}^{\infty}\sum_{k=1}^{\infty}F_{k,r,u}\{\cos\left[(\omega_k+p_r-2\omega)t+(\varphi_k+\beta_r)\right]+\cos\left[(\omega_k-p_r-2\omega)t+(\varphi_k-\beta_r)\right]-$$
$$\cos\left[(\omega_k+p_r)t+(\varphi_k+\beta_r)\right]-\cos\left[(\omega_k-p_r)t+(\varphi_k-\beta_r)\right]\}+$$
$$\sum_{s=1}^{\infty}\sum_{r=1}^{\infty}\sum_{k=1}^{\infty}F_{k,r,s}\{\cos\left[(\omega_k-\omega_s+p_r-\omega)t+(\varphi_k-\varphi_s+\beta_r)\right]+$$
$$\cos\left[(\omega_k-\omega_s-p_r-\omega)t+(\varphi_k-\varphi_s-\beta_r)\right]-\cos\left[(\omega_k+\omega_s+p_r-\omega)t+$$
$$(\varphi_k+\varphi_s+\beta_r)\right]-\cos\left[(\omega_k+\omega_s-p_r-\omega)t+(\varphi_k+\varphi_s-\beta_r)\right]\} \tag{6-43}$$

式中,$F_{k,r,u}=\dfrac{1}{4\delta_l}A_uV_k\chi_r$,$F_{k,r,s}=\dfrac{1}{4\delta_l}A_sV_k\chi_r$。可知径向碰撞激励为包含多种频率成分的极为复杂的周期激励。

假设 $F(t)$ 以一种频率 p_1 为主(即表达式(6-38)满足 $F_r\ll F_1,r=2,3,\cdots$),且仅考虑动力响应中转频成分 ω 与成分 ω_1 对径向碰撞激励的影响(即式(6-37)中 $A_k\ll A_1(k=2,3,\cdots)$),则有

$$F_y(t)\approx F_{1,1,u}\left\{\cos\left[(2\omega-\omega_1+p_1)t-\left(\varphi_1-\beta_1-\frac{\pi}{2}\right)\right]+\cos\left[(\omega_1+p_1)t+\left(\varphi_1+\beta_1-\frac{\pi}{2}\right)\right]+\right.$$
$$\cos\left[(2\omega-\omega_1-p_1)t-\left(\varphi_1+\beta_1-\frac{\pi}{2}\right)\right]+\cos\left[(\omega_1-p_1)t+\left(\varphi_1-\beta_1-\frac{\pi}{2}\right)\right]\}+$$
$$F_{1,1,1}\left\{\cos\left[(2\omega_1+p_1-\omega)t+\left(2\varphi_1+\beta_1-\frac{\pi}{2}\right)\right]+\cos\left[(\omega-p_1)t-\left(\beta_1-\frac{\pi}{2}\right)\right]+\right.$$

$$\cos\left[(2\omega_1-p_1-\omega)t+\left(2\varphi_1-\beta_1-\frac{\pi}{2}\right)\right]+\cos\left[(p_1+\omega)t+\left(\beta_1+\frac{\pi}{2}\right)\right]\} \quad (6-44)$$

$$F_z(t)\approx F_{1,1,u}\left\{\sin\left[(2\omega-\omega_1+p_1)t-\left(\varphi_1-\beta_1-\frac{\pi}{2}\right)\right]+\sin\left[(\omega_1+p_1)t+\left(\varphi_1+\beta_1-\frac{\pi}{2}\right)\right]+\right.$$

$$\sin\left[(2\omega-\omega_1-p_1)t-\left(\varphi_1+\beta_1-\frac{\pi}{2}\right)\right]+\sin\left[(\omega_1-p_1)t+\left(\varphi_1-\beta_1-\frac{\pi}{2}\right)\right]\}+$$

$$F_{1,1,1}\left\{\sin\left[(2\omega_1+p_1-\omega)t+\left(2\varphi_1+\beta_1-\frac{\pi}{2}\right)\right]+\sin\left[(\omega-p_1)t-\left(\beta_1-\frac{\pi}{2}\right)\right]+\right.$$

$$\sin\left[(2\omega_1-p_1-\omega)t+\left(2\varphi_1-\beta_1-\frac{\pi}{2}\right)\right]+\sin\left[(p_1+\omega)t+\left(\beta_1+\frac{\pi}{2}\right)\right]\} \quad (6-45)$$

径向碰撞激励包含$(2\omega-\omega_1\pm p_1)$、$(\omega_1\pm p_1)$、$(2\omega_1\pm p_1-\omega)$与$(\omega\pm p_1)$共8种频率。因此,动力响应中也包含这8种频率,其中必定有频率ω_1,假设$\omega_1=\omega+p_1$,则动力响应为

$$\begin{cases} y_1 = A_u\cos\omega t + A_1\cos(\omega t+\varphi_1)+A_2\cos\left[(\omega+2p_1)t+\varphi_2\right]+\\ \quad A_3\cos\left[(\omega-2p_1)t+\varphi_3\right]+A_4\cos(\omega t+\varphi_4)+A_5\cos\left[(\omega+3p_1)t+\varphi_5\right]+\\ \quad A_6\cos\left[(\omega-p_1)t+\varphi_6\right]+A_7\cos\left[(\omega+p_1)t+\varphi_7\right]+A_8\cos\left[(\omega+p_1)t+\varphi_8\right]\\ z_1 = A_u\sin\omega t + A_1\sin(\omega t+\varphi_1)+A_2\sin\left[(\omega+2p_1)t+\varphi_2\right]+\\ \quad A_3\sin\left[(\omega-2p_1)t+\varphi_3\right]+A_4\sin(\omega t+\varphi_4)+A_5\sin\left[(\omega+3p_1)t+\varphi_5\right]+\\ \quad A_6\sin\left[(\omega-p_1)t+\varphi_6\right]+A_7\sin\left[(\omega+p_1)t+\varphi_7\right]+A_8\sin\left[(\omega+p_1)t+\varphi_8\right]\end{cases}$$
$$(6-46)$$

表示动力响应包含ω及其与特征频率p_1的多个组合频率成分。该结论同样适用于$(2\omega-\omega_1\pm p_1)$、$(2\omega_1\pm p_1-\omega)$或$(\omega-p_1)$与$\omega_1$相等的情况,这里不予赘述。

倘若考虑动力响应各个频率对径向碰撞激励的影响,并且径向碰撞激励包含n种特征频率$p_1,p_2,\cdots,p_n$,即

$$F(t)=\sum_{r=1}^{n}F_r\cos(p_rt+\beta_r) \quad (6-47)$$

由于轴承支承结构的间隙约束特征,转子与支承结构碰撞激励的方向和大小受转子及支承结构特征的影响。转子系统动力响应由转频ω及其与碰撞激励特征频率$p_1,p_2,\cdots,p_n$的多种组合频率$(\omega\pm kp_r)$共同组成,即

$$\begin{cases} y_i = A_{u,i}\cos\omega t + \sum_{r=1}^{n}\sum_{k=-\infty}^{+\infty}A_{k,r,i}\cos\left[(\omega-kp_r)t+\varphi_{k,r,i}\right]\\ z_i = A_{u,i}\sin\omega t + \sum_{r=1}^{n}\sum_{k=-\infty}^{+\infty}A_{k,r,i}\sin\left[(\omega-kp_r)t+\varphi_{k,r,i}\right]\end{cases} \quad i=1,2,3,4,5$$

$$(6-48)$$

$$\begin{cases} \theta_{yi} = \theta_{u,i}\cos\omega t + \sum_{r=1}^{n}\sum_{k=-\infty}^{+\infty}\theta_{k,r,i}\cos\left[(\omega-kp_r)t+\varphi_{k,r,i}\right] \\ \theta_{zi} = \theta_{u,i}\sin\omega t + \sum_{r=1}^{n}\sum_{k=-\infty}^{+\infty}\theta_{k,r,i}\sin\left[(\omega-kp_r)t+\varphi_{k,r,i}\right] \end{cases} \quad i=1,2,3,4,5 \quad (6-49)$$

通过数值积分的方法开展仿真计算,对上述结论进行验证。针对如图 6-37 所示力学模型,忽略涡轮叶尖间隙 δ_b,选取特征参数如表 6-5 所列,设转子转速为 10 000 r/min,并给定不平衡量,计算分析在轴承支承结构间隙激励下转子系统的动力响应。

表 6-5 轴承支承结构特征参数

参 数	单 位	数 值
附加刚度 $k_{1,\text{ext}}$	$\times 10^9$ N/m	8
附加阻尼 $c_{1,\text{ext}}$	$\times 10^3$ N/(m/s)	0
装配间隙 δ_l	mm	0.03

稳定运动状态下,如图 6-45 所示为转子在轴承支承结构处的横向位移;如图 6-46 所示为转子受到的径向碰撞激励 $F(t)$;如图 6-47 所示为松动支承处转子轴心轨迹。

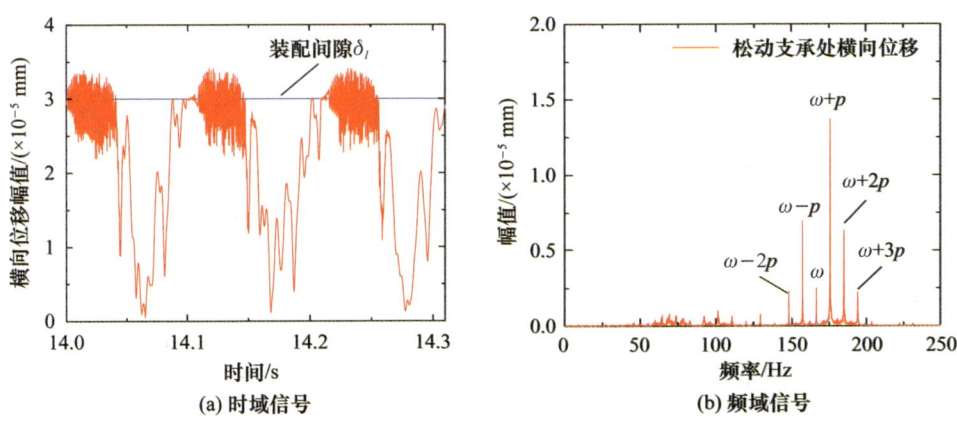

图 6-45 松动支承处横向位移

由图可知,转子在运动过程中存在明显的"碰撞区"与"非碰撞区"。在"碰撞区"范围内,转子响应幅值较大,轴承外环与轴承座不断发生接触-分离(见图 6-47(a)),产生了较为明显的径向碰撞激励;而在"非碰撞区"范围内,转子响应幅值较小,轴承外环未与轴承座接触(见图 6-47(b)),径向碰撞激励为 0。

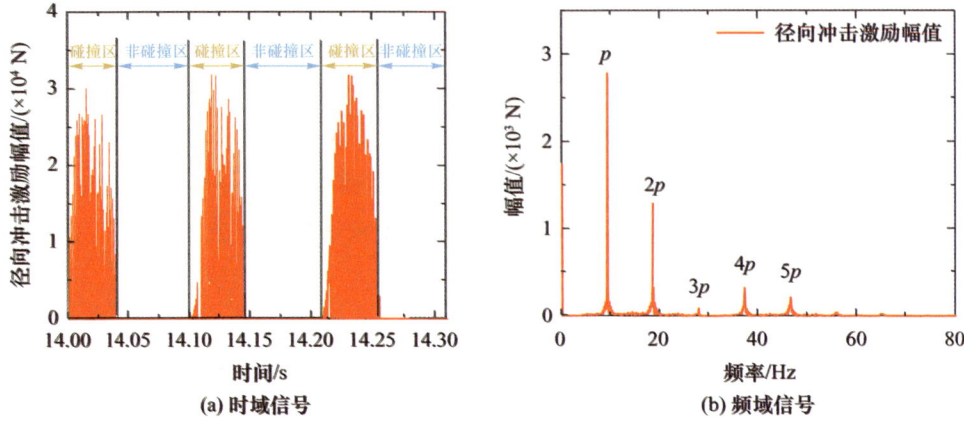

(a) 时域信号 (b) 频域信号

图 6-46 径向碰撞激励 $F(t)$

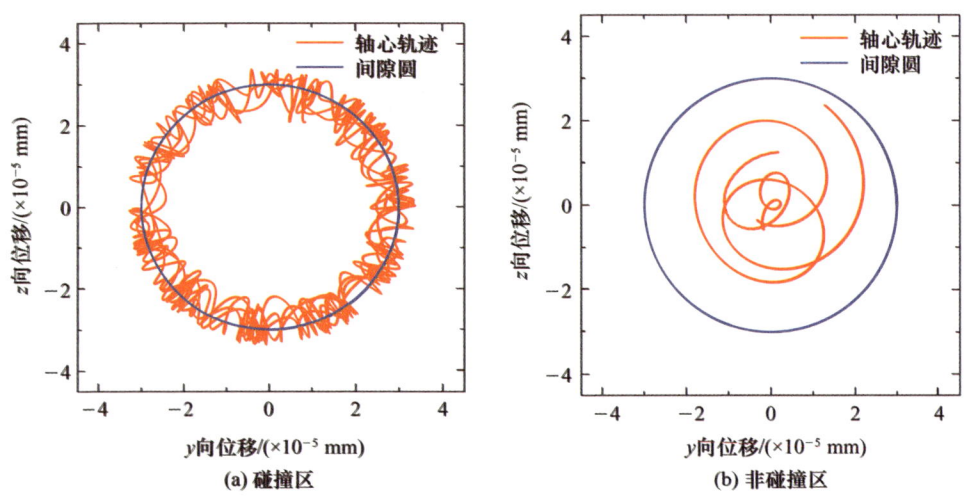

(a) 碰撞区 (b) 非碰撞区

图 6-47 松动支承处转子轴心轨迹

从全时域范围来看,由于"碰撞区"与"非碰撞区"交替出现,即径向碰撞激励交替产生,设其"交替频率"为 p,因此,径向碰撞激励 $F(t)$ 由特征频率($p,2p,3p,\cdots$)组成(见图 6-46(b))。转子系统动力响应由转频 ω 及其与碰撞激励特征频率($p,2p,3p,\cdots$)的多种组合频率($\omega\pm kp, k=1,2,3,\cdots$)共同组成。

在工程实践中,对整机振动信号分析时,常发现转子转速倍频振动信号,尤其是在高转速区域。但是相应的检查发现,叶尖和机匣并没有相应的碰摩痕迹,这可能与轴承支承结构松动有关。

6.4 螺桨转子颤振涡动

螺桨-桨盘-转子系统简称螺桨转子，是一个弹性结构系统，在空气动力作用下会发生弹性变形。这种变形反过来又使空气动力随之改变，从而导致进一步的弹性变形，这样就构成了一种结构变形与空气动力交互作用的气动弹性现象。

气动弹性现象可根据气动弹性力学的图解，用力的三角链图进行划分，如图 6-48 所示。三角链的每一条边代表特定力学领域的特定两个力之间的关系，而三角链的内部表示三种力共同作用产生的气动弹性动力学。螺桨转子在工作过程中，由于作用在螺桨上气动力与桨叶运动间的交互影响，使转子结构旋转惯性载荷和弹性恢复力产生相互影响进而出现特殊的振动现象，即螺桨转子**颤振涡动现象**（Whirl Flutter Phenomenon）。转子系

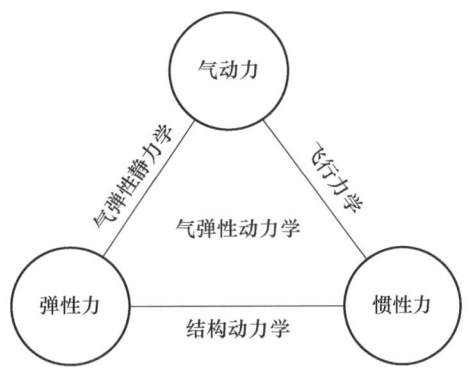

图 6-48 气动弹性力学中力的三角链

统运动状态变化的力学过程，是在气流激励下弹性结构体的动力响应，从能量转换的角度是气流振动能量向结构系统内的传递过程。

颤振涡动的力学本质是螺旋桨在横向运动时，作用在桨叶上的气动力呈非对称分布，这会影响转子系统的运动轨迹，并使运动能量持续注入。因此，螺桨转子的颤振涡动的动力学本质是自激振动，可能会导致螺旋转子系统的横向变形和涡动轨迹持续变大，最终引起桨叶、转子、机翼，甚至整机结构的破坏失效。

6.4.1 稳定性模型

螺桨转子的颤振涡动也称为转子陀螺颤振（Gyroscopic Flutter），是一种可能发生在螺旋桨发动机及其转子系统中的气弹性动力学稳定性现象。

颤振涡动主要用于分析大质量旋转结构件（如螺旋桨、压气机和涡轮），这些大质量旋转结构件组成的转子系统具有复杂的结构特征，运动过程中会产生复杂的旋转惯性力和力矩载荷。此外，螺旋桨还会诱发一种复杂的流场，干扰机舱和机翼。

颤振涡动可能发生在涡轮螺旋桨飞机、直升机和倾转旋翼飞机中，这里主要研究涡轮螺旋桨发动机转子系统的颤振涡动。由于螺旋桨桨叶的固有模态频率远高于发动机转子-支承结构系统的振动频率，故其一般的求解方法是基于螺旋桨为刚体的假

设,该假设适用于大多的涡轮螺旋桨飞机(如支线客机、多用途飞机和军用训练机等)。而在大型涡轮螺旋桨发动机中,尤其是在重型多叶螺旋桨军用运输机中,需要考虑螺旋桨桨叶变形对颤振涡动的影响。

1. 刚性螺桨转子

假设螺旋桨为刚体,螺桨盘转子系统的自转角速度为 ω,且处于流速为 V_∞ 的气流中,并将涡桨发动机柔性安装结构系统等效为两个刚度系数分别为 K_Θ,K_Ψ 的弹簧,建立螺桨盘转子系统力学模型,如图 6-49 所示。

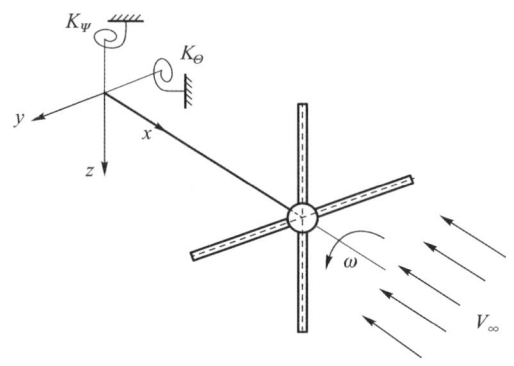

图 6-49　螺桨盘转子系统力学模型

若不考虑螺旋桨旋转,转子系统具有两阶模态(俯仰模态——绕 y 轴振动,偏航模态——绕 z 轴振动),其模态频率分别为 ω_Θ 和 ω_Ψ,模态振型如图 6-50 所示。任意状态下转子系统的运动可分解为这两阶模态的模态振动。

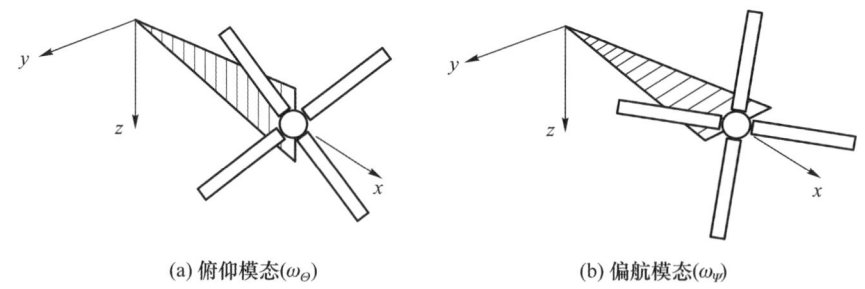

(a) 俯仰模态(ω_Θ)　　　　　　(b) 偏航模态(ω_Ψ)

图 6-50　螺桨盘转子系统两阶正交模态振型(不考虑螺旋桨旋转)

若考虑螺旋桨旋转,当转子系统具有绕 y 轴或 z 轴方向的角速度分量 ω_Θ 与 ω_Ψ 时,转子系统受到 z 轴或 y 轴方向的力矩,且受到陀螺效应的影响,上述俯仰、偏航这两阶相互独立的模态合并为转子的两阶进动模态:反进动模态(进动方向与转速方向相反)与正进动模态(进动方向与转速方向相同)(见图 6-51),在陀螺效应影响下,前者模态频率低于后者模态频率。此时转子系统的运动包括角速度为 ω 的自转与角速度为 Ω 的进动这两种相互独立的运动(一般情况下若 $\omega \neq \Omega$,转子作非协调涡

第 6 章 复杂转子系统动力响应稳健性

动),螺旋桨轴线的运动轨迹为椭圆或圆(取决于安装刚度是否对称)。

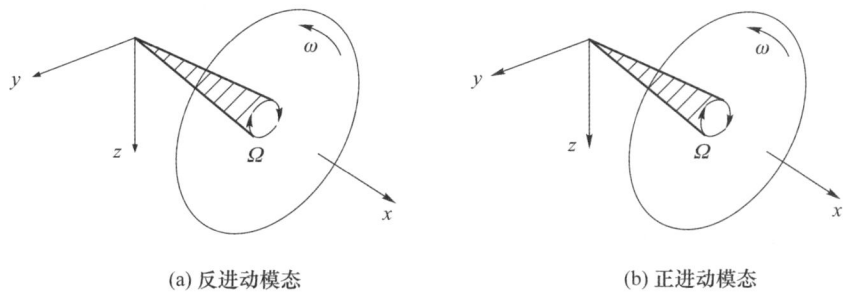

(a) 反进动模态　　　　　　　(b) 正进动模态

图 6-51　螺桨盘转子系统两阶模态振型(考虑螺旋桨旋转)

在螺旋桨上建立 x,y,z 直角坐标系,螺旋桨的相对气流流速 V_∞ 与螺旋桨轴线平行。当涡轮螺桨盘转子不发生进动时(仅以角速度 ω 自转),螺旋桨叶上的气动力如图 6-52 所示。螺旋桨两侧桨叶叶栅上的进气攻角相同,故作用在螺旋桨两侧桨叶上的拉力大小和方向均相同,而旋转阻力的大小相同方向相反,产生旋转阻力矩。此时各螺旋桨叶进气均匀,不会产生附加的(影响转子进动的)气动力和力矩,此时螺旋桨叶上的气动力主要为螺旋桨拉力和螺旋桨扭矩。在一定范围内,作用在螺旋桨上的拉力和旋转阻力随着进气攻角的增大而增大。

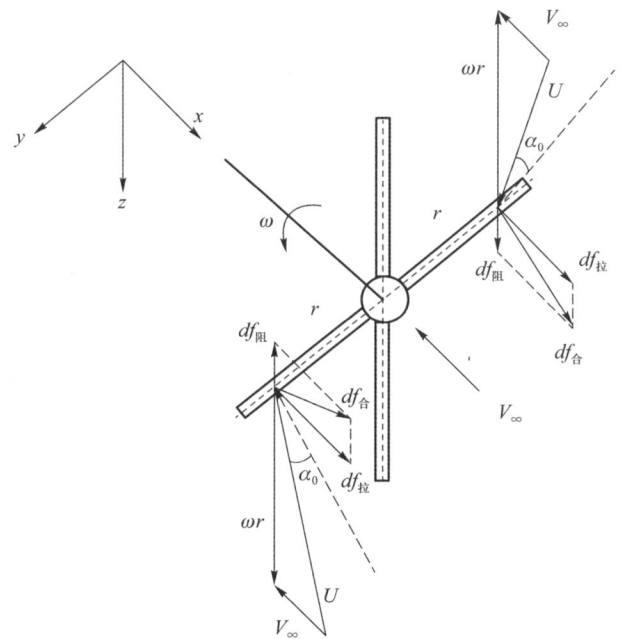

图 6-52　螺桨盘转子系统桨叶叶栅气动力(忽略桨盘进动)

若考虑螺桨盘进动的影响,当螺旋桨进气攻角发生变化,则会引起桨叶流场中出现非稳定气动力。当该非稳定气动力激起转子系统产生共振时,随着气动力的增加,注入转子的能量大于阻尼耗散,可能会导致螺桨转子系统发生颤振涡动失稳。

因此,颤振涡动失稳源于作用在螺旋桨叶上气动载荷的变化,而气动负荷的变化与转子运动状态及结构特征密切相关。

将螺桨盘转子的进动向水平、垂直方向投影,即为俯仰振动与偏航振动。考虑到俯仰振动和偏航振动具有相同的特征,这里对俯仰振动对气动力的影响进行分析,具体可分为螺桨盘偏仰(可表示为俯仰角 Θ)、螺桨盘横向运动(可表示为俯仰速度 $\dot{z}$)与螺桨盘摆动(可表示为俯仰角速度 $\dot{\Theta}$)对气动力的影响。

(1) 螺桨盘偏仰

在螺旋桨上建立 x, y, z 直角坐标系。螺旋桨相对气流流速 V_∞ 的倾斜角为 Θ,将相对气流速度 V_∞ 沿螺旋桨的轴线方向和螺旋桨盘所在平面(与螺旋桨轴线垂直的平面)分解,如图 6-53(a)所示。y 轴正方向螺旋桨的气流攻角增大,其桨叶拉力和桨叶阻力均增大(见图 6-53(b)),而 y 轴负方向螺旋桨的气流攻角减小,其桨叶拉力和桨叶阻力均减小(见图 6-53(c))。由于 y 轴正方向的拉力大于 y 轴负方向的拉力,故产生偏航力矩 $M_Z(\Theta)$,同时,沿垂直方向分力 ΔH 使桨叶产生了垂直方向合力 $P_Z(\Theta)$(y 轴正方向的桨叶阻力大于 y 轴负方向的桨叶阻力),二者方向均沿 z 轴负方向,如图 6-53(d)所示。

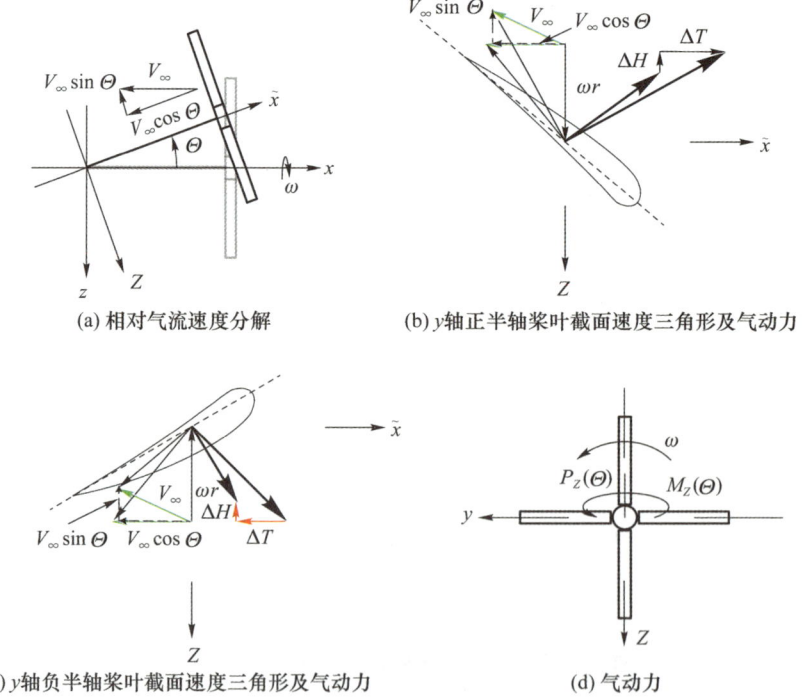

(a) 相对气流速度分解

(b) y 轴正半轴桨叶截面速度三角形及气动力

(c) y 轴负半轴桨叶截面速度三角形及气动力

(d) 气动力

图 6-53 俯仰角对气动力的影响

(2) 螺桨盘横向运动

如图 6-54 所示为螺桨盘的横向运动对气动力的影响。由于螺桨盘具有横向运动速度(俯仰速度 $\dot{z}$)(见图 6-54(a)),使 y 轴正方向螺旋桨的进气攻角减小,故 y 轴正方向螺旋桨桨叶上拉力和阻力均减小(见图 6-54(b)),y 轴负方向的螺旋桨桨叶拉力与阻力均增大(见图 6-54(c))。螺桨盘左右拉力的不对称会产生气动偏航力矩 $M_Z(\dot{z})$,而左右旋转阻力的不对称则会产生附加气动力 $P_Z(\dot{z})$,其方向均沿 z 轴正方向,如图 6-54(d)所示。

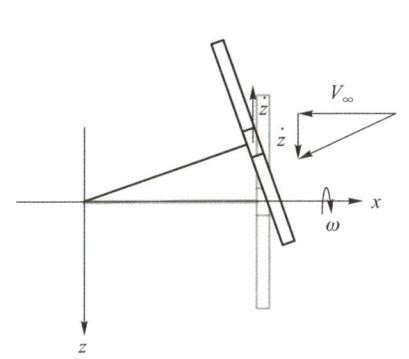

(a) 桨盘横向运动(沿 z 轴方向)

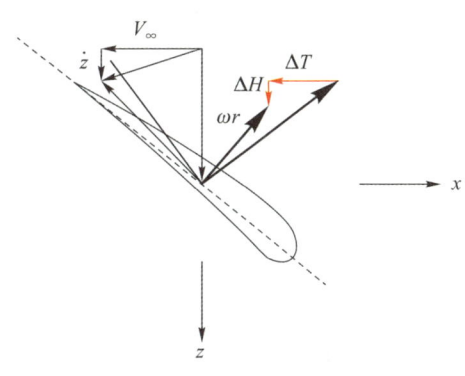

(b) y 轴正半轴桨叶截面速度三角形及气动力

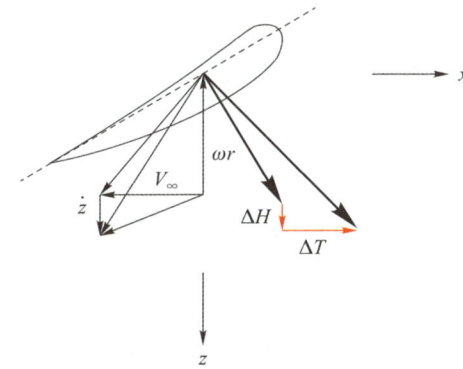

(c) y 轴负半轴桨叶截面速度三角形及气动力

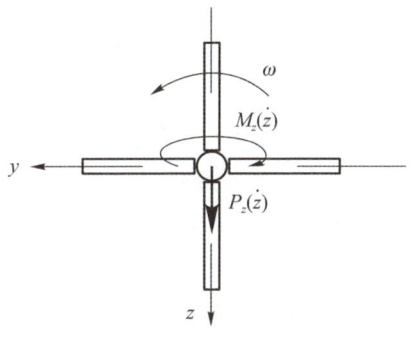

(d) 气动力

图 6-54 俯仰速度对气动力的影响

(3) 螺桨盘摆动

如图 6-55 所示为螺桨盘摆动对气动力的影响。螺桨盘俯仰角速度 $\dot{\Theta}$ 会使螺旋桨桨叶 z 轴负方向的进气攻角增大,故 z 轴负方向螺旋桨桨叶上的拉力和阻力均增大(见图 6-55(b)),而 z 轴正方向的螺旋桨桨叶的拉力和阻力均减小(见图 6-55(c))。螺桨盘上下拉力的不对称导致力矩 $M_Y(\dot{\Theta})$ 的产生,螺旋桨盘上下阻力的不对称产生

气动反作用力 $P_Y(\dot{\Theta})$，其方向均为 y 轴负方向，如图 6-55(d)所示。

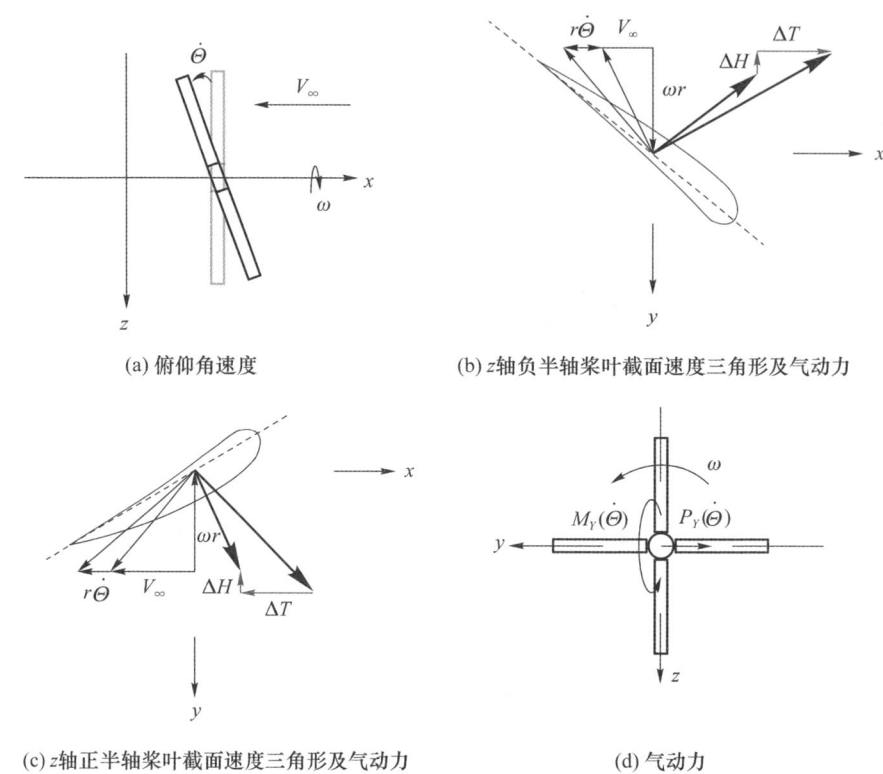

图 6-55 俯仰角速度对气动力的影响

综上所述，螺桨盘偏仰会产生沿 z 轴负方向的合力 $P_Z(\Theta)$ 与偏航力矩 $M_Z(\Theta)$，螺桨盘横向运动会产生沿 z 轴正方向的合力 $P_Z(\dot{z})$ 与偏航力矩 $M_Z(\dot{z})$，螺桨盘摆动则会产生沿 y 轴负方向的合力 $P_Y(\dot{\Theta})$ 与力矩 $M_Y(\dot{\Theta})$。

2. 颤振涡动产生机理

考虑拉进式螺旋桨的结构特征，螺桨盘偏仰产生的合力 $P_Z(\Theta)$ 使 Θ 具有增大的趋势，可能会导致系统的静态失稳。当螺桨盘转子具有一初始俯仰角 Θ_0 时，合力 $P_Z(\Theta)$ 使俯仰角持续增大。由于在安装固定结构通常采用冗余设计和安全裕度控制，弹性约束力大于气动力，故不会发生静态失稳现象，只有发动机安装结构损伤失效时，约束刚度大幅度下降时才会出现。

由俯仰产生的偏航力矩 $M_Z(\Theta)$ 会引起螺桨盘转子的偏斜回转或反向涡动（俯仰角 Θ 为正时偏航力矩降低偏航角 Ψ，俯仰角 Θ 为负时则相反，此时会激起反进动模态），在螺桨盘转子系统的运动微分方程中则表现为交叉刚度项，可能破坏转子运动稳定性，引起自激振动失稳。因此，对于螺桨盘转子同时具有俯仰与偏航状态下，对转子系统稳定性影响最大的是垂直平面内俯仰产生的气动力 $P_Z(\Theta)$、偏航力矩

$M_Z(\Theta)$ 和水平平面内偏航产生的气动力 $P_Y(\Theta)$、俯仰力矩 $M_Y(\Theta)$。

当螺桨盘转子受到扰动而发生偏斜（表现为俯仰角 Θ_0 与偏航角 Ψ_0）时，桨盘与气流的方向不垂直，气流速度在桨平面产生一分量。此分量会使各个桨叶的进气攻角改变，使作用在桨盘上的拉力和旋转阻尼力分布不均，产生一个使桨盘偏斜加大（俯仰角 Θ 与偏航角 Ψ 增大）的气动力和一个可维持转子反向涡动的气动力矩，表现为转子反向涡动轨迹逐渐加大。当系统阻尼耗散能量小于气动力与气动力矩向系统注入的能量时，转子系统颤振涡动失稳。

3. 运动微分方程

在考虑陀螺效应影响的基础上，推导螺桨盘转子系统的运动微分方程。

取绝对坐标系 (x,y,z) 为固定坐标系，将固定坐标系绕 y 轴旋转角度 Θ，得到 $(\tilde{x},y,Z)$ 坐标系，再绕 Z 轴旋转角度 Ψ，得到 (X,Y,Z) 动坐标系，动坐标系的 Z 轴在固定坐标系 $x-z$ 平面内（垂直面），如图 6-56 所示。螺桨盘转子系统的两个欧拉角为俯仰角 Θ 和偏航角 Ψ。转子系统的运动状态可以用俯仰角速度 $\dot{\Theta}$、偏航角速度 $\dot{\Psi}$ 和螺旋桨自转角速度 ω 表示，分别将角速度沿 X,Y,Z 轴分解，得到 $\omega_X,\omega_Y,\omega_Z$。

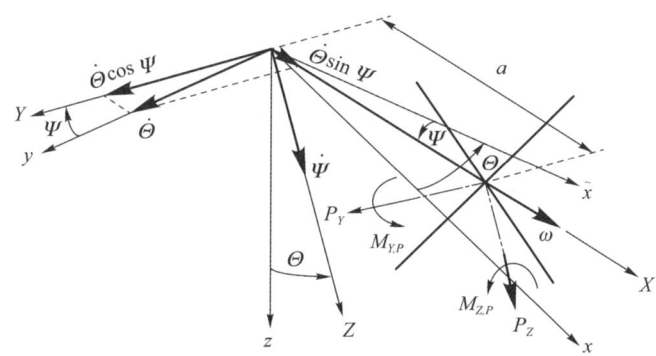

图 6-56 固定坐标系与动坐标系之间的位置关系

假设螺桨盘转子沿 X 轴的质量呈对称分布，且绕 Y 轴的转动惯量和绕 Z 轴的转动惯量相等，即 $J_Y=J_Z$，则该转子系统在动坐标系下的动能为

$$E_K = \frac{1}{2}J_X\omega_X^2 + \frac{1}{2}(J_Y\omega_Y^2 + J_Z\omega_Z^2) \tag{6-50}$$

在动坐标系 (X,Y,Z) 下的角速度为

$$\begin{aligned}\omega_X &= \Omega + \dot{\Theta}\sin\Psi \approx \omega + \dot{\Theta}\Psi \\ \omega_Y &= \dot{\Theta}\cos\Psi \approx \dot{\Theta} \\ \omega_Z &= \dot{\Psi}\end{aligned} \tag{6-51}$$

考虑 $\dot{\Theta}^2\Psi^2 \ll \omega^2$，将式(6-51)代入式(6-50)并化简可得动能为

$$E_K = \frac{1}{2}J_X\omega^2 + J_X\omega\Psi\dot{\Theta} + \frac{1}{2}(J_Y\dot{\Theta}^2 + J_Z\dot{\Psi}^2) \tag{6-52}$$

式(6-52)中 $\frac{1}{2}J_X\omega^2$ 与 Θ、Ψ 相互独立,不会出现在拉格朗日方程中。转子系统弹性势能为

$$E_P = \frac{1}{2}K_\Theta \Theta^2 + \frac{1}{2}K_\Psi \Psi^2 \qquad (6-53)$$

假设该转子系统的阻尼力与位移幅值成正比,则此处的结构阻尼为

$$D = \frac{1}{2}\frac{K_\Theta \gamma_\Theta}{\Omega}\dot{\Theta}^2 + \frac{1}{2}\frac{K_\Psi \gamma_\Psi}{\Omega}\dot{\Psi}^2 \qquad (6-54)$$

运用拉格朗日方程和式(6-52)~(6-54)可以得到该转子系统的运动微分方程,即

$$J_Y \ddot{\Theta} + \frac{K_\Theta \gamma_\Theta}{\Omega}\dot{\Theta} + J_X \omega \dot{\Psi} + K_\Theta \Theta = Q_\Theta$$

$$J_Z \ddot{\Psi} + \frac{K_\Psi \gamma_\Psi}{\Omega}\dot{\Psi} - J_X \omega \dot{\Theta} + K_\Psi \Psi = Q_\Psi \qquad (6-55)$$

式中,Q_Θ,Q_Ψ 分别是气动俯仰力矩和气动偏航力矩,可表示为

$$Q_\Theta = M_{Y,P} - aP_Z$$
$$Q_\Psi = M_{Z,P} + aP_Y \qquad (6-56)$$

M_Y,M_Z 和 P_Y,P_Z 分别表示螺旋桨所受气动力矩和力。考虑简谐振动,则有

$$[\Theta,\Psi] = [\overline{\Theta},\overline{\Psi}]e^{j\omega t} \qquad (6-57)$$

整理可得该转子系统颤振涡动矩阵方程

$$\left[-\omega^2[M] + j\omega([D]+[G]+q_\infty F_p \frac{D_P^2}{V_\infty}[D^A]) + ([K]+q_\infty F_p D_P[K^A])\right]\left|\frac{\overline{\Theta}}{\overline{\Psi}}\right| = \{0\} \qquad (6-58)$$

其中,质量矩阵为

$$[M] = \begin{bmatrix} J_Y & 0 \\ 0 & J_Z \end{bmatrix} \qquad (6-59)$$

结构阻尼矩阵为

$$[D] = \begin{bmatrix} \dfrac{K_\Theta \gamma_\Theta}{\Omega} & 0 \\ 0 & \dfrac{K_\Theta \gamma_\Theta}{\Omega} \end{bmatrix} \qquad (6-60)$$

陀螺力矩矩阵为

$$[G] = \begin{bmatrix} 0 & J_X \omega \\ -J_X \omega & 0 \end{bmatrix} \qquad (6-61)$$

结构角向刚度矩阵为

$$[K] = \begin{bmatrix} K_\Theta & 0 \\ 0 & K_\Psi \end{bmatrix} \qquad (6-62)$$

气动阻尼矩阵为

$$[D^A] = \begin{bmatrix} -\dfrac{1}{2}c_{mq} - \dfrac{a^2}{D_P^2}c_{z\Theta} & \dfrac{1}{2}\dfrac{a}{D_P}c_{yq} - \dfrac{a}{D_P}c_{n\Theta} - \dfrac{a^2}{D_P^2}c_{y\Theta} \\ -\dfrac{1}{2}\dfrac{a}{D_P}c_{yq} + \dfrac{a}{D_P}c_{n\Theta} + \dfrac{a^2}{D_P^2}c_{y\Theta} & -\dfrac{1}{2}c_{mq} - \dfrac{a^2}{D_P^2}c_{z\Theta} \end{bmatrix} \quad (6-63)$$

气动刚度矩阵为

$$[K^A] = \begin{bmatrix} \dfrac{a}{D_P}c_{z\Theta} & c_{n\Theta} + \dfrac{a}{D_P}c_{y\Theta} \\ -c_{n\Theta} - \dfrac{a}{D_P}c_{y\Theta} & \dfrac{a}{D_P}c_{z\Theta} \end{bmatrix} \quad (6-64)$$

式中,陀螺力矩矩阵、气动刚度矩阵和气动阻尼矩阵为颤振涡动矩阵方程中的交叉刚度项,由转子动力学的知识可得,交叉刚度项是导致转子系统发生颤振涡动失稳的必要条件。

假设颤振涡动矩阵方程的解为

$$\omega = u + jv \quad (6-65)$$

式中,实部 u 与虚部 v 均为螺桨盘转子质量、支承刚度、结构阻尼、螺旋桨转速和相对气流速度的函数。

当虚部 v 为正值时,转子系统从气动力与气动力矩吸收的振动能量小于阻尼耗散的能量,其响应幅值会随时间减小,转子系统稳定;当虚部 v 为负值时,转子系统从气流中吸收的振动能量大于阻尼耗散的能量,此时转子系统表现为负阻尼特性,其响应幅值随时间增大,发生颤振涡动失稳;当虚部 v 为 0 时,转子系统从气流中吸收的振动能量等于阻尼耗散的能量,动力响应表现为稳定的简谐运动。

考虑颤振涡动运动方程的特殊情况,当 $\omega=0$,即转子系统发生静态失稳时,此时矩阵方程为

$$([K] + q_\infty F_P D_P [K^A]) \left\{ \begin{array}{c} \overline{\Theta} \\ \overline{\Psi} \end{array} \right\} = \{0\} \quad (6-66)$$

此时,转子系统处于气动力和弹性恢复力的平衡状态,如果气动力过大或材料刚度较小,超过材料承受的极限,会导致转子系统结构破坏。

6.4.2　颤振涡动响应特性

螺桨盘转子的颤振涡动源于转子进动导致桨盘偏斜,各桨叶的进气攻角及产生的气动力随之变化,进而产生使螺桨盘偏斜加重并能维持转子反向涡动的气动载荷。对螺桨盘转子系统进行动力响应分析的关键是确定作用在螺旋桨上的气动载荷。

计算螺旋桨气动载荷的关键在于如何得到桨叶截面微段上的气动力,若已知各微段气动力,可通过积分得到整个桨叶的气动载荷。有两种方法可计算桨叶截面微段上气动力:一是实际测量桨叶表面压力分布以得到气动力;二是根据桨叶截面形状

和进气攻角的大小应用升力曲线计算各微段气动力。

1. 计算模型

建立三叶螺桨发动机的转子结构模型,如图 6-57 所示。该模型由桨轴、桨叶、桨盘三部分组成(略去了调节桨叶进气攻角的桨叶桨盘的连接结构)。考虑桨叶的弯曲扭转耦合振动,在计算中视桨叶为一个带预扭的变截面梁。

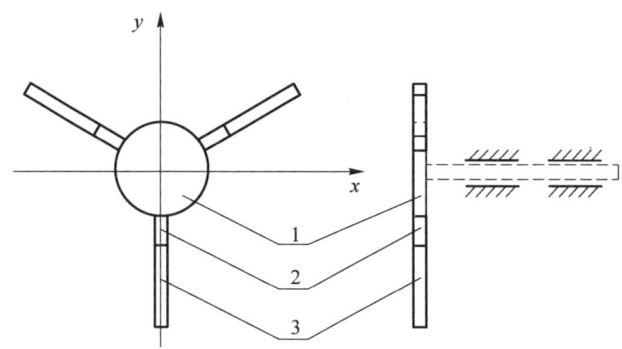

1—螺桨盘;2—连接结构;3—桨叶

图 6-57 三叶螺桨转子计算模型

经计算得知该模型的截面弯心和重心相距大约 1.0 mm,并且桨叶沿叶高方向是带预扭的,因此桨叶具有弯扭耦合模态。桨盘则视为刚体,具有 u, v, α, β(分别为水平、垂直方向的横向、角向位移)四个自由度。轴系系统、支承系统的影响则借轴头动刚度来描述,其数值由试验测得。

螺桨盘转子:螺桨盘转子具有不平衡量,其偏心距为 e_0,螺桨盘视为刚体。用 1 个阻尼阵和 1 个刚度阵来描述桨盘和桨轴连接处的桨轴系统、转子支承系统以及发动机短舱安装系统的动力学特性,便于统一考虑支承系统和发动机短舱安装系统对螺桨盘转子颤振涡动的影响。轴头处的刚度阵和阻尼阵的量值可根据实际结构估算,也可由对实物或模型进行实际测量得到。

桨叶:桨叶视为沿径向具有预扭的变截面梁,按照经典梁理论处理,不计剪切变形及转动惯性的影响,变形前可认为桨叶各截面重心在沿螺桨盘半径方向的直线上,变形前桨叶弯心连线平行于重心连线。桨叶作弯扭耦合振动。假设所有的桨叶振动特性、气动特性完全相同,忽略气动力对桨叶本身振动的影响。

桨叶与桨盘连接结构:在计算动能时把此结构简化为在两端有集中质量的短梁,其质量与转动惯量分别与盘和桨叶一起考虑。连接结构的刚度特性由刚度阵描述,由于是短梁刚度阵里应该考虑剪切力。假设各连接结构具有相同的性质。

气动载荷:螺桨盘转子涡动过程中螺桨盘的偏斜以及桨叶的振动变形都使桨叶各截面上的进气攻角发生变化,以致作用在整个转子系统上的气动力发生变化。气动载荷与螺桨盘及桨叶振动有关。该载荷可以根据桨叶截面、型面的升力特性曲线、阻力特性曲线或桨叶表面压力分布来计算。

桨盘质量 $M_d = 1.4$ kg，直径转动惯量 $I_d = 6.9$ kg·cm²，极转动惯量 $I_p = 7.2$ kg·cm²。3 个桨叶直径均为 62.2 cm，桨叶材料密度 $\rho = 0.00278$ kg/cm³，弹性模量 $E = 70$ GPa，剪切模量 $G = 30$ GPa。桨叶翼型的升力曲线、阻力曲线可参考叶型数据库所给的数据。

为了始终保证较高的效率，避免螺桨桨叶尖部的相对速度超声，飞行过程中实际螺桨发动机的转子转速在整个工作范围内是基本不变的。随着飞行速度改变，为了使进气攻角始终处于最佳状态，桨盘-桨叶的连接结构会对桨叶的安装角进行调整。然而，在计算模型中由于略去了连接结构的结构特征，故无法调整桨叶安装角，而是在计算中通过将每一个飞行速度对应一个转速来表示，以使气流的进气攻角始终处于最佳状态。取桨叶中高 0.75 处的速度三角形进行计算分析，得到如表 6-6 所列为风速和安装角对转速的影响。

表 6-6 风速和安装角对转速的影响

r·min⁻¹

$V/(\text{m·s}^{-1})$	$\theta/(°)$		
	0	10	20
20	6 349	2 920	1 820
25	7 937	3 650	2 275
30	9 510	4 380	2 730
35	11 095	5 110	3 185
40	12 580	5 840	3 640
45	14 260	6 570	4 095
50	15 850	7 300	4 550
55	17 430	8 030	5 005
60	19 020	8 760	5 460

2. 动力响应特性

给定安装刚度与转速，不同飞行速度下螺桨盘转子的盘心轨迹如图 6-58 所示。从图 6-58 中可以看出：由于在飞行速度较低的情况下气动力较小，作用在转子系统上的外力主要为不平衡力，转子系统作同步正进动，所以盘心轨迹基本是一个圆。随着飞行速度的不断增加，盘心轨迹变为一个稳定的花瓣形。这是因为飞行速度增大后，由于螺桨盘偏斜产生的使桨盘偏斜加重（俯仰角 Θ 与偏航角 Ψ 增大）的气动力和引起转子系统反向涡动的气动力矩均增大，激起转子反进动模态振动，其频率与不平衡力频率不同，两者叠加形成如图 6-58(c)所示的花瓣形轨迹，并且涡动速度明显减小。当飞行速度进一步增加，盘心轨迹渐渐发散如图 6-58(d)所示。

飞行速度影响螺桨盘偏斜产生的气动力和气动力矩的大小。飞行速度较小时，

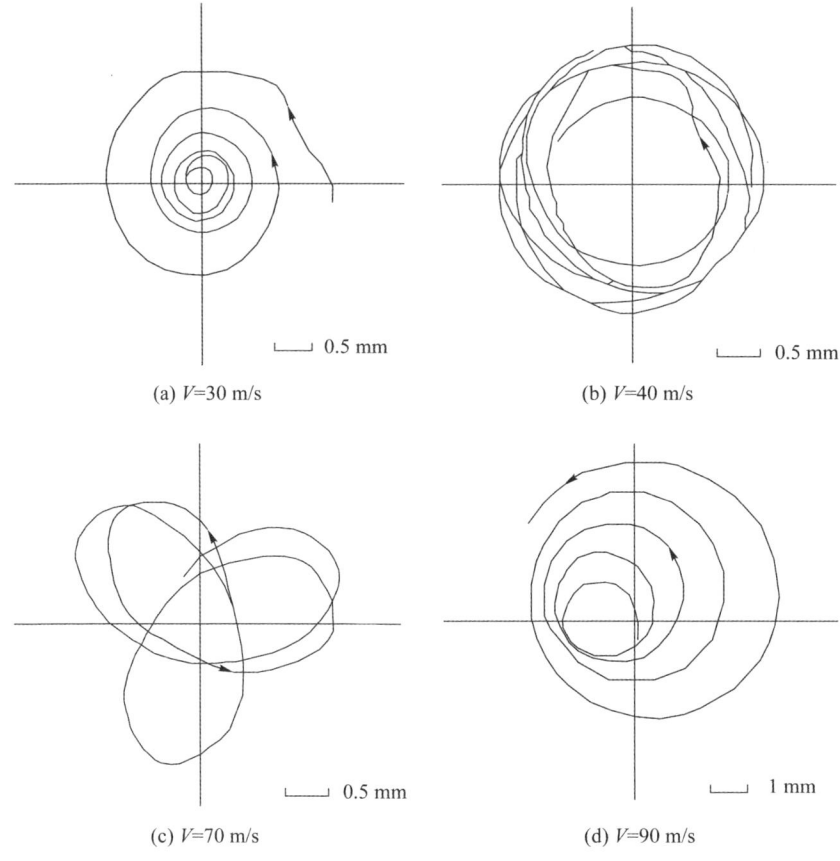

(a) $V=30$ m/s (b) $V=40$ m/s (c) $V=70$ m/s (d) $V=90$ m/s

图 6-58 不同飞行速度下的盘心轨迹

气动力与气动力矩向系统注入的能量小于系统阻尼耗散的能量,转子系统反向涡动半径逐渐减小,处于稳定状态;当飞行速度较大时,气动力与气动力矩向系统注入的能量大于系统阻尼耗散的能量,转子系统反向涡动半径不断增大,发生颤振涡动失稳(见图 6-59)。故存在一个门槛值 V_{FL},该飞行速度下螺桨转子系统恰好发生颤振涡动失稳。门槛值 V_{FL} 的大小反映了螺桨盘转子系统的稳定性。V_{FL} 越小转子系统更容易发生颤振涡动失稳,其稳定性越差。

3. 影响因素分析

在考虑桨叶自身振动的基础上,分析安装刚度、转子转速、转子不平衡力等多种因素对螺桨盘转子系统响应特性及稳定性的影响。

螺桨转子支承约束动刚度阵不仅反映了转子轴本身的结构刚度,同时也反映了安装节、发动机短舱、机翼等支承系统的振动特性对螺桨转子系统的影响。这里通过改变轴头动刚度阵,实现对安装结构刚度的调节。在给定飞行速度和转子转速情况下,转子盘心轨迹随螺桨转子支承动刚度的变化如图 6-60 所示。需要说明安装刚

第 6 章　复杂转子系统动力响应稳健性

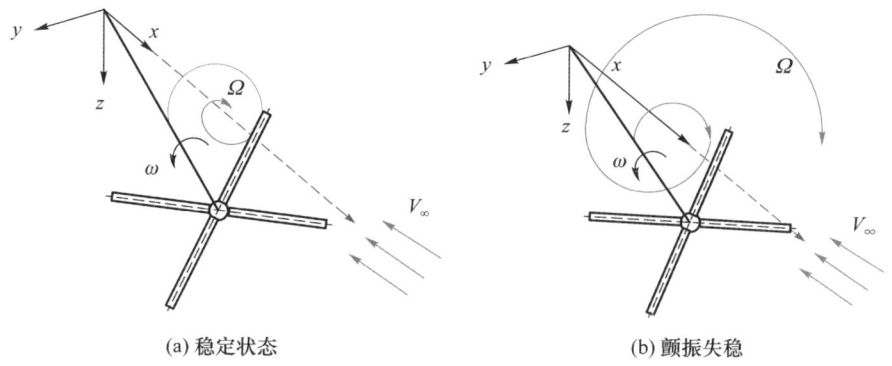

(a) 稳定状态　　　　　　　　(b) 颤振失稳

图 6-59　转子系统在反向涡动状态下的两种状态

度 K1＜K2＜K3＜K5。

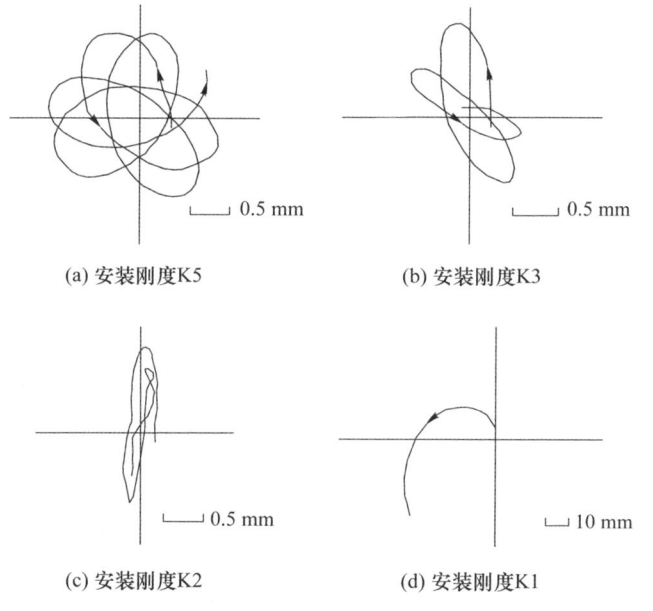

(a) 安装刚度K5　　　　　　　(b) 安装刚度K3

(c) 安装刚度K2　　　　　　　(d) 安装刚度K1

图 6-60　不同安装刚度下转子盘心轨迹(飞行速度 V_∞ = 60 m/s)

当安装刚度下降时,盘心轨迹由圆变为椭圆最后逐渐发散。这是由于计算中所取的轴头刚度在垂直方向上的刚度较小,出现刚度不对称,所以盘心轨迹是一个狭长的椭圆。计算表明:轴头刚度阵中水平方向和垂直方向的刚度对系统的飞行速度门槛值影响不大,而轴头的扭转刚度对稳定边界影响较大。一般情况下当安装刚度下降到一定时飞行速度的门槛值变得很低,此时失稳是不可避免的。

在不同支承动刚度下,螺桨盘转子系统的飞行速度门槛值 V_{FL} 见表 6-7、表 6-8 所列和图 6-61 所示。

243

表 6-7 不同安装刚度下飞行速度门槛值(考虑桨叶振动)

m·s^{-1}

安装角/(°)	安装刚度			
	K1	K2	K3	K5
10	28	32	47	71
20	58	62	73	88

表 6-8 不同安装刚度下飞行速度门槛值(不考虑桨叶振动)

m·s^{-1}

安装角/(°)	安装刚度			
	K1	K2	K3	K5
10	31	38	52	76
20	63	67	78	93

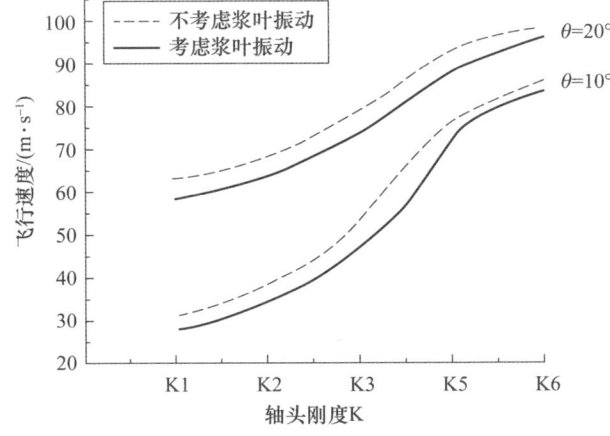

图 6-61 不同轴头刚度下涡桨转子系统飞行速度门槛值

图 6-61 所示为考虑桨叶振动和不考虑桨叶振动(即假设桨叶为刚体或具有弯扭耦合振动的弹性体)两种情况下,安装刚度对飞行速度门槛值的影响。结果表明:当考虑桨叶振动时,在一定的安装刚度和转速下,飞行速度门槛值略有下降但数值不大。这归因于计算模型中桨叶较小,其低阶模态主振型中扭转成分较小,而桨叶气动力受桨叶扭转角的影响,所以计算结果变化较小。但是对于真实螺旋桨而言,由于其截面质心、弯心相距较大,模态振型中扭转分量大,因此对气动力产生一定的影响。

对于转子不平衡量变化对螺桨转子颤振涡动的影响,计算结果表明:在正常安装刚度下,不平衡量的变化对系统的飞行速度门槛值影响不大。安装刚度较低时,可能使飞行速度门槛值略有下降。而当不平衡量增大时,盘心轨迹半径变大,失稳时轨迹发散加快。

除此之外,本节还分析了阻尼大小对转子系统颤振涡动的影响。计算结果表明,阻尼大小对失稳边界无明显影响,只是盘心轨迹的形状大小有所变化。

总之,上述计算分析表明:安装刚度增加时,螺桨转子系统发生颤振涡动的飞行速度门槛值增大,如表 6-9、表 6-10 所列和图 6-62 所示。反之,飞行速度门槛值下降。特别是当安装刚度下降较大时,颤振涡动失稳不可避免。所以当螺桨发动机安装系统结构部分损坏时,转子系统可能发生颤振涡动失稳,要特别注意。

表 6-9 不同转速下的飞行速度门槛值(安装刚度 K1)

$V_{FL}/(m \cdot s^{-1})$	20	30	50
转速/rpm	8 000	5 000	3 000

表 6-10 不同转速下的飞行速度门槛值(安装刚度 K5)

$V_{FL}/(m \cdot s^{-1})$	20	55	80
转速/(r·min^{-1})	8 000	5 000	3 000

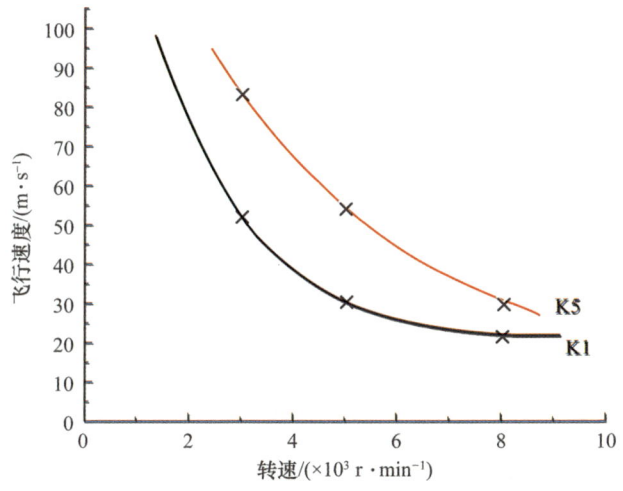

图 6-62 飞行速度-转速对失稳边界的影响

值得注意,在进行气动载荷激励下螺桨转子系统颤振涡动失稳仿真计算时,会出现盘心轨迹发散,这并非是发生颤振涡动失稳的现象。这是由于气动载荷和结构运动之间数据转换、某些进气攻角下桨叶颤振、桨叶模态刚度不准、系统扰动以及瞬态响应求解时初值的影响等造成的。这些因素引起的盘心轨迹发散与颤振涡动失稳有很大区别,在计算中应该予以重视,以求得真正的颤振涡动失稳边界。

总之，螺桨盘转子系统的颤振涡动源于转子进动导致的桨盘偏斜，使各桨叶的进气攻角及产生的气动载荷随之变化，进而产生使螺桨盘偏斜加重并能维持转子反向涡动的气动载荷。多种因素对螺桨盘转子系统的响应特性及稳定性产生影响，其中安装刚度与转速对临界飞行速度门槛值的影响最大。安装刚度增大或转速降低时，飞行速度门槛值增大，转子系统稳定性提高。

第 7 章
转子结构状态及平衡品质控制方法

航空发动机转子是由不同构形/材料的结构单元组合而成,高速旋转时由于各结构单元质量分布不对称会引起相应的径向位移和角向位移,而转子发生弯曲变形,使转子各结构单元质量运动状态及旋转惯性载荷分布发生变化,导致转子动力响应特性规律改变。在制造和装配过程中,需要有效控制关键结构单元的初始不平衡、同轴度及连接界面装配状态,以降低高速转子结构系统旋转惯性变化对工作载荷环境变化的敏感度和分散度。

7.1 转子结构状态及不平衡

转子是由不同几何构形和材料特性的结构单元通过界面连接结构组合而成。转子可分为质量结构单元和弹性结构单元(简称质量单元和弹性单元)。其中,对于质量结构单元可采用质心偏移和惯性主轴倾斜等集中参数,来表征结构单元质量分布的不对称性;弹性结构单元的抗变形能力可采用截面抗弯刚度和长度等参数来描述。

转子各结构单元质心偏移和惯性主轴倾斜不仅与构件的加工精度有关,还取决于构件装配控制精度以及在工作过程中连接界面接触状态以及相对位置关系的变化。当转子由于高速旋转发生弯曲变形时,结构单元之间相对的径向位移或角向位移使其相对于旋转中心轴的质量分布不对称性产生变化,相应的旋转惯性也会发生变化。

在旋转状态下,转子各结构单元质量分布相对旋转轴线的不对称以及所表现出的力学特性,称为**转子结构状态**(Rotor configuration state),简称结构状态。对于具有界面连接的转子组件,结构状态受到生产/装配过程中的初始不平衡、界面接触状态以及转子工作过程中各结构单元运动状态的影响,使转子结构状态产生相应的变化。

航空发动机转子系统一般由大质量结构单元压气机转子、涡轮转子以及相关连接鼓筒、锥壳等弹性结构单元组成。由于转子运动状态受转速的变化规律影响，当转子转速接近弯曲临界时，结构单元之间会产生相对变形，尤其是具有大转动惯量的轮盘等质量结构单元，其角向相对位置变化会显著影响转子质量分布及其旋转惯性载荷分布。

高速转子系统结构特征、运动状态和旋转惯性交互影响并最终达成一种动态平衡，从而改变转子的结构状态。

7.1.1 恒态转子

若转子结构系统工作转速、载荷环境等工况变化引起的结构单元相对位置改变，但不会显著影响转子动力学特性，则转子可为恒定状态转子，简称**恒态转子**（Constant Rotor State）。不同工况下恒态转子的质量分布特性，均可简化为转子整体质心偏移或惯性主轴偏斜，工程上常等效为两个或多个平面内的不平衡量。通常当转子工作转速范围远低于其弯曲模态时，可视为恒态转子。

1. 不平衡定量描述

对于质量分布确定的恒态转子，其质心偏移和惯性主轴倾斜恒定，工作过程中质量分布所产生的力学效果，可通过转子质心偏移和惯性主轴倾斜来完整表征（后文合称惯性主轴偏斜）。若采用不同测试截面和表示方法，所得不平衡结果可能有很大差异，这种差异源于数学描述和分析角度不同。

如图 7-1 所示为恒态转子惯性主轴偏斜状态及其描述方法。在垂直于转子旋转轴的平面内建立随转子一起旋转的极坐标系，并将转子质心和惯性主轴投影至该平面内。质心偏移的幅值 M_e 为转子质量与偏移距离 e 的乘积（单位为 g·mm）；质心偏移相位角为转子质心与旋转中心轴连线在极坐标系中的夹角 φ_e；惯性主轴倾斜的幅值为转子转动惯量与其倾斜角的乘积（单位为 g·mm²）；惯性主轴倾斜的相位角为惯性主轴投影在极坐标内的夹角 φ_I。因此转子质心偏移的完整表述为 $M_e \angle \varphi_e$，惯性主轴倾斜的完整表述则为 $I_\theta \angle \varphi_I$。

根据转子质心偏移和惯性主轴倾斜量及空间位置，可以将恒态转子的不平衡分为静不平衡、偶不平衡和动不平衡。

静不平衡（Static Unbalance），即转子惯性主轴仅平行偏离于转子轴线的不平衡状态，处于该状态下的转子仅有质心偏移，转子旋转时仅会受到旋转惯性力的作用。

偶不平衡（Couple Unbalance），即转子惯性主轴与转子形心轴在质心相交的不平衡状态，处于该状态下的转子仅有惯性主轴倾斜，转子旋转时仅会受到旋转惯性力矩的作用。

动不平衡（Dynamic Unbalance），即转子惯性主轴相对于转子形心轴处于任意位置的状态，该状态下转子，同时有质心偏移和惯性主轴倾斜，转子旋转时会同时受到旋转惯性力和力矩的作用。

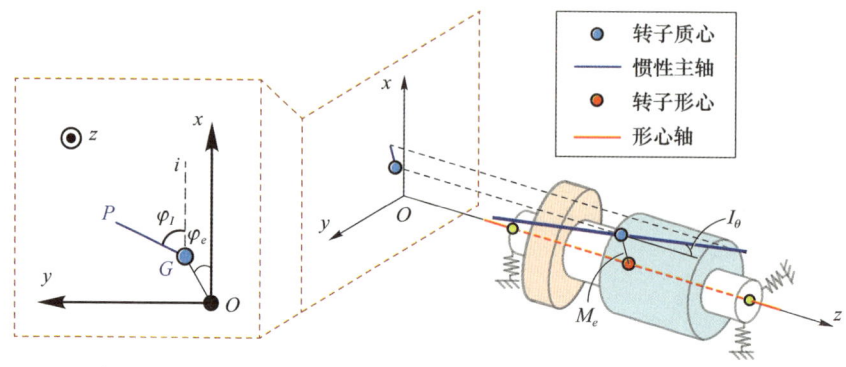

图 7-1 恒态转子惯性主轴偏斜示意图

为了方便不平衡量的测量以及进行低速平衡,在工程中对恒态转子不平衡进行定量描述时,通常将恒态转子质量分布的不对称性在力学上等效为指定两个截面上的不平衡矢量。转子质心偏移可等效为转子不平衡矢量所形成的**合成不平衡**(Resultent Unbalance),惯性主轴倾斜等效为不平衡矢量相对质心平面所形成的**合成矩不平衡**(Resultent Moment Unbalance)。

对于在一个横截面内的质量分布不对称性可以采用合成不平衡(即大小为不平衡量和不平衡相角)来描述,在工程应用中,一般称之为转子的**静不平衡**。其中不平衡量是表征转子在指定横截面内质量分布相对其旋转中心不对称程度的物理量(单位为 g·mm);不平衡相角是在随转子一起旋转的极坐标系中,位于指定横截面内不平衡量的极角。

对于转子的质量结构单元,由于是具有轴向尺寸的三维结构,其相对于旋转中心的质量分布不对称可以采用合成矩不平衡进行描述。沿转子分布的所有不平衡矢量对合成不平衡平面的矩的矢量和的单位为(g·mm·mm)。合成矩不平衡与所选择的基准截面所在转子的轴向位置有关,在工程应用中,一般可以通过选择合适的基准截面位置,以得到在两个不同的横截面内的一对大小相等、方向相反的不平衡矢量,并称之为转子偶不平衡量。具体的计算公式为

$$\vec{P}_r = \sum_{k=1}^{K} (\vec{z}_k - \vec{z}_{U_r}) \times \vec{U}_k \qquad (7-1)$$

式中,$\vec{P}_r$ 为合成矩不平衡,单位 g·mm²;$\vec{U}_k$ 为第 k 个不平衡矢量,k 为 1,2,…,K;$\vec{z}_k$ 为从一基准点到 $\vec{U}_k$ 平面的轴向位置的矢量;$\vec{z}_{U_r}$ 为从同一基准点到合成不平衡 $\vec{U}_r$ 的轴向位置的矢量。

需要注意,虽然合成矩不平衡与惯性主轴倾斜的单位相同,所产生的力学效果也互相等效,但是两者的内在物理意义却有本质区别:惯性主轴倾斜的单位 g·mm² 表示转子的转动惯量;而合成矩不平衡的单位 g·mm 为转子某一平面的不平衡量,第

二个长度单位 mm 则是指的该平面与合成不平衡平面之间的距离。

在工程应用中,由于测量振动截面位置和平衡截面位置受到一定限制,因此对具有确定质量分布的恒态转子,对不同截面上转子质量分布不对称性(不平衡)进行力学等效时,测量得到的转子不平衡量也不同,所以在不同截面位置用不同平衡质量块可实现转子的平衡。因此,通过合理选择平衡截面,能避免在转子上安装过重的平衡质量块,从而减小平衡质量块对转子内载荷的影响。

如图 7-2 所示,一个多盘恒态转子系统,其质量分布具有一定的不对称性,可以描述为惯性主轴存在一定的偏斜,但在工程实践中很难测量和调整。因此,可以采用集总参数法将指定截面上的集中质量进行力学等效。

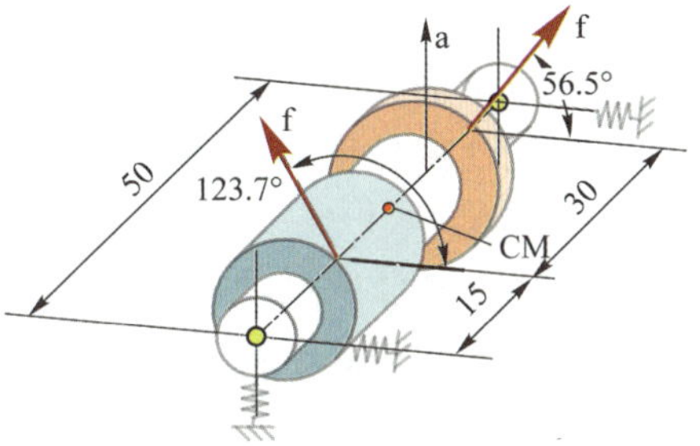

f—不平衡量为 3 g·mm
(a) 最优截面平衡

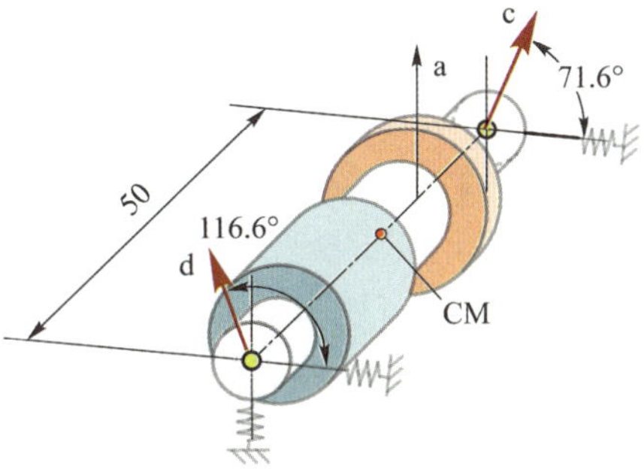

c—不平衡量为 3.16 g·mm
d—不平衡量为 2.24 g·mm
(b) 指定端面平衡

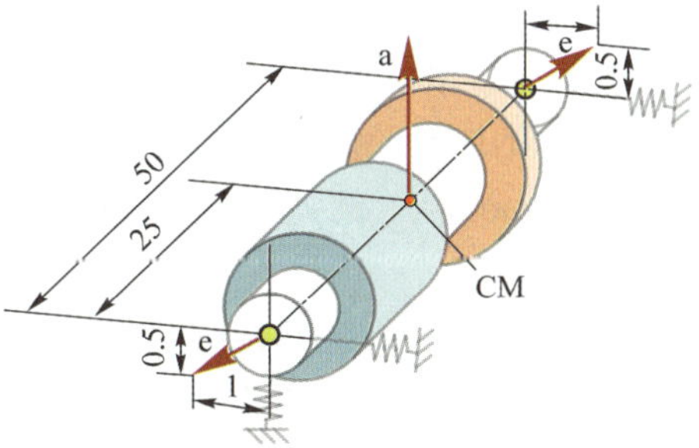

a—不平衡量为 5 g·mm
e—不平衡量为 1.12 g·mm
(c) 在质心和端面截面平衡

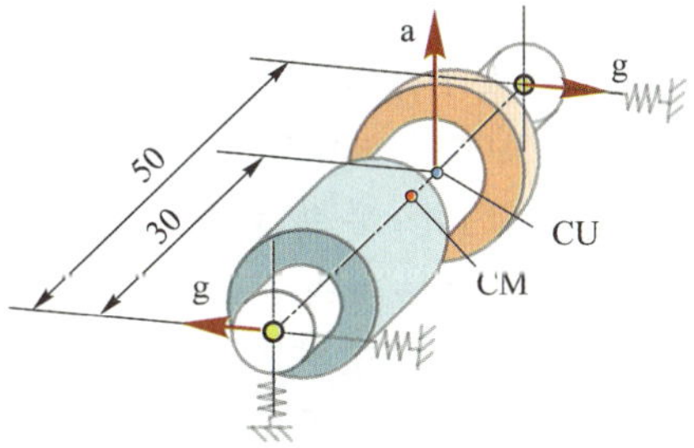

a—不平衡量为 5 g·mm
g—不平衡量为 1 g·mm
(d) 平衡质量所在平衡正交

图 7-2　恒态转子不平衡的不同表示方法

从理论上,恒态转子的不平衡可以通过两个平行横截面上的质量进行等效,可通过计算确定最小的平衡质量及相对的两个平衡截面位置。如图 7-2(a)所示在右端及与其相距 45 mm 的横截面上,分别在 56.5°和 123.7°的位置处施加 3 g·mm 的平衡质量块来等效转子的质量分布的不对称。但是在工程中平衡位置是确定的,因此如果在支点的两个端面上进行平衡,如图 7-2(b)所示,则需要在其中一个端面的

71.6°和另一个端面的 116.6°位置处分布施加 3.16 g·mm 和 2.24 g·mm 的平衡质量块。在两个截面上施加两个平衡质量块的平衡方法具有附加质量相对最小且简便的优点,但是所加质量一般不对称,不能保证转子质心与旋转中心线重合。

采用分步平衡的方法,即先将转子质心平衡到旋转中心线上,再进行力矩平衡,如图 7-2(c)所示在转子质心处施加 5 g·mm 平衡块,进行质心偏移平衡,再在两端面上进行力偶平衡。如图 7-2(d)所示的平衡中,首先在偏离质心截面上施加平衡质量块,对转子质心偏移产生的静平衡进行平衡,再在梁端面上施加等质量平衡块,对转子偶不平衡进行校正,这样的特点是所施加的平衡质量块在两个正交平面内。

从上述采用两截面和三截面不同平衡方法对比来看,对于恒态转子其平衡效果是一致的,但是平衡质量和工作量上具有一定差异。在工程实践中具体使用哪种方法,需要考虑具体结构及工艺限制。对于一个单盘转子两种方式影响不大,但是对于多盘转子(如多级压气机转子),由于其轴向质量分布不同在工作过程中对结构变形会产生一定的影响,采用"先平衡质心偏移,再进行惯性主轴倾斜"即"先静平衡再偶平衡"为宜。

需要强调,具有质量分布不对称的转子,其不平衡来自质量偏心和惯性主轴倾斜,而通过低速平衡机测得转子在指定横截面内的不平衡矢量,并非表示该平面内所存在的质心偏移,而是整个转子质量分布不对称的等效表征,即二者所产生的径向旋转惯性的等效,只适用于低转速恒态转子。

2. 平衡品质

平衡品质(Balance-Quality)是转子结构加工装配水平综合表现的一个参数,也是转子动力响应设计的重要控制标量。对于恒态转子的平衡品质可以采用转子不平衡度与转子最大工作角速度的乘积量值进行评定和分级。其中,**不平衡度**(Specific Unbalance e)即转子单位质量的静不平衡量,在数值上不平衡度相当于质量偏心距(单位为 mm),因此,平衡品质 $G = e_{per} \cdot \Omega$(单位:mm/s)。例如平衡品质量值 $G = 6.3$ mm/s,则平衡品质级别就确定为 G6.3 级。

根据国内外旋转机械的使用和设计经验,已建立了各类典型旋转机械类型的平衡品质设计要求分级标准(见表 7-1)。其中,平衡品质等级彼此之间以系数 2.5 来划分。尤其要求进行高精度平衡时,有些情况可能需要较精细的分级,但细分级的系数不宜小于 1.6。

由上表可知,航空发动机推荐平衡品质等级为 G6.3,燃气轮机和蒸汽轮机的推荐等级为 G2.5,这是考虑整机结构质量、最大转速等综合影响。对于现代先进航空发动机的转子结构组件的平衡品质等级一般控制在 G1 到 G2.5 等级之间,如表 7-2 所列。需要注意,这里所指的不平衡要求都是基于恒态转子假设的。而航空发动机转子在工作过程中会产生弯曲变形,对于该类转子如何修正平衡品质等级,需要根据转子结构及装配工艺进行确定。

表 7-1 典型机械(恒态)转子平衡品质分级指南

机械类型	平衡品质级别 G	量值 $e_{per} \cdot \Omega$ (mm/s)
汽车和机车用往复式发动机整机	G100	100
汽车车轮、传动轴、弹性安装的曲轴驱动装置	G40	40
粉碎机等刚性安装的曲轴驱动装置	G16	16
航空发动机、通用旋转机械、水轮机	G6.3	6.3
压缩机、燃气轮机和蒸汽轮机、机床驱动装置	G2.5	2.5
声音、图像设备和磨床驱动装置	G1	1
陀螺仪、高精密系统的主轴和驱动件	G0.4	0.4

表 7-2 典型涡扇发动机转子平衡品质等级

转子组件类型	质量 m/kg	许用剩余不平衡量 U_{per}/(g·mm)	最大工作转速 Ω/(rad/s)	许用剩余不平衡度 $e_{per}=\dfrac{U_{per}}{m}$ /(g·mm/kg)	平衡品质等级 $G=\dfrac{e_{per}\cdot\Omega}{1\,000}$ (mm/s)
多级风扇转子	160	200	1 000	1.25	1.25
低压涡轮转子	120	100	1 000	0.83	0.83
多级压气机转子	150	180	1 500	1.20	1.80
高压涡轮转子	160	100	1 500	0.63	0.95

对于恒态转子,转子的许用剩余不平衡量 U_{per} 被定义为质心平面内的合成不平衡量总允差,表示为

$$U_{per}=1\,000\,\frac{G\times m}{\Omega} \tag{7-2}$$

式中,U_{per} 为许用剩余不平衡量的数值,单位:g·mm;G 为所选用的平衡品质级别的数值,单位:mm/s;m 为转子质量数值,单位:kg;Ω 为最大工作转速的角速度数值,单位:rad/s。

恒态转子是使用最为广泛的转子,对于工作转速远低于弯曲临界转速,且结构质量/刚度分布均匀的转子系统,动力学设计中可将其视为恒态转子,给出相应的平衡品质及平衡允差。对于结构复杂的柔性转子系统虽然在整体上不能视为恒态转子,但其局部子结构仍可视为恒态转子并进行相应的平衡设计。

7.1.2 界面连接高速转子

如图 7-3 所示为典型航空发动机高压转子结构简图。由于发动机总体布局设计限制和结构质量控制需求,转子在支承方案上尽量减少支点数目。由于转子自身刚度也相对较弱,在高转速工作状态下,转子结构会不可避免地产生弯曲变形,从而使不同结构单元之间产生一定的"相对角向位移",即转子结构在一定工作状态下不满足"恒态"转子的基本假设。

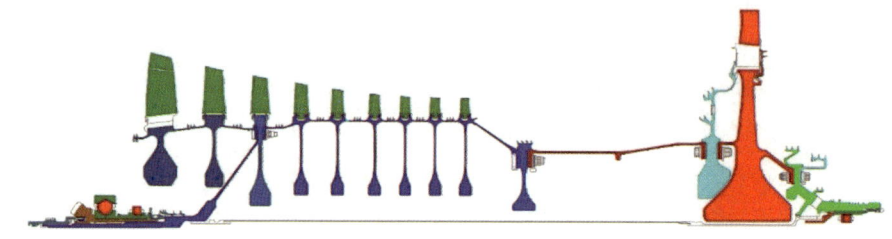

图 7-3　典型航空发动机高压转子结构简图

此类转子进行装配平衡时,需要分别针对其不同单元的结构特征,借鉴恒态转子,通过低速平衡控制界面连接转子系统在全转速范围内的质量分布,从而保证在高转速下工作时的动力响应。

1. 不平衡控制

在工程应用中,由于整个转子进行高速动平衡的难度较高,因此通过装配控制和低速平衡的方法,对转子进行不平衡控制。

在实际高速旋转工作状态下,转子会产生一定的弯曲变形,因此,转子平衡状态会随之发生变化,根据结构单元的不同特点,主要表现为:

① 对于大质量结构单元(如轮盘等),当转子发生弯曲变形时惯性主轴相对于旋转轴心线发生偏斜,会导致转子局部旋转惯性力矩变化;

② 对于轴向尺寸较长的结构单元(如鼓筒、轴颈等),如果惯性主轴与形心轴之间存在偏斜,在转速升高过程中,转子结构单元旋转中心轴会由形心轴转向惯性主轴,即产生"惯性主轴转向",其动力响应表现为结构单元两侧响应相位发生相应变化。

在界面连接转子中,如果结构单元发生质心偏移和惯性主轴倾斜,一方面,结构单元惯性主轴偏斜产生的旋转惯性力矩载荷会作用于相邻连接结构,使其接触界面产生磨损或滑移;另一方面,附加旋转惯性载荷会影响支点动载荷,特别是对大质量惯性结构单元附近的支点。这是因为惯性主轴倾斜在旋转时产生的旋转惯性力矩会使转子系统产生弯曲变形,即在转轴内存储弯曲应变能,从而使相邻的约束支点产生相应的支承反力,其大小与约束轴段变形能成正比。因此,需要通过装配调整和低速平衡,控制转子系统在全转速范围内不平衡量的分布,避免结构单元局部惯性主轴倾斜所引起的支点动载荷随转速持续加大的振动超标问题。

针对具有大长径比、多界面连接结构特征的航空发动机转子系统,在装配过程中对转子及其组件进行低速平衡时,其基本要求包括以下几点:

① 进行低速平衡时,需要对各结构单元的不平衡量和相角进行必要的控制,以控制由转子连接界面接触状态变化所产生的附加旋转惯性载荷,以保证转子振动水平在允许范围内;同时在装配过程中记录各结构单元不平衡量沿轴向分布信息,用于定量评估转子质量分布特征;

② 对于转子系统中结构质量较大的构件,需在装配之前单独平衡,待转子组件装配后再对组件整体进行平衡;

③ 对大长径比、多界面连接转子进行低速平衡时,只能对各结构单元质心偏移产生的不平衡进行校正,为抑制高转速下各结构单元局部旋转惯性载荷的影响,需要通过控制转子各结构单元初始不平衡量的大小和分布;

④ 对于初始不平衡矢量轴向分布未知的转子,一般不可选用低速平衡方法,然而由于转子初始不平衡量的大小可通过单构件预平衡来控制,所以转子初始不平衡量可用于度量转子不平衡矢量的轴向分布。

2. 装配/平衡方法

对于不同结构特征的结构单元可采用不同的低速平衡方法,以提高转子系统质量分布的对称性。

① 单面平衡方法。对于轴向尺寸较小的结构单元,仅通过单个横向平面内的不平衡矢量便可有效表征其不平衡状态,因此可以对该类结构单元在此平面上进行不平衡校正,保证构件剩余的合成不平衡在规定范围之内。在航空燃气轮机转子结构中,轮盘类构件进行平衡时可以采用此方法。

② 双面平衡方法。对于轴向尺寸较大的结构单元,只有通过至少两个平面内的不平衡矢量才能够表征其不平衡状态,因此需要在至少两个横向平面内安装平衡质量块以对结构单元进行校正,保证转子剩余的合成不平衡在规定范围之内。在航空燃气轮机转子结构中,鼓筒轴、轮盘-轴一体结构等,可以采用低速双面平衡,以保证在所有工作转速下满足平衡要求。

③ 转子装配前单一构件平衡。对转子的每个构件(包括轴类构件)在装配之前依据设计要求分别进行低速平衡。

④ 构件同轴度控制。转子不平衡除了来源于各单构件自身质量分布不对称外,还来源于在装配过程中各构件间的界面配合状态。结构形位公差及配合状态不佳,会导致惯性主轴偏斜,即由组件装配产生附加不平衡。对盘-轴或盘-鼓筒这类具大轴向尺寸"薄盘"特征的结构组件,在装配中需严格控制连接结构接触状态和同轴度,以减小惯性主轴偏斜所产生的旋转惯性力矩载荷。

单级涡轮盘-鼓筒轴结构组件由于轴向尺寸较大,在低速平衡机上很难测量出旋转惯性主轴倾斜所产生的旋转惯性力矩,因此需要在安装构件前对安装基准以及构件自身的同轴度进行严格的控制,并在安装后对构件相对转子旋转轴心线的不同轴度进行检测,如图 7-4 所示。

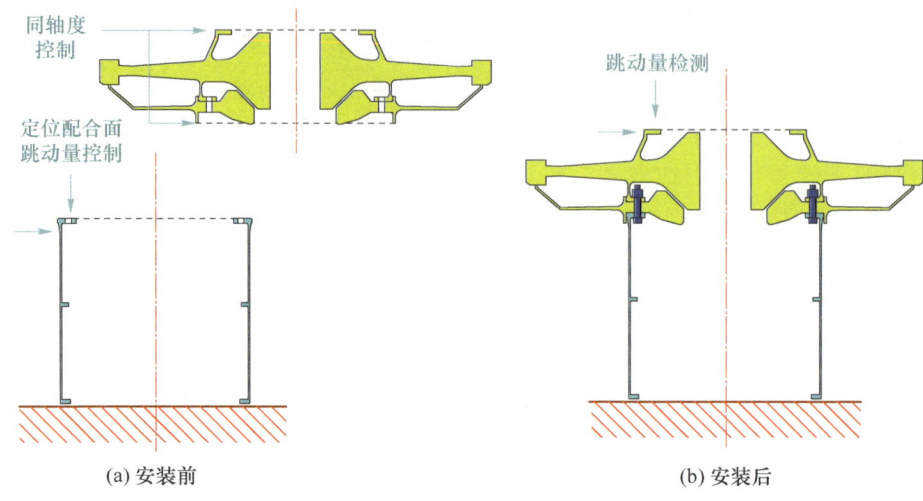

图 7-4 单构件装配过程中对形位公差的控制

⑤ 控制组装后初始不平衡量。所谓装配后初始不平衡量是指转子构件组装后，未经平衡组件校正的不平衡状态。对于多界面连接转子组件，虽然各构件的不平衡量均有控制标准，但组装后期不平衡可能远大于各构件不平衡总和，即在装配过程中产生了附加不平衡。由于装配所产生的初始不平衡量需要控制，不能通过转子组件平衡后的剩余不平衡量代替。其原因在于低速平衡很难对惯性主轴倾斜进行有效平衡。例如航空发动机高压转子，要求控制压气机转子和涡轮转子的初始不平衡量，在满足控制要求条件下再进行转子平衡。

⑥ 在装配过程中采用分级平衡。首先平衡与轴承配合的构件，随后每堆叠上一个构件就对组件进行一次跳动检查和转子平衡。采用此方法的关键在于需要保证后续在加装构件的过程中不会改变已平衡转子部件的平衡状态。

此外，在航空燃气轮发动机的转子中，叶片、螺栓等构件采用同心安装的方式，在安装叶片/螺栓前需要首先测量转子初始不平衡，在满足要求后再依照叶片和螺栓的质量或质量矩来确定零件的周向安装位置。

7.2 转子平衡设计要求

航空发动机典型转子结构（见图 7-3）中的高压转子弯曲刚性较大，工作转速一般在弯曲临界转速以下，但由于随着转子长径比和最大工作转速的提高，在工作转速范围内转子会产生一定的弯曲变形，对转子动力响应特性尤其是支点动载荷会产生较大影响。

参考航空发动机设计标准和实际工作经验，并考虑在加工、装配过程中的实际操作，可将航空发动机的转子平衡控制分为初始不平衡控制和许用剩余不平衡控制两部分。其中，**初始不平衡**是指转子在装配过程中，平衡工艺前转子存在的不平衡。**剩余不平衡**是指通过平衡工艺调整后的转子不平衡，其中**许用剩余不平衡**是指恒态转子在平衡后针对某平面（参考平面、测量平面或校正平面）所规定的不平衡量的最大值，只有低于该值时，转子不平衡的状态才被认为是合格的。

根据现代航空发动机整机振动特点及其对结构可靠性的影响，转子许用剩余不平衡量平衡等级一般选择为 G1～G2.5 等级。而对于转子构件的初始不平衡的控制，其平衡等级为许用剩余不平衡的 3～5 倍来进行。

7.2.1 质心偏移

通过确定典型涡扇发动机不同结构单元的许用剩余不平衡量，实现对其质心偏移的控制。根据转子平衡允差的确定公式，分别选择平衡品质等级为 G1、G1.6、G2.5 时，计算典型涡扇发动机高低压转子发生质心偏移时的许用剩余不平衡量 U_{per} 和许用剩余不平衡度 e_{per}。

表 7-3 典型涡扇发动机许用剩余不平衡量计算

转　子	质量 m /kg	最大工作转速 Ω/ (rad·s^{-1})	许用剩余不平衡量/(g·mm) $U_{\text{per}} = 1\,000\,\dfrac{G \times m}{\Omega}$					
			G1		G1.6		G2.5	
			U_{per}	e_{per}	U_{per}	e_{per}	U_{per}	e_{per}
高压压气机转子	150	1 500	100	0.67	160	1.07	250	1.67
高压涡轮转子	160	1 500	107	0.67	171	1.07	268	1.67

进行低速平衡的转子，需要将转子的平衡允差分配到两个允差平面内。如图 7-5 所示为恒态转子许用剩余不平衡量的分配。转子许用剩余不平衡量 U_{per} 根据质心到另一侧允差平面的距离进行分配。在支承平面 A、B 上，按如下公式进行分配，即

$$\begin{cases} U_{\text{per,A}} = \dfrac{U_{\text{per}} \times L_{\text{B}}}{L} \\ U_{\text{per,B}} = \dfrac{U_{\text{per}} \times L_{\text{A}}}{L} \end{cases} \quad (7-3)$$

由式（7-3）可以看出，许用剩余不平衡量 U_{per} 向两个允差平面的分配量主要取决于质心的位置。如果质心位于允差平面的中心，则两个允差平面平分许用剩余不平衡量 U_{per}。但对于轮盘偏置转子，其转子质心靠近某一支承平面，对该支承平面计算出的允差值会相对较大（接近于 U_{per} 的值），而远离质心的另一个支承平面的允差值就变得很小（接近于零）。为了避免极端允差状态，需要对两个允差平面进行限定：

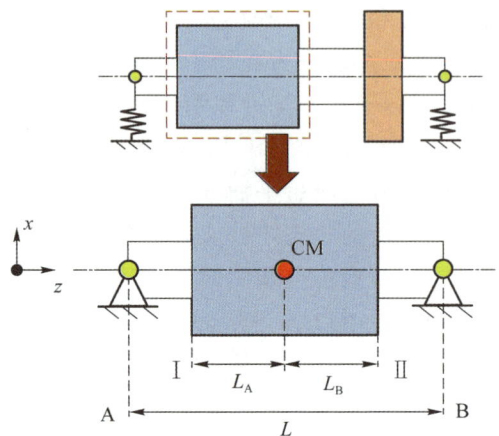

A,B—支承平面； Ⅰ,Ⅱ—校正平面；CM—转子质心

图 7-5 恒态转子许用剩余不平衡量分配

较大的允差值不宜大于 $0.7U_{per}$；较小的允差值不宜小于 $0.3U_{per}$。

按照上述要求,对典型涡扇发动机高压转子许用剩余不平衡量进行分配,其结果如表 7-4 所列。

表 7-4 典型涡扇发动机高压转子许用剩余不平衡量分配

转子类型	平衡品质等级 G	许用剩余不平衡度 e_{per} /μm	许用剩余不平衡量 U_{per} /(g·mm)	支承平面至质心的距离 /(mm)			许用剩余不平衡量 /(g·mm)	
				L	L_A	L_B	$U_{per,A}$	$U_{per,B}$
高压压气机转子	G1	0.67	100	800	320	480	60	40
	G1.6	1.07	160				96	64
	G2.5	1.67	250				150	100
高压涡轮转子	G1	0.67	107	250	110	140	60	47
	G1.6	1.07	171				96	75
	G2.5	1.67	268				150	118
高压转子	G1	0.67	230	1 050	680	370	81	149
	G1.6	1.07	368				130	238
	G2.5	1.67	275				97	178

7.2.2 惯性主轴倾斜

对于惯性主轴与形心轴不重合的转子系统,在低转速工作时转子绕自身形心轴自转,当工作转速逐渐升高,转子惯性主轴相对于旋转中心轴(这时为形心轴)偏斜所产生的惯性力矩会使转轴发生弯曲变形。在一定转速时旋转惯性载荷会使转子旋转中心轴由形心轴变为惯性主轴,类似于"质心转向",而由此旋转中心轴线变化所引起的转子弯曲变形反映到转子系统动力响应中,表现为支点动载荷突变。因此,对于高速转子系统,除了需要控制转子质量偏心外,还需要控制转子结构惯性主轴相对于形心轴的倾斜,保证转子在高转速区具有良好的动力响应特性。

如图 7-6 所示为惯性主轴偏斜转子在旋转过程中产生的旋转惯性载荷及其对支点动载荷的影响。假设质心偏移在 xOz 平面的投影为 e_x,惯性主轴倾斜角在 xOz 平面内的投影为 θ_x,则此时转子支承位置(A、B)受力 F_A 和 F_B 可表达为

$$\begin{cases} F_{A,x} = \dfrac{L_B}{L_A+L_B} m e_x \omega^2 - \dfrac{1}{L_A+L_B}(I_d - I_p)\theta_x \omega^2 = F_{Ae,x} + F_{A\theta,x} \\ F_{B,x} = \dfrac{L_A}{L_A+L_B} m e_x \omega^2 + \dfrac{1}{L_A+L_B}(I_d - I_p)\theta_x \omega^2 = F_{Be,x} + F_{B\theta,x} \end{cases} \quad (7-4)$$

式中, $F_{Ae,x}$ 和 $F_{Be,x}$ 为质心偏移产生的旋转惯性载荷分别在支点 A 和支点 B 位置产生的支反力幅值; $F_{A\theta,x}$ 和 $F_{B\theta,x}$ 为惯性主轴倾斜产生的旋转惯性载荷分别在支点 A 和支点 B 位置产生的支反力幅值,改写为矩阵形式有

$$\begin{pmatrix} F_{A,x} \\ F_{B,x} \end{pmatrix} = \omega^2 \begin{pmatrix} \dfrac{L_B}{L_A+L_B} m & -\dfrac{1}{L_A+L_B}(I_d - I_p) \\ \dfrac{L_A}{L_A+L_B} m & \dfrac{1}{L_A+L_B}(I_d - I_p) \end{pmatrix} \begin{pmatrix} e_x \\ \theta_x \end{pmatrix} \quad (7-5)$$

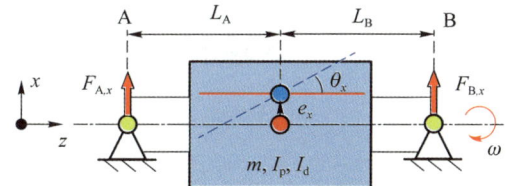

图 7-6 惯性主轴偏斜转子受力分析(xOz 平面)

因此,可通过转子旋转状态下支点平面内的受力状态,获得其质心偏移和惯性主轴倾斜情况,即

$$\begin{pmatrix} e_x \\ \theta_x \end{pmatrix} = \dfrac{1}{\omega^2} \begin{pmatrix} \dfrac{L_B}{L_A+L_B} m & -\dfrac{1}{L_A+L_B}(I_d - I_p) \\ \dfrac{L_A}{L_A+L_B} m & \dfrac{1}{L_A+L_B}(I_d - I_p) \end{pmatrix}^{-1} \begin{pmatrix} F_{A,x} \\ F_{B,x} \end{pmatrix} \quad (7-6)$$

类似地,可以得到质心偏移量和惯性主轴倾斜角在 yOz 平面内的投影,即

$$\begin{pmatrix} e_y \\ \theta_y \end{pmatrix} = \frac{1}{\omega^2} \begin{pmatrix} \dfrac{L_B}{L_A+L_B} m & -\dfrac{1}{L_A+L_B}(I_d - I_p) \\ \dfrac{L_A}{L_A+L_B} m & \dfrac{1}{L_A+L_B}(I_d - I_p) \end{pmatrix}^{-1} \begin{pmatrix} F_{A,y} \\ F_{B,y} \end{pmatrix} \quad (7-7)$$

并且有

$$\begin{cases} e^2 = e_x^2 + e_y^2, & \varphi_e = \arctan(e_y/e_x) \\ \theta^2 = \theta_x^2 + \theta_y^2, & \varphi_\theta = \arctan(\theta_y/\theta_x) \end{cases} \quad (7-8)$$

式中,e,θ 分别为质心偏移和惯性主轴倾斜的幅值;φ_e,φ_θ 为质心偏移和惯性主轴倾斜的相位。

从上述推导可知,支点动载荷中惯性主轴倾斜引起的载荷幅值和由质心偏移引起的载荷幅值之比,可作为限制惯性主轴倾斜的定量评估标准。根据惯性主轴倾斜和质心偏移通常位于不同平面内,故可通过控制前后支点平面不平衡量的相位差可以间接控制惯性主轴倾斜。

如图 7-7 所示为质心偏移和惯性主轴倾斜对支点动载荷幅值/相位的影响。支点位置的载荷为转子质心偏移产生的旋转惯性载荷 F_e 和转子惯性主轴倾斜产生的旋转惯性载荷 F_θ 的矢量和,两者之间的相对幅值比 R_s(后文称之为惯性主轴倾斜相对系数)为

$$R_s = \frac{F_\theta}{F_e} = \frac{1}{L_A+L_B} \cdot \frac{(I_d - I_p)\theta}{me} \quad (7-9)$$

参数 R_s 表征因惯性主轴倾斜在支点位置产生的支点动载荷幅值与因质心偏移造成的支点动载荷的比值(见图 7-7)。该相对系数越小,说明惯性主轴倾斜量导致的支点动载荷分量越小。

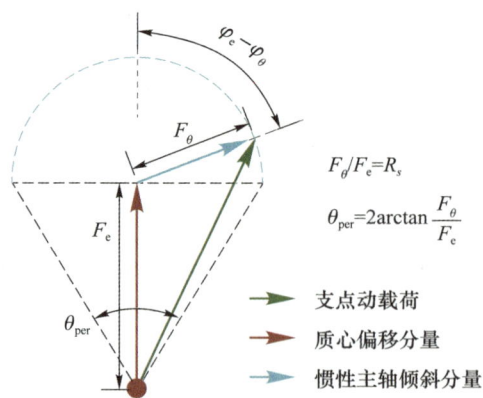

图 7-7 质心偏移和惯性主轴倾斜对支点动载荷幅值/相位的影响

同时,由于惯性主轴倾斜平面与质心偏移平面之间存在夹角,导致支点动载荷中的质心偏移分量和惯性主轴分量之间存在一定的角度差 $\varphi_e - \varphi_\theta$,并使支承位置的支

点动载荷的相位发生偏移，该偏移在$|\varphi_\theta-\varphi_e|=\pi/2$时达到最大，为

$$\theta_{per}=2\arctan\frac{F_\theta}{F_e}=2\arctan R_s \qquad (7-10)$$

如图7-8所示为基于不平衡量与惯性主轴倾斜控制的转子不平衡的设计要求，在转子平衡过程中，可通过控制支点平面内不平衡量幅值来抑制转子的不平衡量，通过控制校正平面上不平衡量的相位，则可有效抑制结构单元的惯性主轴倾斜（即不平衡量应位于红色区域内）。剩余不平衡量幅值$U_{per,A}$和$U_{per,B}$的值如表7-4所列，θ_{per}与惯性主轴倾斜相对系数R_s的对应关系如表7-5所列。当惯性主轴倾斜引起的支点动载荷低于质心偏移引起的支点动载荷一个量级时（$R_s\leqslant 0.1$），结构单元惯性主轴倾斜不会在高转速状态下造成转子的振动问题，因此，θ_{per}应小于11.4°。应该注意，对于不平衡量相位的分布要求不会随着测量平面的改变而改变。

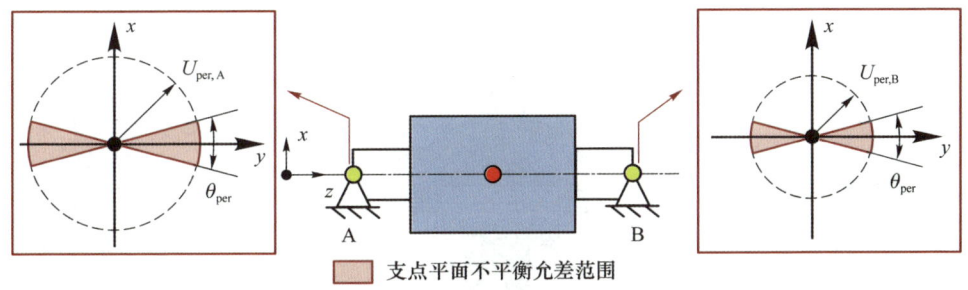

图7-8 基于不平衡量与惯性主轴倾斜控制的转子不平衡的设计要求

表7-5 剩余不平衡量分布区间角度允差

相对系数 R_s	0.25	0.1	0.05
$\theta_{per}/(°)$	28.0	11.4	5.7

因此，按照G1等级以及相对系数$R_s\leqslant 0.1$，并基于控制质心偏移中对许用剩余不平衡的要求（见表7-3、表7-4），将典型涡扇发动机各转子支承平面的许用剩余不平衡量转换到校正平面上，可以得到如表7-6所列的典型涡扇发动机各结构单元在校正平面内的平衡允差。

表7-6 典型涡扇发动机高压转子结构单元在校正平面内的平衡允差（G1）

转子结构单元	前修正面$U_{per,A}$/(g·mm)	后修正面$U_{per,B}$/(g·mm)	相位/(°)
高压压气机转子	60	40	−11.4～11.4 或 168.6～191.4
高压涡轮转子	60	47	
高压转子	81	149	

7.2.3 连接螺栓松脱力矩

界面连接转子结构系统在高转速工作过程时,由于大质量结构单元旋转惯性力矩的作用会引起转子内部弯曲应力和应变能分布的变化,并对连接界面接触状态产生影响,其最直接的表现为高转速工作后法兰-螺栓连接结构的螺栓松脱力矩发生变化。换言之,螺栓松脱力矩可以有效反映连接结构界面接触状态的变化及其对转子旋转惯性载荷的影响。

如图 7-9 所示为典型法兰-螺栓连接转子在初始装配状态下连接结构的受力状态。由该图可知,在初始装配状态下,由于螺栓预紧力的轴向压紧作用以及止口圆柱面的过盈配合,止口端面主要受到来自螺栓的轴向压紧力 F_P、来自端面的接触应力 $P_{E1}(y)$ 以及来自定心圆柱面的接触应力 $P_{R1}(x)$。

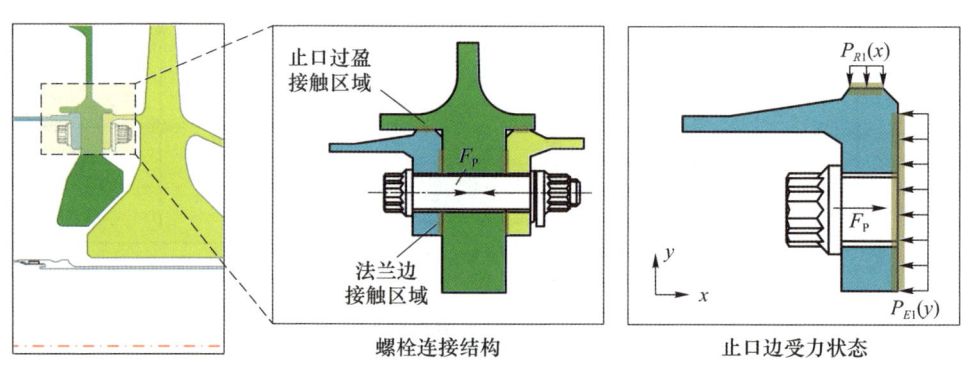

图 7-9 法兰-螺栓连接结构初始装配状态受力示意图

当连接结构承受工作载荷时,法兰变形及其受力状态如图 4-10(b)所示。由该图可知,在轴向拉力 F_a 和离心载荷 F_e 的作用下,连接结构圆柱定心面发生轴向相对滑动,滑移方向及止口边圆柱面受摩擦力 F_{f1},而法兰轴向变形使螺栓受轴向拉伸变形,使螺栓内剩余预紧力 F'_P 增加,此外,界面接触应力分布 $P_{E1}(y)$ 和 $P_{R1}(x)$ 也会发生改变。

法兰-螺栓连接结构在卸载工作载荷后法兰变形及受力状态示意图如图 4-10(c)所示。由该图可知,在卸载过程中,止口边已经产生的弯曲变形有弹性恢复的趋势,由此使圆柱定心面产生相对滑移的趋势(滑移方向及其产生摩擦力 F_{f1} 的方向与连接结构受工作载荷时相应的方向相反),但是由于该弹性恢复力不足,且在界面摩擦力 F_{f1} 的作用下,止口边的变形无法完全恢复至初始装配状态。因此,该不可恢复变形会提高螺栓预紧力、使得螺栓松脱力矩变大。

如图 7-10 所示是以预紧力为衡量标准,描述连接结构承受不同拉力外载荷下及卸载之后的力学特性。由图可知,如果拉力外载荷过大,工作载荷卸载后,法兰存在明显的残余变形,并由此造成螺栓预紧力和松脱力矩的增大。除此之外,由于连接结构会受到弯曲力矩的影响,导致螺栓受力沿周向分布呈现"上拉下压"的趋势,造成螺栓松脱力矩的变化沿周向分布不同。

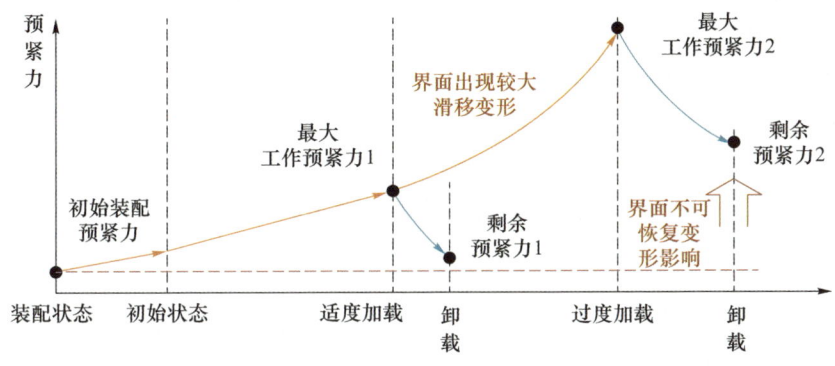

图 7-10　加载全过程预紧力变化曲线

因此,通过测量并控制螺栓松脱力矩的增大幅值及周向分布均匀性,同样可控制转子装配状态及其对转子不平衡产生的不利影响。其中,定义松脱力矩增大系数 $R_{b,el}$ 和松脱力矩不均匀系数 $R_{b,ue}$ 分别为

$$\begin{cases} R_{b,el} = \dfrac{\sum T_{b,i}/n - T_{b,0}}{T_{b,0}} \times 100\% \\ R_{b,ue} = \dfrac{\max T_{b,i} - \min T_{b,i}}{\max T_{b,i}} \times 100\% \end{cases} \quad (7-11)$$

式中,$T_{b,i}$ 为第 i 个螺栓的松脱力矩;$T_{b,0}$ 为螺栓的装配拧紧力矩;n 为螺栓数。

根据工程经验,当松脱力矩增大系数 $R_{b,el} \leqslant 30\%$,松脱力矩不均匀系数 $R_{b,ue} \leqslant 15\%$ 时,表明转子装配所确定的初始预紧状态满足工作载荷循环的要求,连接结构具有良好的稳健性。

7.3　转子不平衡分布模型

对于典型航空发动机转子结构系统,根据结构及结构力学特性,可离散为质量结构单元和弹性结构单元,其中质量单元决定转子质量分布,支承约束单元和弹性单元对转子工作过程中产生的位移进行约束。一般来说,航空发动机转子由多个构件组成,故转子不平衡主要由各结构单元自身质量偏差及其在转子上的轴向位置决定。转子结构的质量分布不对称,可采用整体等效的质心偏移与惯性主轴倾斜描述,也可以采用不同轴向位置各个结构单元的质心偏移与惯性主轴倾斜进行描述。采用等效描述还是对各结构单元描述,取决于转子系统在全转速范围内运动状态的变化是否满足恒态转子的假设。

工作转速、载荷环境等工况变化所引起的结构单元相对位置改变不会显著影响转子动力学特性时,转子满足恒态转子假设,其质量分布不对称可简化为转子整体质心偏移或惯性主轴偏斜。而随着转速增加,当旋转惯性力矩载荷使转子产生弯曲变形后,转子整体性被打破,局部结构单元的旋转惯性载荷作用得以体现,转子旋转惯性载荷(力矩)呈现沿轴向分布特征。在高速旋转过程中,转子动力学特性变化的主要根源是质量分布不对称所产生的旋转惯性载荷,即各质量结构单元旋转惯性载荷的影响。如图 7-11 所示为高速转子结构系统不平衡分布模型,对于高速转子结构系统,可采用旋转惯性主轴偏斜,对每一个质量结构单元的质量分布不对称性进行描述。

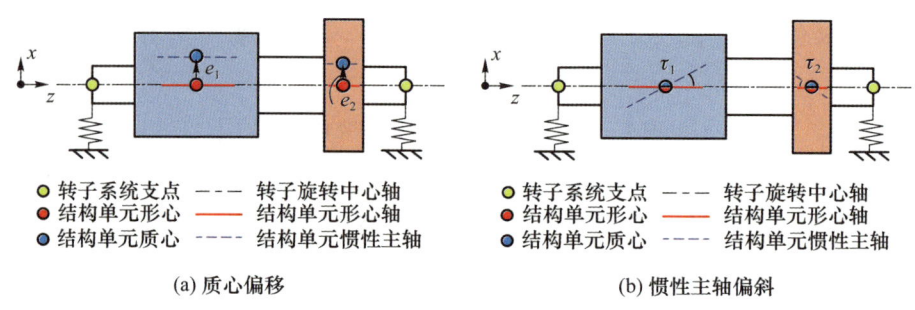

图 7-11　高速转子结构系统不平衡分布模型

7.3.1　恒态转子

1. 质量分布

对于恒态转子系统,其质量分布不对称可简化为转子整体质心偏移或惯性主轴偏斜。在工程实践中该转子旋转时由于整体质量分布不对称而产生的力学效果,可采用两个不同轴向截面位置的集中质量进行等效描述。如图 7-12 所示为恒态转子质量分布不对称等效描述方法。

如图 7-12(a)所示为总质量为 M 且存在质心偏移 e 的恒态转子,其旋转时产生的旋转惯性激励为旋转惯性力,可等效为两个不同轴截面的同向集中质量 m_1 和 m_2 产生的旋转惯性力。选取距转子质心轴向距离分别为 l_1 与 l_2 的截面,并拟定等效质量偏心距分别为 δ_1 与 δ_2,根据旋转惯性力等效以及力矩平衡原则,等效质量 m_1 与 m_2 的数值由式(7-12)和式(7-13)确定

$$m_1\delta_1\omega^2 + m_2\delta_2\omega^2 = Me\omega^2 \qquad (7-12)$$

$$m_1\delta_1\omega^2 l_1 = m_2\delta_2\omega^2 l_2 \qquad (7-13)$$

得等效质量 m_1 与 m_2 的表达式为

$$m_1 = \frac{Mel_2}{(l_1+l_2)\delta_1} \qquad (7-14)$$

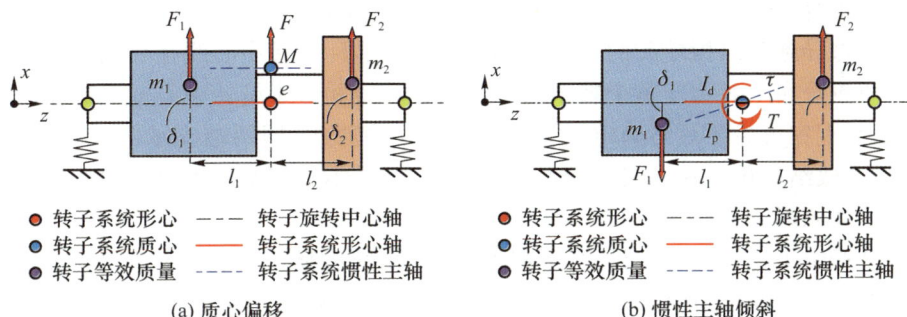

(a) 质心偏移　　　　　　　　　(b) 惯性主轴倾斜

图 7-12　恒态转子不平衡等效描述方法

$$m_2 = \frac{Mel_1}{(l_1+l_2)\delta_2} \tag{7-15}$$

如图 7-12(b)所示为转子极转动惯量为 I_p、直径转动惯量为 I_d 且存在惯性主轴倾斜 τ 的恒态转子。旋转时产生的旋转惯性力矩载荷，可等效为两个不同轴向位置截面上集中质量 m_1 和 m_2 所产生的旋转惯性力矩。选取距转子质心轴向距离分别为 l_1 与 l_2 的截面，并拟定等效质量偏心距分别为 δ_1 与 δ_2，根据旋转惯性力矩等效相等以及力平衡原则，等效质量 m_1 与 m_2 的数值由式(7-16)和式(7-17)确定

$$m_1\delta_1\omega^2 l_1 + m_2\delta_2\omega^2 l_2 = (I_d - I_p)\tau\omega^2 \tag{7-16}$$

$$m_1\delta_1\omega^2 = m_2\delta_2\omega^2 \tag{7-17}$$

得等效质量 m_1 与 m_2 的表达式为

$$m_1 = \frac{(I_d - I_p)\tau}{(l_1+l_2)\delta_1} \tag{7-18}$$

$$m_2 = \frac{(I_d - I_p)\tau}{(l_1+l_2)\delta_2} \tag{7-19}$$

上述的质心偏移与惯性主轴倾斜等效方法，可以等效任一恒态转子任意质量分布不对称所产生的旋转惯性力学效果，从而对恒态转子的质量分布不对称特征进行描述。对于存在惯性主轴偏斜的恒态转子，则可分别使用质心偏移与惯性主轴倾斜方法进行等效。

值得注意，对于由多个结构单元组成的大长径比恒态转子(例如大跨度支承转子)，转子整体极转动惯量与直径转动惯量比趋近于 1。在低转速旋转时，整个转子惯性主轴倾斜所产生的旋转惯性载荷(力矩)很小，此时转子的旋转惯性载荷主要来自于质心偏移。这是由于转子各组成结构单元的极转动惯量所产生的旋转惯性力矩载荷，与转子的直径转动惯量所产生的旋转惯性力矩载荷相互抵消，形成了作用在转子结构内部的应力和变形能，因此，惯性主轴倾斜所产生的旋转惯性激励在转子动力响应中难以直接体现。

2. 同轴度

对于具有多界面连接的复杂转子结构系统，在理想装配情况下，转子形心线与旋

转中心线重合,转子不平衡量等于各结构单元不平衡量的矢量叠加。而工程实践中,实际装配将导致各结构单元的形心线相对于转子实际旋转中心线存在偏斜。这是由于转子质量分布不对称使整个转子质心和惯性主轴相对于旋转中心轴线的偏离和倾斜,转子装配完成后才最终确定工作状态的旋转中心线(即两端支承圆心连线)。因此,装配导致结构单元轴心线的偏斜,是转子装配后不平衡量远大于各构件不平衡量总和的根本原因。

为分析装配过程中各结构单元同轴度对装配后初始不平衡量的影响,建立转子装配同轴度分析模型,如图 7-13、图 7-14 所示。在该模型中,各结构单元通过质心偏移及惯性主轴倾斜描述其质量分布不对称性。显然,在实际装配过程中,各结构单元的连接界面存在径向同轴度和角向同轴度的差异。

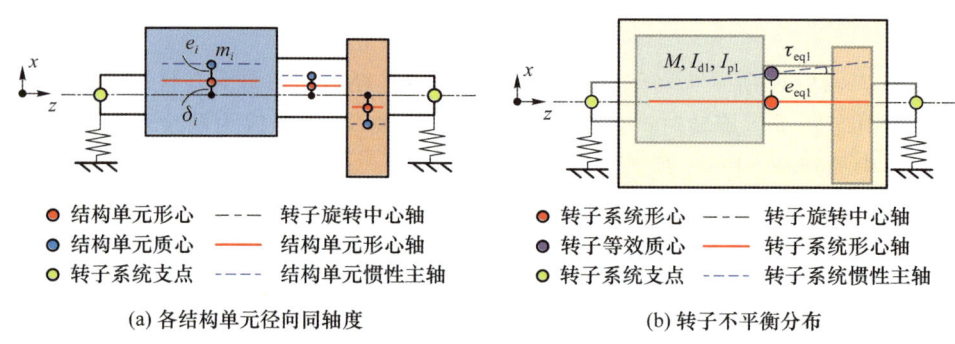

图 7-13　转子装配径向同轴度分析模型

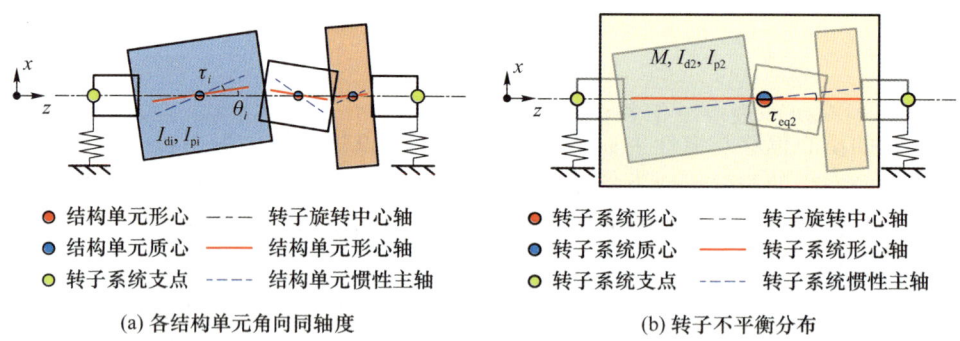

图 7-14　转子装配角向同轴度分析模型

如图 7-13 所示为径向同轴度对转子不平衡分布的影响。各结构单元仅存在质心偏移而无惯性主轴倾斜,第 i 个结构单元质心偏移量为 e_i 质量为 m_i；实际装配将导致结构单元形心线相对于转子旋转中心线存在径向偏移 δ_i,从而改变结构单元质心相对旋转中心线的实际偏移量,使整个转子不平衡分布发生变化。装配完成后,转子实际质量分布可通过等效质心偏移量 e_{eq1} 与等效惯性主轴倾斜角 τ_{eq1} 进行描述,I_{d1} 与 I_{p1} 分别为考虑径向同轴度变化时转子相对于旋转中心轴的直径转动惯量与极转动惯量。

对于恒态转子,考虑装配径向同轴度影响,其实际质心偏移与惯性主轴倾斜可表示为

$$\vec{U}_e = \sum_{i=1}^{n} m_i (\vec{e}_i + \vec{\delta}_i) \quad (7-20)$$

$$\vec{U}_\tau = \sum_{i=1}^{n} m_i (\vec{e}_i + \vec{\delta}_i) \times L_i \quad (7-21)$$

式中,$\vec{U}_e$ 为转子实际质心偏移;$\vec{U}_\tau$ 为转子实际惯性主轴倾斜;L_i 为第 i 个结构单元质心与整个转子质心的轴向距离。

可以看出,由于装配中径向同轴度的改变,转子整体质心偏移与惯性主轴倾斜发生变化。对于大长径比的恒态转子,其旋转惯性载荷主要来自于质心偏移,因此对于装配导致结构单元径向同轴度的变化,主要考虑对转子质心偏移的影响,而对转子惯性主轴倾斜的影响一般可以忽略。

在实际装配过程中不仅会引起各结构单元径向同轴度的变化,还会引起结构单元角向同轴度的变化。如图 7-14 所示为转子装配角向同轴度分析模型,当各结构单元仅存在惯性主轴倾斜而无质心偏移时,各结构单元质心位于转子旋转中心轴上,第 i 个结构单元惯性主轴倾斜角为 τ_i,相对于其自身形心线的直径转动惯量与极转动惯量分别为 I_{di}、I_{pi}。实际装配时结构单元形心线相对于转子旋转中心线存在径向偏移 θ_i,使各结构单元惯性主轴相对转子实际旋转中心轴存在附加倾斜角,改变了整个转子不平衡量及旋转惯性载荷分布特征。

由于各结构单元无质心偏移,因此装配完成后整个转子也不存在质心偏移。对于第 i 个结构单元,其初始惯性主轴倾斜,可等效为两个不同轴向截面的集中质量 m_{1i} 和 m_{2i}(方法同前文)。因此对于恒态转子,考虑装配角向同轴度影响,其实际惯性主轴倾斜可表示为

$$\vec{U}_\tau = \sum_{i=1}^{n} \left[(I_{di} - I_{pi}) \frac{(\vec{\tau}_i + \vec{\theta}_i) \times (\vec{L}_{1i} - \vec{L}_c)}{l_{1i} + l_{2i}} + (I_{di} - I_{pi}) \frac{(\vec{\tau}_i + \vec{\theta}_i) \times (\vec{L}_{2i} - \vec{L}_c)}{l_{1i} + l_{2i}} \right] \quad (7-22)$$

式中,l_{1i} 与 l_{2i} 分别为第 i 个结构单元等效质量距其质心的轴向距离;L_{1i} 与 L_{2i} 分别为第 i 个结构单元等效质量距转子前支点的轴向距离;L_c 为转子整体质心距转子前支点的轴向距离。

由于装配角向同轴度的影响,各结构单元可能存在更大的局部惯性主轴倾斜角。当转子在低转速工作时,惯性主轴倾斜旋转惯性激励较小,装配角向同轴度对旋转惯性激励的影响难以体现;而当转子在高转速工作时,转子各结构单元局部惯性主轴倾斜所产生的旋转惯性力矩会破坏转子的整体性,使结构单元局部特征显现,显著改变转子的内力分布及局部支点动载荷。

因此,装配导致结构单元角向同轴度的变化,主要影响转子在高转速下的旋转惯性载荷,使转子呈现出不同于恒态转子的动力学特性。

7.3.2 高速转子

对于具有界面连接的高速转子系统,在不同转速下转子结构具有不同的运动状态。转子结构运动状态变化的内在力学过程可从两个方面分析:一是转子各组成结构单元自身质量旋转惯性载荷和弹性恢复力所引起的位移变化,表现为转子局部应变能的变化;二是转子系统质量/刚度分布特性所决定的固有模态特性,表现为旋转惯性载荷对转子系统中应变能分布的影响。因此,在分析结构单元旋转惯性载荷及其对转子系统动力学特性的影响时,既要考虑结构单元局部相对位移变化,也要考虑整个转子横向弯曲变形的影响。

1. 运动状态变化

在工作状态下,由于转子各组成结构单元的材料和结构特征差异,相应的运动状态变化显著,理论上需要对转子内不同结构单元的横向/角向位移进行单独描述,以完整表征转子的运动状态。如图 7-15 所示为旋转坐标系内转子各结构单元的位移状态沿轴向分布,需通过位移向量 $u=(\cdots,r_i,\theta_i,\cdots)^T$ 表征转子的位移,其中 r_i 和 θ_i 对应第 i 个结构单元质心的横向位移和角向位移。

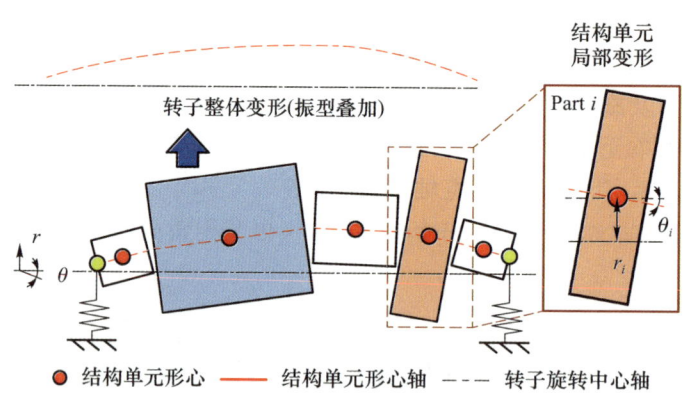

图 7-15 转子及结构单元运动状态沿轴向分布

转子运动状态是由各组成结构单元横向/角向位移沿轴向分布决定的,在工程应用中可根据转子结构特征进行相应的简化处理。当转子工作转速较低时,转子不会发生弯曲变形,其组成结构单元在旋转坐标系下的位移可以表示为

$$\begin{cases} r_i = r_r + \theta_r \times (l_i - l_c) \\ \theta_i = \theta_r \end{cases} \quad (7-23)$$

式中,r_i 与 θ_i 分别为第 i 个结构单元的横向位移和角向位移;r_r 与 θ_r 分别为转子系统整体的横向位移和角向位移;l_i 与 l_c 分别为第 i 个结构单元质心轴向位置和

转子整体质心轴向位置。显然,此时转子的运动状态具有整体性。

随着转子转速的提高,转子发生弯曲变形时,式(7-23)不再成立,此时需单独考虑各结构单元自身的位移及其沿轴向的分布,即转子的运动状态的整体性被打破,转变为轴向离散分布。在该过程中,如果考虑转子几何构形和连接界面带来的结构非连续性,则有

$$\theta(z_i) \neq \left.\frac{\mathrm{d}r(z)}{\mathrm{d}z}\right|_{z=z_i} \tag{7-24}$$

式中,$r(z)$ 为转子弹性线;z_i 为第 i 个结构单元质心所在平面。

上式表明,由于转子结构的非连续性,结构单元的角向位移与横向位移互相独立(对于连续转子而言,结构单元角向位移可以通过对转子弹性线的求导获得),因此需要考虑各个结构单元局部角向位移及其影响因素。

综上所述,低转速区转子结构的运动状态具有整体性,即结构单元之间的相对位移可忽略不计,此时转子符合恒态转子假设。而在高转速区由于转子发生弯曲变形,导致各结构单元(尤其是质量单元)出现相对位移(尤其是角向相对位移),引起转子运动状态发生改变,其变化主要体现在以下两方面:

① 转子运动由整体性向离散性转变,不能将转子视为一个整体,而是需要考虑其组成结构单元各自的运动状态;

② 由于连接结构/几何构形非连续性的影响,结构单元的局部角向位移具有独立性,使其局部位移及旋转惯性载荷相对于转子动力响应具有高维度特征。

航空发动机转子结构系统的力学本质是具有约束的保守系统,在转子旋转过程中,旋转惯性载荷所做的功等于转子弹性变形能的变化量,外部载荷不对转子系统做功和没有能量交换,其运动状态变化对动力学特性的影响可以采用拉格朗日方程进行描述。

对于典型的转子系统其运动微分方程可以写为

$$\frac{\mathrm{d}}{\mathrm{d}t}\frac{\partial}{\partial \dot{u}_i}\left(\sum_{i=1}^{n} T_i - \sum_{i=1}^{n-1} V_{i,i+1}\right) - \frac{\partial}{\partial u}\left(\sum_{i=1}^{n} T_i - \sum_{i=1}^{n-1} V_{i,i+1}\right) = Q_i \tag{7-25}$$

其中,转子第 i 个结构单元的动能为

$$T_i = \frac{1}{2}m_i\dot{x}_i^2 + \frac{1}{2}m_i\dot{y}_i^2 + \frac{1}{2}I_{\mathrm{d},i}\dot{\alpha}_i^2 + \frac{1}{2}I_{\mathrm{d},i}\dot{\beta}_i^2 - \frac{1}{2}I_{\mathrm{p},i}\omega\alpha_i\dot{\beta}_i + \frac{1}{2}I_{\mathrm{p},i}\omega\beta_i\dot{\alpha}_i \tag{7-26}$$

第 i 和 $i+1$ 个结构单元间的弹性势能为

$$V_{i,i+1} = \frac{1}{2}u_{x,i,i+1}^{\mathrm{T}}k_{x,i,i+1}u_{x,i,i+1} + \frac{1}{2}u_{y,i,i+1}^{\mathrm{T}}k_{y,i,i+1}u_{y,i,i+1} \tag{7-27}$$

令 $u = \tilde{u}\sin\omega t$,将运动方程转换至旋转坐标系内,得到转子在相对坐标系中力的平衡方程

$$(-\omega^2 M + \omega C' + K)\tilde{u} = \tilde{Q}_0(\omega) \tag{7-28}$$

$$K\tilde{u} = (\omega^2 M - \omega C')\tilde{u} + \tilde{Q}_0(\omega) \tag{7-29}$$

其中,旋转惯性载荷可以表示为质心偏移和惯性主轴倾斜所产生的力和力矩,即

$$\begin{cases} F_i = m_i(e_i + r_i)\omega^2 \\ M_g = -(I_{i,p} - I_{i,d})\omega^2(\tau_i + \theta_i) \end{cases} \tag{7-30}$$

整理得到转子系统在相对坐标系内的平衡方程

$$K\tilde{u} = T(\tilde{u} + \tilde{u}_0) \tag{7-31}$$

即是沿转子轴向惯性分布载荷与转轴弹性恢复力的平衡。同时,获得特征方程

$$(-\omega^2 M + \omega C' + K)\tilde{u} = 0 \tag{7-32}$$

解算出转子固有模态振型向量 $\psi = [\psi_1(\omega), \psi_1(\omega), \cdots, \psi_m(\omega)]^T$,转子位移 $\tilde{u}$ 用模态振型向量的线性组合表示,即

$$\tilde{u}(\omega) = \sum_{i=1}^{m} \tilde{q}_i(\omega)\psi_i(\omega) \tag{7-33}$$

其中,模态系数 $\tilde{q}_i(\omega)$ 含义为转子动力响应中第 i 阶模态变形的剧烈程度。

如图 7-16 所示为不同转速下转子的运动状态,在不同转速下转子系统运动状态就是各阶模态振型的综合叠加。当转子转速靠近某阶模态振型时,转子的变形就要改进该阶模态振型。

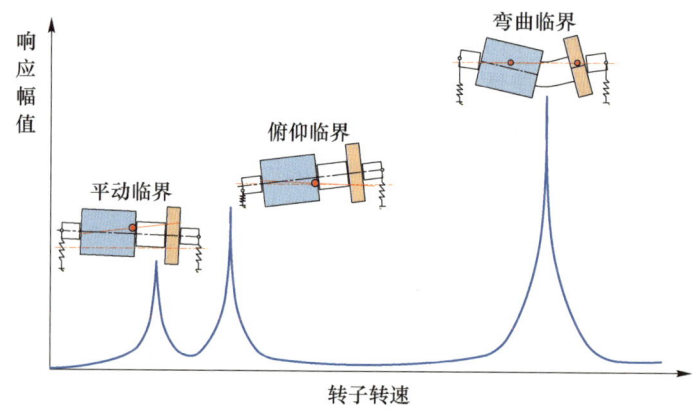

图 7-16 不同转速下转子运动状态

2. 旋转惯性载荷

对于满足恒态转子假设的转子系统,当转子存在结构质心偏移和惯性主轴倾斜时,转子系统在不同转速下旋转惯性载荷及其对运动状态的影响如图 7-17 所示。

在不同转速下,转子结构的静不平衡(质心偏移)和偶不平衡(惯性主轴倾斜)对转子系统运动状态及动力响应具有不同的影响。

当工作转速位于亚临界转速区域时,转子主要在质心偏移的旋转惯性载荷(离心力)作用下产生横向位移,并且旋转惯性载荷及其引起的横向位移幅值会随着工作转速的提高而迅速提高。随着转速进一步提高,在临界转速处转子发生质心转向(惯性

第 7 章　转子结构状态及平衡品质控制方法

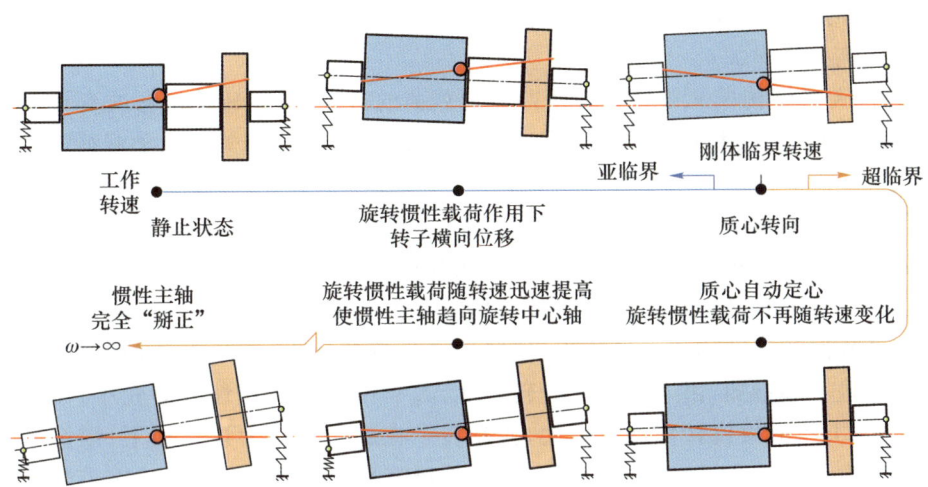

图 7-17　不同转速下旋转惯性载荷对转子运动状态的影响（恒态转子）

主轴也随之转向），此后质心偏移及其引起的旋转惯性力会随着工作转速的提高而降低，一直到质心回落到旋转中心线上，在此过程中，前后支点的动载荷是随转速增加，通过临界转速后迅速降低，趋于定值。

当转子进入到高转速区域，由转子主惯性轴倾斜引起的旋转惯性载荷（陀螺力矩）继续随着工作转速的提高而持续提高，使转子惯性主轴趋向旋转轴心线（即"掰正"转子），使转子惯性主轴与旋转中心轴重合。在该力学过程中，转子惯性主轴倾斜所产生的旋转惯性力矩会作用在整个转子内部，并且会外传作用于转子前后支点处，表现为支点动载荷随转速提高持续增大，一直到转子惯性主轴"掰正"后，保持稳定不变。

根据上述分析可知：① 在转速较低时，转子及其各构件不平衡对转子系统的旋转惯性激励载荷主要是由质心偏移（静不平衡）引起的离心力；② 在超临界状态下，转子发生质心转向，质心偏移对转子动力响应的影响随着转速的增加而降低，此时对转子旋转激励主要来源于构件惯性主轴倾斜（偶不平衡）所引起的旋转惯性载荷（陀螺力矩）。因此，对于工作在超临界高转速下的航空发动机转子，除了要控制转子及其构件的质心偏移外，关键还需要控制转子结构惯性主轴倾斜，以抑制支点动载荷响应。

随着转子转速进一步地提高，在超临界高转速下，转子各结构单元旋转惯性载荷随转速持续增加，当结构单元间约束能力不足以平衡其自身的旋转惯性载荷时，各结构单元将会产生相对独立的局部位移，并使作用在转子上的旋转惯性载荷呈沿轴向分布特征。此时，转子的整体性被打破不再满足恒态转子假设，在不同转速下其结构状态会进一步变化，主要体现在以下三个方面：

① 结构单元运动位移及其旋转惯性载荷的局部特征显现，并沿转子呈轴向分布特征；

② 结构单元旋转惯性载荷主要表现为惯性主轴倾斜所引起的旋转惯性力矩,并随转速提高持续增加;

③ 随着各结构单元旋转惯性弯曲力矩载荷的持续增加,转轴抗弯曲变形能力增强,使相应的弯曲振型共振转速提高,在转子系统上表现为相关支点动载荷随转速持续加大。

如图 7-18 所示为典型大跨度高速转子在超临界高转速区域内转子运动状态随转速的变化。转子转速超过临界转速后,在惯性力矩作用下转子惯性主轴与旋转中心线逐渐重合;随着转速升高,大质量结构单元的惯性主轴倾斜,所产生的旋转惯性力矩载荷克服相邻结构单元的约束,使转子产生弯曲变形,转子整体性被打破;随着转子转速进一步增加,由于前端厚盘转子 $I_p/I_d \approx 1$,故旋转惯性力矩较小,而后端薄盘转子 $I_p/I_d \approx 2$,故旋转惯性力矩大,薄盘转子在旋转惯性力矩作用下,惯性主轴与转子旋转中心线重合;转速持续增加,最终前端厚盘单元惯性主轴也会在旋转惯性力矩作用下与转子旋转中心线重合,此时整个转子具有显著的弯曲变形。

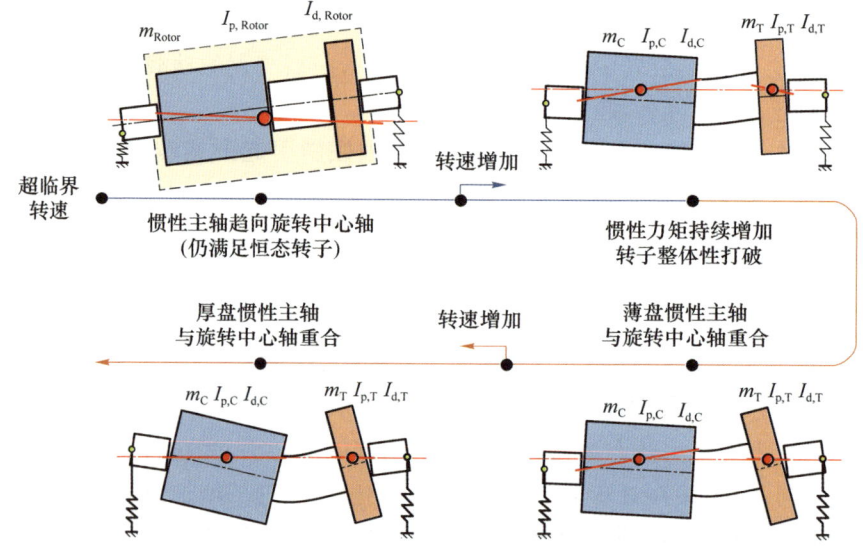

图 7-18　超临界下转速增加转子运动状态变化示意图

由于转子系统中各结构单元质量分布和相邻结构约束特性的不同,旋转惯性载荷和角向变形具有局部突变特性,即在一定载荷环境下连接界面接触状态产生突变,引起转子系统动力响应特性的阶跃变化。在航空发动机高压转子结构系统中,高压涡轮盘具有较大质量和高转速的特点,轮盘-轴连接结构存在几何构形突变或界面连接结构,角向弯曲刚度较低或不连续,在大质量涡轮盘产生的陀螺力矩作用下,局部角向变形会有一定阶跃特性,在转子系统振动特性中表现为转子各结构单元之间不平衡相位变化和支点动力响应突变等特征。

7.4 转子平衡控制

转子不平衡是整机振动的主要激励源。从转子平衡的角度分析,对于自身刚度较高工作转速较低的转子,由于其满足恒态转子假设,因此在转子结构平衡控制上一般通过控制剩余不平衡量低于许用值,即可有效抑制转子系统在工作转速范围内的基频振动幅值。但是航空发动机转子系统一般为超临界高转速工作状态且存在一定的弯曲变形,使具有大质量惯性的结构单元(压气机和涡轮)产生相对角向位移(即转子结构状态变化),从而破坏了低速平衡后的转子质量分布,引起附加旋转惯性激励载荷。由于在高转速下转子结构位移主要为角向位移,影响结构单元惯性主轴倾斜,因此在转子平衡过程中除了控制各结构单元的质心偏移外,还需要对大质量惯性结构单元的惯性主轴倾斜进行控制。

对于工作转速范围宽的高速转子系统,为保证在低转速区域动力响应水平较低,需要平衡转子结构体的质心偏移。在高转速区域,由于转子各结构单元产生相对角向位移,转子结构整体性被打破,质量单元惯性主轴倾斜所引起的不平衡呈现轴向分布特征。

7.4.1 不平衡分布

转子系统在高速旋转过程中,各结构单元不平衡及其旋转惯性载荷均会对转子变形产生影响,其结果是破坏转子已有的低速平衡效果,造成转子动力响应加大,主要表现为转子内力加大和支承约束处的支反力加大(见图7-19)。

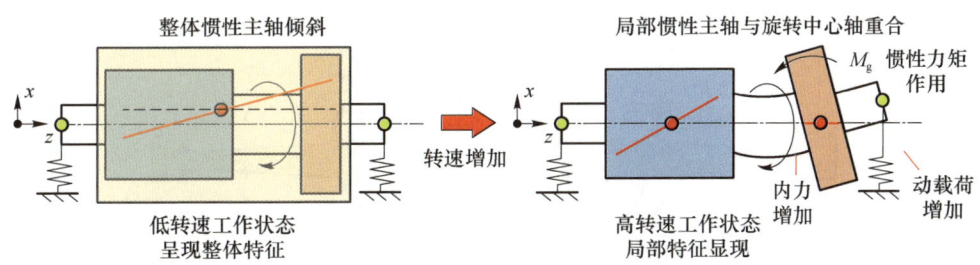

图 7-19 局部不平衡对转子动力响应影响

转子装配、低速平衡可将质量偏心产生的不平衡分布最小化,但若转子大质量结构单元初始不平衡量过大且表现为惯性主轴偏斜,在高转速下转子易产生局部弯曲变形。由于薄盘结构单元陀螺力矩效应强,且旋转惯性力矩随转速升高而迅速增加,最终使结构单元惯性主轴与转子旋转中心轴重合,同时,相邻支承约束结构的动载荷持续增加,这对整机振动水平产生影响,使轴承和支承结构产生一定损伤。

通过上述分析可知，除通过平衡工艺来控制转子剩余不平衡量以外，还需通过构件平衡工艺和恰当的装配方法来控制各结构单元初始不平衡量（尤其对于具有大质量惯性的结构单元）。在具体的平衡工艺中，薄盘构件可通过静不平衡来反映质量分布的不对称性，采用高精度低速平衡以控制质心偏移；多盘组件、鼓筒轴、锥壳轴等轴向尺寸较大的构件和组件，需要2个平面内的不平衡量及相位以反映其质量分布的不对称性，可采用先平衡质心偏移再平衡惯性主轴倾斜的分步平衡方法。

1. 盘-轴组件

对于转子中的单个轮盘，由于轴向尺寸相对较小，可通过单平衡面的静不平衡来有效抑制其质心偏移，使之满足

$$U_{d,0} \leqslant (3 \sim 5) U_{per} \qquad (7-34)$$

式中，$U_{d,0}$ 为构件静不平衡量；U_{per} 为该构件的许用剩余静不平衡量。

该质量单元的不平衡除了来自质心偏移外，还来自于惯性主轴倾斜。因此，还需要通过控制轮缘相对其旋转中心的端跳以控制该大质量惯性轮盘惯性主轴的倾斜。总之，对于单一轮盘的不平衡控制的基本原则是在保证几何结构对称性的前提下，先控制静不平衡。

如图 7-20 所示为典型轮盘构件跳动量测量示意图，通过测量关键圆柱面、端面的跳动量可评估轮盘的倾斜程度。轮盘的旋转中心轴由轮盘前后定心圆柱面的中心确定，所以可以将轮盘的倾斜角矢量表示为

$$\vec{\theta}_d = \vec{F}_e / d_e - (\vec{D}_2 - \vec{D}_1) / H_{12} \qquad (7-35)$$

式中，$\vec{F}_e / d_e$ 表示轮盘轮缘位置的端面跳动；$(\vec{D}_2 - \vec{D}_1) / H_{12}$ 表示由于前后定心圆柱面不同心而导致的旋转轴心线变化。

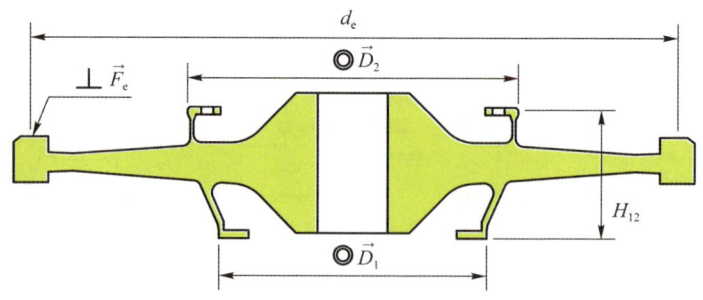

图 7-20 轮盘跳动量测量示意图

根据公式，该轮盘倾斜角矢量 $\vec{\theta}_d$ 需要满足

$$|\vec{\theta}_d| \leqslant R_s \cdot \frac{L_A + L_B}{(I_d - I_p)} \cdot U_{per} \qquad (7-36)$$

式中，U_{per} 为轮盘的许用剩余不平衡量；L_A 和 L_B 分别为转子系统中轮盘质心到

前支点和后支点的距离(见图 7-21)。

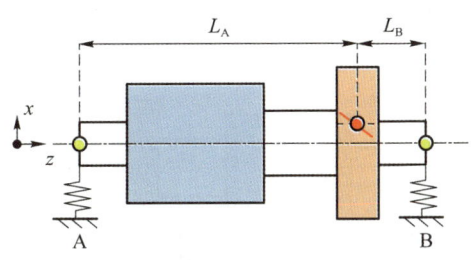

图 7-21 轮盘类构件在转子中的相对位置

由于轮盘类构件质量惯性较大,很难通过在两个平衡面添加平衡质量或对轮盘去料的方式调整构件的惯性主轴倾斜。因此,若轮盘的倾斜角矢量 $\vec{\theta}_d$ 不满足上述要求时,则不能继续使用该构件进行装配,需要重新调整前后定心圆柱面的同轴度。

对于轮盘构件需要通过控制初始不平衡量,以保证轮盘质量分布的对称性;对于轮盘-轴转子组件(例如高压涡轮盘-轴颈转子组件),虽然其质量主要集中在轮盘截面,但其旋转中心是由轴颈后端的轴承确定。由于质心旋转平面与支承约束平面具有一定轴向距离,因此需要采用两个平衡面进行平衡,一般原则是"先平衡质心偏移,再平衡惯性主轴倾斜",这样可以确定主惯性轴所在平面。

2. 鼓筒轴

对于转子结构中连接鼓筒轴,其轴颈等柱壳、锥壳结构件均为具有轴向尺寸大、质量轻的结构特点。当转子在高速旋转工作时,该结构对转子转动轴心线的横向变形影响巨大。在低转速区域转子一般绕几何中心线旋转,在高转速区域转子会发生惯性主轴转向,即转子围绕惯性主轴旋转。因此,对鼓筒轴的初始不平衡控制中,重点是惯性主轴与形心轴的重合度。

典型航空发动机转子结构鼓筒轴、锥壳结构如图 7-22 所示。由于薄壁结构在加工中容易产生壁厚不均匀,造成构件的质量分布不对称。这种质量分布不对称不是质心偏移,而是质心轴与形心轴的偏斜。

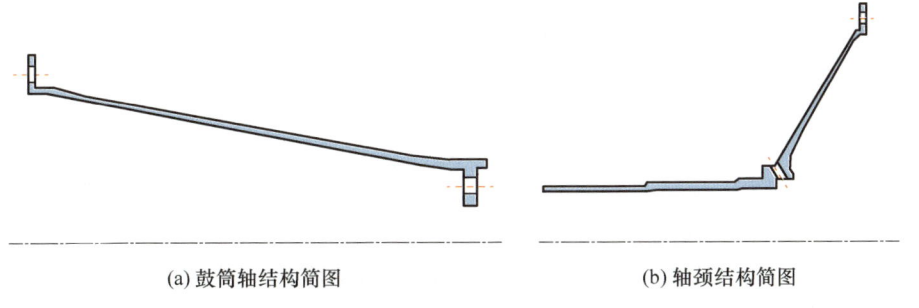

(a) 鼓筒轴结构简图   (b) 轴颈结构简图

图 7-22 具有锥壳结构特征的转子结构件

在工程实践中,对锥壳和柱壳类结构件一般采用"双平衡面平衡",通过测量两个校正平衡面内的初始不平衡量,以获得构件主惯性轴的倾斜角大小。如图 7-23 所示在两个校正平面内测量构件在平衡前的不平衡量 U_l、U_r 及其相位 φ_l、φ_r,即可表征构件的初始不平衡。

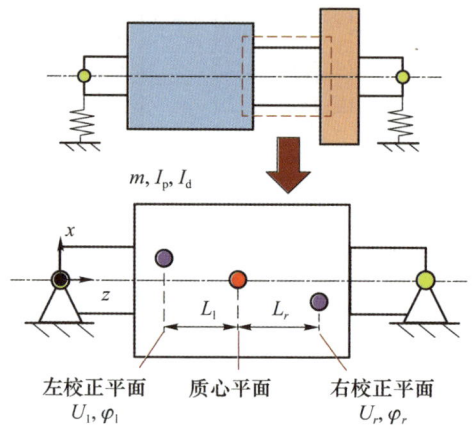

图 7-23 锥壳和柱壳类结构件初始不平衡

根据理论力学中对刚体结构转动惯量张量的定义,可得

$$I = \begin{pmatrix} M_l L_l^2 + M_r L_r^2 & 0 & -L_l U_l \cos\varphi_l + L_r U_r \cos\varphi_r \\ 0 & M_l L_l^2 + M_r L_r^2 & -L_l U_l \sin\varphi_l + L_r U_r \sin\varphi_r \\ -L_l U_l \cos\varphi_l + L_r U_r \cos\varphi_r & -L_l U_l \sin\varphi_l + L_r U_r \sin\varphi_r & I_p \end{pmatrix}$$

(7-37)

因此,惯性主轴在 xOz 平面内的夹角 $\theta_{I,x}$ 和在 yOz 平面内的夹角 $\theta_{I,y}$ 分别为

$$\begin{cases} \theta_{I,x} = \dfrac{-L_l U_l \cos\varphi_l + L_r U_r \cos\varphi_r}{M_l L_l^2 + M_r L_r^2} \\ \theta_{I,y} = \dfrac{-L_l U_l \sin\varphi_l + L_r U_r \sin\varphi_r}{M_l L_l^2 + M_r L_r^2} \end{cases}$$

(7-38)

惯性主轴相对旋转轴心线的初始倾斜角度为 $\theta_I = \sqrt{\theta_{I,x}^2 + \theta_{I,y}^2}$。类比构件的初始静不平衡应小于许用剩余静不平衡量的 3~5 倍,且只有当该初始倾斜角满足如下式时,方可对构件进行进一步的双面动平衡,即

$$\theta_I \leqslant R_s \cdot \frac{L_A + L_B}{(I_d - I_p)} \cdot (5 U_{\text{per}})$$

(7-39)

式中,L_A 和 L_B 分别为转子系统中锥壳/柱壳构件质心到前支点和后支点的距离。

需要说明,对于大轴向长度锥壳类构件的平衡应该先对质心偏移进行静平衡,再对质心轴倾斜进行偶平衡。

3. 轮盘组件

压气机转子是典型的多盘转子组件,转子整体具有厚盘质量分布的特征。压气机转子在低转速下进行平衡时,很难测量转子惯性主轴倾斜所产生的旋转惯性力矩,因此需要对各轮盘初始不平衡控制的基础上,对组件质心偏移进行平衡以消除静不平衡,并尽量使结构组件质心回到轴心线上(注意转子质心偏移产生不平衡对两个等效截面的作用是有定量关系的),然后再进行"力矩"平衡,并记录相位特征用于后续与其他转子进行组合平衡。

由于界面连接多盘转子的不平衡主要来源于装配过程中界面接触状态和同轴度的变化,因此在进行多级转子平衡前,需要检查转子的跳动量。如图7-24所示为压气机转子组件平衡前跳动检查,检查转子前、后轴颈端面和柱面跳动量,以及各轮盘盘心的跳动(有条件时),以判断转子装配过程中各级轮盘质心偏斜的情况。

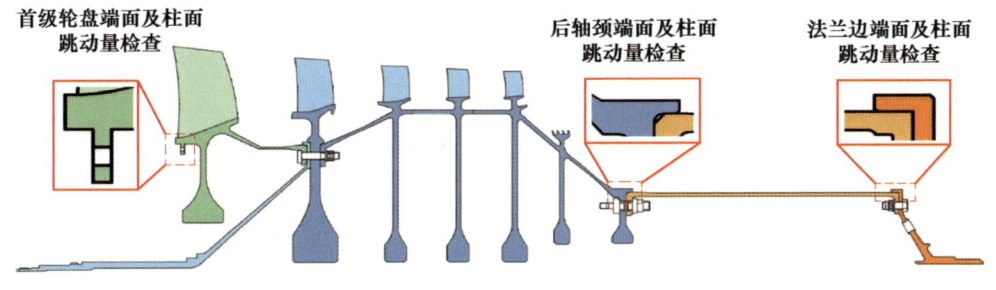

图7-24 压气机转子组件平衡前跳动检查

将压气机转子组件按转速 800+200 r/min 在平衡机上对装配后多盘压气机转子的初始不平衡量及角向位置进行测量,整理得到压气机转子前后平衡截面不平衡大小与相位分布。

由于多级压气机转子具有厚盘结构特征,惯性主轴倾斜所产生的旋转惯性载荷不能通过在两个平衡面上施加平衡质量来消除。因此,初始不平衡应控制在不大于许用不平衡量的3~5倍。如果转子静不平衡量远大于各组成结构件的不平衡量的代数和,这说明转子结构系统在装配过程中界面配合存在问题。此外,在前后平衡面内不平衡相位差约为 0°或180°,即前后修正面的不平衡相位均为"同相位或反相位",可以推断这是由于加工过程产生的变形所产生的"偶不平衡"(即主惯性转轴倾斜),可以通过调整前后两个修正面进行平衡。

初始不平衡量满足要求后可以进行转子组件动平衡,并最终达到前、后修正面剩余不平衡量需要满足平衡品质等级的要求。

对于初始不平衡较大的多盘转子,平衡时也可采取先进行质心偏移的静平衡再进行动平衡,并且尽量保证所加平衡质量块在正交的两个平面内。

为了消除工装对平衡转子的影响,可以采用转位补充的方法以提高平衡精度。平衡机转位补偿,是通过两次测量来计算出构件的不平衡量,两次测量时转子组件与工装旋转180°,转位补偿前后的构件位置变化如图7-25所示。

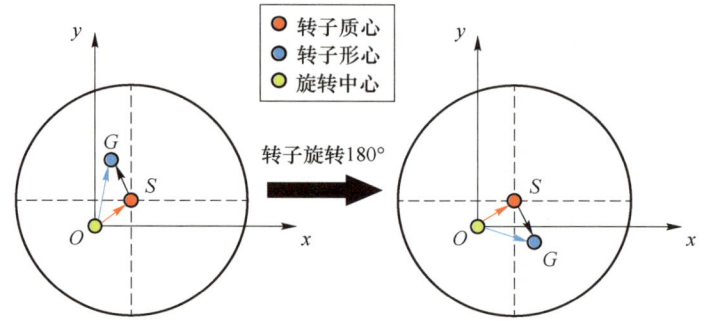

图7-25 转位补偿后不平衡量

转位补偿原理如下:

第一次测量结果$\overrightarrow{U_{OG}}$: $\overrightarrow{U_{OG}} = \overrightarrow{U_{OS}} + \overrightarrow{U_{SG}}$

第二次测量结果$\overrightarrow{U'_{OG}}$: $\overrightarrow{U'_{OG}} = \overrightarrow{U_{OS}} + \overrightarrow{U'_{SG}}$

在转子旋转的相对坐标系 xOy 中,$\overrightarrow{U_{SG}}$ 和 $\overrightarrow{U'_{SG}}$ 大小相等方向相反,即 $\overrightarrow{U'_{SG}} = -\overrightarrow{U_{SG}}$,因此,$\overrightarrow{U'_{OG}} = \overrightarrow{U_{OS}} - \overrightarrow{U_{SG}}$

通过两次转位后,可以得出

$$\begin{cases} \overrightarrow{U_{SG}} = \dfrac{\overrightarrow{U_{OG}} - \overrightarrow{U'_{OG}}}{2} \\ \overrightarrow{U_{OS}} = \dfrac{\overrightarrow{U_{OG}} + \overrightarrow{U'_{OG}}}{2} \end{cases} \quad (7-40)$$

从上式中可以看出,转子组件的不平衡量$\overrightarrow{U_{SG}} = \dfrac{\overrightarrow{U_{OG}} - \overrightarrow{U'_{OG}}}{2}$,只与转位前后的测量结果有关,因此,转位补偿可以消除工装对平衡结果的影响。

7.4.2 转子同轴度

转子同轴度是指转子支承平面的几何圆心相对于转子轴线的几何偏差,表征被测量的转子组件几何参数相对于转子旋转轴心线的不同心程度。对于带有支承约束的转子系统,同轴度对转子不平衡及其所产生的旋转激励载荷具有重要影响,是转子结构装配过程中必须控制的关键参数之一。在设计图纸中,转子同轴度一般用跳动量(包含了被测圆面的形状偏差和同轴度偏差)给出。同时,同轴度和跳动并不完全相同,同轴度偏差的标准圆形,其跳动是同轴度偏差的两倍。

转子同轴度是一种几何偏差,来自结构形式与尺寸、构件制造公差和构件组装过程引入的误差。其中,转子结构形式和尺寸主要影响转子组装时偏差的传递和累积,不同结构对于偏差的放大或者收敛作用不同;制造公差主要影响转子构件连接后的组装状态;装配工艺过程决定了构件连接的相对位置关系。

对于多界面连接的转子结构系统,主要由轮盘、连接鼓筒通过界面连接组成。在组装过程中通过各结构件止口配合状态进行传递,由于各构件的形心线与转子轴心线的重合度对转子不平衡有较大的影响。因此,对于转子各结构单元同轴度的控制,原则是不应与转子最终旋转中心轴线产生大的径向和角向不重合,对于大质量结构单元处角向同轴度更为重要。

对于构件的同轴度可以通过连接止口跳动量测量,如图 7-26 所示。首先需要确定起始构件基准(一般以轴承安装位置为基准),第一个构件配合止口柱面跳动为 $\vec{\delta}_1$、端面跳动为 $\vec{\Delta}_1$,依次可以得到各级构件对应的 $\vec{\delta}_i$ 和 $\vec{\Delta}_i$(i 为构件序号)。

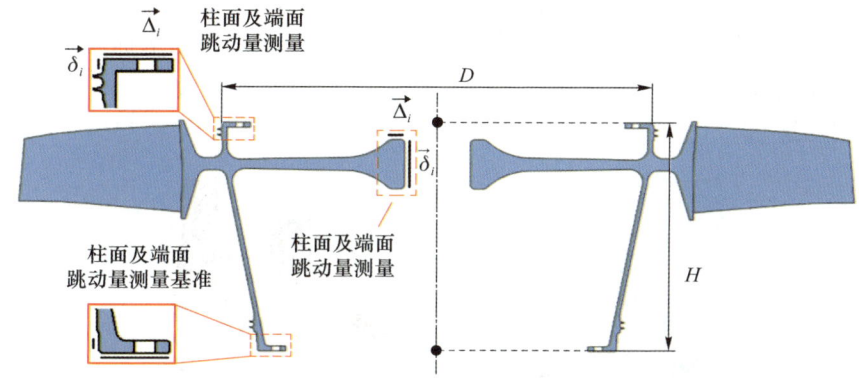

图 7-26 柱壳结构体止口柱面和端面跳动量测量要求

根据构件之间的配合关系,第一个轮盘的柱面跳动 $\vec{\delta}_1$ 等值传递到相邻第二个轮盘 $\vec{\delta}_{12}$,即

$$\vec{\delta}_{12} = \vec{\delta}_1 \tag{7-41}$$

同样,第一个轮盘的端面跳动 $\vec{\Delta}_1$ 对于后续相邻构件同轴度的影响为

$$\vec{\delta}_{1\Delta} = -2 \times (H_{1n} - H_1) \times \frac{\vec{\Delta}_1}{D_1} \tag{7-42}$$

式中,$\vec{\delta}_{1\Delta}$ 为构件 1 端面跳动所造成的后面相邻构件同轴度变化量;H_{1n} 为从构件 1 到第 n 个构件累计轴向长度;H_1 为构件 1 的轴向长度;D_1 为构件 1 连接界面直径。

对于由 n 个构件组成的转子,构件组装后组件同轴度为

$$\vec{\delta} = \sum_{i=1}^{n} (\vec{\delta}_i + \vec{\delta}_{i\Delta}) = \sum_{i=1}^{n} \left(\vec{\delta}_i - 2 \times (H_{1n} - H_{1i}) \times \frac{\vec{\Delta}_i}{D_i} \right) \tag{7-43}$$

式中,$\vec{\delta}_{i\Delta}$ 为构件 i 端面跳动所造成的后续构件同轴度变化;H_{1i} 为从构件 1 到构件 i 的累计轴向长度;D_i 为构件 i 连接面直径。

从式(7-43)可以看出，转子同轴度由 5 个因素决定，分别是构件连接面直径、构件轴向长度、连接面柱面跳动、连接面端面跳动和构件之间安装相位。其中，直径、长度、跳动由设计和制造确定，在装配过程中可以控制的是安装相位。

1. 盘-轴组件

对于现代航空发动机转子结构，为简化结构、减轻重量、提高盘-轴连接刚度，常采用轮盘-轴颈一体结构设计，在加工、装配过程中控制轮盘径向柱面和轴向端面对支点圆柱面的跳动量是保证组件平衡和减小旋转惯性激励载荷的关键。如图 7-27 所示为典型风扇轮盘-轴和涡轮盘-轴一体化结构组件。

测量风扇轮盘-轴转子组件跳动量，应在堆叠优化测量转台或跳动测量平台上完成。以风扇前轴颈上与 1 号支点轴承径向配合柱面 H1 作为柱面跳动量测量基准；以风扇前轴颈上与 1 号支点轴承后密封跑道配合端面 H2 作为端面跳动量测量基准。检查并记录盘心孔柱面跳动量 T1，风扇后法兰-螺栓安装边止口端面跳动量 G1 与柱面跳动量 G2。

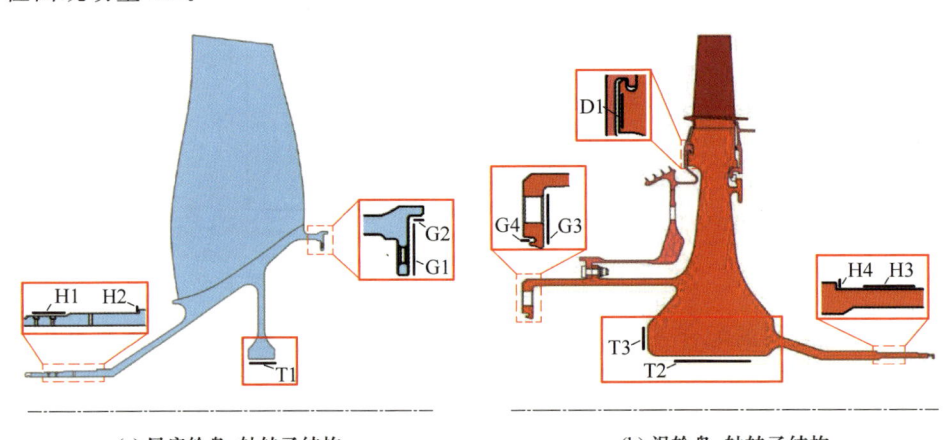

(a) 风扇轮盘-轴转子结构　　　　　　(b) 涡轮盘-轴转子结构

图 7-27　轮盘-轴转子组件跳动量测量要求

对于涡轮盘-轴转子组件，由于支承位于涡轮盘后端，因此测量应该以：涡轮后轴颈上与 4 号支点轴承内环配合柱面 H3 作为柱面跳动量测量基准；以涡轮后轴颈上与 4 号支点轴承内环配合端面 H4 作为端面跳动量测量基准。测量涡轮盘前法兰-螺栓安装边端面跳动量 G3 及柱面跳动量 G4，同时为保证轮盘相对于支承轴承位置的垂直度和偏心量，需测量盘心孔柱面跳动量 T2、盘心孔前端面跳动 T3 以及涡轮盘前端面跳动量 D1。

2. 多轮盘组件

在航空发动机转子结构系统中，多级风扇/压气机转子以及多级高低压涡轮转子是典型多盘、多界面连接的转子，在结构设计中一般采用高刚度设计，以减少连接界面接触状态随转速状态的变化，保证组件结构的整体性。

如图 7-28 所示为典型多级风扇转子结构简图。该转子由三级轮盘和前后轴颈组成，其中第三级轮盘为悬臂结构。风扇转子各级叶盘及后轴颈装配过程中，需按照图 7-28 所示要求在测量转台或跳动测量平台上测量转子跳动量。以风扇前轴颈上与 1 号支点轴承径向配合端面 H1 作为柱面跳动量测量基准；以风扇前轴颈上与 1 号支点轴承后密封跑道配合端面 H2 作为端面跳动量测量基准。测量第 2 级轮盘盘心孔柱面跳动量 F1，风扇后轴颈与 2 号支点轴承内环配合处端面跳动量 FH2 及柱面跳动量 FH1，以及第三级轮盘后缘端面跳动量 M2 及柱面跳动量 M1。

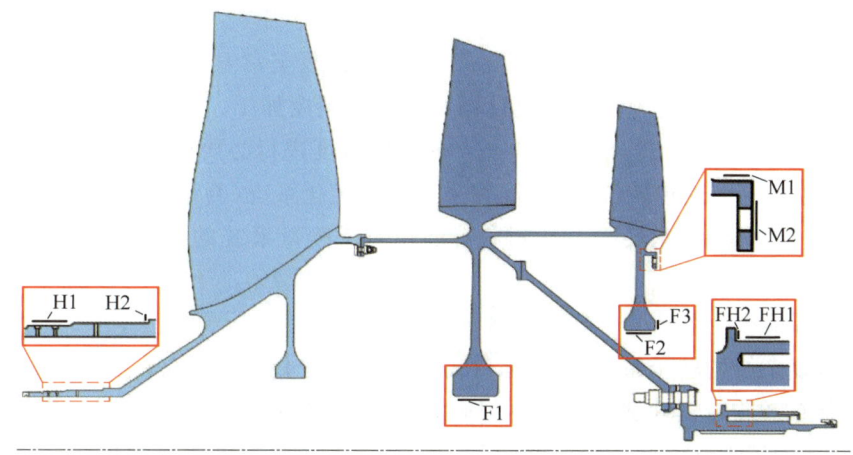

图 7-28　风扇转子组件跳动测量要求

压气机转子具有多级轮盘、质量大、轴向尺寸大等特征，且材料性能差异较大，在工作载荷环境下转子结构内部（尤其连接界面处）会产生较大内力，这对连接结构力学特性具有较大的影响。因此，在装配过程中要保证连接界面接触状态的均匀性和对称性，主要通过装配工艺和测量确保其装配质量。

压气机转子装配后，需按图 7-29 所示要求在测量转台或跳动测量平台上测量转子跳动量。以压气机前轴颈上与主动锥齿轮配合柱面 A1 作为柱面跳动量测量基准；以压气机前轴颈上与 3 号支点轴承定距环配合端面 A2 作为端面跳动量测量基准。测量首级压气机轮盘前缘柱面跳动量 B1 及端面跳动量 B2，压气机后轴颈止口柱面跳动量 C1 及端面跳动量 C2，止口加强盘盘心孔跳动量 C3，鼓筒轴后法兰安装边柱面跳动量 D1 及端面跳动量 D2、D3。其中，鼓筒轴后法兰安装边端面跳动量 D2、D3，可根据现场实际测量情况，选择其中一个进行测量即可。

在对转子构件、组件进行同轴度（止口跳动量）测量和控制措施时，需注意如下几个方面：

① 所有测量均在常温下进行。若部分结构件止口装配时进行加热或低温处理，

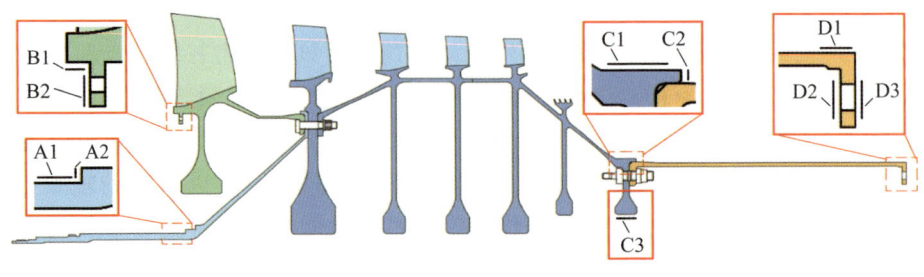

图 7-29 压气机转子组件跳动量测量要求

需在止口装配到位、所有紧固件装配到位,且组件恢复至常温状态下再进行测量;

② 止口配合安装边须严格按设计图纸要求的精度加工,装配过程需要限制紧固件的拧紧力矩和加载方式,并对止口配合面的贴合度进行必要检查;

③ 对于多界面连接转子结构,推荐采用堆叠优化系统(测量设备)或专用跳动测量平台上进行测量,要求转子组件测量基准相对于测量系统的同轴度和垂直度满足相应的要求;

④ 止口跳动检查可结合装配时跳动测量进行。

总之,复杂结构转子系统随转速和载荷环境的变化,转子各个结构单元运动状态、质量分布及旋转惯性载荷会发生相应的变化,即转子结构状态变化。对于具有界面连接的转子组件,受到生产/装配过程中的初始不平衡和界面接触状态以及转子在工作过程中不同结构单元运动状态的影响,转子结构状态也会随之产生变化。

航空发动机转子系统由于工作转速高、环境温度变化大,在工作状态下各构件会发生相对位移,故整体上不能视为恒态转子。因此,在不平衡控制上需要采取分步平衡的方法,即对转子局部构/组件按照恒态转子进行平衡,转子整体则可采用同轴度、不平衡量分布综合平衡的方法。

在转子不平衡量控制方面,除了控制转子及其结构单元的质量偏心外,对于高速转子系统还需要对关键结构单元的惯性主轴倾斜进行必要的控制。此外,对于界面连接的转子系统,轮盘与轴连接界面接触状态的变化对旋转惯性具有重要的影响。

参考文献

[1] 洪杰,马艳红. 航空燃气涡轮发动机结构与设计[M]. 北京:科学出版社,2021.

[2] 洪杰,马艳红,李超. 航空燃气轮机转子动力学特性与安全性设计[M]. 北京:北京航空航天大学出版社,2021.

[3] 洪杰,马艳红,张大义. 航空燃气轮机总体结构设计与动力学分析[M]. 北京:北京航空航天大学出版社,2014.

[4] 陈光,洪杰,马艳红. 航空燃气涡轮发动机结构[M]. 北京:北京航空航天大学出版社,2010.

[5] Л. Д. 朗道. 力学[M]. 李俊峰,鞠国兴,译. 北京:高等教育出版社,2007:99-135.

[6] 周衍柏. 理论力学教程[M]. 北京:高等教育出版社,2018.

[7] 谢传峰,王琪. 理论力学[M]. 北京:高等教育出版社,2015.

[8] 单辉祖. 材料力学[M]. 北京:高等教育出版社,2001.

[9] 顾家柳. 转子动力学[M]. 北京:国防工业出版社,1985.

[10] 张文. 转子动力学理论基础[M]. 北京:科学出版社,1990.

[11] Yukio I, Toshio Y. Linear and nonlinear rotor dynamics: A modern treatment with applications[M]. USA: John Wiley Sons, 2013.

[12] Muszynska A. Rotordynamics[M]. USA: CRC press, 2005.

[13] 刘永泉,洪杰,马艳红. 航空燃气涡轮发动机振动抑制容差设计[M]. 北京:北京航空航天大学出版社,2020.

[14] HONG Jie, LI Tianrang, ZHENG Huaqiang, et al. Applications of structural efficiency assessment method on structural-mechanical characteristics integrated design in aero-engines[J]. Chinese Journal of Aeronautics, 2020, 33(04): 1260-1271.

[15] YU P C, MA Y H, WANG C, et al. Evaluation parameters and calculation of structural efficiency on whole aero-engine[J]. Aerospace Power, 2016, 31(7): 1744-53.

[16] PENG Gang, LI Chao, ZHENG Huaqiang, et al. Quantitative analysis method of whole aero-Engine structural design based on structural efficiency [C]. Proceedings of the 10th IFToMM International Conference on Rotor Dynamics, IFToMM 2018, MMS 63, 3-17.

[17] 章健,马艳红,王永锋,等. 航空发动机承力结构系统阻尼减振设计方法[J],航空动力学报,2019,34(11):2440-2447.

[18] LI Chao, LEI Binglong, MA Yanhong, et al. Research on Damping vibration reduction design method of aeroengine supporting structure system[C]//ASME Turbo Expo 2020, 2020, London, England, ASME2020-14784.

[19] 郑华强,彭刚,马艳红,等. 航空发动机结构力学性能定量分析方法[J]. 推进技术,2018,39(3):645-652.

[20] 马艳红,曹冲,李鑫,等. 航空发动机承力系统结构效率评估方法[J]. 航空动力学报,2016,31(02):274-281.

[21] 洪杰,宋制宏,王东,等. 高速转子系统支承结构及力学特性设计方法[J]. 航空动力学报,2019,34(05):961-970.

[22] 马艳红,陈璐璐,张大义,等. 航空发动机转子系统结构效率评估参数及计算方法[J]. 航空动力学报,2013,28(07):1598-1606.

[23] 彭刚,朱彬,张大义,等. 高涵道比涡扇发动机结构与力学性能定量评估[J]. 航空动力学报,2017,32(07):1728-1735.

[24] 刘继兴,张大义,郑华强,等. 不同推力级高涵道比涡扇发动机结构与力学特征定量评估[J]. 推进技术,2018,39(5):1077-1084.

[25] 张大义,刘烨辉,洪杰,等. 航空发动机整机动力学模型建立与振动特性分析[J]. 推进技术,2015(5).

[26] Ames N M, Lauffer J P, Jew M D, et al. Handbook on dynamics of jointed structures[M]. Sandia National Laboratories, 2009.

[27] 洪杰,徐翕如,苏志敏,等. 高速转子连接结构刚度损失及振动特性[J]. 北京航空航天大学学报,2019,45(01):21-28.

[28] TANG Qiansheng, LI Chaofeng, SHE Houxin, et al. Nonlinear response analysis of bolted joined cylindrical-cylindrical shell with general boundary condition[J]. Journal of Sound and Vibration, 2019, 443: 788-803.

[29] QIN Zhaoye, HAN Qinkai, CHU Fulei. Bolt loosening at rotating joint interface and its influence on rotor dynamics[J]. Engineering Failure Analysis. 2016. 59: 456-466.

[30] C W Schwingshackl, D. Di Maio, I. Sever, et al. Modeling and validation of the nonlinear dynamic behavior of bolted flange joints[J]. Journal of Engineering for Gas Turbines & Power. 2013. 135(12): 385-399.

[31] WANG Cun, ZHANG Dayi, ZHU Xiaobin, et al. Study on the stiffness loss and the dynamic influence on rotor system of the bolted flange joint[C]//ASME turbo expo 2014: turbine technical conference and exposition. American Society of Mechanical Engineers Digital Collection, 2014.

[32] 马艳红,倪耀宇,陈雪骑,等. 长拉杆-止口连接弯曲刚度损失及对转子系统振动响应影响[J]. 航空学报,2021,42(3):11.

[33] MA Yanhong, WANG Cun, ZHANG Dayi, et al. Experimental study on the dynamic characteristics of spline joint in rotor system[C]//Proceedings of the 9th IFToMM International Conference on Rotor Dynamics. Springer, Cham, 2015: 1561-1570.

[34] HONG J, Talbot D, Kahraman A. A stiffness formulation for spline joints [J]. Journal of Mechanical Design, 2016, 138(4): 043301.

[35] 洪杰,闫琦,丰少宝,等. 界面连接多盘转子旋转惯性模型及动力响应特性[J]. 航空动力学报,2022,37(05):897-908.

[36] 洪杰,杨哲夫,孙博,等. 局部旋转惯性对转子系统动力特性的影响[J]. 航空动力学报,2022,37(04):673-683.

[37] 于平超,马艳红,张大义,等. 具有局部非线性刚度的复杂转子系统动力学模型及振动特性分析[J]. 推进技术,2016,37(12):9.

[38] 王存. 非连续转子连接结构的动力学模型及区间分析方法[D]. 北京航空航天大学. 2018.

[39] HONG J, CHEN X, WANG Y, et al. Optimization of dynamics of non-continuous rotor based on model of rotor stiffness[J]. Mechanical Systems and Signal Processing, 2019, 131: 166-182.

[40] 陈雪骑. 界面损伤演化机理及其对转子振动特性影响研究[D]. 北京航空航天大学,2021.

[41] 洪杰,王华,肖大为. 转子支承动刚度对转子动力特性的影响分析[J]. 航空发动机,2008,34(1):23-27.

[42] 洪杰,邓吟,张大义. 弹性环式挤压油膜阻尼器动力设计方法[J]. 北京航空航天大学学报,2006(06):649-653.

[43] 马艳红,陆宏伟,朱海雄,等. 弹性环金属橡胶支承结构刚度设计与试验验证[J]. 航空学报,2013,34(06):1301-1308.

[44] Den Hartog J. P. Mechanical Vibration[M]. New York: McGraw-Hill Book Company, Inc. 1940: 317-323.

[45] Timoshenko S. P. Vibration Problems in Engineering[M]. New York：D. Van Nostrand Co，Inc. 1955：290 – 299.

[46] 洪杰,栗天壤,倪耀宇,等.复杂转子系统支点动载荷模型及其优化设计[J].北京航空航天大学学报,2019,45(05):847 – 854.

[47] 洪杰,杨哲夫,吕春光,等. 高速柔性转子系统动力特性稳健设计方法[J]. 北京航空航天大学学报，2019，45(5).

[48] 洪杰,蒋黎明,吴法勇,等. 多支点柔性转子系统临界转速稳健设计方法[J]. 航空动力学报,2019,34(03):600 – 607.

[49] 洪杰,沈玉芃,王永锋,等. 动力涡轮转子结构系统力学特性稳健设计方法[J].北京航空航天大学学报,2019,45(03):437 – 445.

[50] 李超,金福艺,王东. 转子结构布局及其力学特性优化分析[J]. 航空动力学报，2019，34(2).

[51] 张大义,刘烨辉,梁智超,等. 航空发动机双转子系统临界转速求解方法[J]. 推进技术，2015(2).

[52] LIU Shuguo, MA Yanhong, ZHANG Dayi, et al. Studies on dynamic characteristics of the joint in the aero-engine rotor system[J]. Mechanical Systems & Signal Processing. 2012. 29(5)：120 – 136.

[53] CHEN Xueqi, MA Yanhong, HONG Jie. Vibration suppression of additional unbalance caused by the non-continuous characteristics of a typical aero-engine rotor［C］//International Conference on Rotor Dynamics. Springer，Cham，2018：34 – 48.

[54] 张振波,马艳红,李骏,等. 航空发动机支承不同心转子系统力学模型研究[J]. 工程力学，2014(7):8.

[55] 马艳红,何天元,张大义,等. 支承刚度非线性转子系统的不平衡响应[J]. 航空动力学报，2014，29(7):8.

[56] Yu H ,Sun B ,Ma Y H , et al. The Dynamic Load of Inter-Shaft Bearing and its Transmission Characteristic of Complex Rotor System[C]//ASME Turbo Expo 2018：Turbomachinery Technical Conference and Exposition. 2018.

[57] 夏巍. 具有中介轴承的航空发动机转子动力学响应分析[D]. 华中科技大学,2015.

[58] Guskov M，Sinou J J，Thouverez F，et al. Experimental and numerical investigations of a dual-shaft test rig with intershaft bearing ［J］. International Journal of Rotating Machinery,2014,2007(2)：308 – 321.

[59] PD Hylton. Minimizing Dynamic Response of Counter-Rotating Engines Through Optimized Node Placement[C]// Asme Turbo Expo：Power for Land，Sea，& Air. 2010.

[60] 王杰,左彦飞,江志农,等. 带中介轴承的双转子系统振动耦合作用评估[J]. 航空学报,2021,42(6):12.

[61] 杨喜关. 航空发动机反向旋转双转子系统及中介轴承动力特性研究[D]. 南京航空航天大学,2014.

[62] Ma Y, Shi C, Sun B, et al. Method of Coupled Vibration Control for Dual Rotor System With Inter-Shaft Bearing[C]// ASME Turbo Expo 2021: Turbomachinery Technical Conference and Exposition. 2021.

[63] Hong J, Dai Q Y, Wu F Y, et al. Dynamic Characteristics Analysis of Flexible Rotor System with Pedestal Looseness[C]// ASME Turbo Expo 2021: Turbomachinery Technical Conference and Exposition. 2021.

[64] Čečrdle, Jiří. Whirl Flutter of Turboprop Aircraft Structures[M]. United Kingdom: ELSEVIER, 2015.

[65] 顾家柳,洪杰,李上福. 螺桨转子的颤振涡动[J]. 航空学报,1992(08):362-369.

[66] Sewall J L. An analytical trend study of propeller whirl instability[M]. National Aeronautics and Space Administration,1962.

[67] 顾家翊. 碰摩故障下转子弯扭耦合振动特性分析[D]. 南京航空航天大学,2019.

[68] 张力,马艳红,梁智超,等. 转子系统碰摩约束模型与振动响应分析[J]. 北京航空航天大学学报,2015,41(09):1631-1637.

[69] 于平超,陈果,王存,等. 碰摩约束下柔性转子模态特性及其计算方法[J]. 航空学报,2020,41(12):256-268.

[70] 马艳红,曹冲,李鑫,等. 涡轴发动机涡轮级间支承结构设计关键技术[J]. 航空发动机,2014,40(04):34-40.

[71] 宋梓宇,洪杰,王永锋,等. 共用支承-双转子系统振动耦合机理及响应特性[J/OL]. 航空动力学报:1-12[2022-09-11].

[72] 章健,张大义,王永锋,等. 共用支承-转子结构系统振动耦合特性分析[J]. 北京航空航天大学学报,2019,45(9):1902-1910.

[73] 雷冰龙,李超,洪杰,等. 共用支承-转子系统耦合振动分析及试验[J]. 航空动力学报,2020,35(11):2293-2305.

[74] CARRELLA A, BRENNAN M J, WATERS T P. Static analysis of a passive vibration isolator with quasi-zero-stiffness characteristic[J]. Journal of Sound and Vibration, 2007, 301(3-5): 678-689.

[75] DATZ J, KARIMI M, MARBURG S. Effect of uncertainty in the balancing weights on the vibration response of a high-speed rotor[J]. Journal of Vibration and Acoustics, 2021, 143(6): 1-12.

[76] Filimonikhin G B，Nevdakha Y A．Balancing a Rotor with Two Coupled Perfectly Rigid Bodies[J]．International Applied Mechanics，2002，38（3）：377－386．

[77] YU Huan，SUN Bo，MA Yanhong，et al．The Dynamic Load of Inter-Shaft Bearing and its Transmission Characteristic of Complex Rotor System[C]// ASME Turbo Expo 2018：Turbomachinery Technical Conference and Exposition．2018．

[78] CHEN Xueqie，HONG Jie，WANG Yongfeng，et al．Fatigue failure analysis of the central-driven bevel gear in a turboshaft engine arising from multi-source excitation［J］．Engineering Failure Analysis，2021，119：104811．

[79] MA Hui，ZENG Jin，FENG Ranjiao，et al．Review on dynamics of cracked gear systems[J]．Engineering Failure Analysis，2015，55：224－245．

[80] 陈雪骑，马艳红，王永锋，等．复杂激励下涡轴发动机中央从动锥齿轮故障机理[J]．航空动力学报，2020，35(6)：1222－1227．

[81] 林基恕主编．航空发动机设计手册.第12册：传动及润滑系统[M]．北京：航空工业出版社，2001:1－95．

[82] T A Harris，M N Kotzalas．滚动轴承分析[M]．罗继伟，马伟，等，译．北京：机械工业出版社，2010:86－97．

[83] 洪杰，于欢，肖森，等．高速柔性转子系统非线性振动响应特征分析[J]．北京航空航天大学学报，2018，44(4):9．

[84] 于欢，马艳红，肖森，等．高速柔性转子支承松动力学特征及动力特性[J]．北京航空航天大学学报，2017，43(8):7．

[85] 颜文忠，Konstantin Shaposhnikov，张大义，等．基础振动对转子系统动力特性影响的试验研究[J]．推进技术，2016，37(11):8．

[86] 洪杰，管晓乐，等．某航空发动机中介轴承保持架稳态/动态应力影响因素分析[C]// 中国振动工程学会．中国振动工程学会，2016．

[87] GB/T 9239.1－2006.机械振动 恒态（刚性）转子平衡品质要求 第1部分:规范与平衡允差的检验．[S]．北京:中国标准出版社，2006．

[88] Wang G，Ma Y，Li T，et al．Modelling of Misaligned Rotor System in Aero-Engines and Interval Method Investigation[C]// ASME 2013 International Mechanical Engineering Congress and Exposition．2013．

[89] 张振波，马艳红，李骏，等．带有支承不同心转子系统的动力响应[J]．航空动力学报，2012，27(10):8．

[90] 刘永泉，肖森，洪杰，等．三支点柔性转子系统支承不同心激励特征及振动响应分析[J]．航空学报，2017，38(3):10．

[91] Xiao S, Wu F Y, Ma Y H, et al. Investigation on the Excitation Characteristics and Dynamic Response of the Multi-Support Flexible Rotor With Misalignment[C]// ASME Turbo Expo 2017: Turbomachinery Technical Conference and Exposition. 2017.

[92] Liu Y, Xiao S, Hong J, et al. Excitation characteristic and dynamic response of misalignment of flexible rotor system with three supportings[J]. Hangkong Xuebao/Acta Aeronautica et Astronautica Sinica, 2017, 38(3).